名校学生最喜爱的心理学教材☆

人格心理学

THEORIES OF PERSONALITY

全面、科学的人性思考

原书第10版

[美] 杜安·舒尔茨（Duane P. Schultz） 西德尼·艾伦·舒尔茨（Sydney Ellen Schultz）著 张登浩 李森 译

机械工业出版社
China Machine Press

图书在版编目（CIP）数据

人格心理学：全面、科学的人性思考（原书第10版）/（美）杜安·舒尔茨（Duane P. Schultz），（美）西德尼·艾伦·舒尔茨（Sydney Ellen Schultz）著；张登浩，李森译．—北京：机械工业出版社，2016.6（2026.1重印）

（美国名校学生喜爱的心理学教材）

书名原文：Theories of Personality

ISBN 978-7-111-53964-3

I. 人… II. ①杜… ②西… ③张… ④李… III. 人格心理学–教材 IV. B848

中国版本图书馆CIP数据核字（2016）第122543号

北京市版权局著作权合同登记 图字：01-2015-3986号。

本书从精神分析、新精神分析、毕生发展论、特质论、认知心理学、行为主义等角度展示了多位心理学家对人格心理学的研究，介绍了每种理论的假设、定义、核心概念与研究方法，并揭示出这些心理学家的个人生活与专业研究怎样影响他们各自理论体系的建构，还探讨了在人格研究与人格评估中种族、性别与文化因素的交互作用，并提供了大量案例、图表与数据，强化了学生对问题的认识。

本书适合心理学专业师生、相关研究人员和管理人员使用。

人格心理学：全面、科学的人性思考（原书第10版）

出版发行：机械工业出版社（北京市西城区百万庄大街22号 邮政编码：100037）

责任编辑：董凤凤　　责任校对：董纪丽

印　　刷：北京富资园科技发展有限公司　　版　　次：2026年1月第1版第13次印刷

开　　本：214mm×275mm 1/16　　印　　张：17.25

书　　号：ISBN 978-7-111-53964-3　　定　　价：89.00元

客服电话：（010）88361066 68326294

The Translator's Words | 译者序

美国南佛罗里达大学心理学教授杜安・舒尔茨与妻子西德尼・艾伦・舒尔茨合著的教科书广受欢迎。就很多中国的读者而言，对他们的《现代心理学史》可能更为熟悉，这本心理学史上的著名教材已经有了第10版，国内也曾出版了北京大学心理学系沈德灿教授翻译的第5版，以及叶浩生教授翻译的第8版和最近的第10版，多年来一直被国内许多心理学院系作为心理学史的教科书来使用。但实际上这本《人格心理学》在美国也已经再版至少9次。舒尔茨教授夫妇所撰写的教科书之所以广受关注，很重要的原因就在于他们的写作风格适应读者的需求，将枯燥的历史和抽象的理论娓娓道来，使得它们不再"面目可憎"，而是引人入胜，这既体现在《现代心理学史》中，同样也体现在这本《人格心理学》之中。

著名华人心理学家杨国枢先生曾指出，人格心理学是从个体自身和环境的角度来解释个体心理和行为的原因，与社会心理学、实验心理学和认知心理学共同构成心理学的四门基础学科。因此人格心理学一直是心理学的传统领域之一，关于人格最早的论述可以追溯到中国先秦关于性善性恶的讨论，以及古希腊希波克拉底关于气质的四种类型的划分。虽然如此，但是对于人格这一概念究竟指的是什么，研究者却很难达成一致，北京大学心理学系陈仲庚教授曾在其编著的中国第一部人格心理学著作中总结了50多种定义，这一方面体现了人格这一概念广受关注，另一方面更说明了这一概念的复杂性。在舒尔茨教授夫妇的这本《人格心理学》中，他们将人格定义为个体稳定而独特的特征集合，能够改变个体在不同情境中的反应；主要强调人格这一概念所具有的稳定性和独特性这两个最重要的特点，与众多的人格概念相比，主要关注人格作为个体差异的重要性，即人格就是人的特色这一方面。虽然可能并不特别完整或者流行，但明显的一个优势就是比较容易理解，他们一直强调本书针对的读者就是对人格心理学还没有任何认识的本科生，想象一下，如果一打开书，第一个概念就极其抽象难以理解也许会让很多对人格心理学充满热望的年轻人望而却步。

当然，舒尔茨教授夫妇善于把握读者心理并尽力为读者着想的写作风格体现在了很多方面。他们在这一版中增加了每一位理论家的生平，这既可以增加读者阅读的兴趣，也可以帮助他们理解相应的理论，因为任何一位理论家的理论实际上都受到其个人生活和职业生涯的影响，比如弗洛伊德的精神分析理论、荣格的分析心理学、奥尔波特的特质理论等。此外，在“研究集锦”栏目中作者对所提到的众多研究结果进行总结，并列出重要的观点，有利于学生对众多研究结果系统化理解并进行分析比较。

从整本书的结构来看，舒尔茨教授夫妇的这本《人格心理学》采用了不同于传统人格心理学教材的写作风格。传统的人格心理学教材主要延续的是霍尔（Hall）和林哲（Lindzey）提出的以理论流派来组织的方式，主要介绍精神分析、特质流派、生物学派等不同人格流派的经典理论，基本上很少涉及人格心理学中大量的具体研究主题，因此长期以来给人们的感觉就是人格心理学是一门纯理论学科。随着近些年来将大量的研究主题融入到不同理论流派的介绍之中，人格心理学越来越成为一种比较受欢迎的人格心理学教材的架构方式，本书即属于此类。虽然这一方式也受到了一些批评，但长期忽视人格心理学领域中大量具体研究主题的做法，在大的人格理论缺乏突破的现实情境下，人格心理学的教材多年以来几乎没有什么变革，这显然不利于这一学科的发展。另外，大量具体研究的介入也使得理论不再枯燥和抽象，这同样符合舒尔茨教授夫妇的一贯风格。

自从 2003 年考入北京大学心理学系，我便与人格心理学结下了不解之缘，在老师的带领下从研究中国人的人格开始步入人格心理学的殿堂，一直关注人格与心理健康、积极人格特质以及人格评价准确性的研究并做了一些探索，但自忖对于人格心理学这一庞大领域的了解依然只是沧海一粟，因此，当机械工业出版社找到我希望我来翻译这本舒尔茨教授夫妇的《人格心理学》时，我觉得很有必要把这本广受欢迎且很有特色的人格心理学教材引入中国。更重要的是我觉得这是一个很好的学习机会，一方面我们可以极其细致地阅读这本著作，全面理解人格心理学的理论和发展，另一方面也提供了一个把我们对人格心理学的学习理解展示出来，向广大专家和读者学习、请教的机会。因此，我们大胆地接下了这一项光荣而艰巨的任务，整本书的翻译由我先翻译前言、术语表和第 7 章，然后由我的学生翻译其他章节的初稿，其中李森负责第 1、2、6、8 和 15 章，王诗如负责第 3 ～ 5 章，宋美婷负责第 9 章，何文倩负责第 10 章和 11 章，王文博负责第 12 章和 14 章，林泽宇负责第 13 章。最后由李森协助我进行校对并定稿，虽然我们认真理解原文并力求准确表达，但限于我们的能力，而且很难避免个人化的语言表达偏好，因此错误和阅读中的不适应可能在所难免，敬请各位专家、学者不吝赐教！

张登浩
中国人民大学贤进楼

Preface | 前言

对每一版教科书而言，最为重要的就是要随着学科的发展而不断变化。为了保持作为教学工具的有效性，教科书必须反映相应学科领域的最新进展，并不断地给读者以启迪。人格心理学的研究重点，已经从 19 世纪弗洛伊德所创立的对神经症的精神分析理论为开端的大理论，发展到 21 世纪对更加具体的人格维度的探索。同时，人格心理学研究的原则也从对情绪障碍患者的个案研究，转向了采用更为科学的方法对更加广泛人群的研究。当前人格心理学的研究反映了人格在性别、年龄、性取向以及民族、种族、宗教信仰和文化传承等方面的差异。

新增加的内容

本版的主要变化在于，新增了理论家的生平材料。这是因为理论的发展受到理论家个人生活和职业生涯的影响。科学理论和研究的发展并不完全是客观的。它们最初可能只是起源于理论家的直觉和个人经验，后来才通过更加理性和逻辑的程序得以提炼和拓展。本版同时也提及了社会文化对于理论家关于人性看法的影响。

本版对人格研究部分也进行了更新，增加了 350 多个新的参考文献，继续强调人格心理学当前的研究主题。在“研究集锦”栏目中对许多研究结果进行了总结，并列出了重要的观点，有利于学生对众多研究结果进行系统化并进行比较分析。

本版还增加了大量关于子女教养、性别、民族以及文化影响人格发展、考试成绩以及更为广泛的人性概念的材料。我们提供了大量跨文化研究结果，所涉及的被试来自世界大约 50 个国家，不仅涉及母语为英语的国家，也包括欧洲、亚洲和中东、非洲和南美的国家。我们同时将人格评估也扩展到非裔、亚裔、西班牙裔以及印第安人等人群中。

第 1 章增加了社交网站，比如脸书是如何塑造和反映个体人格的内容的。网络使用（或滥用）与攻击行为、去抑制、控制点、感觉寻求、主观幸福感、梦的内容、网络欺凌与拖捕等具有相关性。

人格评价部分增加了在线施测以及使用个人电子设备来记录思想和行为样本等技术，还更新了使用网络来收集更多样本和更加多样化的被试，并且讨论了对维基百科所发表文章的争议，介绍了罗夏墨渍测验。

对于弗洛伊德的理论，我们增加了有关潜意识、自我控制、自我韧性、替代性攻击以及作为发泄愤怒情绪的方式之一的宣泄等影响的材料。精神分析在中国的影响越来越大，非常值得注意的是，精神分析师在不断努力以使弗洛伊德的众多概念能与中国社会的价值观相融合。

对于荣格，我们讨论了有关迈尔斯－布里格斯人格类型量表的研究，以及作为心理类型的一种机能的行为差异方面的研究。我们不仅增加了有关女性中年危机的研究，而且增加了更多荣格的心理分析的案例。对于阿德勒，我们增加了有关早期记忆、出生顺序以及社会兴趣方面的新成果。对于霍妮，我们增加了有关神经症竞争力的内容。对于埃里克森，我们补充了其个人简介，增加了认同的心理社会阶段、民族认同、性别偏好认同、寻求认同的文化差异以及网络在建立虚拟认同中的作用。随着人口的老龄化，出现了更多对中年期的生成性阶段和老年期的自我整合阶段的研究。

对于奥尔波特，我们讨论了更多关于表现性行为、情绪表达的文化差异，面部表情和情绪的计算机识别，以及通过使用“情绪符号”的面部表情的计算机传输。为了加强有关人格基因基础方面的研究成果，我们呈现了基于艾森克人格理论和五因素模型的最新研究成果。我们还介绍了人格的六因素模型，即 HEXACO，这一模型已经引发了大量研究者的关注。在介绍马斯洛理论的章节，我们补充了关于自尊的研究。在有关斯金纳的部分，我们增加了关于迷信行为和自我控制的研究。在有关班杜拉的部分，我们增加了有关父母自我效能感、自尊的文化差异、观看视频游戏和攻击行为之间的关系、说唱音乐对于攻击行为的影响等方面的材料。在有关罗特的部分，我们加入了关于控制点的最新研究。

在第 14 章中，我们探讨了人格的一些具体层面，包括控制点、感觉寻求、习得性无助、乐观 / 悲观主义、积极心理学、幸福感以及成功等。新的感觉寻求形式，比较受关注的包括刺青、穿孔以及网络成瘾等。同时，这一章还介绍了乐观 / 悲观主义的文化差异、积极心理学的跨文化研究以及不同类型的幸福感及其与成功的关系。

本书的结构

第 10 版保留了本书一直以来面向对人格理论没有任何了解的本科生的取向，我们的目的就是让这些初学者能够轻松地掌握人格心理学的研究。我们选择了精神分析、新精神分析、毕生发展论、遗传、人本主义、认知、行为和社会学习取向的代表性人物的理论，以及相关临床和实验研究。在最后一章，我们对以上这些描述人格发展的不同理论进行了回顾，并提供了一些方法帮助学生获得结论，同时通过他们的研究来最终获得对这些理论的理解。

本书当中的每一个理论都是作为一个独立的单元来介绍的。虽然我们知道，在具体的知识点上对不同的理论进行比较分析非常重要，但我们认为问题取向的教材更适合高年级的学生，而理论取向的教材对初学者而言更为容易一些，更有利于他们掌握最基本的概念以及把握整体。我们试图清晰地呈现每一个理论，介绍最重要的思想、假设、定义和方法。我们对每一个理论家的评价方法以及实证研究进行了讨论，并对每个理论进行了评价和反思。除了将弗洛伊德按照时间顺序排在第一位之外，并没有按照重要性来安排其他理论的顺序。对于每一个理论，我们都用竞争性的视角进行讨论。

关于多样性的说明

第一个综合性人格理论的提出者是西格蒙德·弗洛伊德，他是19世纪的神经科临床医生，在奥地利维也纳的诊疗过程中形成了自己的理论。他的理论被称为精神分析，主要建立在对富有的欧洲白人女性的研究之上。这些欧洲白人女性向弗洛伊德抱怨情绪痛苦以及令她们苦恼的思想和行为。弗洛伊德根据对她们病情好转或者并没有好转过程的观察，提出了解释所有人的人格理论。弗洛伊德理论之所以重要就在于他所提出的很多概念已经成为现在流行文化的一部分，以及他的理论所招致的反对，这激发了许多其他理论家去检验和提升他们自己的人格理论。

现在，人格理论家和研究者都已经承认，基于一个同质的小样本所建立的理论不能被应用到整个世界多样化的群体中。这种情况就和医学一样。例如，医学研究者承认，一些药物和治疗方法适用于青年人，却并不适合小孩子和年纪比较大的人。在特定族群中流行的疾病在其他族群却几乎看不到，这就需要对不同的人群进行医学筛查和检验来了解他们的差异。现代人格理论努力追求包容，研究年龄、性别、种族、血缘、宗教信仰、性取向以及育儿方式的影响。这种多样性的体现贯穿全书。

本书的特点

我们在每章为学生提供了“欢迎登录”“研究集锦”“本章小结”“复习题”以及“推荐阅读”等栏目。

致谢

感谢许多同事和学生为我们这版教材所提出的宝贵意见。感谢以下各位审稿人：查理斯·查普尔（索尔兹伯里大学）、特拉维斯·兰利（亨德森州立大学）、帕梅拉·马尔德（马歇尔大学）、肯·皮尔斯（加州浸会大学）以及琳达·兰盖尔（纽约理工学院）。

杜安·舒尔茨

西德尼·艾伦·舒尔茨

目录 | Contents

第二部分　新精神分析取向

第三部分 毕生取向

第四部分　遗传取向

第五部分　人本主义取向

第六部分　认知取向

第七部分　行为主义取向

第八部分　社会学习视角

第九部分 小理论：探索人格的方方面面

⊖⊖ 请参见网站：course.cmpreading.com. 注册后搜书名即可下载。

Chapter 1

第1章

人格：评价、研究与理论

打开本书，你将会开启一段神奇的旅程，在这段旅程中，包含了心理学家和其他科学家所提出的用于解释人类人格，即有关你的人格的各种观点。同时在这段旅程中，我们还将讲述那些伟大的理论家的生活，以及他们的自身经验如何影响到他们所提出的理论。也许你已经知道人格的重要性。可以说，迄今为止你所取得的一切，你对未来的预期，甚至是你的整体健康状况，都受到你自己以及与你互动的那些人的人格的影响。

根据对人性看法的不同，我们对不同的理论进行组织，首先是西格蒙德·弗洛伊德的理论，以及对弗洛伊德精神分析进行扩展的理论，并讨论了修正和违背其理论体系的其他人的理论。这些章节都是按照毕生发展的取向，探究从出生到老年人格的发展。接下来讨论了有关人格特质、心理健康、既定行为模式以及社会认知学习的理论。我们也介绍了一些21世纪人格研究的观点，提出了一些建议并根据我们的探索得出了一些结论。

我们也发现，20世纪的理论家很少考虑种族和文化差异的重要性。例如，你很容易看到，将一位理论家基于欧洲神经质女性的临床研究，或将另一位理论家基于对美国男大学生的测试所得出的观点推论到所有人身上，其实这并不恰当。因此，我们在讨论关于这些理论的研究，以及描述它们对实际问题的诊断和治疗时，会阐述年龄、性别、种族、民族和国籍、宗教信仰以及性取向的影响。

为了使你学习起来更简单，本书的每一章都包含了“本章小结”“复习题”和“推荐阅读”等栏目。文中标出的重要词汇均列入本书最后的术语表中。另外，在每章的“欢迎登录”栏目中，你可以查看相关网址。

人格研究

人皆有之

每个人都有人格，人格有助于确定你成功和生活满足的边界。毫不夸张地说，人格是你最重要的财富。它已经帮你塑造了自身的经验，并将在你以后的生命中继续发挥作用。迄今为止，你所有的成就、对未来的期望、是否会成为一名好的伴侣或父母甚至是你的健康，都会受到你自己以及与你互动的那些人的人格的影响。人格会限制或扩大你的选择，阻止你分享某些经验，或者使你去利用这些经验。人格限制或约束了一些人，同时对另一些人打开了世界的大门。

你是不是经常说一个人的人格很好？一般来说，这样的描述意味着那个人和蔼可亲、讨人喜欢、容易相处，你可能会选择这种人作为朋友、室友或同事。如果你是一名经理，你可能会雇用这个人。如果你准备步入婚姻，基于对他人格的了解，你可能会想要与这个人结婚。你可能也认识一些人格很差的人，这些人冷漠、敌对、具有攻击性、不友好、令人讨厌或者难以相处。作为经理，你不会去雇用他们，或者与之发生关系，他们也会受到他人的回避、排斥和孤立。

当你在评价他人的人格时，他们也在对你进行类似的评价。在每一次与新人进行交流时，这种塑造评价者和被评价者生活的相互决策会进行无数次。当然，你愿意参与的社会情境的数量和多样性也取决于你的人格——比如，你的社交性或羞怯水平。你知道你会基于哪些因素进行评价，就像你对自己的整体人格有一个非常清晰的画面一样，这一点无须质疑。

描述你的人格

当然，使用很好和很差这种模糊的术语来总结某一个体所有的人格特征，虽然很容易但也比较肤浅。人格非常复杂，这是因为人很复杂，而且在面对不同情境、不同个体时行为的变异性很大。我们需要更为精确的语言来对人格进行恰当的定义和描述。也正因为如此，心理学家投入了很多精力来开发各种测验进行人格评价。

你可能会认为，你并不需要心理测验来告诉你你的人格是怎样的。一般来说，你是正确的。毕竟，你比其他任何人都更了解你自己。如果要求你列出一些能够最好描述你人格的词语，毫无疑问，你无须太多思考就能完成。

好的。我们来试一试。拿出一张纸，并写下尽可能多的形容词来描述你究竟是什么样子的，不是你想要成为什么样子，或者你希望老师、父母或同学认为你是什么样子的，而是真实的你。尽量不要使用很好这种词，即使它确实很适合描述你。你选择了多少个词语？6个？10个？还是再多一些？一个被广泛使用的人格测验《形容词清单》，令人惊讶地提供了300个描述人格的形容词。参加测试的人在其中选择能够描述自己的最佳形容词。不，我们并不是要让你去回顾所有这300个形容词，在表1-1中，我们仅仅列出了其中30个词。请在你认为适合自己的形容词旁边做出标记。现在，你对自己的人格有了一个更为详细的描述，但要记住，在实际测验中，你还将要从另外的270个条目中进行选择。

表 1-1　形容词清单

在你认为适合描述自己人格的词汇旁边做出标记		
有感情的	野心勃勃的	独断的
自负的	快乐的	愤世嫉俗的
苛求的	支配的	恐惧的
坚强的	慷慨的	高度紧张的
焦躁的	富有洞察力的	温顺的
喜怒无常的	乐观的	固执己见的
执着的	过分规矩的	无拘无束的
尖刻的	敏感的	好交际的
顺从的	宽容的	轻信的
放荡不羁的	怀恨在心的	沉默寡言的

人格是如何建立的

在此，我们关注的并不是你的人格是什么样子的。你并不需要一门心理课程对其进行学习。我们要学习的是塑造你人格的力量和因素。在本章的后面部分，以及整本书当中，我们都会讨论关于人性的基本问题，比如某一种人格是与生俱来的，还是从父母身上习得的，人格是否受到潜意识力量的影响，或者说童年以后人格是否还会发生改变。

在本书中，我们介绍了一系列有助于回答这些问题以及与人性相关问题的理论。在讨论完这些理论之后——这些理论的内容是什么，它们是如何建立的，以及它们目前的地位如何，我们对这些理论在回答我们的问题，以及帮助我们理解人格形成中的有效性进行了评估。我们认为，每一位理论家都对解决这一巨大的难题做出了一定的贡献，这也是尽管他们的一些概念过去了几十年之久，我们仍要对其进行研究的原因所在。心理学家一直试图将这些不同的理论片段结合起来形成一幅更清晰的图像、一幅更完整的画面，来阐明是什么使我们成为现在这个样子，以及是什么决定了我们看待世界的方式。

人格在心理学史中的地位

因为研究人格对于理解人性至关重要，因此，你可能会以为人格在心理学中一直具有非常显赫的地位。但实际上在心理学作为一门科学以来一半以上的历史中，心理学家给予人格的关注甚少。

心理学借助于整合哲学和生理学的观点，才成为一门以实验为主的独立科学。心理学诞生于 19 世纪末的德国，威廉・冯特做出了巨大的贡献，他于 1879 年在莱比锡大学建立了第一个心理学实验室。

对意识的研究

作为一门新科学，心理学主要关注的是模仿自然科学的研究方法，将意识经验分解为基本元素。物理学和化学通过将所有的物质降解为基本元素，并对其进行分析来解开物理世界的秘密。如果可以通过将物理世界分解成元素来进行理解，那为何不能以同样的方法对意识或心理世界进行研究呢?

冯特以及与他同时代从事人性研究的心理学家，在很大程度上受到自然科学方法的影响，并将其运用到对心理的研究中。因为这些研究者将自己局限于实验方法之中，他们只能研究研究者可以操纵和控制的外部刺激所影响的心理过程。对于像人格这种复杂多维的问题在实验心理学方法中没有存在的空间。因此，无论是在研究主题还是在研究方法上，它与新心理学都是不兼容的。

对行为的研究

20 世纪早期，在马里兰州巴尔的摩的约翰・霍普金斯大学，美国心理学家约翰・华生发动了一场反对威廉・冯特理论的革命。华生发起的这场运动，被称为**行为主义**（behaviorism），反对冯特关注意识经验。华生比冯特更加重视自然科学方法，他提出，如果心理学想要成为一门科学，就必须只研究人性中可触摸的方面——那些可以被看到、听到、记录以及测量的方面。只有外显的行为，而不是意识，才是心理学合理的研究主题。

华生说，意识看不见，也无法进行实验研究。因此，就像哲学家的灵魂概念一样，意识对于科学来说毫无意义。心理学家只能去研究那些看得见、可以操纵和测量的变量，即外部刺激以及被试对这些刺激所做出的行为反应。根据华生的观点，在刺激呈现之后，个体做出反应之前，无论个体内部发生什么我们都是看不到的。我们只能对其进行推测，因此对科学而言是没有意义和价值的。

行为主义呈现了一幅机械主义的人性画面，将人看作一台井然有序地运行的机器，可以对外部刺激自动做出反应。在行为主义者看来，人就像是自动售货机，将刺激放进去，随后从过去经验中所习得的恰当反应就会出现。按照这种观点，人格不过是习得反应或习惯系统的累积，后来另一位美国心理学家斯金纳正式提出了这一定义。因此，行为主义者认为人格应该是可以被客观观察的，在他们的人格概念中没有意识或潜意识的位置。但后来，源于华生和斯金纳行为主义视角的社会学习理论家在对人格进行解释时，恢复了对意识部分的测量。

当我们在使用人格这个词时，如果按照华生和早期行为主义心理学家的观点，出现在脑海中的所有观念、感觉和复杂性均不予考虑，那么，它们应该处于何地?你知道在自己清醒的时候所体验到的意识到底是什么?那些有时似乎强迫我们以感觉无法控制的方式去行动的潜意识力量又在哪里?

对潜意识的研究

独立于冯特和华生的第三个理论流派关注了人性的潜意识层面。来自奥地利维也纳的一位医生西格蒙德・弗洛伊德于 19 世纪 90 年代对这些内容进行了研究。弗洛伊德将他的理论称为**精神分析**（psychoanalysis）。

精神分析和心理学并非同义或可以互换的术语。弗洛伊德并不是一名心理学家，而是一位私人诊所的医生，主要治疗受情绪困扰的患者。尽管他接受过科学训练，但弗洛伊德并没有使用实验方法，而是基于对其患者的临床观察建立了他的人格理论。通过一系列冗长的精神分析谈话，弗洛伊德对患者讲述的真实与幻想的情感和过去的经历，进行了创造性的解释。因此，他的研究方法完全不同于对意识经验或行为所进行的严格的实验室研究。

在弗洛伊德精神分析方法的启发下，一批人格理论家提出了主流实验心理学之外关于人性的独特概念。这些理论家，也就是新精神分析学家，关注的是人作为一个整体在现实世界中的行为，而不是在心理学实验室中研究行为的元素或刺激反应单元。新精神分析学家承认意识和潜意识力量的存在，而行为主义学家只承认看得见的事物的存在。因此，早期人格理论家的研究带有推测的性质，更多依赖于对患者的行为进行客观观察的基础上所做出的推断，而非对实验室数据的定量分析。

对人格的科学研究

可以看到，实验心理学和关于人格的正式研究开始于两种独立的传统，使用的方法不同，追求的目标也不同。我们应该注意到，实验心理学在建立的时候并没有完全忽略人格，只是研究了人格非常有限的一方面，在心理学中并不存在一个像儿童心理学或社会心理学一样明确的人格心理学的专业领域。

直到20世纪30年代，在哈佛大学戈登·奥尔波特的努力下，美国心理学对人格的研究才开始正规化和系统化。奥尔波特里程碑式的著作《人格：一种心理学的解释》，通常被认为标志着人格研究的正式开始。在他最初的努力之后，其他的专业书籍开始出现，杂志得以创刊，大学里也开设了相关课程，研究也得以进行。这些活动标志着，人们逐渐意识到，精神分析学家和新精神分析学家所关注的一些领域可以被纳入心理学的范畴中来。学术型的心理学家逐渐相信，建立对人格的科学研究是有可能的。

从20世纪30年代至今，涌现出了各种不同的人格研究取向。在本书中，除前面提到的精神分析和行为主义取向之外，我们还会讨论一些其他的理论取向：毕生发展取向认为人格在整个生命过程中一直都在发展；特质取向主张大部分人格都是遗传的；人本主义取向则强调人类的长处、优点、抱负以及潜能的实现；认知取向则关注的是有意识的心理活动。

最后，我们还探讨了一些关注的问题比较小的理论家的研究，比如控制点、感觉寻求行为、习得性无助等，并以对人格研究的过去、现在和未来的思考作为本书的结尾。

欢迎登录

The Personality Project
美国西北大学心理学系所建立的一个大型信息类网站。内容包括了对主要人格理论的讨论、阅读书目推荐、学术和非学术性链接、对学生的建议以及关于人格测试的信息。

Personality Theories
一个关于人格理论的电子文本，可以下载其中的章节。还有其他人格网站的链接。

Great Ideas of Personality
内容包括研究项目、杂志和专业学会信息，以及为学生提供的专业术语和自测试题。

Society for Personality and Social Personality
人格和社会心理学会的官网。有给学生提供的信息以及与其他相关网站的链接。要获得这些网站的直接链接，可以登录本书的学生手册网站www.cengagebrain.com。

人格的定义

当我们描述他人和自己的时候，经常会使用“人格”这个词，我们都相信自己知道它指的是什么意思。也许我们确实知道。一位心理学家提出，如果我们每次在使用“我”这个词的时候，考察一下我们的目的，就能很好地理解“我”的意义（Adam，1954）。实际上，当你在说“我”的时候，是将关于你自己的一切综合了起来——你的喜好和厌恶、恐惧和美德、优点和缺点。你所定义的“我”就是一个独立于他人的个体。

他人眼中的我们

要对人格做出更准确的定义，需要考察这个词的来源。“人格”（personality）一词源自拉丁语“persona”，指的是演员在戏剧表演中所戴的面具。很明显，面具指的就是外表，是向周围的人展示出来的公众形象。基于其来源，我们认为，人格就是指我们展示在外的、可见的特征，是他人能够看到的那些方面。人格也可以依据我们给他人留下的印象来定义，也就是说，人格是我们所看起来的样子。标准词典中对人格的定义依据的就是这一推理，认为人格就是个体可见的性格特征，会给他人留下深刻的印象。

但这是我们使用人格这个词时所表达的所有意思吗？我们所谈论的难道仅仅是我们所能看到的或其他人所表现出来的特征吗？人格只是我们所戴的面具和所扮演的角色吗？无疑，我们提到人格时，所指的并不仅仅是这些。我们希望人格包含一个人所有的品质，是超出表面物理特性的各种特征的总体或综合。人格这个词也包括大量主观的社会和情感品质，而这些是我们无法直接看到的，是个体试图对我们隐瞒或我们试图对他人隐瞒的品质。

稳定性与可预测性

在使用“人格”这个词时，我们指的是个体稳定的特征。我们假定，人格是稳定且可以预测的。比如，尽管我们承认，一个朋友在大部分时间里是冷静的，但我们也知道他有时候也可能会变得易怒、紧张或恐慌。因此，人格会随着情境而发生改变。尽管它并不固定，但是通常不会发生突然的改变。

20 世纪 60 年代，心理学中爆发了一场关于这种稳定的人格变量，如特质和需要，与情境变量对行为的相对影响力的争论（see Mischel，1968，1973）。这场争论持续了约 20 年的时间，最后，以认识到“是情境还是个人对行为产生影响，这个长期存在争议的二分法……是，并且总是虚假的”而结束（Funder，2001，p.200）。因此，这一问题通过接受一种交互作用的取向而得以解决，争论各方一致同意为了对人性提供一个完满的解释，稳定的人格变量、变化的情境变量以及它们之间的交互作用都必须加以考虑。

独特性

人格的定义还包含了个体的独特性。不同个体虽然具有共同性，但也拥有彼此不同的特殊品质。因此，我们认为，**人格**（personality）是个体稳定而独特的特征集合，能够改变个体在不同情境中的反应。

人格是我们面对外部世界的面具。

然而，即使这个定义，也并不是被所有的心理学家所认可。为了更加准确地定义“人格”，我们必须考察每一位人格理论家在使用这一术语时究竟意味着什么。每一位理论家都对人格的本质有自己独特和个性化的见解，这些看法构成了他们对人格的定义。这就是这本书的全部内容：理解不同版本的人格概念，并考察定义“我”这个词的不同方法。

人格、互联网和社交网络

我们曾看到，人格的一种定义就是我们所戴的面具，我们对周围人所表现出来的公众形象。越来越多的人会表现出另一张面孔，而且不是当面表现出来，而是通过互联网，在脸书等社交网站上表现出来。因此，对人格的另一种定义是，在线上他人如何看待我们。

但他们看到的是我们真实的样子，还是我们在网上创建的想要展示给他人的理想化自我形象呢？我们是伪装成了另外一个人，还是对我们的人格进行了准确的描述呢？研究显示，大多数人的网上面孔是真实的。美国和德国的研究发现，社交网站的确传递了准确的人格。研究者认为，网上所呈现的人格描述至少和面对面互动中所做的描述同样准确（Gosling，Gaddis，& Vazire，2007；Back et al.，2010）。另一项研究发现，博客读者能够对那些在博客上发布文章的陌生人的人格做出一致和准确的判断（Li & Chignell，2010）。

当然，我们在进行自我描述时并非总是诚实的，尤其是在遇到我们想要留下好印象的新朋友时，比如去约会或约见雇主。面对已经认识一段时间的人，那些使我们有安全感且没有威胁感的人，我们可能会较少去伪装。

社交网站与日常生活最大的不同可能就是具有更广泛的受众，对我们的事业和未来有更大的潜在影响。

研究者还指出，在线的社交网站，如脸书，能够塑造并反映出我们的人格。对中国 13 ～ 18 岁的青少年进行的一项研究发现，相对于在互联网上花费较少时间的青少年来说，在互联网上花费过多时间的青少年焦虑和抑郁水平显著更高（Lam & Peng，2010）。其他研究也发现，高度的互联网使用会减少心理幸福感，并降低与朋友和伴侣之间的关系质量（Blais，Craig，Pepler，& Connolly，2008；Huang，2010）。

对美国大学生的一项网上调查表明，相比于通过社交网站与父母联系的学生来说，那些花时间与父母进行电话交流的学生和父母之间有更加满意的人际支持性关系。此外，在社交网站上与父母进行交流的大学生报告了更多的孤独感、焦虑感以及与父母之间的冲突（Gentzler，Oberhauser，Westerman，& Nadorff，2011）。

社交网站除了会对人格产生影响以外，还会反映出我们的人格。对新加坡青少年的一项研究发现，更外向和自恋（具有膨胀、不切实际的自我概念）的个体比在这些人格特征上得分较低的青少年更有可能使用脸书。越自恋的青少年，越可能更频繁地更新他们的脸书状态（Ong et al.，2011）。

其他研究表明，相比于较少使用社交网站的个体，经常使用社交网站的个体更加外向、对新经验更具开放性、自尊水平更低、责任心水平更低而且情绪稳定性更低（Correa，Hinsley，& de Zuniga，2010；Mehdizadeh，2010；Ross et al.，2009；Wilson，Fornasier，& White，2010）。

对 18 ～ 25 岁大学生的一项研究发现，他们上传的个人照片大部分都是摆拍的，而不是抓拍的，照片中也没有其他人。他们在为社交媒体页面挑选图片时非常谨慎，绝不显示包含酒精或药物滥用、裸体或性暗示的内容（Hum et al.，2011）。

有研究考察了手机使用者的人格差异。对澳大利亚青少年和成年人的研究发现，外向和自我认同感强的个体，与在这些人格特征上得分较低的人相比，会花费更多的时间打电话以及改变手机铃声和壁纸。研究也发现，神经质水平更高、责任心水平更低以及害羞的个体，与神经质水平更低、责任心水平更高的个体相比，会花费更多的时间发送手机短信（Bardi & Brady，2010；Butt & Phillips，2008；Walsh，White，Cox，& Young，2011）。

对美国大学生的研究发现，害羞的个体更有可能发送文字信息，很明显的一个原因就是这会减少他们的孤独感（Bardi & Brady，2010）。对成年人的一项网上调查表明，推特经常被作为满足与他人相联需要的一种方式（Chen，2011）。以上两种技术似乎都能很好地实现这些目标。

对 18 ～ 70 岁成年人的一项网络调查发现，创建和维护个人日志式博客的理由各种各样（Hollenbaugh，2011）：

- 暴露癖
- 组织思想和观点的一种方式
- 获得他人的反馈和建议
- 消磨时间
- 一种通过知识分享来帮助和告知他人的方式

调查也发现，年龄越大，越可能通过博客来帮助和告知他人；年轻的博客使用者更多是因为无聊才创建和维护个人日志式博客。

人格的种族与性别问题

本书中所讨论的人格理论家对人格的本质提出了不同的观点。尽管存在分歧和差异，但这些理论家拥有一些共同的特征：均是欧洲或美洲血统的白人，并且几乎都是男性。这并没有什么不同寻常之处，因为在这些研究者和理论家创建自己理论的时期，人类在艺术、哲学、文学和科学上的所有进步，包括科学方法的建立，都是由欧洲或美国背景的白人男性所做出的。在大多数领域中，对女性和少数民族群体所提供的教育和专业机会都非常有限。

此外，早期人格理论所依据的患者、来访者和被试都是白种人，甚至实验室中的大鼠也是白的。而且，大部分的患者和被试都是男性。然而，人格理论家很自信地提出了自己的理论，并认为无论性别和种族如何，这些理论对所有人都有效。

没有理论家明确地指出，他的理论仅适用于男性，或仅适用于白人或美国公民，抑或他们的理论可能并不适用对其他背景中人们的人格进行解释。尽管这些理论家在一定程度上都承认社会和环境力量在塑造人格中的重要性，但他们往往会忽视或抹杀了性别和种族的影响。

经验告诉我们，兄弟姐妹和我们会受到不同童年经验的影响，因此，我们长大后会拥有不同的人格。我们也从社会心理学和社会学的研究中了解到，不同环境中的儿童，比如一个以白人为主的中西部城市、一个亚洲移民社区、洛杉矶的一个西班牙人聚居区、阿巴拉契亚的一个山村、一个印第安人保留地、一个富裕的黑人郊区，都会受到非常不同的社会和文化的影响。人们生活的世界以及影响他们成长的因素如此不同，我们当然会预期，他们的人格也会因此而不同。

越来越多的研究证实，他们之间确实存在差异。以一项对在中国香港地区的中国内地大学生和在加拿大的中国内地大学生进行比较的经典研究为例，生活在东方文化中的学生比生活在西方文化中的学生更内向，这个结果支持了早前的研究，即一般来说，生活在东方社会中的人比生活在西方社会中的人更内向。

在同一项研究中，近期移民到加拿大的中国人与中国香港地区的内地中国人具有类似的低内向性水平。然而，在加拿大生活 10 年以上，并因此而更多接触到西方文化的中国移民，比近期的移民和香港被试外向性得分显著更高。在这项研究中，文化力量对基本人格特质产生了影响（McCrae，Yi，Trapnell，Bond，& Paulhus，1998）。

人们通常是根据传统的刻板印象来抚养男孩和女孩，这种教养方式在许多方面对人格产生了影响。已有研究表明，男性和女性在许多具体人格因素上存在差异。我们来看几个例子。在一项有关情感觉知和表达的大规模研究中，对美国两所大学的男女大学生，以及美国和德国医学院的男女大学生进行了比较。结果显示，两种文化中的女性均比男性表现出更高的情感复杂性和表达强度（Barrett，Lane，Sechrest，& Schwartz，2000）。对 16 个伊斯兰国家 7 000 多名大学生进行的一项研究发现，在所研究的 16 个样本中，有 11 个样本均显示女性比男性有更高的焦虑水平（Alansari，2006）。

一项关于工作压力的研究发现，女性管理者比男性管理者会更频繁的报告头痛、焦虑、抑郁、睡眠障碍和饮食失调。在应对工作压力时，女性更多采用吸烟、饮酒以及使用药物（Nelson & Burke，2000）。

另一项研究比较了男性和女性在进行多种心理测试 45 年之后的死亡率。这些测试是在 1940 年施测的，测量了职业兴趣、男子气—女子气和职业偏好。被试在接受测试时的平均年龄是 30 岁。结果很清晰地表明，选择了在 1940 年被认为是“男性的”职业，比如飞行员、工程师、法官、化学家或律师的个体比选择其他职业的个体死亡率更高。研究者认为，某些与性别相关的典型特质与死亡率高度相关（Lippa，Martion，& Friedman，2000）。

跨文化心理学

文化对人格的影响在心理学中已经得到了广泛认可。这一被称为跨文化心理学的特殊领域出现在 20 世纪 60 年代，通过大量的研究认为，人格是由基因和环境的影响共同塑造的。“而后一个因素中最重要的就是文化的影响”（Triandis & Suh，2002，p.135）。

在被忽视多年以后，文化的影响终于得到承认，这代表了一个重大的进步。但相比于说英语的国家以及欧洲和亚洲国家来说，对非洲和南美洲国家的人格研究相对较少。而且对这些人群所做的许多研究并没有用英语来发表。另一个限制跨文化人格研究的问题是，大多数研究都使用大学生作为被试；我们是否可以将在美国大学生中获得的结果推论到人口总体之中，是存在疑问的。在本书中，我们提供了从更多不同人群中所得到的研究结果。本书中的研究引自 40 多个国家，涉及不同的年龄、文化、宗教和种族背景。

欢迎登录

Race，Ethnicity，and Multicultural Issues
提供了有关种族、民族和跨文化问题的多个网站链接，尤其是有关非洲、亚洲、西班牙、犹太和美国土著的文化。

人格评估

评估就是评价。人格评估是将心理学应用到实际问题中的一个重要领域。以日常生活中的一些事件为例，临床心理学家通过区分正常和非正常的行为和感受，来评估患者或来访者的人格，进而理解他们的症状。只有通过这种方法进行人格评估，才能做出临床诊断，并确定最佳治疗方案。心理咨询教师会对那些交由他们处理的学生进行人格评估，以试图揭示导致适应和学习问题出现的原因。工业 / 组织心理学家通过评估人格来确定某一职位的最佳候选人。咨询心理学家通过测量人格来为特定申请者找到最适合的工作，使职位需求和个人兴趣及需要相匹配。从事学术研究的心理学家通过评估被试的人格以试图解释他们在实验中的行为，或者将他们的人格特质与其他变量进行相关分析。

无论你在生活或工作中做的是什么，都很难避免以某种方式对你的人格进行评估。实际上，你在职场中的成功很大程度上都将取决于你在各种心理测验中的表现。因此，对这些测验是什么以及它们如何起作用有一些理解就显得很重要。

信度和效度的概念

不同评估技术在客观性或主观性上均有所不同；一些技术是完全主观的，因此会有很多偏差。通过主观技术所获得的结果会因评估者的人格特征而歪曲。好的人格评估技术应该具有一定的信度和效度。

1. 信度

信度（reliability）指的是对某一评估工具反应的一致性。如果你在两天中参与相同的测验得到了两个完全不同的分数，那么这个测验就会被认为是不可靠的，因为其结果太不一致。没有人能够通过这个测验对你的人格进行准确的评估。在对一项测验进行重测的时候，出现一些微小的变异是很常见的。但如果变异很大，这个测验或它的记分方法就可能是有问题的。

2. 效度

效度（validity）指的是一个评估工具测量了它所要测量的对象。一个智力测验真的测量了智力吗？一个焦虑测验真的评估了焦虑？如果一个测验没有测量出它想要测量的对象，那么它就是无效的，测验的结果也不能用来预测行为。例如，无论你在一个无效智力测验中的分数有多高，都不能用来预测你在大学或任何需要高智力水平的情境中的表现。一个无效的人格测验会对你情感的优缺点做出误导性的描述。

3. 评估方法

本书中所讨论的人格理论家都设计了适合于他们理论的独特的人格评估方法。通过这些方法，获得了构建其理论的数据。这些技术包括梦的分析和童年回忆、纸笔和计算机测验，它们在客观性、信度和效度上均有所不同。在当前的心理学中，主要的人格评估方法是：

- 自我报告或客观问卷
- 投射技术
- 临床访谈
- 行为评估
- 思想和经验取样

需要注意的是，不应该完全基于单一方法的评估结果进行诊断和治疗。理想的情况应该是，使用多种评估方法来对个体做出更加完整的评价。

人格的自我报告测验

自陈式问卷（self-report inventory）或测验，会要求个体回答一些他们在不同情境中自身行为和感受的题目。这些测验包括了症状应对、态度、兴趣、恐惧和价值观方面的条目。被试要指出，每个陈述在多大程度上描述了他们的特征，或他们对每一条目的同意程度。明尼苏达多相人格问卷是被广泛使用的一个自陈式问卷。

1. 明尼苏达多相人格问卷

明尼苏达多相人格问卷（MMPI）被翻译成了140多种语言，是世界上使用最广泛的心理测验（see Butcher，2010；Cox，Weed，& Butcher，2009）。这一问卷于1943年第一次出版，1989年为了使语言更具当代性和非歧视性被修订。修订者对测验条目进行了改写，以清除那些随时间而产生了替代含义和解释的词语。1989年的版本，即MMPI-2是一个由567条陈述组成的正误测试。这些条目涉及身体和心理健康、政治和社会态度、教育、职业、家庭与婚姻因素、神经质和精神病行为倾向。明尼苏达多相人格问卷的临床量表测量性别角色、防御性、抑郁、癔症、妄想症、疑病症以及精神分裂等人格特征。受测者在其中一些项目上的得分可以确定他们是否存在伪装或者粗心，或者对指导语有误解。表1-2中是对明尼苏达多相人格问卷测验中部分陈述的举例。

MMPI-2用于对成人人格的研究，作为评估人格以及职业和个人咨询的一种诊断工具。1992年，开发了应用于青少年的MMPI-A。为了减少实施测试所需的时间和精力，将问题的数量从 567 个减少到了 478 个。

表 1-2 模仿的明尼苏达多相人格问卷条目

回答“对”或“错”
有时候我的肠道会出现强烈的痉挛
我在工作中经常很紧张
有时候会有一种有东西压在我头上的感觉
我希望能够将我做过的事情重做一遍
我以前喜欢在体育课上跳舞
人们对我有错误的看法使我很痛苦
有时候从我头脑中闪过的东西非常可怕
有一些人想要打垮我
有时候我思维太快，使我跟不上
当与他人讨论事情时，我很容易放弃

但这两种形式的测试都有不足之处，一个是长度问题。被试需要花费大量时间来回答大量的题目。很多人早在完成之前就丧失了兴趣和动力。明尼苏达多相人格问卷以及其他人格问卷的一些项目涉及高度个性化的特征，有些人会认为这些问题是对隐私的一种侵犯，尤其是需要通过这一测试获得工作机会时更是如此。尽管具有长度和隐私问题，但 MMPI-2 依然是一种有效的测验，可以区分神经质和精神质、情绪健康和情绪困扰。因此，它是一种具有很高价值的诊断工具。

2. 对自陈式问卷的评估

尽管自陈式问卷可以评估人格的许多方面，但这些测验对于智力低于正常水平，或者阅读能力有限的个体来说，并不总是合适。研究表明，即使只对自陈式问卷的问题措辞或回答选项进行细微的调整，都能导致结果的重大变化。比如，当问成人，他们认为对儿童学习而言最重要的事情是什么时，61.5% 的人选择了“独立思考”这个选项。但是，当要求成人被试自己提供答案时（没有提供选项列表），只有 4.6% 的人做出了同样或类似的回答（Schwartz，1999）。

被试在回答问题时还具有给出更具社会赞许性和接受性答案的倾向，尤其是当测试作为工作申请程序的一部分时，更会如此。想想明尼苏达多相人格问卷这一类型测验中的问题：我在工作中经常很紧张。如果你在为一份心仪的工作而进行测验，难道你不会在这个问题上回答“否”吗？当一组大学生参加自陈式问卷测验，指导语是使他们尽可能地看起来更优秀，或具有社会接受性时，相比于那些没有刻意去表现优秀的被试，他们的回答更谨慎，完成测验花费的时间更长（Holtgraves，2004）。在其他自陈式问卷测验中，也出现了相似的结果。当被试在研究中被要求这样做时，许多被试都很容易给出错误答案（McDaniel，Beier，Perkins，Goggins，& Frankel，2009）。

尽管存在这些问题，但自陈式问卷仍是最客观的人格评估方法。它们最大的优点就是可以进行客观的评分。实际上，只要有正确的计分方法，任何人都能够对自陈式问卷进行准确的评分。测试结果并不依赖于评分者个人或理论偏见。客观的计分与计算机的广泛使用相结合，出现了包含 MMPI-2 和几十个其他测验的自动化人格评估程序，通过计算机计分可以对被试的反应进行完整地诊断。

线上施测

大多数自陈式问卷都可以在家中、寝室中或附近的咖啡店中进行网上施测。许多组织都偏好用这种方式对求职人员进行预筛，而不用在公司中占用时间和空间进行。计算机化测验的优点包括以下方面：

- 减少申请人和组织所耗费的时间
- 花费更低
- 计分更客观
- 更容易被年轻的求职者所接受
- 能阻止被试看前面的问题（在传统的纸笔测试中被试能够这样做），还可以阻止改变已经给出的答案

大量研究已经证实了这种方法的有效性。在纸笔测验和相同的线上测验中，并没有发现对自陈式问卷的回答存在显著差异（see，for example，Chuah，Drasgow，& Roberts，2006；Clough，2009；Luce et al.，2007；Naus，Philipp，& Samsi，2009）。

其他研究表明，相对于由现场施测者所给出的纸笔测验，被试在回答计算机化自陈式问卷时明显更有可能揭露出敏感，甚至是可能令人尴尬的信息。许多人在与计算机进行互动时，会感到有更高的匿名性和私密性，并因此而揭示出更多的个人信息。

投射技术

临床心理学家在对情绪困扰患者的治疗中，开发了

人格的**投射测验**（projective test）。受西格蒙德·弗洛伊德强调潜意识重要性的启发，投射测验试图探测人格当中不可见的部分。投射技术的理论基础是，当给我们呈现模棱两可的刺激，如墨渍或一幅可以用多种方式去理解或解释的图片，要求对其进行描述时，我们就会将自己的需要、恐惧和价值观投射到这些刺激上。

因为对投射测验结果的解释太过主观，因此这些测验的信度和效度不高。基于投射测验的结果，不同施测者往往会对同一个人形成不同的印象，在这种情况下，测验的评分者信度很低。尽管如此，这种测试仍然被广泛地用来进行评估和诊断。最常见的两个投射测验是罗夏墨渍测验和主题统觉测验（TAT）。

1. 罗夏墨渍测验

罗夏墨渍测验是由瑞士精神病学家赫尔曼·罗夏（1884—1922）于1921年开发，他从小就对墨渍非常着迷。在孩提时代，他玩过一个非常流行的名为克莱克苏格拉菲或布洛托的游戏，在这个游戏中，儿童会对各种墨渍图案进行解释。罗夏因为对墨渍的强烈兴趣而广为人知，以至于他在青少年时获得了“克莱克”的绰号——此绰号在德语中指的是墨水的污渍。获得医学博士学位之后，罗夏在精神病院做实习医生时，与一个朋友玩布洛托游戏来消磨时间。罗夏注意到，患者和学生在对相同墨渍的反应上存在一致的差异。

在建立墨渍测验的过程中，罗夏将墨水滴在空白的纸上，然后把纸对折制造出这些墨渍（见图1-1）。在尝试了不同的样式之后，他选定了10种墨渍，因为他负担不起印刷10种以上墨渍的费用。他将自己关于墨渍的研究写成文章，却没有能够得到发表。副本也几乎卖不出去，而且为数不多的评论也都是负面的。虽然最终这个测试非常流行，但罗夏当时十分抑郁，在他作品出版9个月之后就去世了。

Kovalchuk Oleksandr/Shutterstock.com

图1-1　与罗夏墨渍图相似的墨渍

每次向被试呈现一张墨渍卡片（一些是黑白的，另一些是彩色的），要求他们描述所看到的内容。然后，给被试第二次呈现这些卡片，同时心理学家会提问一些与被试之前所给答案有关的具体问题。主试也会观察被试在测试期间的行为，注意他们的手势、对每一个墨渍的反应以及整体的态度。对被试的反应可以通过多种方式进行解释，被试或患者是否看到了运动，看到的是人类还是动物形象，是有生命还是无生命的以及是部分还是整体的形象。研究者曾尝试将罗夏墨渍测验的施测、评分和解释进行标准化，其中最成功的尝试就是在大量研究的基础之上建立的“罗夏墨渍测验综合体系”，显著改善了测验的信度和效度（see Exner，1993）。

应该注意的是，各研究者对罗夏墨渍测验的有用性和有效性，甚至“综合体系的计分方式”都没有达成共识。一些研究者认为，罗夏墨渍测验缺乏科学基础，另一些研究者则坚持认为，这一测验与其他人格测量工具同样有效。虽然如此，罗夏墨渍测验一直是人格研究和临床实践中最流行的评估技术（Musewics，Marczyk，Knauss，& York，2009）。它在欧洲和南美洲的研究中也得到广泛应用。总体上来说，效度研究一般更支持明尼苏达多相人格问卷，而非罗夏墨渍测验。因此，我们可以更放心地使用明尼苏达多相人格问卷，尤其是用于少数民族群体和多元文化群体时更是这样（see, for example，Wood，Garb，Lilienfeld，& Nezworski，2002）。

2009年，当临床心理学家了解到，维基百科已经将10种临床墨渍以及对每一种墨渍的常见反应全部复制到网上的时候，感到十分苦恼。这些信息的广泛传播会如何影响被试的回答，仍是一个悬而未决的问题（Chen，2009）。

欢迎登录

Hermann Roschach and Roschach Test

有关赫尔曼·罗夏以及罗夏墨渍测验的官方信息来源。

2. 主题统觉测验

亨利·默瑞和克里斯蒂安娜·摩根开发了主题统觉测验（TAT）（Morgan & Murray，1935）。该测验由19

幅模糊不清的图片组成，其中有一个或多个人，还包括一张空白卡片。图片所描绘的事件很模糊，可以用多种不同的方式进行解释。图 1-2 展示了一幅 TAT 图片的样例和可能的解释。要求被试根据图片中的人和物构建一个故事，描述是什么导致了图中所表现的情境的发生，图片中的人在想什么，感受如何，以及结果可能是什么。在临床治疗中，心理学家在解释这些故事时会考虑多种因素，包括其中的人际关系类型、人物的动机以及人物所表现出的接触现实的程度。

Henry A.Murray/Harvard College/Harvard University Press

图 1-2　主题统觉测验中的一幅典型图片

主题统觉测验没有客观的评分系统，在用其进行诊断时，信度和效度都很低。但是，已经证明主题统觉测验对于研究来讲十分有效，研究者设计了不同的计分系统测量具体的人格特征，如成就需要、归属需要和权力需要。

3. 其他投射技术

词语联想和句子完成测验是心理学家用于评估人格的另外两种投射技术。在词语联想测验中，被试会读到一份单词列表，要求用浮现在头脑中的第一个词做出回应。研究者会对反应词是否常见、是否暗含了情绪紧张以及与性冲突的关系进行分析。反应速度也是非常重要的。句子完成测验也需要言语反应。要求被试去完成，像“我的志向是……”或者“使我担心的是……”等句子。这两种方法对反应的解释都是非常主观的，但有些句子完成测验，如“罗特句子完成测验”，提供了比较客观的计分方式。

临床访谈

除了测量人格的心理测验外，人格评估通常还包括临床访谈。毕竟，我们有理由相信，可以通过与被评价者的交谈，询问与其过去和现在的生活经验、社会和家庭关系相关的问题以及导致其寻求心理帮助的问题来获得有价值的信息。可以在访谈中研究被评价者各种不同的行为、感受与想法，包括整体的外貌、风度举止和态度，面部表情、姿态和手势，偏见，自我洞察程度以及接触现实的水平。

通常会在一系列的面谈之前或期间进行心理测验，如明尼苏达多相人格问卷，掌握了这些心理测验的结果之后，心理学家就能够将注意力集中于这些结果所显示的问题上，对其进行深入的探索。对访谈资料的解释是主观的，受访谈者理论取向和人格的影响。尽管如此，临床访谈仍是一种被广泛使用的人格评估技术，而且如果有更为客观的程序加以补充，临床访谈也是一种非常有用的评估工具。

行为评估

在行为评估法中，观察者会对个体在特定情境下的行为进行评估。观察者对被评估者越了解、与他们的交往越频繁，所做出的评估也就越准确（Connelly & Ones，2010）。心理学家阿诺德·巴斯和罗伯特·普洛明开发了一套评估同性双胞胎气质特点的问卷（Buss & Plomin，1984），要求双胞胎的母亲基于她对孩子的观察，回答问卷中哪些条目更好地描述了孩子的行为。表 1-3 列出了问卷中的部分条目。

表 1-3　巴斯和普洛明 EASI 气质调查问卷条目示例

条目
孩子容易哭
孩子脾气暴躁
孩子坐不住
孩子很容易交朋友
孩子比较害羞
孩子总是不停地换玩具玩

正如我们在临床访谈部分所指出的，咨询师一般会观察来访者的行为，比如来访者的面部表情、紧张的手势和整体的外表，并通过这些信息做出诊断。相比于正式的行为评估过程，这种观察不太系统，但其结果却能

够提供非常有价值的信息。

思想和经验取样

在上一段描述的行为评估方法中，训练有素的观察者能注意到被观察者一些非常特殊的行为动作。思想抽样评估法则通过在一段时间内系统地记录个体的思想来获得样本。由于思想是非常私密的个人经验无法进行观察，只有被观察者自己才能进行这种观察。因此，在这一过程中观察者和被观察者是相同的。

思想抽样评估通常是用于群体之中，但也被用于个体以帮助诊断和治疗，要求来访者记录他们的思想和情绪以供心理学家进行分析。

思想抽样法的一个变形是经验取样法。它的施测类似于思想抽样法，但这种方法还要求被试描述被抽样的经验所发生的社会和环境背景。例如，主试会要求被试记录，在电子蜂鸣器响起，提醒他们记录自己的经历时，他们是独自一个人还是与他人一起。主试会非常详细地询问他们当时在哪儿在做什么。这一方法的目的是想确定个体的思想和情绪受到哪些情境因素的影响。

思想抽样研究依赖于技术的发展，如寻呼机和智能手表，它们可以在被试应该记录其思想、经验或情绪的时候发出信号。掌上设备如智能手机也可以使被试快速便捷地进行记录。电子产品可以确定时间和日期，研究者就能够确定被试是否按要求进行了记录；如果他们输入的太迟，就可能受到记忆不确定性的影响（see，for example，Bolger，David，& Rafaeli，2003；Tennen，Affleck，& Armeli，2005）。对通过电子设备与纸笔进行的思想和经验取样法获得的结果进行比较发现，两者所获得的数据没有差异（Green，Rafaeli，Bolger，Shrout，& Reis，2006）。

以经验取样法的一个人格评估为例。一组大学生在28天的时间中，每天都要上网写日记，描述他们的情绪和压力事件，以及他们是如何应对这些困难的。负性事件主要与学业相关。其次是人际问题——与他人相处（Park，Armeli，& Tennen，2004）。其他人格评估方法可能并不能这么容易地揭露这一信息。

经验取样法的局限是，被试可能正忙于其他事情，在示意他们对活动进行反应和记录时，忘记或无法进行反应和记录。因此，有用的数据可能仅局限于那些最有责任心的被试。而且被试的情绪，比如愤怒或悲伤，影响了所报告信息的性质（Scollon，Kim-Prieto，& Diener，2009）。但总体来讲，这种方法对研究者是有用的，所提供的数据完全可以与通过自陈式问卷所获得的数据相提并论。

评估中的性别和种族问题

1. 性别

个体的性别会影响对人格的评估。例如，在果断性测试中女性的得分一般低于男性。这一差异可能是由于性别角色训练而导致的。在许多文化中，传统上对女孩和年轻女性的教育都不强调果断性。不管什么原因，人格测验数据确实显示，许多人格特征都存在性别差异，而且在每一个年龄阶段均是如此。对474名平均年龄为11岁的儿童进行的研究发现，与男孩相比，女孩子的抑郁水平更高，而且也更关心他人如何看待自己（Rudolph & Conley，2005）。

此外，来自人格测验、临床访谈以及其他评估手段的大量数据表明，许多情感障碍的确诊率都存在性别差异。相比于男性，女性更多地被诊断为抑郁、焦虑和相关疾病。研究者对此提供了几种解释。有可能这些疾病在女性身上的发生率确实更高一些，这种差异可能也与在解释评估结果时的性别偏见或性别刻板印象有关。另外，根据评估结果制订治疗方案的治疗师对女性可能存在偏见，对女性的平均疗程要比男性长，给女性所开的精神药物剂量通常也比男性更大。

2. 亚洲人

亚裔美国人是一个复杂的多样化群体，包括了具有中国、日本、菲律宾、泰国、韩国和越南等其他血统的人。像明尼苏达多相人格问卷这样在中国大城市很有效的心理测验，对于居住在美国的华人来说却可能是无效的，甚至对于居住在中国其他地区的中国人来说也是无效的。尽管明尼苏达多相人格问卷以及其他人格测验已被翻译为不同的亚洲语言，但很少有研究去验证这些测验对亚裔美国人的信度和效度。

我们知道，亚洲与非亚洲背景中的人们存在许多一致的文化差异。例如，研究表明，亚裔通常对整个社会的共同利益持有强烈的信念。当要求108名30～60岁的美国人和中国人回忆过去事件时，美国人记得更多的是个人经历，并更多地集中于自身的行为与感受。与之相反，中国成年人报告了更多对团体或历史事件的记忆，并且更关注其他重要人物在这些情境中的作用，而不是他们自己（Wang & Conway，2004）。

竞争和自信通常被视为是不受欢迎的，并且违反了亚洲文化的标准。西方文化则恰好相反。在对澳大利亚和日本大学生进行比较时，发现澳大利亚学生比日本学生更强调个性化，而日本学生则更强调集体取向（Kashima et al.，2004）。刚移民美国，还没有完全适应美国价值观和信仰的亚裔美国求职者，在测量竞争性、自信和自我提升方面的人格测验中得分可能会比较低。这个人可能会被判断为是有缺陷的，因为没有达到美国的标准，并因此也不太可能得到工作。

对自谦和自我提升两个人格因素的研究支持种族差异。自我提升被定义为积极地提升自己，并使自己与众不同的一种人格倾向。自谦是自我提升的反义词，被认为更符合亚洲社会的文化价值观。这在一项比较加拿大和日本大学生的实验研究中得到了支持。自我提升在加拿大学生中更为普遍；自我批评在日本学生中则更为明显（Heine，Takata，& Lehman，2000）。

另外两项研究也获得了相似的结果，这两项研究比较了集体主义文化和个人主义文化中的自我评价和对问卷的回答。在这两项研究中，被试分别是日本大学生和美国大学生，以及在新加坡的中国高中生和大学生与在以色列的犹太高中生和大学生。两项研究的结果均表明，集体主义文化中的学生（日本和中国）比来自个人主义文化中的学生（美国和以色列），表现出更多的自我批评和更少的自我提升（Heine & Renshaw，2002；Kurman，2001）。

对相关研究的一篇综述支持以下论点，即一般来说西方人，特别是美国人表现出更多的乐观主义，并且更积极地看待自己和未来。与亚洲文化中的人相比，他们甚至认为自己的运动队、城市和朋友都更优秀（Endo，Heine，& Lehman，2000）。不管是通过自陈式量表、问卷、自我评定还是通过实验室实验进行人格评估，自我提升这个人格变量始终都与文化差异有关。

焦虑以及其他负性情绪也与文化差异有关。在一项比较亚裔美国学生和欧裔美国学生经验的日记法研究中，发现亚裔美国人比欧裔美国人报告了更多在社会情境中的负性情绪（Lee，Okazaki，& Yoo，2006）。

亚裔美国人通常认为所有的精神障碍都非常可耻，这使他们羞于承认，并因此不太可能因情绪问题而向治疗师或咨询师寻求帮助。研究一致表明，亚裔美国人，尤其是第一代移民，很少利用心理健康治疗服务。出生在美国的人寻求心理治疗的次数是非美国出生者的两倍（Meyer，Zane，Cho，& Takeuchi，2009）。研究发现，相比于在美国的第一代欧洲学生，在美国的第一代中国学生更不可能因情绪问题寻求治疗（Hsu & Alden，2008）。亚裔美国人通常会等到问题很严重的时候才会寻求帮助，并且也不太可能从中受益（Hwang，2006）。

一名纽约的心理学家报告说，中国移民患者最初只是抱怨其身体症状，如背痛或胃痛，却从不抱怨抑郁状况。在他们建立起足够的信任，从而敢于描述像抑郁这样的问题之前，需要进行几次谈话。在一些亚洲语言中，比如韩语，并没有具体描述抑郁的词汇。心理学家报告说，一名韩国来访者最后用拳头击打他的胸口，并说他有一颗“低落的心”，从而用身体语言来描述心理状况（Kershaw，2003）。相比于白种人，亚裔美国人也更不可能使用抗抑郁药物（Gonzalez et al.，2010）。

因为他们对疾病性质的信念相反，所以我们就很容易理解为什么不同文化背景的人会在一些人格变量的测验中得分不同。此外，在临床实践中对每一个人都使用美国的价值观、信念和准则进行评价的做法，有助于解释为何大量研究都表明，亚裔美国人会比具有欧洲血统的美国人更容易被诊断出不同的精神疾病。

3. 黑人

在 20 世纪 90 年代进行的研究表明，白人和黑人被试在自陈式人格测验中具有许多普遍的一致性差异。一些心理学家认为，一些被广泛应用的人格测验，如明尼苏达多相人格问卷，对非裔美国人存在偏见，不应该用来评估他们的人格。

支持这一观点的证据与后来使用明尼苏达多相人格问卷所做的研究相矛盾。例如，一项对在退伍军人医学中心住院的精神疾病患者（包括黑人和白人）所进行的研究，并没有在任何一项测验中发现显著差异（Aribisi，Ben-Porath，& McNulty，2002）。但有研究发现，白人和黑人大学生在一项测试妄想症的测验中存在差异。黑人学生在测量对他人信任感的缺乏，对他人动机的怀疑以及对他人的防范倾向这些条目上的得分显著更高。

这些结果是否意味着黑人比白人更加妄想？不是。我们必须对这些结果以及在适当的种族和民族背景下所获得的类似结果进行评估和解释。因此，研究者认为“群体差异可能反映了由普遍的歧视和感知到的种族主义所导致的不信任或人与人之间的戒心”（Combs，Penn，& Fenigstein，2002，p.6）。

对因物质滥用而寻求治疗的老兵进行的一项研究发现，非裔美国患者在 MMPI-2 量表的大部分条目上都比白人患者得分更高。研究者认为，这种明显的种族差异，增加了将 MMPI-2 作为对黑人退伍军人的一种诊断工具的担忧（Monnot，Quirk，Hoerger，& Brewer，2009）。

两个美国印第安人部落的成员在某些 MMPI-2 量表上的得分比常模分数要高，在对这一点进行解释时，研究者得出了相似的结论。研究者认为，美国原住民的这些结果可能反映了“历史上的压迫和现在的逆境可能会促使心理痛苦的发生”(Pac et al.，2006，p.320）。

其他研究发现，强烈认同黑人文化价值观的非裔美国大学生，比那些没有强烈文化认同感的大学生有更低的抑郁和绝望水平（Walker，Alabi，Roberts，& Obasi，2010）。然而，在对他们的歧视感知上得分较高的黑人青少年，与在歧视感知上得分较低的黑人青少年相比，报告了更高的抑郁水平以及更低的自尊水平与生活满意度（Seaton，Caldwell，Sellers，& Jackson，2010）。

对两组黑人大学生进行的关于咨询和治疗效果的研究显示，他们认为黑人治疗师比白人治疗师更友好。这些学生在面对黑人治疗师时，也更认可和理解治疗方案，并更可能相信，治疗会使他们受益（Thompson & Alexander，2006；Want，Parham，Baker，& Sherman，2004）。

4. 西班牙裔

研究显示，西班牙裔血统的人在明尼苏达多相人格问卷的得分与白人相似（see，for example，Handel & Ben-Porath，2000）。然而，在投射测验中，情况却不相同。来自墨西哥、中美洲和南美洲国家的被试在罗夏墨渍测验上的分数与综合评分系统中的常模分数有显著差异。因此，这些常模分数是否可以应用到西班牙裔人，是存在疑问的（Wood et al.，2002）。

西班牙裔与其他少数族群相比，更不可能去寻求心理咨询或治疗。在寻求咨询的西班牙裔中，有一半人在首次咨询之后就再也没有回来继续进行会谈（Dingfelder，2005）。对白人和西班牙裔青少年的一项研究发现，接受充分心理卫生保健的白人比西班牙裔更多（Alexandre，Martins，Silvia，& Richard，2009）。在其他国家出生的西班牙裔比出生在美国的西班牙裔更不可能利用心理健康服务（Bridges，deArellano，Rheingold, Danielson, & Silcott, 2010）。临床医师发现，寻求心理健康治疗的西班牙裔青少年与白人青少年相比，进行治疗的时间更短（Edman，Adams，Park，& Irwin，2010）。但一项对墨西哥裔美国大学生的研究发现，随着对美国主流文化的融入，他们对咨询的态度也变得更加积极（Ramos-Sanchez & Atkinson，2009）。一个混淆因素可能是讲西班牙语的临床心理学家和其他心理健康人员的缺乏。居住在美国的西班牙裔大约有 40% 的人不能流利使用英语。

研究表明，西班牙裔美国人对理解他们文化的心理健康人员更为满意，他们的文化在本质上是高度集体主义的，因此更多的是团体取向而不是个人取向（see，for example，Malloy，Albright，DiazLoving，Dong，& Lee，2004）。而且，西班牙裔更可能从西班牙裔心理学家的治疗中获益，但不幸的是，只有 1% 的美国心理学家是西班牙裔。这就可以解释年龄较大的西班牙裔（65 岁及以上）宁愿向家庭医生寻求心理健康建议，也不愿向不能讲西班牙语的咨询师、心理学家或精神科医生咨询的原因了（Dupree，Herrera，Tyson，Jang，& King-Kallimans，2010）。

一项研究发现，相比于黑人和非西班牙裔白人警察，西班牙裔警察有更高的创伤后应激障碍（PTSD）发生率，集体主义取向有助于对此进行解释。西班牙裔警察报告说，在工作中导致创伤后应激障碍的重大事件发生以后，他们获得的社会支持更少。研究者提到，对西班牙裔警察来说，“集体主义价值观使这些警察对社会隔离特别敏感，并因此加重了他们的症状”（Pole，Best，Metzler，& Marmar，2005，p.257）。对身体受伤的平民幸存者进行的一项研究也发现，西班牙裔比白人具有更高的创伤后应激障碍症状的发生率（Marshall，Schell，& Miles，2009）。

那么显然，在人格评估技术的发展中，必须要考虑文化差异的影响。但直到最近，除了明尼苏达多相人格问卷，出版西班牙语版本的人格测验还相对很少。随着评估焦虑、恐慌、恐惧与害怕，以及创伤后应激障碍等方面具体测验的应用，这种状况正在发生改变。

这些测验的英语和西班牙语版本以及明尼苏达多相人格问卷，相互之间显示出高度相关（see，for example，Scott & Mamami-Pampa，2008；Zapata-Sola，Kreuch，Landers，Hoyt，& Bucher，2009）

研究集锦

人格评估

亚洲人倾向于
- 高集体主义
- 低个人竞争力和自信
- 低自我提升和乐观主义
- 低寻求心理健康治疗的倾向

非裔美国人倾向于
- 对他人的信任感低
- 低绝望和抑郁水平（如果他们认同黑人文化价值观的话）
- 高抑郁水平
- 低自尊水平（感知到自己被歧视时）

西班牙裔倾向于
- 低寻求心理健康治疗的倾向
- 高集体主义
- 更高的创伤后应激障碍

5. 跨文化问题

赫尔曼·罗夏是最早承认人格评估结果存在文化差异的研究者之一。早在 1921 年他就记录了来自瑞士两个不同文化地区的人们在墨渍测验中的反应差异。他写道，这种反应“在不同个体和种族中应该存在很大的差异”（quoted in Allen & Dana，2004，p.192）。使用 MMPI-2 对美国印第安人的一项研究证实，对测验问题的回答所反映出的在他们文化中被认为是正常的行为，却被主流文化视为病态（Hill，Pace，& Robbins，2010）。其他研究进一步证实了这一观点，即文化能够影响，甚至是扭曲对人格的评估；在一种文化中认为正常的，在另一种文化中就可能被判断为是不良的、错误的、病态的或者十分怪诞的（Cheung，2009）。

尽管一些人格测验在其他文化中使用时被翻译成了当地语言，但在跨文化应用上还存在很多潜在的问题（see，for example，Gudmundsson，2009）。当把一个专门为西方文化所设计的测验用于其他非西方文化，如中国人和菲律宾人时，这个问题就显得尤其重要。例如，传统的中国人，重要的人格特征包括和蔼、具有家庭取向、强调与他人的和谐并且在日常生活中很节俭，但这些均不是美国人格问卷中所测量的典型因素。

在把 MMPI-2 翻译成阿拉伯语时，如何处理与个体性生活有关的题目成为一个问题。在阿拉伯国家，任何对性的公开讨论都被认为是不恰当，甚至是无理的。研究者决定保留测验中关于性的问题，但是在指导语中详细说明，被试可以选择是否对这些条目进行回答。对伊朗大学生的一项研究显示，超过 90% 的被试选择不去回答与性有关的条目（Nezami，Zamani，& DeFrank，2008）。

为了将美国的人格测验用于其他文化，在对其进行翻译时还面临着美国语言中俚语和俗语的问题。像“I often get the blues”“I like keep up with the Joneses”这种短语在翻译成另一种语言时，并没有意义或关联。由于一些测试问题缺乏对日常经验的参照，因而也可能没有意义。“我滑雪很快”，这一陈述对于一直居住在沙漠或热带地区的人来说是没有意义的，因此也不会揭示出他们的人格。

美国人回答测试问题的方式上也与其他文化中的人们有所不同。对于美国大学生来说，回答是非格式和多项选择格式的题目非常自然，他们从儿童期就开始进行这些类型的测试。但对其他一些文化的人来说，对这些问题的回答尴尬而陌生。20 世纪 70 年代，明尼苏达多相人格问卷测试被首次引入以色列，那里的许多人都发现这个测试很难回答，因为他们不熟悉是非题的回答模式。这就必须重新去写测验的指导语，向调查对象解释应该如何对他们的答案进行标记（Butcher，2004）。为了确保人格测验能准确地反映和测量相关人格变量而对其进行修订，是非常困难的，需要具备对文化差异的知识和敏感性。

人格研究

判断人格理论有用性的一个标准就是，理论必须能够刺激研究的产生。换句话说，理论必须是可以检验的。心理学家必须能够对命题进行研究，以决定接受还是拒绝。最理想的是，理论应该在其所生成的研究的基础上得以建立、完善和细化，或者被抛弃。

心理学家研究人格的方法各有不同，这取决于他们关注人格的哪些方面。一些心理学家只对外显行为（在对某些刺激进行反应时我们的所做和所言）感兴趣。其他一些心理学家关心的是通过测验和问卷所测得的感受和意识经验。自陈式问卷是使用最频繁的研究工具。还有一些研究者仍然在试图理解激励我们的潜意识力量。对考察人格的某一方面有用的研究方法，对考察另一方面却可能是不恰当的。

人格研究的主要方法是临床法、实验法、虚拟研究法以及相关法。尽管具体内容存在差异，但不同方法均不同程度地依赖客观观察，而客观观察是任何学科进行科学研究的基本特征。

临床法

主要的临床法是**个案研究**（case study）或个案史，心理学家从患者的过去和现在寻找可能导致其情绪问题的线索。进行一项个案研究类似于写一篇关于个体从过去到现在的情绪生活的小传，其中包括当事人的感受、恐惧和经验等。

弗洛伊德在建立精神分析理论时广泛地使用了个案研究。他探查患者的童年经历，寻找可能导致他们当前神经症的事件和冲突。一位叫凯瑟琳的患者，是一个患有焦虑发作和呼吸短促疾病的 18 岁女孩，在重构他所认为的与她症状相关的童年经验时，弗洛伊德将凯瑟琳的症状追溯到她所报告的一些早年性经验，其中包括她 14 岁时父亲的诱奸企图。在另一名患者露西的案例中，弗洛伊德将她所报告的幻想与她过去爱上雇主，但被断然拒绝的事件相联系。

正是通过这些个案研究，弗洛伊德才建立了他的人格理论，并将性冲突或性创伤作为神经质行为的成因。弗洛伊德以及后来使用个案研究方法的理论家，在患者的生活中寻找一致性。基于对患者报告相似性的认知，这些理论家将他们的发现概化到每一个人身上。

为了研究人格，心理学家还使用了除个案研究之外的其他临床法，包括测验、访谈以及梦的解析，所有这些方法也同样可以用于评估，尽管临床法试图具有科学性，但并没有提供严格控制的实验和相关方法。临床法所获得的数据比较主观，而且主要与心理特别是潜意识事件以及早期生活经验有关。相比于使用其他方法所获得的数据，这些数据可以进行不同的解释，反映了治疗师的个人偏见。此外，对童年事件的记忆可能会因为时间而扭曲，其准确性很难得到证实。虽然如此，临床法确实为我们提供了一个探查深层人格的窗口，而且我们能看到临床法的许多应用实例，特别是精神分析和新精神分析学家对它的应用。

实验法

正如我们前面所提到的，在任何一门科学中，研究的基本特征都是客观观察。临床法并不完全满足这一要求。科学研究的另外两个要求则更难以通过临床法来实现，但却可以通过实验法来满足。这些要求之一就是使观察能够得到很好的控制并具有系统性。若要对个体过去的生活事件或潜意识现象进行观察，则这种控制是不可能的。另一要求是可重复性和验证性。通过仔细地控制实验条件，在另一时间、另一地点的研究者能够对早前的研究进行准确的复制，而个体生活中的事件不可能被如此精确地重复或复制。

实验是确定一个或多个变量对行为影响的一种技术。在日常生活中，我们会不断地接触刺激，如灯光、声音、风景、气味、指令、要求和简单的对话等。如果心理学家只想确定某一个刺激变量的影响，他就可以安排一个实验情境，其中只能对那个变量进行操作。所有其他的变量都必须被排除，或者在整个实验期间保持不变。这样，我们就能确定行为的任何改变都是由该变量单独造成的。由于在实验期间没有任何其他变量影响被试，因此出现的变化不可能是由其他变量所导致的。

科学家区分了实验中的两种变量。一个是**自变量**（independent variable）或刺激变量，是实验者操纵的变量。另一个是**因变量**（dependent variable），是被试对操纵的行为或反应。为了确保没有除自变量以外的其他变量会影响结果，研究者必须研究两组被试：实验组和控制组。两组都是从相同的被试群体中随机选取的。

实验组（experimental group）就是给予实验处理的

被试，是受到刺激或自变量影响的组。**控制组**（control group）没有受到自变量影响。研究者在实验前后均对两组被试所研究的行为进行测量。用这种方式，研究者就能确定是否有其他变量影响了被试的行为。如果有其他变量发生作用，那么两组被试会在行为上出现相同的改变。但如果没有其他变量起作用，只有自变量单独影响被试，那么只有实验组被试的行为会发生变化，而控制组的行为会保持不变。

1. 实验法的应用

我们利用阿尔伯特·班杜拉在人格的社会学习理论中的数据，来看看实验法的操作过程。班杜拉想确定儿童是否会模仿他们在成人身上所观察到的攻击行为。研究这一问题的最佳方法是什么呢？班杜拉可以对附近街道或活动场所的儿童进行观察，以期望能捕捉到他们在碰巧目击一场暴力事件后做出的行为反应。然后，他可以等着看儿童是否会模仿他们所看到的攻击行为。

这种方法不系统且不可控，而且无法复制和验证；相同的状况不可能再次重现。并且，观察碰巧出现在街头的儿童并不能提供一个恰当的被试样本。其中一些儿童可能已经具有攻击行为的倾向，而不论他们所观察到的成人行为如何。因此，这种方法不能确定他们的行为是由于目击了暴力行为，还是由于一直作为人格一部分的因素所造成的。

另外，随机观察儿童使研究者无法控制被试可能面对的攻击行为类型。儿童会看到多种类型的暴力行为：枪战中的电视演员、互殴的青少年、驾车射击、父母争吵、视频游戏中的兵人玩偶等。在能够可靠地确定它们对行为产生的影响之前，每一种形式的攻击行为都可能早已被个体单独学习。对班杜拉来说，要研究这一现象，很重要的一点就是他所观察的儿童都必须面对相同的攻击行为。他设计了一个实验，给儿童呈现相同的成人攻击行为视频，并对儿童在实验前的攻击水平进行测量，以此来系统地解决这个问题。控制组的儿童则目睹了在相同情境下，没有攻击性行为的成人视频。训练有素的观察者对两组儿童均进行了观察，来看他们会如何表现。

观看攻击性成人视频的儿童会表现得具有攻击性，而控制组儿童的攻击性没有出现变化。班杜拉认为，攻击性可以通过模仿他人的攻击行为而习得。

2. 实验法的局限

实验法，无论是在线上还是实验室中进行，都可能是最准确的研究方法，但它也有一些局限。有些情况下不能使用实验法，出于安全和伦理上的考虑，某些行为和人格并不能在严格的实验室控制条件下进行研究。例如，如果心理学家能从受到严格控制的不同教养方式实验中获得数据，就可以确定哪种早期经验导致了成年期出现问题，从而可以更好地治疗情绪障碍。但很显然，我们不能将一群刚出生的孩子从父母身边带走，并使他们接受不同的教育方式，从而观察到底会发生什么。

使用实验法的另一个困难就是，被试的行为可能并不是因为实验处理（对自变量的操作）而发生改变，而是由于被试意识到了他们在被观察。如果认为没人观察自己的反应，个体的行为可能就有所不同。而当人们知道自己在参与一项实验的时候，他们会猜想实验的意图，并据此做出相应的表现，以取悦或阻碍实验者。这种反应会造成实验目的失败，因为产生的行为（因变量）受到被试的态度而非实验处理的影响。这与研究者意欲研究的反应完全不同。

虽然实验研究具有局限性，但如果能够很好地进行控制和系统化，实验法能为我们提供良好的数据。在本书中，我们将看到很多应用实验法来理解人格的例子。

虚拟研究法

心理学家经常会进行线上研究，包括实施心理测验、观点调查以及呈现实验刺激并记录被试反应。对美国心理协会的期刊在两年中所出版的文章进行的一项综述发现：

> 大多数研究都是将传统心理测验和方法直接进行翻译之后在网上使用。这些研究所问的问题和所使用的方法都与心理学实验室中经常使用的方法相同（Skitka & Sargis，2006，p.535）。

虚拟研究比传统研究具有一定的优势。网上进行的研究反应速度更快、成本更低，而且有可能得到年龄、教育水平、职业类型、收入水平、社会阶层以及种族范围分布更广的被试。因此，从理论上来说，线上研究的抽样比在大学校园的抽样分布范围更广。

然而，这种研究方法也有不足之处。网络使用者通常比非使用者更加年轻、富裕，受教育程度更高，因而限制了线上样本真正代表总体人口的可能性（尽管仍可能比一般大学生被试要更具代表性）。线上研究不大可能代表的人群包括老年人、低收入者、视力受损者以及非使用英语者（Squarez-Balcazar，Balcazar，& Taylor-Ritzler，2009）。

参与线上研究的被试可能与非参与者在一些人格特质上也存在差异。德国的一项研究发现，根据个人网页，没有对线上调查做出回应的个体，比做出回应的个体更内向、更不讨人喜欢，并且对新经验的开放性水平更低（Marcus & Schutz，2005）。

对美国大学生的一项研究却出现了矛盾的结果，在这项研究中，被试可以选择线上参与还是亲自参与心理学研究，结果发现，选择亲自参与实验的被试更外向，选择在线参与的被试更内向（Witt，Donnellan，& Orlando，2011）。其他研究没有发现，参与线上调查和电话调查的被试在公开个人敏感信息的意愿上存在显著差异。线上的平均回应率大概比电话和邮件的回应率低10%。研究者发现大约10%的线上调查参与者在回答问题时进行了过多的点击和鼠标移动活动（Fan & Yan，2010；Hines，Douglas，& Mahmood，2010；Siteger & Reips，2010）。

我们很难确定线上被试在提供年龄、性别、种族、教育或收入等个人信息时，会有多诚实和准确。但不管怎样，对线上和传统实验室研究方法进行比较的大量研究均表明，一般来说，结果是一致和相似的。

相关法

研究者使用**相关法**（correlational method）来考察变量之间的关系。实验者并非去操纵自变量，而是去处理变量的现有属性。例如，研究者不是在心理实验室中通过实验给被试创造一种压力，并观察其影响，而是研究已经在压力情境中工作的人，比如警察、赛车手或遭受考试焦虑的大学生。

相关法与实验法的另一个不同之处在于，在相关法中，被试并不会被分到实验组和控制组。而是对于在某一自变量上存在差异的被试，如年龄、性别、出生顺序、攻击水平或神经质水平，去比较他们在某个因变量上的表现，比如在人格测验中的反应或工作绩效测量中的表现。

1. 相关法的应用

使用相关法的研究者对变量之间的关系感兴趣——某一变量如何随另一变量的变化而变化。例如，出生顺序与攻击性有关吗？在智力测试中得分高的个体会比得分低的个体更有可能成为优秀的计算机科学家吗？高乐观主义得分者与高悲观主义得分者相比，对某些刺激的加工会存在差异吗？这些问题的答案不仅对研究有用，而且在必须对个体的成功概率做出预测的实践领域也是非常有用的。大学入学考试就是基于相关研究进行的，这些研究表明了标准化测验分数与学业成功之间的关系。

在人格心理学的研究中使用了大量的相关研究。以成就需要为例，这个概念由亨利·默瑞提出，大卫·麦克利兰随后对其进行了研究。对这一主题的许多研究都将成就需要与其他变量进行比较。

例如，研究者想要确定成就需要水平高的个体是否比成就需要水平低的个体在大学能够取得更好的成绩。研究者可以使用实验法设计一个实验，将儿童与他们的父母分开，并由受过增加成就动机专门训练的成人来抚养，多年以后，当这些儿童进入大学，研究者可以比较成就需要水平高的个体和成就需要水平低的个体的学习成绩。当然，你会看到，这种实验太荒谬，我们不会考虑。

但通过使用相关法，心理学家能够测量一组大学生的成就需要水平，并与他们的学业成绩进行比较。在这种情况下，我们并没有对自变量（成就需要的不同水平，从高到低）进行操作或改变。研究者对现有的数据进行分析，成就需要水平高的学生确实比成就需要水平低的学生成绩更好（Atkinson，Lens，& O'Malley，1976）。

在本书中，我们将会看到相关法在人格研究中的大量应用，特别是在讨论人格评估技术的开发和应用时。评定工具的信度和效度一般都是通过相关法来确定的。另外，人格的许多方面都是通过将其与其他变量相关而进行研究的。

2. 相关系数

相关的主要统计指标就是相关系数，它提供了两个变量之间相关的方向与强度信息。相关的方向可以是正向的或负向的。如果一个变量上的得分高，另一个变量上的得分也高，两个变量就是正相关。如果一个变量上的得分高，而另一个变量上的得分低，两个变量就是负相关（见图1-3）。相关系数的变化范围是+1.00（完全正相关）到 −1.00（完全负相关）。相关系数越接近 +1.00 或 −1.00，相关越强，同时我们会更有信心根据一个变量去预测另一个变量。

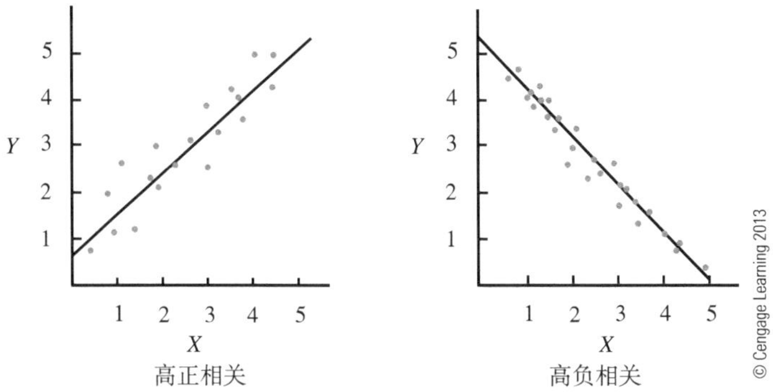

图 1-3　高正相关和高负相关图

3. 因果关系

相关法的主要局限与因果关系判断有关。两个变量之间有高相关，并不一定意味着一个变量引起了另一个变量的变化。虽然它们之间可能确实存在因果关系，但研究者不能自动地就认为存在因果关系，只有在进行控制严格的系统性实验之后，才能得出这一结论。

如果一位心理学家使用相关法，发现羞怯和自尊这两个人格变量之间具有很强的负相关：羞怯水平越高，自尊水平越低；反之，羞怯水平越低，自尊水平越高。它们之间的关系很清晰：羞怯的人一般在自尊量表上得分较低。但我们不能肯定地认为，羞怯导致人们具有低自尊。情况可能正好相反——低自尊使人们羞怯。或者是一些其他变量，如外表或父母排斥导致了羞怯和低自尊。

相关研究无法确定因果关系的局限，给想要确定因果关系的研究者造成了困难。但对于希望在现实世界中进行行为预测的实践者而言，相关法更令人满意。例如，为了在成就需要基础上预测在大学中的成功，我们只需要证明这两个变量之间具有高相关。如果一名大学申请者在成就需要测验中得分很高，我们就能预测他将会在大学中取得好成绩。在这种情况下，我们并不关心是不是成就需要导致了好的学业成绩，只要两个变量之间是相关的，就能通过一个变量去预测另一个变量。

人格理论

在提到理论时，人们有时候会使用比较轻蔑的言语说："毕竟它只是一个理论而已！"理论经常会被假定是模糊的、抽象的而且只是推测——实际上不过是一种猜测，而且与事实完全相反。没有研究证据支持的理论的确只是推测。然而，大量的研究数据，只有在某种解释框架或情境中组织起来才会有意义。理论为我们提供了以一种有意义的方式去简化和描述经验数据的框架。理论可以被看作一种代表数据间相互关系的地图。它试图使数据秩序化，适合于某种模式。

理论就是用于解释特定现象（对于我们而言，就是与人格有关的行为和经验）的原则。如果人格理论是有用的，就必须是可检验的，并可以刺激与其各种命题相关的研究的产生。研究者必须能通过实验确定，理论的不同方面是应该被接受还是被拒绝。通过将人格数据纳入一个一致的框架中，人格理论必须能够阐明并解释这些数据。理论也应该帮助我们理解和预测行为。能够进行检验并可以解释、理解和预测行为的理论则将会被应用于帮助人们改变其行为、感受和情绪，使这些方面从有害到有益，从令人不满到令人满意。

正式理论和个人理论

并非只有科学家才使用理论，也并非所有理论的正式命题都包含大量的假设和推断。在与他人的日常交往中，我们都会用到内隐的个人理论。我们对人格的概念会有自己的理解，也会对他人的人格进行预测。对于人性，很多人会有自己的看法。例如，我们可能会认为，所有人从根本上来说都是好的，或者认为人们只关心自己。

这些推测就是理论。我们会将对他人的观察数据置于这些框架之内。我们通常会通过收集到的对周围人行为的感知建立自己的个人理论。从这一方面来说，我们的理论也源于观察，个人理论类似于正式理论。

然而，心理学以及其他科学中的正式理论具有与个人理论不同的特征。正式理论基于对大量不同背景个体观察的数据，而个人理论所基于的观察人数非常有限，通常是我们的亲戚、朋友、熟人以及我们自己的一个小圈子。由于正式数据得到范围更广的数据支持，因此更具综合性。正式理论能更有效地解释和预测不同类型的个体的行为。

第二个不同之处是正式理论更加客观，从理论上来讲，科学家的观察不会因他们的需要、恐惧、希望和价值观而产生偏见。与之相反的是，个人理论大多基于我们自己对他人的观察，我们常常会根据自己的思想和感受来解释他人的行为，常常会基于我们会做什么或感觉如何来评价他人对某一情境的反应。我们对他人的看法更加个性和主观，而科学家的观察更为客观和冷静。

第三个不同之处是，通常除理论提出者之外，还会有科学家对正式理论进行反复的检验，根据实验检验的结果，决定支持、修正还是拒绝这一理论。而个人理论很少得到我们自己和中立方的检验。一旦我们建立对某个群体或个体的人格理论，往往会坚持这一理论，仅仅会去知觉肯定我们理论的行为，而不去注意否定理论的行为。

从原则上讲，科学家会承认并评估不支持其理论的数据，但不幸的是，实际上并非总是如此。在科学史和心理学史上都不乏这样的案例，许多科学家因为自己的理论而心存偏见，激情澎湃地坚持自己的理论，而使他们的客观性大打折扣。然而，客观性仍是科学家努力的目标。

人格理论中的人

正式理论更具客观性，而个人理论往往更具主观性。由于人格理论属于一门自称为科学的学科之中，我们可能会认为，它们都是完全正式和客观的，但事实并非总是如此。心理学家承认，一些人格理论确实具有主观的成分，可能作为一种伪装的自传而反映了理论家的生活。理论家将这些生活事件作为数据的一个来源，从而描述或支持他的理论。无论科学家如何努力保持公正和客观，他们的个人观点都可能会在一定程度上影响他们的感知。我们应该不会对此感到惊讶。人格理论家也是人，正如我们大多数人一样，他们有时候也很难接受偏离自身经验的观点。

在人格研究中，正式理论和个人理论之间的区别可能并不像心理学中的其他分支那样明显，但这也并不意味着所有的人格理论都是个人理论。人格理论具有正式理论的特点。一些人格理论是基于对不同群体的大样本观察，一些理论或者被提出者，或者被其他理论家进行了检验。他们尽量客观地去观察和分析可能支持或不支持理论的数据。最终这些理论和它们所要研究的主题（人格复杂性）一样客观，但这些理论的假设可能更多地要归功于理论创建者的人格和生活经验。

理论建构的第一个阶段可能主要基于直觉，但在随后的阶段中，这些基于直觉的观点可能会通过理论家的理性和经验性知识而进行修改和提炼。通过推理和数据分析，最开始的个人理论就具有了正式理论的特点。无论人格理论的客观性如何（我们会看到一些理论比另一些理论更客观），毫无疑问的是，他们在一定程度上都是主观的，反映了理论家的经验和需要。

要完全理解一个理论，就应该尽可能多地去了解理论提出者。很重要的一点就是去思考，理论家生命中的特殊事件是如何影响理论建立的。在能获得足够的传记信息的情况下，我们建议大家去思考，一个理论是如何反映理论家生命中的特殊事件的。至少在最初阶段，理论家可能就是在描述自己。随后，他们可能会从其他来源中寻找适当的数据来支持他的个人观点对他人的普遍性。

正如我们所看到的，理论家生命中个人事件的重要性一直以来都是被公认的。被许多学者视为美国最伟大的心理学家的威廉·詹姆斯认为，对于所有研究人性的人来说，传记都是至关重要的。他指出，如果我们想要了解人们在处理人类经验上的不同方法，那么了解杰出人物的生活甚至比了解他们的理论体系更为重要。一名历史学家指出：

> 相比于其他学科，心理学家更努力地去发布传记和自传……至少，在某种层面上，他们似乎承认，他们的生活和价值观是其“科学知识”的关键（Friedman，1996，p.221）。

在本书中，我们可以看到许多自传性质的人格理论实例，但在理论与实际生活这一有趣的关系中，我们也必须提出一个警告，可能并不是生活经验影响了理论的建立，反而是理论影响了理论家所回忆的内容以及对要告知我们的生活事件的选择。我们关于理论家的大部分信息都来源于自传式回忆。这通常都是在他们晚年所写，是在他们提出并捍卫其理论之后。建立理论并为之奉献所花费的时间可能会歪曲理论家的早年记忆。人们只去回忆支持其理论的事件吗？矛盾或令人苦恼的事件全部都忘记了吗？人们会创造一些经验来证明理论是否可信吗？尽管我们并不总能回答这些问题，但是当我们在探索人格理论在一定程度上可能是自传的这一观念时，应该记住这些问题。

人性问题

任何一种人格理论很重要的一个方面就是理论家的人性观。每一位理论家都有一种人性观，阐明了有关人性的基本问题。几个世纪以来，诗人、哲学家和艺术家都在对这些问题进行表述和改述。在许多伟大的著作和绘画作品中，都可以看到他们为寻找答案而做出的努力。人格理论家也很关注这些令人困扰的问题，但和艺术家与作家一样也没有取得太多的共识。

理论家所提出的有关人性的各种概念可以使我们对其观点进行有意义的比较。这些观点与个人理论相似，理论家通过对自己和他人的感知建构了他们的理论。下面列出了关于人性的一些基本问题，在讨论每一个理论的时候，要去思考理论家如何回答这些问题。

1. 我们可以掌控自己的生活吗？自由意志与决定论

关于人性的一个基本问题就是由来已久的关于自由意志与决定论之间的争议。关于这一问题，双方的理论家都会问，我们能否有意识地引导我们的行为？我们能否自主选择我们的思维和行为的方向，在各种备选方案中做出理智选择？我们是否拥有意识觉知和一定程度的自我控制？我们是不是命运的主宰，还是说我们是过去经验、生物因素、无意识力量或者外部刺激——那些我们无法有意识地去控制的力量的受害者？外部事件是否因此而塑造了我们的人格，而使我们无法改变自己的行为？一些人格理论家在这个问题上采取比较极端的立场。其他理论家的观点则比较温和，认为一些行为是由过去事件决定的，还有一些行为则是自发的或受我们自己控制的。

2. 是什么支配着我们？遗传还是环境

第二个问题是与先天–后天有关的争论。哪一个对行为有更为重要的影响？遗传特质或属性（我们的先天或遗传天赋）还是环境特征（抚养、教育和训练等后天影响）？我们所遗传的能力、气质和先天倾向是否会影响我们的人格，还是说人格主要受到生活环境的影响？人格并不是受这一争议影响的唯一主题。在智力问题上也存在争议：智力主要受遗传天赋的影响（先天），还是受家庭和学校中的环境刺激（后天）影响？

正如自由意志–决定论这一争议一样，备选项并不局限于极端的立场。许多理论家认为，人格是由这两种力量共同塑造的。在某些方面，遗传的影响更大，环境影响较小，而对于另一些方面来说则正好相反。

3. 我们依赖还是独立于我们的过去

第三个问题是过去事件的相对重要性，比如我们早期的童年经验与后来的生活经验哪个对人格的影响更大？如果我们同一些理论家一样，假设在婴儿期和儿童期所发生的事件对人格形成至关重要，我们就必须因此而相信，我们以后的发展仅仅是对生命早期所遗留下的基本问题的细化。这种观点被称为**历史决定论**（historical determinism）。人格（沿着这个思路）在五岁左右就基本固定了，在以后的生命中几乎不会发生变化。成年期的人格是由生命早期的经验决定的。

相反的观点则认为，人格是独立于过去的，主要受当前的事件和经验以及未来的志向和目标所影响，也有人提出中立的观点。我们认为早期经验塑造了人格，但这并不是固定或永久性的。后来的经验可以强化或改变早期的人格模式。

4. 人性是独特的还是普遍的

人性是独特还是普遍的？这是使人格理论家产生分歧的另一个主题。我们可以认为人格是个体化的，每个人的行为以及说话方式都与其他人不同，这使得对人与人之间的比较变得毫无意义。其他观点虽然考虑了独特性，但是是在接受整体行为模式普遍性（至少是特定文化下的普遍性）的前提下解释独特性的。

5. 我们的生活目标：满足还是成长

第五个问题是我们所称的终极和必要人生目标。理论家对于生活的主要动机有不同的见解。我们是不是像机器，一台自动调节的机械装置一样，只要维持内部平衡就能感到满足？我们的行为仅仅是为了满足身体的需求、获得快乐并避免痛苦吗？我们的幸福完全取决于使压力保持在最低水平吗？一些理论家认为，人们不过是减少压力、寻求快乐的动物。其他理论家认为我们主要受成长需要所激励，是为了充分发挥潜能，达到最高层次的自我实现和发展。

6. 我们的人生观：乐观还是悲观

这一问题反映了理论家对生命的看法。我们可以称为乐观对悲观。人类从根本上来说是善的还是恶的？是仁慈的还是残忍的？是充满怜悯的还是无情的？这实际上是一个道德问题，是一种价值判断，恐怕它并不存在科学世界中的客观和冷静。然而，一些理论家已经对这些问题做出了回答，并且正如我们将看到的，引发了大量重要的研究。一些理论家对人格的观点是积极且充满希望的，将我们描述为博爱、利他并且有社会意识。而其他理论家在人类，无论是个体还是集体身上，很少发现这些品质。

7. 其他影响因素：种族和文化背景

如果文化差异会影响人格的形成和评估，那么文化会影响我们的人性观以及有关人性的问题就一点也不奇怪。以因果报应这个概念为例，几个世纪以来，它塑造了印度和其他接受佛教与印度教的国家的人的人生观。因果报应是一种人性宿命论观点，认为我们现在和过去行为的结果决定着我们未来的命运以及快乐与悲伤。换句话说，不是我们使一些事件发生，而是它注定要发生。

因此，按照这个观点，我们的幸或不幸，健康或疾病，都是预先注定的并独立于我们的行为。这种信念可能会导致消极、顺从的人格特点，接受发生在个体身上的一切，而不想采取行动去改变。与此相反，在美国文化中更为典型的观点是，强调自由意志和行动，以及个人努力和主动性在个人成败中的作用。

研究显示，东西方文化在命运归因和命运的概念上存在巨大的文化差异（Norenzayan & Lee，2010）。然而，也有证据表明，随着东方文化的现代化，使得民众变得更西方化（Wong，Shaw，& Ng，2010）。

信息技术的使用程度也存在文化差异。一项比较中国和美国儿童（平均年龄为 12 岁）在接触计算机上的研究发现，美国儿童比中国儿童更多使用计算机，并在网上花费更多的时间（Jackson et al.，2008）。美国大学生比德国大学生更可能在社交网站上发布一些关于物质滥用和性行为的个人信息（Karl，Peluchette，& Schlaegel，2010）。

在文化神经科学这一相对较新的研究领域中，已经证明，脑活动和基因构成上存在大量的文化差异（Azar，2010）。研究者通过对脑电波活动的测量，发现东西方文化中的人们对相同刺激做出反应时，在脑功能上存在差异（Park & Huang，2010）。一项研究发现，日本人和美国人在对相同视觉信息做出反应时，脑电波活动有所不同；这些差异与每种文化中顺从和支配的水平相一致（Freeman，Rule，& Ambady，2009）。

如本章前面所提到的一些研究，思考一下美国对个人主义的强调，以及亚洲国家如中国和日本对集体主义的强调所产生的影响。在个人主义社会中，生命观主要在于个人的自由、选择和行动。在集体主义社会中，生命观的重点在于团体规则和价值观、团体角色期望以及对行为的一些其他文化限制。个人主义文化中的人表现出更高的外向性、自尊和幸福感（或主观幸福感），对未来更乐观并且更相信自己的控制和指导能力。集体主义与个体主义文化中人们的基因差异，与集体主义文化中焦虑和抑郁水平较低而个人主义文化中水平较高有关（Chiao & Blizinsky，2010）。

美国大学生自我效能水平显著高于日本大学生——自我效能是指在应对生活和对生活事件施加控制时的充分感、高效感和胜任感（Morling，Kitayama，& Miyamoto，2002）。研究发现，澳大利亚的大学生比新加坡的大学生有显著更高的宜人性、责任心、乐观水平以及对生活的满意度（Wong，Lee，Ang，Oei，& Ng，2009）。其他研究发现，在美国同一所大学中的亚裔美国学生和欧裔美国学生的主观幸福感存在差异。欧裔美国学生通过追求自我满足的目标来获得幸福感。亚裔美国学生“通过实现使重要他人（比如其父母）快乐以及满足他人期望的目标来获得并保持其幸福感”（Oishi & Diener，2001，p.1680）。因此，这些学生的动机和满意度以及相应的人性观随文化背景而有所不同。另外，对日本和美国大学生的比较显示，美国大学生更可能使用积极的言语来描述自己，而日本大学生则更可能使用消极言语进行描述（Kanagawa，Cross，& Markus，2001）。

也有研究考察了儿童教养方式的文化差异对行为和人格的影响。在美国个人主义文化下，父母对儿童的教养通常是非强制的、民主和宽容的。在以阿拉伯社会为主的集体主义文化下，父母的做法通常是更专制、约束和控制的。

对一些阿拉伯国家青少年的研究显示，与美国青少年相比，他们感到与父母有更强的联结。研究者指出，阿拉伯青少年。

> 在生活中的所有方面都听从父母的指导，比如社会行为、人际关系、婚姻、职业偏好以及政治态度……他

们并不感到自己遭受父母专制之苦，甚至满意于这种生活方式（Dwairy，Achoui，Abouserie，& Farah，2006，p.264）。

这项研究得出的结论是，这些专制家长的行为并没有像在更自由的西方文化中一样发挥作用，阿拉伯青少年的心理健康和情绪幸福感并没有受到不利影响。

研究发现，居住在加拿大的华人母亲比加拿大的非华人母亲在儿童抚养上更专制（Liu & Guo，2009）。居住在德国且较大程度上被德国文化所同化的土耳其母亲，比那些被较少同化的土耳其母亲会对自己的孩子更多地强调个人主义目标（Durgel，Leyendecker，Yagmurlu，& Harwood，2009）。很明显，这些儿童教养方式的差异及其所导致的价值观差异会影响个体的人性观。

我们已经看到文化力量的影响是非常显著的，甚至那些看起来相似或同质的文化之间也是如此。有人可能会合理地期待诸如日本的东方文化和诸如美国的西方文化间存在的差异。但也有报告称欧洲文化之间也存在差异，如西班牙与荷兰。使用自陈式量表对这些国家进行的比较证实了以前的发现。西班牙人更关心荣誉问题以及与家庭相关的价值观，如家庭保障、尊敬父母以及他人的认可。相反，荷兰人在个人主义价值观，如抱负、能力和独立性上得分更高（Rodriguez-Mosquera，Manstead，& Fischer，2000）。

北欧文化，如挪威、瑞典和丹麦，还提供了另一种影响的例子。詹特法则（又称爷大定理）告诫人们，不要把自己的利益置于团体的利益之上，在他人面前要谦虚。对美国和挪威大学生的比较发现，与挪威学生相比，美国学生在积极人格特质上对自己的评价显著高于平均分，在消极特质上的评价显著低于平均分。在挪威学生身上并没有出现与美国学生相同的自我提升倾向，这似乎是文化导致的，取决于不同国家所教导的价值观（Silvera & Seger，2004）。

在加里森·凯勒著名的广播剧《草原一家亲》播出之后，自我提升（认为我们的技能与能力要好于其他人的一种信念）有时候也被称为“沃比根湖效应”。沃比根湖是一个虚构的明尼苏达州农村社区，凯勒说，在这个地方，“所有的女性都是强壮的，所有的男性都是美貌的，并且所有的儿童都是优秀的”。值得注意的是，沃比根湖的居住者，其祖先是来自挪威的移民，而挪威正是詹特法则这一概念的发源地。

这些基本价值观有助于确立我们的人性观，也就是说，确立了我们在自己的文化中感知、评价以及与他人互动的方式。这一讨论的意义在于向你指出，存在很多影响人格成长和发展的因素，以及很多解释人性的方式。我们在本书中描述的一个或多个解释可能与你志趣相投，也可能与你的人性观点相冲突。很少有人可以毫无偏见地来探讨这一问题，因为这毕竟是在研究我们自己。

本章小结

威廉·冯特使用自然科学的方法，将意识经验分解为元素，于1879年正式建立了心理学。20世纪早期，约翰·B.华生建立了行为主义心理学，反对冯特对意识经验的关注。华生认为心理学应该只研究外显的行为。西格蒙德·弗洛伊德建立的精神分析使用临床观察法探查人的潜意识。正式的人格研究开始于20世纪30年代的美国心理学。人格是个体稳定而独特的特征集合，在不同情境中会有所改变。性别、种族以及文化背景的差异会影响人格的发展。研究者对跨文化心理学的兴趣始于20世纪60年代。互联网主要通过脸书等社交网站塑造和反映人格。

人格的评估或测量技术必须具有信度（对某一测验反应的一致性）和效度（测验测量了想要测量的方面的程度）。被试的性别和种族认同以及施测者的态度和信念会影响人格评估的结果。

在自陈式问卷中，人们自己报告自己在不同情境中的行为及感受，因为测量分数不受个人和理论偏见的影响，自陈式问卷是客观的。大多数自陈式问卷都可以在线施测。投射技术通过将人们的需要、恐惧和价值观投射到对模糊图片或情境的解释上，来探查潜意识。投射技术是主观的，信度和效度都比较低，标准化程度也比较低。

临床访谈也被用于人格评估，但对访谈结果的解释是主观的。在行为评估中，观察者会评价被试在特定情境中的反应。在思想和经验取样中，人们要记录他们在一段时间内的思想、感受和经验。

相比来自个人主义社会，如美国的人来说，来自集体主义社会，如亚洲国家的人们，通常在如自我提升这些因素上得分较低，而在悲观主义、消极情绪和心理痛苦上得分更高。对黑人和白人在明尼苏达多相人格问卷测试中的反应进行研究，并没有发现任何显著的种族差异。西班牙裔与白人在明尼苏达多相人格问卷上的得分相似，但在投射测验中的反应并不相同。在对人格测验进行翻译时必须考虑其他文化在所提问题、要翻译的词语以及回答问题方式等方面的特点。

心理学的研究方法包括临床法、实验法、虚拟研究法和相关法。科学要求具备客观的观察、得到控制的系统性情境以及重复性和验证性。临床法主要是个案研究，心理学家通过重构患者的生活来发现导致他们情绪问题的线索。临床法不能像实验法和相关法一样，满足心理学科学研究的要求。

实验法是最准确的研究方法。通过这种方法，心理学家能够确定单一变量或刺激对被试行为的影响。研究者所研究的变量（也就是被试所面对的刺激）是自变量；被试的反应或行为是因变量。在线研究提供了一种更快、更经济且能够覆盖更广泛被试的选择。虽然在线研究具有局限性，但研究表明，在线研究与实验室研究的结果类似。

在相关法中，心理学家通过研究两个变量的关系来确定，一个变量的改变如何受另一个变量的影响。相关系数是相关法中最主要的统计指标，表明了关系的方向和强度。

理论为简化和描述数据提供了一种有意义的框架。人格理论必须是可检验的，必须能够阐述和解释人格数据，并且要有助于理解和预测行为。正式理论是基于对大量不同人群的观察数据而建立的，是客观的，而且需要经过现实的反复检验。一些人格理论具有一定的自传性，反映了理论家的生活经验。理论建构的第一阶段可能是直觉，随后基于直觉的观点会经过理性和经验性知识加以修正。

人格理论家具有不同的人性观。他们对很多问题观点不同：自由意志对决定论，先天对后天，过去的重要性对现在的重要性，独特对一般，平衡对成长以及乐观主义对悲观主义。文化因素，比如儿童教养方式会导致不同的人性观。

第一部分

精神分析取向

正式人格研究中最早的理论就是弗洛伊德所创立的精神分析，他在19世纪的最后几年开始他的研究工作。弗洛伊德的理论非常重要而且影响深远，他的许多观点和独特的心理疗法在21世纪仍具有影响力。此外，在弗洛伊德之后所建立的每一种人格理论都得益于他的理论，或建立在其基础之上，或反对它。

弗洛伊德的精神分析理论强调潜意识的力量、性和攻击的生物驱力以及童年早期不可避免的冲突，这些被看作人格的支配者和塑造者。

弗洛伊德的观点不但对心理学，而且对整个文化都有影响。他成功地对人格进行了重新定义，而且彻底变革了人们思考人性的方式。

Chapter 2

第2章

西格蒙德·弗洛伊德：精神分析

把你的眼光向内转，
看看你自己的内心深处，
先学习了解自己。
——西格蒙德·弗洛伊德

西格蒙德·弗洛伊德对人格理论的影响超越了所有人。他的**精神分析**（psychoanalysis）体系是第一个有关人格的正式理论，而且也是迄今为止最著名的人格理论。弗洛伊德的影响极其深远，尽管存在争议，但在距他的理论提出一个多世纪以后，这一理论仍是人格研究的基本框架。弗洛伊德的理论不仅影响了心理学与精神病学对人格的思考，还极大地影响了我们对人性的看法。在人类文明的历史长河中，很少有理论具有如此广泛而深远的影响。

弗洛伊德之后提出的许多人格理论都是对其基本理论的进一步发展和细化。而另一些研究者提出的人格发展的动力以及人格研究的方向，在一定程度上与弗洛伊德的精神分析恰好相反。因此，如果我们不先理解弗洛伊德的理论体系，就很难理解和评估人格心理学的发展过程。

弗洛伊德的生平（1856—1939）

早年

弗洛伊德于1856年5月6日出生于摩拉维亚的弗莱贝格（现在的弗莱堡，属于捷克共和国）。1990年这个城市将斯大林广场更名为弗洛伊德广场，并在2006年重修了弗洛伊德诞生时的住宅，将其开放为博物馆。他的父亲是一名不太成功的羊毛商人。在莫拉维亚的生意失败后，他们举家搬往德国的莱比锡，后来在弗洛伊德4岁的时候，又到了奥地利的维也纳。弗洛伊德在维也纳一直生活了将近80年。

弗洛伊德出生时，他的父亲已经40岁，而母亲（他父亲的第三任妻子）只有20岁。他的父亲非常严厉与专制。弗洛伊德在回忆童年时，对父亲充满敌意与愤怒。在年仅2岁的时候，他就感觉到自己比父亲优秀。弗洛伊德的母亲很有魅力，而且她对自己的长子充满了保护与关爱。弗洛伊德热爱着自己的母亲，甚至有性的依恋。这种情境就是他提出的俄狄浦斯情结所描述的阶段。我们会看到，弗洛伊德的理论大多都反映了他的童年经验。

他的母亲以小西格蒙德为骄傲，她确信儿子会成为一位伟人。弗洛伊德在一生当中，都高度自信，具有强烈的成就动机并且渴望荣耀与名望。他曾写道："一个被母亲完全喜欢的人终其一生都会有一种作为胜利者的感觉，而这一成功的信心通常会带来真正的成功"（quoted in Jones E. 1953，p.5），这反映了母亲对其长久以来的关注和支持所带来的影响。弗洛伊德家里共有八个孩子，其中两个同父异母的哥哥已经成年，都有自己的孩子。弗洛伊德对所有的兄弟姐妹都怀恨在心，并且每当母亲诞下新生儿，他都会很嫉妒这一争夺母亲感情的新的竞争者。

弗洛伊德很小时就展现出了很高的智力水平，他的父母也尽力对他进行栽培。为了避免噪声打扰到弗洛伊德，父母不允许他的妹妹们练习钢琴。他有自己的房间；为了不浪费学习时间，他经常在自己房间里吃饭。整栋房子中只有他的房间有一盏珍贵的油灯，而其他人都使用蜡烛。

弗洛伊德比一般孩子提前一年进入中学，并经常在班里名列前茅。他的德语与希伯来语非常流利，在学校里他还掌握了拉丁语、希腊语、法语和英语，而且还自学了意大利语和西班牙语。在孩提时代，他就喜欢读英文版的莎士比亚。弗洛伊德兴趣广泛，喜欢军事史，但当在维也纳仅有的几个对犹太人开放的职业中进行选择时，他选择了医学。这并非是由于他想要成为一名医生，而是因为他认为学医可以通向科学研究事业，进而带来他所渴望的名望。在维也纳大学获得医学学位之后，他进行了关于鱼类脊髓以及鳗鱼睾丸的生理学研究，并在这一领域做出了重要贡献。

可卡因阶段

在医学院学习时，弗洛伊德就开始进行可卡因实验（当时，可卡因并非违禁药物，而且他也不知道可卡因会导致一些服用者上瘾）。他不仅亲自服用可卡因，还说服他的未婚妻、妹妹和朋友去试用。弗洛伊德满腔热情地将可卡因称为一种可以治愈多种疾病的神奇药物和魔法物质，而且认为通过这一药物，可以获得他所渴望的赞誉。

1884 年，他发表了一篇关于可卡因有益效应的文章。后来这篇文章被看作可卡因在欧洲和美国泛滥的推手，这一看法一直持续到 20 世纪 20 年代。弗洛伊德因为放纵了可卡因的泛滥而受到强烈批判。这种公众关注给他带来的不是赞誉，而是声名狼藉，此后他一直试图消除早期支持可卡因所带来的影响，删除了个人传记中所有的相关信息。然而，根据他去世很久之后出版的一些信件所显示，他一直到中年还在使用可卡因（Freud，1985）。

神经症的性基础

弗洛伊德将科学研究作为职业的打算受到一名教授的阻止，这位教授告诉他，要获得教授职位，并在大学中挣到足以养活自己的薪水需要努力很多年。由于弗洛伊德缺乏足以自立的收入，他认为自己唯一的选择就是开设私人诊所。更深层的动力就是他与玛莎·伯尼斯的婚约，这个婚约一直持续了四年他们才有能力承担结婚的费用。1881 年，弗洛伊德作为一名临床神经科医生开业，并开始探索情绪困扰患者的人格特征。

他在巴黎跟随精神病学家让·马丁·沙可学习了几个月，沙可是催眠疗法的先驱。也是他让弗洛伊德注意到了神经症可能具有的性基础。弗洛伊德无意间曾听到沙可说一位病人的问题根源于性，"这个病例，"沙可说，"总是一个有关生殖器的问题——总是，总是，总是"（Charcot quoted in Freud，1914，p.14）。弗洛伊德注意到当沙可讨论这一问题时，"将双手叠放在腿上，而且跳上跳下好几次……我惊讶地几乎要瘫倒（Freud quoted in Prochnik，2006，p.135）。

当弗洛伊德返回维也纳时，他再次想起情绪问题可能存在性的来源。他的一位同事描述了一名女患者的焦虑症状，治疗师认为这来自她丈夫的阳痿。她的丈夫与她在 18 年的婚姻中从未发生过性关系。"对这种疾病唯一的处方，"弗洛伊德的同事说道，"我们非常熟悉，但我们不能这样做！"（quoted in Freud，1914，p.14）。由于这些病例以及弗洛伊德自己的性冲突，弗洛伊德打开了关于情绪困扰的性基础的大门。

儿童期性虐待：事实还是幻想

1896 年，经过几年的临床实践后，弗洛伊德确信，性冲突是所有神经症的首要原因。他声称，大部分的女性患者在童年时都有过性创伤经历。在这些事件中有类似的诱惑物，诱惑者通常是年长的男性亲属，最典型的就是父亲。现在，我们将这种经历称为童年性虐待，通常包括强奸与乱伦。弗洛伊德认为，正是这些早期的性创伤造成了成年期的神经症行为。

大约在他发表这一理论一年之后，弗洛伊德改变了自己的想法。他认定，在大多数病例中，他的患者所提到的童年性虐待并没有真实发生过。弗洛伊德声称，患者告诉自己的只是他们的幻想。起初，这对弗洛伊德是一个巨大的打击，这似乎意味着他有关神经症的理论基础被破坏了。如果童年期性创伤根本就未曾发生过，又怎能将其作为神经症行为的原因呢?

经过再三考虑，弗洛伊德断定，患者所描述的幻想对于他们自己来说是真实的。他们相信，那些可怕的性活动曾经真实地发生过。因为这些幻想仍然集中在性上面，所以性仍然是成年人神经症的原因。1898 年，他写道："我们可以从来自性生活的各因素中发现关于神经症的最直接，并且从实用的角度讲，也是最显著的原因"(quoted in Breger，2000，p.117)。

1984 年，在大约一个世纪之后，曾短暂担任过弗洛伊德档案馆负责人的精神分析学家杰弗里·马森，指责弗洛伊德撒了谎，他的患者确实是童年性虐待的受害者。他认为弗洛伊德之所以称这些经验为幻想，是为了让他的观点更容易被公众所接受，否则，谁会相信有那么多的父亲和叔叔会性虐待小女孩呢? 换句话说，弗洛伊德掩盖了事实以使他的神经症理论更容易被接受。

这些指责在国际上被广为传播，但也被大多数研究弗洛伊德的学者所指责，因为马森并未提供很有说服力的证据(see Gay，1988；Krüll，1986；Malcolm，1984)。重要的是要注意到，弗洛伊德从未声称患者所报告的所有童年性虐待都是幻想，他所否认的只是，患者的报告都是真实的。弗洛伊德写道："对儿童的不正当行为如此普遍是不可信的。"(Freud，1954，pp.215–216)

现在，我们知道童年性虐待远比我们想象的要普遍，这使当代学者认为，弗洛伊德最初对诱奸经验的解释可能是正确的。我们不知道，是否如马森所说，弗洛伊德故意掩盖了真相，还是他真的认为患者所说的只是幻想。或者更可能的是，"与弗洛伊德最终愿意相信的相比，有更多患者所说的的确是他们真实的童年经验"(Crewsdon，1988，p.41)。

在弗洛伊德改变自己的想法，并宣称童年诱奸都是幻想的 10 年以后，他在一封写给朋友的信中承认，这种创伤性经验通常是真实的。几年后，他向另一个朋友吐露："我进行了自我分析，并治愈了几个真实的乱伦案例(最严重的类型)"(quoted from Kahr，2010，p.4)。

20 世纪 30 年代，弗洛伊德的一位追随者得出结论，儿童性虐待比弗洛伊德愿意公开承认的要多，并且弗洛伊德曾试图阻止他发表这些观点。有人提出，弗洛伊德之所以改变在诱奸理论上的立场，是因为他意识到如果性虐待真的如此普遍，那么许多父亲(可能也包括他自己)可能都会被怀疑对自己的孩子有过不正当行为(Krüll，1986)。

弗洛伊德的性生活

弗洛伊德非常强调性在情感生活中的重要性，但矛盾的是，他本人经历了很多性冲突。他"(早年)与异性没有任何接触，十分害羞，而且害怕女性，在 30 岁结婚的时候还是处男"(Breger，2009，p.11)。他对性的态度是消极的。他曾写过性的危险性的文章，认为即使对于非神经质的个体而言也是如此，他力劝人们升华他所谓的对性的一般性动物需求。他写道，性活动是可耻的，因为它会污染心灵和身体。41 岁的时候，他显然放弃了自己的性生活，他在给朋友的信中写道："性刺激对于像我这样的人来说已经不再具有任何作用了。"(Freud，1954，p.227)他在婚姻期间还偶尔出现过阳痿，并且有时会选择禁欲，因为他不喜欢避孕套与体外射精，而这是当时最普遍的避孕方法。

弗洛伊德因为自己性生活的终止而责备妻子玛莎，很多年他都梦到，因为妻子自己放弃性生活而充满怨恨。"他充满愤恨，因为妻子太容易怀孕，在孕期又经常生病，而且拒绝参与除生育以外的任何性活动"(Elms，1994，p.45)。因此，弗洛伊德的阳痿可能与他担心玛莎再次怀孕有关。

弗洛伊德自己在性方面的挫折和冲突以神经症的形式呈现出来，同时他相信在性方面的困难也以同样的方式影响着他的患者。他在 40 多岁的时候出现了严重的神经症，他将其描述为："精神处于一种奇异状态，无法理解自己的意识——模糊不清的思想与隐藏的疑惑，几乎所有地方都没有一丝光明……但是我仍然不知道自己身上正在发生着什么。"(Freud，1954，pp.210–212)他也被一系列的身体症状所困扰，包括偏头痛、排尿问题和痉挛性结肠。他担心死亡，为心脏而忧虑，并且变得对旅行与开放空间感到焦虑。

弗洛伊德将自己的情况诊断为焦虑性神经症与神经衰弱（一种以虚弱、焦虑及消化和循环系统失调为特征的神经官能症），而且他将两种失调追溯为性紧张的积累。在他的著作中，他提出男性的神经衰弱症源于手淫，而焦虑性神经症来自异常性活动，比如体外射精与节欲。这种为自己的症状贴标签的方式使得“他的个人生活由此而深深卷入到这一理论中，也因为在这一理论的帮助下，他试图解释和解决自身的问题……因此，弗洛伊德的神经症理论是关于他自己神经症状的一种理论”（Krüll，1986，pp.14，20）。

尽管弗洛伊德自己在性方面存在冲突（或者说因为这些冲突），但他非常着迷于漂亮的女性。他的一个朋友注意到“在弗洛伊德的学生中有许多富有魅力的女性，这看上去并非偶然”（Roazen，1993，p.138）。

连续 3 年弗洛伊德通过研究自己的梦，对自己进行精神分析。也就是在这一期间，他完成了在建立人格理论方面最具创造性的工作。通过探索自己的梦境，他首次意识到，他对自己的父亲存在多么强烈的敌意。他回想起童年时对母亲的性渴望，并梦见对自己长女的性愿望。他大部分理论都是围绕自己的神经症冲突与童年经验而形成的，就像是把他对自己梦的解释滤过一样。正如他敏锐地注意到，“对于我来说，最重要的患者就是我本人”（Freud quoted in Gay，1988，p.96）。

成功的巅峰

弗洛伊德的理论最初是借助于自己的经验与记忆，在直觉的基础上形成的。通过在临床实践中考察患者的童年经验和记忆，进行案例分析和梦的解析，弗洛伊德沿着更加理性与实证的路线建构自己的理论。同时依据这些材料，他描绘了一幅个体人格发展及其运作和机能的完整图画。

随着文章和著作的发表以及在学术会议上展示论文，弗洛伊德的理论逐渐受到人们的关注，吸引了一大批追随者，他们每周都来见他，学习他的新理论。他们第一次会议的主题是制作雪茄的心理。一位作家曾将这一群体称作二流的“边缘神经质的聚会”（Gardner，1993，p.51）。弗洛伊德的女儿安娜对这些早期的追随者更宽容一些，将他们描述为

> 非常规的人、怀疑者以及对于知识强加限制感到不满的人；他们中间也有些怪人、不切实际的人以及由于自己深受其苦而想了解神经症的人（quoted in Coles，1998，p.144）。

这些追随者包括后来与弗洛伊德决裂而建立自己理论的卡尔·荣格与阿尔弗雷德·阿德勒。弗洛伊德将他们视为背叛者，无法原谅他们怀疑自己的精神分析取向。在一次家庭宴会上，他抱怨追随者背信弃义。“西格蒙德，你的问题，”他的阿姨说，“在于你从不理解别人”（quoted in Hilgard，1987，p.641）。

弗洛伊德的家庭生活非常严苛。他的儿媳妇曾提道：“当一点的钟敲响时，弗洛伊德一家开始吃午饭，这是在维也纳最为重要的一餐，无论有没有战争，你都必须准时出现在那里，否则就别吃。”（quoted in Berman，2008，p.561）

1909 年，弗洛伊德获得了美国心理学会的正式认可。他被邀请去马萨诸塞州伍斯特的克拉克大学做一系列的演讲并接受荣誉博士学位。虽然弗洛伊德对这一荣誉心存感激，但他并不喜欢美国，抱怨美国人不注重细节、烹调技术糟糕而且浴室数量不足。尽管在去美国之前就已经遭受胃肠道问题困扰多年，“他却责备是这个新世界毁坏了自己的消化系统”（Prochnik，2006，p.35）。

弗洛伊德的精神分析体系在美国受到热烈欢迎。在他去美国访问两年后，美国的追随者就建立了美国精神分析协会与纽约精神分析协会。随后几年，在波士顿、芝加哥和华盛顿也建立了精神分析协会。

到 1920 年，仅仅距他去美国相隔 11 年，就出版了 200 多本关于精神分析的书籍（Abma，2004）。美国的主流杂志，如《妇女家庭杂志》《新共和》以及《时代周刊》都刊登了弗洛伊德的专题文章。曾获得极大成功，由本杰明·斯波克博士所著影响美国几代儿童抚养方式的婴幼儿保健书籍，就是基于弗洛伊德的学说而写。弗洛伊德对梦的解释，激发了一首流行歌曲的产生，歌词中有这样的句子：“不要告诉我你昨晚曾梦到什么，因为我读过弗洛伊德。”（quoted in Fancher，2000，p.1026）可能真的是美国让弗洛伊德身体不适，因此他才那样说，但也正是美国使他享誉世界。

20 世纪二三十年代，弗洛伊德达到了成功的巅峰，但同时他的健康状况开始恶化。从 1923 年一直到他去世的 16 年时间里，他做过 33 次口腔癌手术（他每天要

吸20只雪茄）。他部分上颚和上颌被切除，因为他拒绝接受药物治疗，不得不忍受着长时间的痛苦。他也接受过X光和放射治疗，还曾做过输精管结扎手术，因为医生认为这可以中止癌细胞的增长。

1933年德国纳粹上台后，他们通过公开焚烧弗洛伊德的书籍表达对他的态度，其他所谓国家的敌人，比如物理学家阿尔伯特·爱因斯坦与作家欧内斯特·海明威，也遭到同样的待遇。

“我们在不断进步。如果在中世纪，他们会烧死我；现如今，他们只满足于焚烧我的书籍。”（Freud quoted in Jones E.，1957，p.182）

1938年，纳粹占领了奥地利，尽管朋友都劝他离开，但弗洛伊德拒绝离开维也纳。纳粹好几次闯入他家里。当他的女儿安娜被逮捕以后，弗洛伊德才同意前往伦敦，而他的4个妹妹都死在纳粹集中营里。

弗洛伊德的健康状况急剧恶化，但他的头脑仍然很清醒，直到去世的最后一天，他仍然在继续工作。1939年9月下旬，他告诉自己的医生马克斯·舒尔茨，“现在剩下的只有折磨，并且不再具有任何意义”（Schur，1972，p.529）。这位医生答应弗洛伊德，不会再让他承受不必要的痛苦。他在接下来的24小时里，给弗洛伊德注射了三次吗啡，每次注射的剂量都大于镇静所需的剂量，结束了弗洛伊德多年的痛苦。

欢迎登录

The Freud Museum

在位于伦敦的弗洛伊德博物馆，可以看到他的照片，有对他在英格兰时生活的描述以及来自弗洛伊德维也纳家中的家具，其中包括最著名的精神分析的沙发。你还可以购买弗洛伊德T恤、咖啡杯、鼠标垫、七巧板或者无檐小便帽。

Library of Congress: Freud Exhibition

位于华盛顿的美国国会图书馆于1998年开设了弗洛伊德的展览，有许多照片以及很多其他有趣的物品。

The Life and Work of Sigmund Freud

提供了关于弗洛伊德生活与工作的述评。

本能：人格的驱动力

本能（instincts）是人格的基本要素，它是推动行为发生以及决定行为方向的驱动力。弗洛伊德用德语“trieb”来表述这一概念，最恰当的翻译就是“驱动力或冲动”（Bettelheim，1984）。本能是一种能量，一种被转化的生理能量，将身体的需要与心中的欲望联结起来。

本能的刺激（如饿与渴）是内在的。当身体内的需要，如饥饿，被唤起后，就会产生生理唤醒或活力状态。大脑会把这一身体能量转化为欲望，这种欲望——生理需要的心理表征，正是激发个体以满足这种需要的方式去行动的本能或驱动力。例如，一个饥饿的人，会通过寻找食物来满足自己的需要。本能不是身体状态，相反，是被转化为一种心理状态、一种欲望的身体需要。

当身体处于一种需要状态时，个体会体验到紧张感或压力感。本能的目的就是满足需要以减少紧张感。弗洛伊德认为个体被激励去修复和维持一种身体平衡状态，以使机体免于紧张感，因此他的理论在一定程度上可以被看作一种自我平衡取向。

弗洛伊德认为，个体总会体验到一定程度的本能紧张感，而且必须不断地采取行动来减少这种紧张感。个体不可能像逃避外部环境中的某种厌恶刺激一样，来逃避生理需要所带来的压力。这意味着本能一直影响着个体的行为，在一个需要周期内会导致需要减少。

个体会采取不同的方式来满足他们的需要。例如，性冲动可以通过异性恋性行为、同性恋性行为或者自主性性行为得以满足，同时也可以被导入其他类型的活动之中。弗洛伊德认为，心理能量可以被替代物所替代，而这种替代对于决定个体的人格则是头等重要的。虽然本能是人类行为独有的能量资源，但它产生的能量可以投入各种各样的活动中去。这有助于解释我们所见到的人类行为的多样性。弗洛伊德认为，成年人所表现出的所有兴趣、偏好和态度，都是用于满足本能需要的原始物体的能量替代。

本能的类型

弗洛伊德将本能分为两类：生的本能和死的本能。**生的本能**（life instincts）通过寻求对食物、水、空气和性需要的满足来实现个体和种群的生存。生的本能指向生长发育。生的本能所表征的心理能量就是**力比多**（libido）。力比多可以依附于或投入客体上，弗洛伊德将这一概念称为**灌注**（cathexis）。例如，你喜欢你的室友，弗洛伊德就会说你的力比多灌注于他身上。

弗洛伊德认为对人格最为重要的生的本能就是性，他对性的定义是广义的。性不仅仅是指性爱，包含了几乎所有的令人愉悦的行为与思想。他对已有的性的概念进行了扩大与延伸。

> 这一延伸具有双重含义。首先，使性欲从与生殖器的紧密联系中分离出来，并被视为一种更为综合的身体机能，将快乐作为目标，之后才是繁衍的目的。其次，将所有只要是亲切友好的冲动都包含在性冲动中，可以用一个十分模糊的单词“爱”来表示（Freud，1925，p.38）。

弗洛伊德将性视为个体的首要动机。性欲来自身体的性感区域：口唇、肛门和性器官。他认为人类主要是寻求快乐的动物，他的人格理论大部分都是围绕压抑或抑制性欲望的需要进行。

与生的本能相反，弗洛伊德假定存在破坏性或**死的本能**（death instincts）。他从生物学角度陈述了一个明显的事实：所有的生物都会衰弱或死亡，返回到最初的无生命状态，他认为人类具有一种无意识的死亡欲望。死的本能的一个成分就是**攻击性驱力**（aggressive drive），指的是将死亡的欲望转向其他客体而非自身。攻击性驱力迫使我们去破坏、征服和杀戮。弗洛伊德将攻击看作人性中不可或缺的成分，就像性一样。

弗洛伊德晚年建立的死的本能的概念，是其个人经历的反映。他忍受着生理和心理的虚弱，癌症更加恶化，而且他亲眼目睹了第一次世界大战的大屠杀。他的一个女儿年仅 26 岁就去世了，留下两个年幼的孩子。所有这些事件都深深影响着他，所以，死亡和攻击成为他理论中最主要的主题。晚年时期弗洛伊德害怕自己的死亡，并对质疑他的观点并离开了他的精神分析圈子的同事和追随者表现出敌意、怨恨和攻击。

人们对死的本能的概念的接受度非常有限，即使是弗洛伊德最忠实的追随者。一位精神分析学家写道，这一概念应该被“扔进历史的垃圾箱”（Sulloway，1979，p.394）。另一名精神分析学家提出，如果弗洛伊德是一名天才，那么死的本能的提出就是天才也有诸事不顺的一天的实例（Eissler，1971）。

人格的层次

在弗洛伊德最初的概念中将人格分为三个层次：意识、前意识和潜意识。弗洛伊德对意识的定义和日常生活中的含义一致，包含个体在任一时刻所觉知到的感觉和经验。当你在阅读某个词语时，你会意识到这些词语所代表的含义，比如对笔带给你的感觉、某一页书的内容、试图捕捉到的思想以及远处在狂吠的狗。

弗洛伊德认为意识是人格中非常有限的一面，因为不管在什么时候，个体的思想、感觉和记忆只有一小部分会停留在意识层面。他将人们的心理比作冰山，意识就是在水面以上的部分，仅仅是冰山的一个顶尖。按照弗洛伊德的观点，更为重要的是潜意识，它是水面以下无法看见的更大的一部分。这也是精神分析理论所关注的核心。水面以下巨大、黑暗的深渊里充斥着各种本能，这些欲望指导着个体的行为。潜意识中包含了所有行为背后最主要的驱动力，而且也是这些我们看不见也无法控制的力量的储存库。

处在这两个层次之间的就是前意识。它是记忆、知觉与思想的储藏室，虽然个体当时无法意识到它们，但可以很容易地把它们召唤到意识当中。例如，如果你的思想偏离了正在看的书，开始回想一位朋友或者你昨天晚上做了什么，你就会把相关的材料从前意识中唤起而进入到意识层面。我们经常会发现，注意在对事件此刻的体验与前意识中的记忆之间来回转移。

人格结构

本我

后来，弗洛伊德对人格三层次的观点进行了修正，并引入了人格的三个基本结构：本我、自我和超我（见图 2-1）。**本我**（Id）对应于弗洛伊德早期的潜意识概念（尽管自我和超我也具有潜意识的方面）。本我是本能和力比多（本能所表征的心理能量）的蓄水池，是人格中的一个强有力的结构，因为它为人格的另外两个成分提供了所有的能量。

由于本我是本能的蓄水池，因此它与身体需要的满足有紧密而直接的联系。正如我们先前所注意到的，当身体处于一种需要状态时，就会产生紧张感，这时，个体会采取行动通过满足需要来减少紧张感。本我遵循弗洛伊德所称的**快乐原则**（pleasure principle）行事；通过减少紧张感，本我起到增加快乐并避免痛苦的作用。本我力求获得需要的即时满足而不会因为任何原因去延迟满足。它只知道即时满足，驱使个体在有欲望的时候追求想要的东西。本我是一个自私、追求快乐的结构，它是原始的、没有道德原则的、持续而不顾后果的。

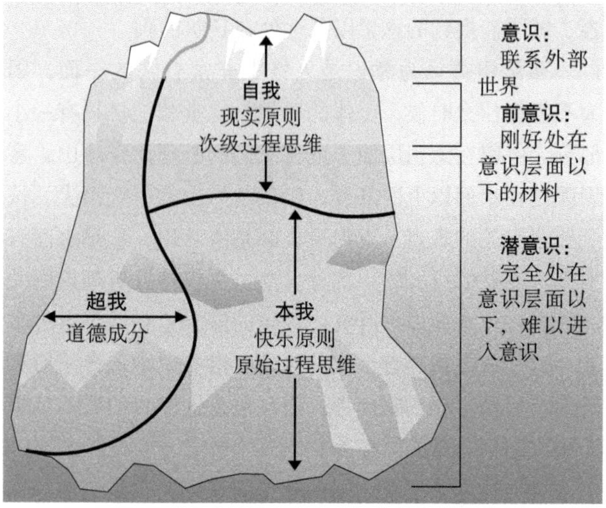

图 2-1　弗洛伊德的人格层次与结构

资料来源：From Weiten, *Psychology: Themes and Variations*, 2E. © 1992 Cengage Learning.

本我不会觉知到现实。本我就像是一名刚出生的婴儿，当需要没有被满足时，就会大声哭泣或挥舞拳头，但他们并不知道怎样才能带来满足感。饥饿的婴儿无法靠自己找到食物，本我满足自己需要的方式也只能是通过反射活动和实现愿望的幻觉，弗洛伊德将其称为**原始过程思维**（primary-process thought）。

自我

大多数儿童都知晓，他们不可能从别人那里获取食物，除非他们愿意面对这一行为所带来的结果。同时，除非走到厕所，否则他们必须延迟从释放肛门的紧张中所获得的快乐，另外，他们不能任意的发泄性欲和攻击欲。儿童在成长的过程中会学会聪明而理智地应对外部世界，并形成感知、识别、判断和记忆的能力——成年人正是使用这些能力去满足他们的需要，弗洛伊德将这些能力称为**次级过程思维**（second-process thought ）。

这些特征可以总结为理性或合理性，包含在弗洛伊德人格的第二个结构——**自我**（ego）之中，自我是人格理性的主人。它的目的并非阻碍本我的冲动，而是帮助本我减少紧张感，这恰恰是本我所渴望获得的。因为自我能够觉知到现实，它会决定何时以何种方式使本我的冲动获得最佳满足。它决定着满足本我冲动的恰当且受到社会认可的时间、地点和对象。

自我不会阻碍本我的满足。更确切地说，自我为了满足现实的要求而会对本我进行延迟或重新定向。自我以现实的方式去知觉与操纵环境，因此，自我的运作依据的是**现实原则**（reality principle）（现实原则与本我遵循的快乐原则相对立）。因此，自我可以控制本我的冲动。弗洛伊德曾用骑士和马来比喻说明自我和本我之间的关系。骑士必须去操纵、抑制和驾驭马原始而残暴的力量，否则马就会脱缰把骑士摔下来。

自我有两个主人——本我和现实。自我要不断去调节这二者之间冲突性的要求并使之妥协。另外，自我并非独立于本我。它对本我的要求总是会给予回应，并从本我处获得动力和能量。

自我是理性的主人，使个体在即使不喜欢的情况下依然坚持工作，因为如果不工作的话，就无法为家人提供食物和住所。强制你与不喜欢的人相处的力量也是自我，现实需要你表现出这样的行为，因为这样的行为是满足本我需要的一种恰当的方法。自我必须经常运用控制和推迟的功能。否则，本我冲动可能会控制和推翻理性的自我。弗洛伊德认为，必须保护我们自己免受本我的控制，并提出了保护自我的各种潜意识机制。

到目前为止，我们有了一幅处于斗争中的人格图像，自我试图去抑制本我同时又服务于它，通过知觉和操纵现实来缓解本我冲动的紧张。受我们一直试图去操纵的本能生物力量的驱使，人格在本我要求和现实要求之间走着钢丝，二者均需要时常保持警觉。

超我

本我和自我并没有完整地呈现出弗洛伊德关于人性的画面。人性中还存在第三股力量——一股强有力的主要是潜意识的原则和信念，是个体在儿童时期所获得的是非观念。在日常用语中，我们将这种内化的道德称为良心。弗洛伊德称其为**超我**（super ego）。人格的这一道德层面的基础在个体五六岁的时候就形成了，最初就是父母给我们制定的各种行为准则。通过表扬、惩罚和榜样，儿童认识到哪些行为在父母看来是好的，而哪些是不好的。使儿童受罚的行为形成了**良心**（conscience），它是超我的一部分。超我的另一部分是**理想自我**（ego-ideal），包括使儿童得到表扬的各种好的、正确的行为。

通过这种方法，儿童学会了一套得到父母认可或拒绝的行为准则。经过一段时间之后，儿童会把这些学到的准则内化，奖励和惩罚变成了自我管理。父母控制被自我控制所取代。个体的行为至少在一定程度上符合这些目前大部分处在潜意识中的道德准则。这种内化的结果就是，只要我们实施（甚至只是想要实施）一些违反道德准则的行为，就会体验到内疚感和羞耻感。

作为道德的裁决者，在追求完美道德方面，超我是冷酷无情甚至是残忍的。在强度、非理性和坚持服从方面，超我与本我没有什么不同。但它的目的不仅是延迟本我追寻快乐的需要，而是要完全地限制它们，尤其是要限制性需要和攻击需要。超我既不争取获得快乐（像本我一样），也不是为了达成现实目标（如自我一样）。它仅仅是为了获得道德上的完美。本我迫切需要获得满足，自我试图去延迟满足它，而超我强调道德最重要。如本我一样，超我也不会对它的需要妥协。

自我被夹在这些坚持不懈且相互对立的力量中间。因此，自我有了第三个主人——超我。弗洛伊德的观点是，可怜的自我在本我、现实和超我这三个方面的压力和三种危险的威胁下处境十分艰难。当自我过度紧张的时候，这种冲突的必然结果就是焦虑的形成。

焦虑：对自我的威胁

我们已经对焦虑一词的含义以及焦虑时的感受有了大致的印象。尽管我们可能不知道自己害怕的究竟是什么，但除此之外，焦虑与恐惧并没有什么不同。弗洛伊德认为**焦虑**（anxiety）是一种无目标的恐惧；通常，我们无法指出它的来源，不能指出导致焦虑产生的具体对象。

弗洛伊德将焦虑作为他人格理论中的一个重要组成部分，断言焦虑是神经质与精神病行为形成的基础。他认为所有焦虑的原型都是出生创伤，弗洛伊德的追随者奥托·兰克对这一概念进行了详细阐述。

在母亲子宫中，胎儿处于最稳定、最安全的世界中，在这里，胎儿的任何需要都能得到即时满足。但一旦出生，有机体就闯入了一个有敌意的环境里。它需要逐步适应现实，因为它的本能需要可能不会总是得到即时满足。新生儿的神经系统还未完全成熟并且没有做好充分准备，就受到了各种感官刺激的轰炸。所导致的结果就是，婴儿出现大量的运动动作、呼吸急促并且心跳加快。这一出生创伤，所伴随的本能无法被满足的紧张感与恐惧感，是我们首次的焦虑体验。它所造成的行为与感受模式，不管将来什么时候我们面临威胁时都会出现。

当我们无法应对焦虑时，当我们有被焦虑压垮的危险时，这种焦虑就被认为是创伤性的。弗洛伊德的意思是，个体无论年龄大小，都会退行到像婴儿所体验到的那种无助状态。在成年期，只要自我受到威胁，婴儿般的无助感就会在一定程度上重现。

现实性焦虑、神经性焦虑、道德性焦虑

弗洛伊德提出三种类型的焦虑：现实性焦虑、神经性焦虑和道德性焦虑。第一种焦虑类型是**现实性焦虑**（或客观焦虑）（reality anxiety），其他类型的焦虑均源于此。现实性焦虑指的是对现实世界中真实危险的恐惧。大多数人都害怕火、暴风、地震等类似灾害，会逃避野兽、超速的汽车和失火的建筑物。现实性焦虑的积极意义在于指导我们的行为逃离现实中的危险保护我们自己。当威胁不再存在的时候，我们的恐惧就会平息下来。然而，这种基于现实的恐惧也可能会走上极端。一个人因为害怕被车撞而不敢离开家或者由于害怕火而不敢划火柴，这时基于现实的恐惧就超出了正常范围。

其他类型的焦虑——神经性焦虑和道德性焦虑，对于个体的心理健康都会带来不良的影响。**神经性焦虑**（neurotic anxiety）是基于童年时期本能满足与现实之间的冲突而形成的。儿童经常因为公然地表达性冲动或攻击冲动而受到惩罚。因此，满足某些本能冲动的愿望就产生了焦虑。神经性焦虑是对于冲动表现本能主导的行为而遭受惩罚的一种潜意识恐惧。要注意的是，恐惧的不是本能，而可能是由于满足本能所产生的结果。冲突变成本我与自我之间的一个存在，它的来源部分是基于现实的。

道德性焦虑（moral anxiety）来自于本我和超我之间的冲突。在本质上，它是对个体良心的一种恐惧。当你被激励去表达与道德准则相冲突的本能冲动时，超我

会通过使你感到羞耻或愧疚而进行报复。用日常语言来说，你会说自己受到了良心的谴责。

道德性焦虑是超我发展程度的函数。具有强烈约束性良心的个体会比具有一套不太严厉道德准则的个体体验到更多的冲突。就像神经性焦虑一样，道德性焦虑也有一定的现实基础。儿童因为违反父母的道德准则而受到惩罚，成年人因为违反社会道德准则而受到惩罚。道德性焦虑中的羞耻和愧疚感来自我们内部，是我们的良知导致了恐惧与焦虑。弗洛伊德认为，如果违反超我的原则，就会受到它可怕的惩罚。

焦虑向个体发出警报：人格中某些东西出了差错。焦虑使有机体产生紧张，因此，它成为一种激励个体去满足的驱动力（就像饥饿或口渴）。这种紧张感必须被降低。

焦虑警告个体自我受到了威胁，如果不采取行动的话，自我就可能被推翻。那么，自我如何保护自己呢？存在许多选择：逃离威胁情境、抑制导致危险的冲动性需要或者凭良心做事。如果这些理性的方法都不奏效的话，个体就会诉诸防御机制——用于保护自我的非理性策略。

焦虑防御

焦虑是濒临危险的信号，预示着自我受到威胁，必须去抵制或避免。自我必须去减少本我要求与社会或超我苛责之间的冲突。根据弗洛伊德的理论，因为本能总是迫切要求得到满足，而社会禁忌总是会限制这种满足，因此这种冲突会一直存在。弗洛伊德认为，在一定程度上，对焦虑的防御也一直在进行。所有的行为都受本能的驱动；类似地，从防御焦虑的意义上讲，所有的行为都是防御性的。人格中斗争的强度可能会有所波动，但却永不停息。

弗洛伊德提出了多种**防御机制**（defense mechanisms），并指出我们鲜少只使用其中的一种，一般都是同时使用几种防御机制来保护自己免于焦虑（见表 2-1）。而且不同防御机制之间也会存在一些重叠。尽管不同防御机制的具体内容有所不同，但它们具有两个共同特征：①它们都是对现实的否认或扭曲，尽管现实非常重要，但仍然会扭曲；②它们都是在潜意识中运作的。我们意识不到它们，这意味着在意识水平上，我们对世界和自身持有扭曲和不真实的意象。

表 2-1　弗洛伊德提出的防御机制

压抑：无意识地否认一些导致焦虑的事物存在
否认：否认外部威胁或创伤性事件的存在
反向形成：表达与真正驱动个体相反的本我冲动
投射：将令人不安的冲动归于他人身上
退化：退回到更早有较少挫折的人生阶段，并表现出在这一较安全时期所具有的特征：孩子气和依赖行为
合理化：对行为进行重新解释以使其更具可接受性、更少威胁性
置换：将本我冲动从具有威胁性或无法获得的对象转移到一个可获取的替代对象上
升华：通过将本能的能量转移到社会可接受的行为中，来改变或取代本我冲动

1. 压抑

压抑（repression）是指将意识中的东西无意识地移除。它是将带给我们不安和痛苦的事情遗忘的一种潜意识类型，也是最基本和使用最频繁的一种防御机制。压抑可以对关于情境或人的记忆，对现实的感知（因此，我们也许看不到某些明显令人不安的事件），甚至是对身体的生理机能产生作用。例如，一位男子可能强烈压抑自己的性驱力以至于阳痿。

一旦压抑开始运作就难以消除。因为我们使用压抑来保护自己免于危险，如果要移除它，就必须知道某个想法和记忆不再具有危险性。但如果不释放这种压抑，我们又如何才能发现危险已不复存在呢？压抑这一概念是弗洛伊德大部分人格理论的基础，并涉及所有的神经质行为。

2. 否认

否认（denial）这一防御机制与压抑有关，指的是否认外部威胁或曾经发生的创伤性事件的存在。例如，一个晚期病患可能会否认死亡的来临。失去孩子的父母可能会通过保持孩子的房间不变而一直否认孩子的丧失。

3. 反向形成

对于令人不安的冲动的一种防御方式就是主动地表现与之相反的冲动，这就是**反向形成**（reaction formation）。受威胁性性冲动强烈驱使的个体可以压抑这些冲动，并用一些更为社会所接受的行为去代替它们。例如，一个受性欲威胁的人可能会将其反转，成为一名激进的色情文学改革者。另一个受极端攻击冲动困扰的人，可能会变得极其热心、友好。因此，个体在潜意识中运用这一机制，使色欲变为贞操，憎恨变为爱恋。

4. 投射

对令人不安的冲动的另一种防御方式就是将它们归于他人身上。这种防御机制就叫作**投射**（projection）。将好色、攻击或其他不被接受的冲动看作他人而非自己所具有的。实际上，一个人会说："不是我恨他，而是他恨我。"一位母亲可能将她的性驱力归到青春期女儿的身上。虽然冲动仍然明显存在，但是在一定程度上减轻了对个体的威胁。

5. 退行

退行（regression）指的是个体退回到拥有更多快乐，没有挫折或焦虑的生命早期阶段。退行通常是返回到某一儿童期心理性欲的发展阶段。个体通过表现当时的行为方式，如孩子气和依赖行为，而返回到生命中这一更加安全的时期。

6. 合理化

合理化（rationalization）是一种通过对行为重新进行解释，而使其显得更加合理、更易被我们所接受的防御机制。我们通过劝说自己存在合理的解释，来为一个具有威胁性的想法或行动寻找借口或证明它的合理性。一个被解雇的人可能会通过说那个工作并不好来进行合理化。那个拒绝你的你所爱之人现在看起来似乎有很多缺点。面对失败，去责备他人或其他事物会比自责产生较少的威胁感。

7. 置换

如果一个能够满足本我冲动的对象无法获得，个体就可能将这一冲动转向另一个对象，这被称为**置换**（displacement）。例如，憎恨父母的孩子或者憎恨老板的成年人，由于害怕被惩罚而不敢表达他们的敌意，可能会将攻击置换到其他人身上。小孩子可能会打自己的弟弟或妹妹，成年人可能会对一只狗大骂。在这些例子中，攻击性冲动最初的对象被一个没有威胁的对象所置换。然而，替代者并不能像原始对象一样令人满意地减少紧张。如果你多次使用置换，那么大量未卸下的紧张感就会累积，而你将不得不去寻找新的方法来减少紧张感。

8. 升华

置换是找到替代物来满足本我的冲动，与此相反，**升华**（sublimation）是对本我冲动的改变。本能冲动的能量被转移到其他渠道来表达，而这些渠道是被社会所接受和赞许的。例如，性能量可以被转移或升华到艺术创作行为中去。弗洛伊德认为，人类的各种活动，尤其是艺术活动，都是本我冲动的表现，本我冲动被改变成社会所接受的满足方式。与置换一样（升华是置换作用的形式之一），升华也是一种妥协。因此，其本身不能带来完全的满足感，而会导致未卸下的紧张感的增强。

正如我们所注意到的，弗洛伊德认为防御机制是对现实潜意识的否认或扭曲。从某种意义上来说，当我们使用这些机制时，就是在对自己撒谎，但我们并没有意识到自己在撒谎。如果我们知道在对自己撒谎，这些防御机制就不会那么有效。如果这些防御机制运作良好，那么它们就会将威胁性或令人不安的材料排除在我们的意识以外。结果就是，我们可能并不知道真实的自我是什么。我们可能会形成一幅扭曲自身的需要、恐惧与欲望的图画。

我们的理性认知过程，如问题解决、决策和逻辑思考，就可能是基于一个不准确的自我形象展开的。对于弗洛伊德来说，我们被内部和外部的力量所驱使和控制，但并未意识到这些力量，而且我们几乎无法对其进行理性的控制。

当防御机制失败并无法保护我们的时候，就会浮现出真实的自我。当我们压力非常大或在经历精神分析时，这种情况也会出现。当防御机制失败时，我们会被巨大的焦虑所击倒。我们会感到忧郁、没有价值和沮丧。除非防御机制得以修复或新防御机制得以形成并取代它们，否则我们就会出现神经质或精神病症状。因此，防御机制对我们的心理健康十分重要。如果没有它们的话，我们无法生存这么久。

人格的心理性欲发展阶段

弗洛伊德认为，所有的行为都是具有防御性的，但是，并非所有人都运用相同的方式使用同样的防御方式。我们所有人都受到同样的本我驱使，但自我和超我的本质并不相同。虽然这些人格结构对每一个人都具有相同的机能，但在内容上却存在个体差异。之所以存在这些差异，是因为它们是通过经验形成的，没有两个人拥有完全相同的经验，即使在同一家庭中抚养的兄弟姐妹也是如此。因此，人格是在童年时期与各种人和物所形成的特定关系的基础上而建立的。我们建立的一套个人化的性格品质、一套统一的行为模式，使我们每个人成为独立的个体。

个体独特的性格类型很大程度上是在儿童时期的亲子互动过程中建立起来的。儿童总是努力去满足本我的需求从而使快乐最大化，而作为社会代表的父母，则努力去施加现实与道德的要求。弗洛伊德认为童年经验非常重要，成年人的人格在个体 5 岁的时候就已经基本形成并稳定下来。让他认为早年经验如此重要的原因，是他自己的童年记忆以及他的成年患者所揭露的记忆。当他的患者躺在精神分析的沙发上时，他们总是会回忆起很久以前的童年时期。渐渐地，弗洛伊德认识到，成年期的神经症在个体生命早期就已经形成。

弗洛伊德意识到婴幼儿时期具有强烈的性冲突，这些冲突似乎围绕身体的特定区域。他注意到，在不同年龄阶段，不同身体区域作为冲突中心时都会显得更加重要。从这些观察出发，他提出了**心理性欲发展阶段**（psychosexual stages of development）理论。每一阶段都由身体的一个性感区域来定义（见表 2-2）。每一发展阶段都存在一种冲突，而这一冲突必须在婴儿或儿童进入下一阶段之前得以解决。

表 2-2　弗洛伊德的心理性欲发展阶段

阶段	年龄	特征
口唇期	出生～1 岁	口唇是最初的性感区域；快感来自吮吸：本我占主导
肛门期	1～3 岁	如厕训练（外部现实）妨碍从排泄中获得的满足
生殖器期	4～5 岁	乱伦幻想，俄狄浦斯情结；焦虑；超我建立
潜伏期	5 岁～青春期	性本能的升华阶段
生殖期	青春期～成年期	性别角色认同和成年社会关系的建立

有时由于冲突还未解决，因此个体不愿意或不能进入下一阶段，或者由于溺爱的父母对孩子的过分满足，使其不想继续前进。在以上任何一种情况下，个体都被认为是固着在这一发展阶段。在**固着**（fixation）的情况下，一部分力比多或心理能量停留在上一发展阶段，而给下一阶段留下的能量就会减少。

心理性欲发展阶段理论的核心是婴儿的性驱力。当弗洛伊德提出婴儿是受性冲动驱使时，他的观点震惊了同行和公众。然而，我们应该记得，弗洛伊德并不是从狭义的角度来定义性。他认为，婴儿被驱使从口唇、肛门和生殖器获得一种弥散型的身体快感，不同的性感区域界定了个体在生命头五年中的发展阶段。

口唇期

口唇期是心理性欲发展的第一个阶段，从出生到两岁左右。在这一阶段，婴儿获得快感的主要来源是口唇。婴儿通过吮吸、撕咬及吞咽获得快感。当然，口唇对于生存也是有用的（摄取食物和水），但弗洛伊德更强调由口唇活动获得的性满足。

婴儿在这一阶段依赖母亲或其他照料者，而他们也成为儿童力比多的首要目标。如果用更为熟悉的术语，我们可以说婴儿是在用一种原始的方法学习如何爱自己的母亲。母亲如何回应婴儿的需求，在这一阶段主要是本我需求，决定了婴儿自己所处的这个小小的世界的本质。婴儿从母亲身上知觉到这个世界是好的还是坏的，是令人满意的还是令人沮丧的，安全的还是危险的。

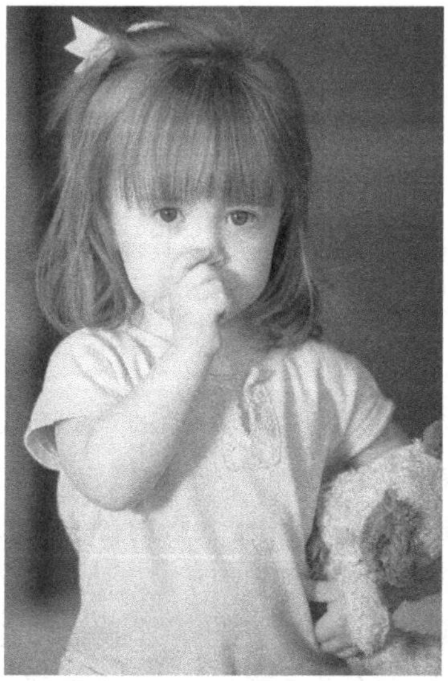

在心理性欲发展阶段的口唇期，快感来源于吮吸、撕咬及吞咽。

这一阶段有两种行为方式：口唇含合行为（摄入）与口唇攻击或口唇施虐行为（撕咬或吐出）。口唇含合模式最先出现，主要指的是由他人或食物对口唇的愉快刺激。固着在口唇含合期的成年人会过度关注口唇活动，如吃、喝、吸烟和接吻。如果在婴儿时期被过度满足，则可以预测到个体成年时的口唇人格就是过分乐观与依赖。由于在婴儿期被过分满足，他们会一直依赖他人来满足自己的需要。造成的结果就是，他们特别容易上当受骗、轻信、相信他人说的一切、过度相信他人。这种人被列为消极口唇人格。

第二种口唇行为是口唇攻击或口唇施虐行为，出现在痛苦、令人沮丧的长牙时期。这一经历的结果就是，婴儿对母亲爱恨交织。毕竟，母亲负责着婴儿所处环境中的一切事物，因此她也必须对这种疼痛负责。固着在这一水平的个体容易过度消极、产生敌意与攻击，倾向于喜欢争辩与讽刺，发表所谓尖刻的评论并且残酷地对待他人。他们倾向于嫉妒他人，并努力去利用和控制他人以争取使自己处于主导地位。

虽然在发生固着的情况下，一些力比多会停留在这一阶段，但在断奶的时候，口唇期就结束了，随后婴儿关注点转移到下一阶段。

肛门期

社会，以父母的形式，在婴儿出生的第一年里，倾向于听从其需求，适应婴儿的要求并期望婴儿不要做出太多变化以作为回报。而在婴儿大约 18 个月的时候，这一情况发生了戏剧性的转变，因为对儿童新的要求，如厕训练开始了。弗洛伊德认为，肛门期如厕训练的经历对人格发展具有重要影响。排便使婴儿产生性快感，但是如厕训练的出现，使他们必须学会对这一快感延迟满足。由于父母试图管理孩子大小便的时间和地点，婴儿本能冲动的满足首次受到了阻碍。

每一位父母都能证明，这是一个冲突的阶段。孩子意识到，他有一个武器可以用来对抗父母。他们能控制一些事情，并可以选择是否遵从父母的要求。如果如厕训练进行得不如意，比如孩子学习有困难或父母要求过高，孩子就可能以两种方式中的一种进行反抗。一种方式就是在父母不允许的时间或地点大小便，以此来挑衅父母试图对自己的控制。如果儿童发现这是一种减少挫败感的满意武器并经常使用，他可能会发展出一种肛门攻击型人格。对弗洛伊德来说，这是在成年生活中多种形式的敌意与施虐行为的基础，包括虐待、破坏以及乱发脾气，这样的人倾向于混乱无秩序，将他人视为物体而拥有。

儿童对如厕训练所导致的沮丧感的第二种反应方式就是囤积或留存自己的粪便。这会产生性快感（来自整个肠子的最下端），也是另一个操纵父母的成功技巧。当孩子连续几天不排便时，就会引起父母的关注。因此，儿童发现了一种获得父母关注与喜爱的新方法。这种行为是肛门滞留型人格发展的基础。这种人吝啬、小气，喜欢储藏或保留物品，因为他们的安全感取决于保存和拥有的东西，以及财产与生活的其他方面的井然有序。这样的人很可能比较死板、过分整洁、固执以及过于认真。

生殖器期

在 4 ～ 5 岁的时候，一系列新的问题出现了，这时候，快感的集中区域由肛门转移到生殖器。儿童再一次面临本我冲动与反映在父母期望中社会要求的冲突。

处于生殖器期的儿童对探索和玩弄自己与玩伴的生殖器表现出极大的兴趣。他们不仅通过手淫等行为，还会通过幻想从生殖区获得快感。儿童对出生以及为什么男孩有阴茎而女孩没有的问题感到好奇。儿童可能会谈起与异性父母结婚的愿望。

生殖器期是前生殖阶段或儿童阶段的最后一个时期，而阴茎冲突是解决起来最复杂的问题。因为它包含了在很多文化中都是禁忌的乱伦概念，所以很多人都难以接受。在乱伦欲望与手淫之间，我们可以看到父母在孩子 4 岁左右就播下了震惊、愤怒、压抑的种子。现实和道德再一次紧紧抓住了罪恶的本我。

1. 男孩的俄狄浦斯情结

儿童在生殖器期的基本冲突主要是对异性父母的潜意识欲望。与此相伴的是代替或除掉同性父母的潜意识欲望。弗洛伊德从对这一冲突的识别中得出了他最为著名的概念：**俄狄浦斯情结**（Oedipus complex）。这个词来自索福克勒斯在公元前 5 世纪所写的剧本《俄狄浦斯王》中描述的希腊神话。在这个故事中，年轻的俄狄浦斯在不知情的情况下杀死了他的父亲并迎娶了自己的母亲。

俄狄浦斯情结在男孩和女孩中的作用方式不同。弗洛伊德对男性的俄狄浦斯情结描述得更为完整。在俄狄浦斯情结中，母亲成为小男孩的爱恋对象。小男孩会通过幻想或公然的行为表现出对母亲的性渴望。然而，男孩会将父亲看作自己前进道路上的阻碍并视其为对手和威胁。他意识到父亲与母亲之间有一种不允许自己参与的特殊关系。因此，他对父亲充满嫉妒和敌意。弗洛伊德从自己的童年经验中得出俄狄浦斯情结的构想。他写道："以我自己为例，我也发现自己爱上了母亲并嫉妒父亲。"（Freud，1954，p.223）

男孩通过认同自己的父亲解决俄狄浦斯情结。

与男孩取代自己的父亲相伴随的是对于父亲将会报复与伤害自己的恐惧。小男孩用生殖术语来解释对父亲的恐惧，他们害怕父亲会割掉那个令人厌恶的器官（男孩子的阴茎），而这是男孩快感和性渴望的来源。因此，弗洛伊德所称的**阉割焦虑**（castration anxiety）开始起作用，正如它在弗洛伊德童年时所起的作用一样。"有很多迹象表明弗洛伊德的父亲禁止小西格蒙德去玩弄自己的生殖器，甚至威胁他如果这样做的话会对其阉割。"（Krüll，1986，p.110）

支持这一论点的其他证据来自弗洛伊德后来对手淫的描述，他提到自己也同样在父亲身上看到这些威胁。弗洛伊德也曾指出，在他成年后的梦里包含一些害怕被父亲阉割的内容。

另外两个童年事件可能强化了弗洛伊德的阉割恐惧。在他大约 3 岁的时候，他与侄子和侄女玩很原始的性游戏，发现侄女没有阴茎。对一个 3 岁的男孩来说，这可能足以证明阴茎是可以被切割的。按照弗洛伊德的一名传记作者的观点："阉割威胁对一个犹太男孩更为现实，这是因为很容易将宗教仪式和阉割之间建立联系。"（Krüll，1986，p.110）弗洛伊德在后来的著作中证实了这一点。

男孩对阉割的恐惧如此强烈，以至于他会压抑自己对母亲的性欲望。对弗洛伊德来说，这是解决俄狄浦斯冲突的一种方法。男孩会以一种更易被接受的情感来代替对母亲的性渴望，并发展出对父亲的强烈认同。通过这种做法，男孩会体验到一定程度的替代性性满足。为了提高认同感，男孩会通过采取同父亲一样的特殊习惯、行为、态度以及超我标准来使自己变得更像父亲。

2. 女孩的俄狄浦斯情结

弗洛伊德对女性生殖器冲突的描述没有对男性那么清晰，他的追随者将其命名为**伊拉克特拉情结**（Electra complex）。这一名称来自索福克勒斯的另外一个故事，在这个故事中，伊拉克特拉怂恿他的弟弟杀死自己所憎恨的母亲。

同男孩一样，女孩最初的爱恋对象也是母亲，因为母亲是她们在婴儿期主要的食物、情感与安全感来源。然而，在生殖器期，父亲成为女儿新的爱恋对象。为什么会发生这种转移呢？弗洛伊德认为，这是由于女孩对男孩有阴茎而自己没有这一发现的反应。

女孩因为对母亲给予自己低劣条件的臆想而责备她，因此对母亲的爱也随之减少。她甚至会因为自己想象中母亲对自己的所作所为而憎恨母亲。她开始羡慕父亲并将爱恋也转向父亲，因为他拥有十分珍贵的性器官。弗洛伊德写道：

> 女孩们深深地感到自己缺少与男性同等重要的性器官；因为这个原因，她们认为自己是较差的，而这种阴茎妒羡是典型的女性反应的来源（Freud，1925，p.212）。

因此，相对于男孩的阉割焦虑，女孩形成了**阴茎妒羡**（penis envy）。女孩相信自己失去了阴茎，男孩则害怕自己将会失去阴茎。

弗洛伊德认为，女性的俄狄浦斯情结并不能完全消除，这导致了女性的超我发展较弱。弗洛伊德写道，成年女性对男性的爱恋总会带有阴茎妒羡，她可以通过生育一个男孩来得到部分补偿。女孩开始认同母亲并压抑对父亲的爱恋，但是弗洛伊德并未明确指出这是如何发生的。

3. 生殖器人格

生殖器冲突及其解决的程度对于决定成人与异性的关系和对异性的态度具有至关重要的作用。没有得到很好解决的冲突会导致挥之不去的阉割焦虑与阴茎妒羡。所谓的生殖器人格具有强烈的自恋。虽然一直试图吸引异性，但是他们却很难建立成熟的异性恋关系。他们需要他人对自己具有的吸引力和独特品质给予持续的认可与欣赏。只要他们能够获得这种支持，就能做得很好，但一旦缺乏这种支持，他们就会感觉信心不足自惭形秽。

弗洛伊德将男性生殖器人格描述为傲慢、虚荣和自我肯定。具有这种人格特点的男性试图通过反复的性征服活动来宣称与表达他们的男子气。具有生殖器人格的女性，被阴茎妒羡所驱使，会放大她们的女子气并利用自身的天赋与魅力去征服男性。

生殖器期这一个紧张的情节受到了所有人的压抑，它的影响在潜意识水平上激励着成年的我们，即使我们能够回忆起这一冲突，也是微乎其微的。

潜伏期

在心理性欲发展的口唇期、肛门期与生殖器期的暴风骤雨和各种压力下，塑造出了成年期的大部分人格。人格中三个主要的结构——本我、自我和超我，在 5 岁左右的时候就已经形成，而它们之间的关系也已固定下来。

幸运的是，由于儿童与父母理所应当可以休息一下，因此，在接下来的 5 ～ 6 年的时间里是比较平静的。**潜伏期**（latency period）并不是心理性欲的发展阶段。性本能处于一种休眠状态，将其暂时升华为校园活动、爱好、体育运动以及与同性建立友谊。

生殖期

生殖期是心理性欲发展的最后一个阶段，开始于青春期。这一时期个体在生理上日益成熟，如果在以前的发展阶段中没有发生严重的固着，个体就可以过正常的生活。弗洛伊德认为，这一阶段的冲突没有其他阶段那么强烈。青少年必须遵守关于性表达所存在的社会约束与禁忌，而且这种冲突会通过升华而减弱。对青少年压抑的性能量的表达，至少可以部分地通过追求社会认可的替代品得以满足，随后可以通过与异性个体建立具有承诺的成人关系得以满足。具有生殖期人格类型的个体能够在爱和工作中找到满足感，后者是对本我冲动升华的一个可接受的满足方式。

弗洛伊德强调童年早期对于决定成年人格的重要性。根据弗洛伊德的观点，生命的头 5 年最为重要。他的人格理论较少关注童年后期与青春期，他更不关心成年期人格的发展。对于弗洛伊德来说，作为成年人，我们如何行为、思考与感觉，在我们许多人都还没有学会阅读以前所遇到的冲突与冲突解决中就已经决定了。

人性问题

弗洛伊德并没有给我们展现一个好的、乐观的人性形象。恰恰相反，他认为每个人都是一个黑暗的地窖，而且在这个地窖里冲突肆虐。他用悲观的术语对人类进行描述，认为我们处在与内在力量的斗争中，而在这场斗争中，我们几乎注定是要输的。我们注定要焦虑，注定要阻碍一些驱力性冲动，我们不断体验着紧张与冲突。我们无休止地对抗本我的力量保护自己，而本我的力量一直在警告要推翻我们。

在弗洛伊德的理论体系中，生命唯一的终极目标就是：减少紧张感。在先天 - 后天的问题上，弗洛伊德持中间立场。人格中最有力量的部分——本我，是一种遗传的、具有生理基础的结构，心理性欲发展阶段也是如此。但人格的其他部分是在童年早期的亲子互动中习得的。

尽管由于我们都经历了同样的心理性欲发展阶段，都受到同样的本我力量的驱使，使弗洛伊德承认人性具有普遍性，但他声称，人格的某些部分是具有个体差异的。虽然自我和超我对每个人的机能相同，但由于它们是在个人经验中形成的，因此其内容会因人而异。同样，在心理性欲发展的过程中也会形成不同的人格类型。

在自由意志与决定论的问题上，弗洛伊德持决定论的观点：实际上，我们所做、所思或所梦想的每一件事都是由生的本能和死的本能预先决定的，这是我们无法接近也看不见的内部力量。成年期的人格早在 5 岁之前的互动中就已经决定了，我们的控制力非常有限，这些经验永远牢牢掌控着我们。

但弗洛伊德也认为，接受精神分析的人可以通过训练增加自由意志并为他们的选择负责任。“个体越能更多地意识到潜意识，就越能掌控自己的人生。”（Solnit，1992，p.66）因此，弗洛伊德认为，精神分析有可能将人们从决定论的束缚中解放出来。

弗洛伊德用暗淡的色彩所绘制的关于人性的完整

图画，反映了他对人性的看法。随着年龄的增长与健康状况的恶化，这一图画会越来越暗淡。他对人类的评价整体上是严苛的。“基本上，我没有发现人类身上有任何‘好的’东西。依我之见，他们大多数都是垃圾。”（Freud，1963，pp.61–62）他的人格理论体现了这一严苛的评价。

弗洛伊德的人格评价理论

弗洛伊德将潜意识看作生命中最重要的动机力量。童年冲突被压抑在意识知觉之外。弗洛伊德精神分析体系的目标就是将这些被压抑的记忆、恐惧和思想带回到意识水平。精神分析学家如何评估这一部分看不见的心理呢？这一黑暗的场所能用其他方法接近吗？在临床实践中，弗洛伊德建立了两种评估方法：自由联想和梦的解析。

自由联想

弗洛伊德建立的**自由联想**（free association）技术主要归功于约瑟夫·布罗伊尔，他是一名维也纳医生，在弗洛伊德早年开私人诊所时他们是很好的朋友。布罗伊尔在治疗一名年轻的女性癔症患者时发现，实施催眠可以使她记起被压抑的事件。回忆事件，在某种意义上重新经历这些事件，可以减轻令人困扰的症状。

弗洛伊德成功地运用了这项技术，并将这一过程称为**宣泄**（catharsis），这个词来自希腊语中的“净化”（purification）一词。但他后来放弃了催眠，因为有些患者很难被催眠。另外，一些患者虽然在催眠的过程中会揭露出令人困扰的事件，但后来去询问时，他们却不能回忆起那些事件。

为了寻求除催眠以外的其他方法来帮助病人回忆所压抑的信息，弗洛伊德让病人躺在沙发上，而自己坐在后边患者看不见的位置（弗洛伊德选择这种安排可能是由于他不喜欢被人盯着）。他鼓励患者放松并将注意力集中于过去的事件上。患者会参与到一次白日梦中，并大声说出出现在头脑中的任何东西。弗洛伊德会指导他按照本来面目自发地表达每一个想法或意象，而不管这些想法或记忆看起来多么琐碎、多么令人尴尬或痛苦。这些记忆不会被删除、重新排列或进行调整。

弗洛伊德认为，自由联想中所揭露的信息并不是随机的，也不是患者有意识地选择的。自由联想中患者所揭露的信息是预先决定的，是由冲突的本性所迫使的。

他还发现，自由联想有时候也会不太顺畅。当一些经验或记忆太过痛苦而无法谈论时，患者就不愿意去揭露。弗洛伊德将这一现象称为**阻抗**（resistances）。他认为阻抗意义重大，因为它们预示着已经非常接近病人问题的根源。阻抗是治疗在向正确方向前进的象征，精神分析师应该继续对这一领域进行探查。精神分析师的任务在一定程度上就是打破或克服这些阻抗，使病人能够面对压抑的经验。

梦的分析

弗洛伊德认为，梦以符号的形式代表了被压抑得欲望、恐惧和冲突。这些感觉被压抑得如此强烈，以至于它们只能在梦中以伪装的形式浮现出来。

在**梦的分析**（dream analysis）技术中，弗洛伊德将梦区分为以下两个方面：显梦，是指梦中的实际事件，而隐梦是梦中事件所隐藏的象征性意义。通过多年的临床实践，弗洛伊德在患者的梦中发现了一些一致的象征，有些事件对每一个人几乎都具有同样的象征意义（见表 2-3）。例如，台阶、梯子和楼梯代表性交，蜡烛、蛇和树干代表阴茎，而盒子、阳台和门代表女性的身体。弗洛伊德警告说，尽管这些象征物有明显的普遍性，但许多象征物仅限于在进行精神分析的某一个体，而对另外一个人来说可能就具有不同的意义。

表 2-3　梦的象征或事件以及它们潜在的精神分析意义

符号	解释
前面很平整的房子	男性的身体
有窗台和阳台的房子	女性的身体
国王和王后	父母
小动物	孩子
孩子	生殖器
和孩子玩耍	手淫
秃顶、拔牙	阉割
细长的物体（如树干、雨伞、领带、蛇、蜡烛）	男性生殖器
封闭的空间（如盒子、烤箱、衣柜、洞穴、口袋）	女性生殖器
爬楼梯或台阶，驾车，骑马，过桥	性交
沐浴	出生
开始一段旅行	死亡
在人群中赤身裸体	渴望被关注

（续）

符号	解释
飞行	渴望被羡慕
降落	渴望退回到被满足和保护的阶段，如童年期

梦以浓缩和强化的形式来揭露冲突。梦里的事件很少由单一的原因引起，几乎都有多种来源。当然梦的来源有可能也很普通。物理刺激，比如卧室的温度或与同伴的联系都可以引起梦，内部刺激也可以引起梦，如发烧或胃部不适。

在 2008 年对精神分析师进行的一项调查中发现，他们大多相信梦对理解患者的问题所具有的价值（Hill，Liu，Spangler，Sim，& Schottenbauer，2008）。

十分有趣的是，尽管弗洛伊德坚信梦一般都涉及的是婴儿期的性欲望，但是他在《梦的解析》一书里所描写的 40 多个自己的梦中，只有少数几个包含性的内容。在弗洛伊德所报告的梦中主题是野心，这是他否认自己具有的一个特征。

弗洛伊德的这两种评估技术——自由联想和梦的解析，向精神分析师揭露了大量的被压抑的信息，但它们都是以伪装或象征性的方式呈现出来的。治疗师就必须为病人解释或翻译这些信息。弗洛伊德将这一过程与考古学家重建几百年前被毁坏和埋葬的社区的工作相比，正如考古学家试图从碎片中重建一座建筑一样，精神分析师也要从被埋葬的破碎的记忆中重建一段经历。因此，对患者的人格进行评估，所揭露其潜意识层面的冲突，取决于分析师的技能、训练和经验。

对弗洛伊德理论的研究

弗洛伊德的研究方法主要是**个案研究**（case study）。在第 1 章中我们曾提到，个案研究方法有一定的局限性。它并非基于客观观察，也不是通过系统化的方法收集数据，并且情境（精神分析面谈）无法重复和验证。另外，它无法系统地改变患者在儿童期的抚养条件，也无法在实验室中复制个体的家庭环境。因此，临床观察不能像在可控的心理学实验中一样得以重复。

对弗洛伊德个案研究的批评主要涉及的是他数据的性质。他并没有对所有的治疗过程进行逐字记录，而且他警告分析师不要在面谈的时候做记录，因为弗洛伊德认为，这会干扰他们对病人所谈内容的注意。弗洛伊德会在约见病人几小时之后再做笔记。在谈及记录技术时，弗洛伊德说："我在晚上下班后凭记忆记下来。"（quoted in Grubrich-Simitis，1998，p.20）因此，他的数据很有可能是不完整的，仅仅包含了他后来记住的内容。

而且他的回忆可能是有选择性的，他可能只记录了支持自己理论的案例，或者他以支持自己理论的方式对案例进行了解释。当然，弗洛伊德的笔记可能是非常准确的，但我们并不能肯定这一点。我们无法将他的个案报告与病人所说的话进行对照。

即使弗洛伊德对治疗过程进行了完整的记录，我们也无法确定患者陈述的正确性。弗洛伊德很少通过询问患者的朋友和亲戚，去证实患者所讲故事的准确性。因此，我们必须将弗洛伊德研究的第一步——数据收集，描述为不完整和不准确。

还有一些批评者认为，弗洛伊德的患者事实上并没有揭露童年期的性经验，因为在大多数案例中，从未出现这些经验。例如，这些批评者指出，弗洛伊德是从他对患者症状的分析中推断出童年诱奸的故事，而且弗洛伊德声称几乎所有的女患者都说她们曾被父亲诱奸，但他的个案记录并没有显示有任何患者曾说确实发生过诱奸（Kihlstrom，1994）。

其他批评者认为，弗洛伊德是在诱导患者描述童年诱奸，而不是他真的听到患者这样说过，因为他已经形成了一个假设，即童年诱奸是成年期神经症的真正起因。还有人指责说，弗洛伊德通过暗示，诱导或灌输给患者从未发生过的所谓的童年诱奸记忆（MaCullough，2001）。"当患者不愿意提供可以被与性有关的术语所解释的材料时，弗洛伊德会毫不犹豫地以'正确'的方向指点他们。"（Webster，1995，p.197）

对弗洛伊德研究的另一个批评是其研究的样本规模太小且没有代表性，这对弗洛伊德及其追随者产生了限制。在弗洛伊德的作品中，大约只有十几个记录详细的个案，在这些个案中大多是年轻、未婚、受到良好教育的上流社会女性。要把从这样一个非常局限的样本中得出的结论推广到整个人群中去困难太大。

另外，弗洛伊德记录的治疗过程和他出版的个案史之间存在不少差异。几位研究者比较了弗洛伊德对那位

“鼠人”的记录以及出版的个案研究，鼠人是他最著名的患者之一。他们发现，分析的时间被延长了，患者表露的事件的顺序也不准确，他宣称通过精神分析治愈的结果也未经证实（Eagle，1988；Mahoney，1986）。该个案的出版版本与弗洛伊德在结束与患者会谈后的记录并不一致。弗洛伊德是为了支持自己的理论（或自我）而故意做了这些修改，或者只是他潜意识的产物，这都无法确定。我们也不知道弗洛伊德的其他个案是否也同样存在这种扭曲。由于弗洛伊德在对这些个案进行编辑之后将大部分的患者资料都毁掉了，因此这依旧是一个谜。

最后，有人认为弗洛伊德已经出版的少得可怜的个案史，都没有对其理论提供令人信服的支持性证据。弗洛伊德的一位传记作家认为：“一些案例所呈现的支持精神分析理论的证据根本靠不住，弗洛伊德为什么要费尽心思发表它们呢？这非常令人困惑。”（Sulloway，1992，p.160）

在后面的章节中，对弗洛伊德的批评同样也适用于后来选择新精神分析取向的大多数人格理论家。他们也将个案研究作为主要的研究方法，并且将理论建立在患者报告的基础之上。但这并不意味着他们的研究是没有价值的。弗洛伊德和其他精神分析学家为人格的研究提供了丰富的材料。但我们只能在不考虑实验效度的基础上接受其观点的有效性。

尽管弗洛伊德对实验方法很熟悉，但对其并没有信心，他认为“科学研究与精神分析天生就不相容”（Chiesa，2010，p.99）。一位美国心理学家曾寄给弗洛伊德一些验证其概念的实验信息。弗洛伊德“以一种不耐烦的拒绝手势将复印件扔到了桌子对面”，并给那名心理学家回信说他并不“重视这些验证”（Rosenzweig，1985，pp.171，173）。他认为并不需要当时发表在心理学杂志上的那些实验，“它们告诉他的只是他早已从临床实践中得到的”(Holzman，1994，p.190）。

弗洛伊德坚持认为他的研究是科学的，他已经积累了足够的证据来支持他的结论，并且只有使用他的技术的精神分析学家才有资格去评判他工作的科学价值。弗洛伊德写道，精神分析是基于“不计其数的观察和经验，只有不断重复对自己和他人进行观察的人才能对此做出自己的判断”（Freud，1940，p.144）。因为弗洛伊德的观察不能被重复，所以困难就出现了。我们无法精确地了解他是如何收集数据并将他的观察转化为假设和一般性结论的。

弗洛伊德概念的科学效度

自 1939 年弗洛伊德去世之后，他的许多观点都被付诸实验检验。在一项对心理学、精神病学、人类学和相关学科 2 500 个研究的详尽分析中，萨穆尔・费雪和罗杰・格林伯格对弗洛伊德某些思想的科学信度进行了评价。在这一评价中，他们没有考虑个案史，竭尽全力将调查限定在具有高客观性数据的研究之上。

研究者发现，弗洛伊德的一些概念，尤其是本我、自我、超我、死亡意愿、力比多和焦虑，不能被实验方法所验证。能够被检验并且得到证据支持的概念，包括口唇和肛门人格、俄狄浦斯三角、阉割焦虑以及女性通过生育来补偿没有阴茎，从而解决俄狄浦斯困境的观点。

没有研究证据支持的概念包括梦是被压抑的愿望的伪装表达，通过认同父亲并出于恐惧而接受父亲的超我标准来解决男性俄狄浦斯情结，以及女性超我发展不充分等观点。此外，研究者也没有发现证据支持心理性欲发展阶段以及俄狄浦斯变量与后来性生活困难相关。

1. 潜意识

现在，潜意识力量可以影响意识层面的思想和行为的观点已经得到确认。当前研究表明，潜意识的影响可能比弗洛伊德认为的更加广泛（Custers & Aarts，2010；Scott & Dienes，2010）。一位人格研究者观察到：“如今人们一致认为，许多心理机能的发生并非意识的选择，实际上，我们很多行为的发生正好与意识的欲望相反。”（Pervin，2003，p.225）心理学家也意识到，许多认知活动的信息加工是在潜意识层面进行的。一些人甚至提出，所有行为和思想潜在的因果机制都是潜意识的（Barge & Chartrand，1999；Wegner & Wheatley，1999）。

> 现在看来，潜意识比开始认为的更“聪明”，它能够处理复杂的言语和视觉信息，甚至能预期（并计划）未来事件……它不再仅仅是驱力和冲动的储藏室。潜意识似乎在问题解决、假设检验和创造力方面都有重要作用（Bornstein & Masling，1998，p.xx）。

许多对潜意识本质的研究涉及**阈下知觉**（subliminal perception）（也称为阈下心理动力激活）。在阈下知觉中，向被试呈现意识水平之下的刺激（subliminal 一词来源于 sub，意思是“在……之下”，limen 是“临界值”的意思）。尽管个体感知不到刺激，但这些刺激却激活了被试的意识过程和行为。换句话说，人们能够被无法意识到的刺激所影响。

在一项这类研究中，研究者在极短的时间内给被试呈现一系列的单词和图片，使他们不能有意识地知觉到它们（Shevrin，1977），然后要求被试进行自由联想。被试所谈论的内容恰恰反映的是先前呈现给他们，但他们实际上看不到的刺激。例如，当刺激是一幅蜜蜂的图片时，被试自由联想的内容包括了“蜇”和“蜂蜜”这些词。虽然他们没有意识到自己看见了这些刺激，但这表明被试的思维过程受到了刺激的影响。许多使用阈下知觉的研究都支持了认知活动受潜意识影响的观点（Westen，1998）。

对美国和德国大学生的一系列实验研究表明，可以在意识之外唤起或激活目标。同样，满足这些目标的行为也会在被试没有意识到要这样做的情况下出现。例如，要在实验任务中表现更好的目标唤起会使被试确实表现得好一些。在另一个例子中，要在实验任务中具有合作性的潜意识目标的激活会导致合作行为的出现。该研究的作者认为“在不需要做出任何有意识选择的情况下，行为目标就可以被激活”（Bargh，Gollwitzer，Lee-Chai，Barndollar，& Troetschel，2001，p.18）。

对英国成年人的一项研究发现，焦虑敏感性得分高的成年人比得分低的成年人更可能看到，在意识水平之下呈现的与焦虑相关的单词。尽管这些单词呈现的速度很快，人们几乎无法意识到自己看到了它们，但第一组被试的敏感性使他们更加警觉，因此更可能觉察到与焦虑相关的单词（Hunt，Keogh，& French，2006）。

意识之下呈现的刺激也会影响行为。当在意识觉知水平之下给美国大学生呈现高兴的面孔时，他们比接触愤怒面孔图片的学生消费了更多提供的饮料。高兴面孔组也比愤怒面孔组表示更愿意为他们喝的饮料付钱并希望得到更多饮料。尽管没有学生意识到看见了这些面孔，但刺激已经在潜意识中留下印象并影响了他们的行为（Winkielman，Berridge，& Wilbarger，2005）。

其他富有创造力的研究也证明，潜意识可以影响情绪以及认知和行为过程。在一项这类研究中，将“妈妈和我是一体的”这句话给研究被试闪现 4 毫秒，一同呈现的还有一幅一名男性和女性肩并肩在一起的图片。接触到这一阈下刺激的男精神分裂症患者比没有接触这一信息的控制组被试表现出更大的改善。女性精神分裂症患者在接触以上信息后没有改善，但当给她们呈现“爸爸和我是一体的”这一阈下信息时，她们也有所改善（Silverman & Weinberger，1990）。

在其他研究中，“妈妈和我是一体的”这一信息能有效帮助大量被试戒烟和戒酒，使他们变得更坚定，吃更多健康食品并减少恐惧。因此，给被试呈现无法意识到的阈下信息具有治疗价值（Weinberger & Silverman，1990）。

2. 自我

我们注意到，弗洛伊德认为自我的作用是不断在现实和本我的迫切需要之间进行调节。自我是人格中的理性部分，它必须控制和延迟本我的需要，使它们与现实环境相平衡。精神分析研究者确定了自我的两个成分：

- 自我控制
- 自我弹性

自我控制，正如从这个名字所看到的一样，最接近弗洛伊德最初的概念，指的是我们能在多大程度上控制我们的冲动和情感。自我控制的程度从无法控制（无法抑制任何冲动和情感）到过度控制（严格抑制冲动的表达）。这两种极端情况都是非适应性的。

自我弹性指的是个体调节或改变一般的自我控制水平，以使其符合环境的日常变化时所具有的灵活性。不具备自我弹性的个体被称为“自我脆弱”，这意味着他们不能改变自我控制水平来应对生活情境的挑战和困难。具有高自我弹性的个体具有灵活性和适应性，在情境允许的情况下，收紧或放松自我控制的程度。对年龄在 21 ～ 27 岁的母亲进行的研究发现，那些认为自己的抚育经历积极且令人满意的母亲，自我弹性水平会得到提升，或一直处在较高的水平，而那些认为自己的抚育经历消极的母亲，自我弹性水平显著降低。研究者认为，艰苦的生活环境、挫折与失败或者其他消极经验，会降低自我弹性（Paris & Helson，2002）。

研究表明，与得分高的儿童相比，在实验室和观察测量中自我控制得分低的儿童，被老师评价为具有更高的攻击性、更少服从和遵守纪律。在自我弹性上得分高的儿童比得分低的儿童被老师评价为能更好地应对压力、焦虑水平更低而且需要的安慰更少。对荷兰5岁儿童的一项研究发现，自我弹性水平低的儿童在消极情境，一般就是在与父母互动中，显示出具有更大压力的生理迹象。自我弹性水平高的儿童在相似的情境中没有显示出这种压力的证据（Smeekens，Riksen-Walraven，& van Bakel，2007）。

高自我弹性也与一般智力水平、好的学业成绩、同伴欢迎程度、更高的生活满意度以及更好的社会功能呈正相关。低自我控制水平的男孩和女孩，以及低自我弹性的女孩，与青春期的药物滥用具有正相关。因此，自我控制和自我弹性与人格和行为的许多重要方面相关（Block & Block，1980；Chung，2008；Hofer，Eisenberg，& Reiser，2010；Shiner，1988）。

基于自我报告和熟人与临床医生的描述，对一组大学生的自我控制和自我弹性水平进行了测量。自我控制水平低的个体倾向于难以预测、独断、难以控制、喜怒无常与自我放纵。自我控制水平非常高的个体则比较无趣、坚定、可靠且冷静。高自我弹性的学生则自信、沉着、社交技能娴熟而且很乐观（Letzring，Block，& Funder，2005）。

在一项纵向研究中，对3～23岁美国被试的人格特质进行定期评估，结果发现，与童年期相比，后来的自我控制和自我弹性水平都要更高。不同年龄中都存在自我控制的个体差异，这表明个体的自我控制水平可以较早进行识别（Block，& Funder，2005）。

意大利的研究发现，对于男性和女性被试，自我弹性在16～20岁都具有显著的稳定性。相反，瑞典的研究发现，男孩在青春期自我弹性水平会降低，而女孩则会提高。这些结果表明，自我弹性可能存在文化和性别差异（Chuang，Lamb，& Hwang，2006；Vecchione，Alessandri，Barbaranelli，& Gerbino，2010）。

定义自我控制的另一种方法是依照发展的三个水平：前遵奉期、遵奉期和后遵奉期（Loevinger，1976）。前遵奉期发展水平最低，对冲动表达的控制水平最低。遵奉期根据个体意识到的他人期望和恰当社会行为的文化规则来调节冲动的表达。在自我发展的这一阶段，我们重视被他人接受。我们能够延迟或重新定向冲动表达的方式、时间和地点。自我发展最成熟的阶段是后遵奉期。处于这一阶段的个体高度尽责并奉行个人主义，他们更多地信赖适当行为的个人目标和标准，而非他人的标准。

对在婴儿期就分开并在不同环境中抚养的16～70岁的同卵和异卵双生子进行研究，使用自陈问卷比较他们的自我发展水平。尽管他们在不同的收养家庭被抚养，但每一对双生子的自我发展都具有显著相关。研究者认为，结果表明了自我发展可能具有遗传特征。与弗洛伊德的理论相反，自我发展的水平更多取决于遗传因素而非亲子互动（Newman，Tellegent，& Bouchard，1998）。

3. 宣泄

对弗洛伊德来说，宣泄指的是将回忆创伤性事件所引起的情绪通过身体表达出来，通常会缓解令人不安的症状。在流行文化中，“宣泄”这一术语已经成为通过表达情绪来减少敌意和攻击的一种方式。很多自助类书籍鼓励我们通过将愤怒发泄在非生命的物体上来宣泄愤怒，比如打枕头、摔盘子或击打沙袋。这样做有用吗？攻击性的行为能减少消极情绪吗？答案是不能。

在一项关于宣泄的研究中，给两组大学生分别呈现一些信息，这些信息或支持或反对宣泄是缓解愤怒的一种有效方式。接下来，通过实验激发一部分学生的愤怒情绪，他们所写的文章受到严厉批评。告诉他们，他们的论文是最糟糕的文章之一。

因此，情绪被唤起并阅读支持宣泄作用信息的被试明显更倾向于通过击打沙袋来发泄攻击性。在第二个实验中，接受支持宣泄作用信息的被试不仅会击打沙袋，还会对通过批评他们的文章而惹恼他们的人表现出攻击行为。他们甚至还会对与他们的愤怒完全无关的无辜他人表现出更高的攻击性。显然，击打沙袋并未得到宣泄。愤怒并未因此而消散，甚至还得以增加（Bushman，Baumeister，& Stack，1999）。其他研究也证实，发泄愤怒可能会使个体表达更多的愤怒（Lohr，Olatunji，Baumeister，& Bushman，2007）。

在另一个击打沙袋的研究中，当要求男女大学生一边击打沙袋，一边想着那个激怒他们的人时，他们会对那个人表现出更多的攻击行为。当要求学生一边击打沙袋，一边考虑如何让身体更加健康时，他们会对那个激怒他们的人表现出更少的攻击行为。那些没有通过击打沙袋来发泄愤怒的学生，对激怒他们的人表现的攻击行为最少。实验者认为这些结果强化了这一观点，即发泄愤怒并不会减少负性情绪（Bushman，2002）。后来的研究也表明，认为发泄愤怒对自己有好处的人，比不相信宣泄价值的人更受暴力视频游戏的吸引（Bushman & Whitaker，2010）。

4. 置换

置换指的是将个体的本我冲动从难以获得令人不安的对象转移到可替代的物体或他人身上。对 97 项研究的分析支持以下观点：置换攻击是一种可行且可靠的方法。此分析发现，置换所发生的环境越消极压力越大，置换的强度就越大（Marcus-Newhall，Pedersen，Miller，& Carlson，2000）。

在一项对大学生的研究中，通过实验激发实验组被试的愤怒情绪，接下来留 25 分钟时间让他们关注自己的愤怒思想和情绪，而控制组的实验条件则不包含 25 分钟沉思的时间，结果发现实验组被试更加证实了置换攻击的作用。研究者认为，沉浸在愤怒中会保持这种情绪，而且更有可能外显地表达攻击行为（Bushman，Bonacci，Pedersen，Vasquez，& Miller，2005）。

5. 压抑

对弗洛伊德的压抑这一防御机制的实验研究——无意识地从意识中移除一些威胁性的观点或记忆，已经提供了支持性的结果，虽然一些心理学家质疑这项研究是否与弗洛伊德所提出的压抑完全相关。在一项研究中，被试要记忆屏幕上闪现的两个单词表（Glucksberg & King，1967）。列表上的一些单词在概念上很相似，比如猫和狗都是动物。在记忆第一个列表中的一些单词时会对被试进行电击。记忆第二个列表中的单词时都不会对被试施加电击。然后测试被试对这些单词的记忆效果。结果发现，被试忘记了伴随着电击的单词，但却能回忆起没有伴随电击的单词。他们也会压抑第二个列表中与第一个列表里伴随电击的词概念上相似的单词。研究者认为，具有威胁性的单词被驱逐出了意识知觉。

根据人格测验分数将被试分为压抑者和非压抑者的澳大利亚研究表明，压抑者焦虑水平更低，而防御水平更高（Davis，1987）。与非压抑者相比，压抑者回忆起来的儿童期情感经验更少，特别是涉及恐惧和自我意识的经验。在相关的研究中，研究者比较了压抑者和非压抑者在多项实验任务中的差异。当呈现中性不具有任何威胁性刺激的图片和令人尴尬具有威胁性刺激的图片时，压抑者会避免去看后者。当要求压抑者对包含性或攻击内容的短语（假定为威胁性材料）进行自由联想时，生理测量显示他们具有高情绪唤醒，但由于压抑了自己的情绪反应，因此他们的言语反应并没有任何愤怒或性唤醒的线索。而非压抑者并没有抑制他们的情绪反应，这在他们的言语反应中体现得非常明显（Davis，1987）。

最近在英国的研究证实了澳大利亚的研究结果：发现压抑者对童年消极记忆的回忆能力明显更差（Myers & Derakshan，2004）。另外，压抑者比非压抑者更明显地回避浪漫依恋关系（Vetere & Myers，2002）。

压抑者也明显比非压抑者更有可能否认，他们身上拥有那些被认为威胁个人情感的人格特质（比如自私、懒惰、粗鲁和不诚实）。与非压抑者相比，压抑者可供提取的不快乐或威胁性的情绪记忆更少，因为他们压抑了这些记忆（Newman，Duff，& Baumeister，1997；Newman & McKinney，2002；Schimmack & Hartmann，1997）。

在另一项研究中，向压抑者和非压抑者呈现一部令人感觉不安的电影，这部电影是关于动物基因突变以及由核试验所导致的拖延时日的死亡。然后要求他们回忆一件使他们高兴的个人经历，压抑者比非压抑者能够回忆起更多高兴的事件和想法。研究者认为，压抑者通过使用积极记忆来应对电影中的消极刺激。因此，压抑者并没有体验到和非压抑者同样频繁和相同程度的由电影所产生的抑郁情绪。压抑者并不只是假装没有受到影响，他们还成功地压抑了这一体验（Boden & Baumeister，1997）。

在美国的两组儿童中对压抑进行了研究。一组是健康儿童，另一组是患有癌症或其他慢性消耗性疾病的儿童。研究发现，与健康的孩子相比，患病的孩子更可能成为压抑者，更不可能表达愤怒（Phipps & Steele，2002）。

在对一组包括 443 名男性和女性大学生的研究发现，相比于非压抑者，压抑者更不可能去吸烟、喝酒。在这项研究中，与非压抑者相比，在关于过度饮酒不会对自己带来危害的信念上，压抑者的得分更高（Shirachi & Spirrison，2006）。

6. 其他防御机制

研究者提出，弗洛伊德的防御机制具有不同的层次，越简单的防御机制，在个体的生命中越早被使用，随着年龄的增长，较复杂的防御机制才会出现。例如，研究表明，否认（简单、低层次的防御机制）更多被小孩子使用，青少年使用的更少，而认同这一更为复杂的防御机制，被认为主要是被青少年而不是小孩子来使用。男孩子更多使用否认，女孩子更可能使用退行、置换和反向形成（Tallandini & Caudek，2010）。

对 2、5、8、11 年级和大学一年级学生的研究发现，他们对主题统觉测验图片的反应清楚地表明了防御机制的年龄差异。随着年龄增长，他们对否认和投射的使用减少，而认同的使用增加（Porcerelli，Thomas，Hibbard，& Cogan，1998）。对 150 名 11 ～ 18 岁学生的纵向研究发现，相比于否认，投射和认同使用的更多，而且对它们的使用从青春早期到青春晚期会越来越多（Cramer，2007）。

在一项纵向研究中，在幼儿园时对被试进行第一次测试，在他们 23 岁时进行第二次测试，结果发现，学龄前的人格与青年期否认的使用相关。正如我们前面所提到的，否认作为一种防御机制主要被儿童使用，且随着年龄增长对它的使用一般会减少。然而，在这项研究中，男性被试在 23 岁时仍然在使用否认，这些被试具有很多在幼儿园时期就已被确定的心理问题。他们童年时的人格表现为情绪不成熟水平高、无价值感水平高、个人胜任水平低、自我弹性水平低。对女性被试来说，没有发现儿童期人格和 23 岁时继续使用否认之间有如此明显的相关。研究者认为，男孩可能比女孩更易受压力的影响（Cramer & Block，1998）。

加拿大的两项研究证实，患有神经性厌食症（一种饮食障碍）的少女和作为配偶虐待受害者的更年长的女性，与不属于这两类的女性相比，更有可能使用否认作为应对机制。研究者认为，通过在潜意识层面否认她们遇到的困难，这些女性试图将困难情境最小化或使自己尽可能远离这些情境（Arokach，2006；Couturier & Lock，2006）。

一项对成年男性的研究发现，通过使自己更强大、更有竞争力来使自己免于虚弱感困扰，并回避情感表达的个体，倾向于使用更多不成熟的防御机制。而那些并未感到迫切需要比他人更强大，且能够更自由地表达情感的个体，会使用更多成熟的防御机制（Mahalik，Cournoyer，DeFrank，Cherry，& Napolitano，1998）。研究还发现，虐待孩子的父母倾向于使用否认这一不成熟的防御机制（Cramer & Kelly，2010）。

对投射，即将消极特质和行为归于他人身上，这一防御机制的研究发现，在游戏中指责另一个人撒谎和欺骗，当面对同样的消极行为时，会增加对那个人的责备，而减少对自己的责备（Rucker & Pratkanis，2001）。童年时处于高社会阶层的成年人，与在低社会阶层家庭中成长起来的成年人相比，更可能使用投射技术（Cramer，2009）。

投射也会影响对我们的配偶和同伴的评价。一项对失业的求职者的研究发现，当要求他们对同伴的日常行为进行评价时，他们会将失业所带来的抑郁情绪投射到同伴身上。而且同伴与心理测量中的抑郁症状越相似，他们在进行评价时越容易把自己的抑郁情绪投射出去。研究者注意到："当伴侣确实和他们比较相像时，个体更可能假定伴侣和自己相像。"（Schul & Vinokur，2000，p.997）因此，在这种情况下，被试会准确无误地将自己的特征投射到配偶和同伴身上。

7. 亚洲文化中的防御机制

防御机制的概念是在欧洲背景下，在对白人中产阶级患者的研究中提出和建立起来的。许多对防御机制的后续研究使用的都是美国被试。在一项对亚洲人和美国人的特殊研究中，比较了一组美国被试与一组生活在泰国的亚洲佛教徒。使用工具性生活方式指数这一自陈量表来评估防御机制的使用。研究者发现，两种文化中的人们在使用退行、反向形成、投射、压抑、否认和补偿等机制方面具有很强的相似性（Tori & Bilmes，2002）。

8. 梦

早期对梦的研究证实了弗洛伊德的观点，即梦以伪装或符号的形式反映了情感需要。但弗洛伊德认为梦代表愿望或欲望满足的观点并未获得研究支持。尽管如此，梦经常以做梦者生活中高度情绪化的内容为特征，这一点非常明显。对 1956 ～ 2000 年德国公民的大规模调查显示，那些年龄比较大而直接受到第二次世界大战（1939 ～ 1945 年）影响的人，在战争结束 50 多年后，还一直经历着与战争情绪相关的梦（Schredl & Piel，2006）。对库尔德和巴勒斯坦在日常生活中面临身体危险的儿童进行的研究显示，他们远比在其他文化下，在更和平的环境中长大的儿童梦到更多具有威胁性和创伤性的情境（Valli，Revonsuo，Palkas，& Punamaki，2006）。

研究已经表明，接触电子媒体，如手机、智能电话、计算机、DVD 和电子游戏，以及使用交互性互联网，都会影响梦的内容和做梦的频率（Gackenbach，2009）。花费大量时间玩电子游戏的人比相对花费较少时间玩电子游戏的人，倾向于有更多包含亡者和虚拟人物的怪诞之梦（Gackenbach，Kuruvilla，& Dopko，2009；Schneider & Domhoff，2006）。

当你获悉大学生一般都会梦到性时，可能并不会吃惊。另外，男同学会更多梦到与朋友发生亲密关系，女同学则会更多梦到怀孕、结婚和购物（Rainville & Rush，2009）。

对美国和德国成年人的研究发现，女性能够回忆起来的梦要远远多于男性，也许是因为女性在晚上醒来的次数更多。男性更多梦到男性人物，而女性梦到的男性和女性人物数量差不多。男性比女性有更多包含攻击性的梦（Blume-Marcovici，2010；Schredl，2010）。

对加拿大用日记记录自己所做之梦的成年人进行的一项纵向研究显示，梦的性质与用自我报告法测量的心理幸福感显著相关。心理幸福感水平较低（因此被假定为更不快乐）的个体，报告了更多包含攻击他人、消极情绪以及失败与不幸的梦。心理幸福感水平较高的个体，则报告了更多包含与他人友好互动、积极情绪以及成功和好运的梦（Pesant & Zadra，2006）。

其他研究证实，梦是真实生活经验的反映，这些经验的情感强度以及个体的心境都会对梦中的故事产生影响（see，for example，Schredl，2006；Schredl，Funkhouser，& Arn，2006）。简单来说，如果你经历了糟糕的一天，那晚上你就会有不好的梦。如果房间中有东西气味不好，也会影响你的梦。德国一家睡眠实验室的研究发现，一旦被试睡着后，仅仅对其呈现 10 秒玫瑰花的香味，就会比闻到臭鸡蛋气味产生更多快乐的梦（Hutson，2010）。

研究者在不同人群中对梦的文化差异进行了研究。对巴西亚马孙雨林的帕林廷廷印第安人的研究表明，他们认为梦是一种预言未来的方式。因此，他们会非常认真地对待自己和亲友的梦（Kracke，2010）。

对美国和中国大学生的梦进行比较发现，与美国学生相比，中国学生的梦中会出现更多的熟人，而且攻击性的情境更少（Xian-Li & Guang-Xing，2006）。中国被试的梦比美国被试的梦，包含了更多象征性的符号（根据弗洛伊德的理论），比如刀、剑和匕首（Yu，2010）。

对白人和亚裔美国大学生的一项研究表明，在童年时期，白人更可能把自己做的梦告知父母。随着年龄增长，他们也更可能向朋友讲述自己做的梦，并且非常看重自己所做的梦。亚裔美国学生对自己做的梦更加保密，而且更不愿意谈论自己的梦（Fiske & Pillemer，2006）。

当中国大学生被问到，他们的梦是彩色还是黑白色的时候，在儿童时看黑白电视和电影的人说他们的梦是黑白色的，而更多接触彩色电视和电影的人说他们的梦是彩色的（Schwitzgebel，Huang，& Zhou，2006）。

东西方文化下的个体均倾向于同意，梦可能包含着被隐藏起来的关于个体自己的真相，梦可以为个体提供关于他们自己和环境的有用信息（Morewedge & Norton，2009）。因此，许多人都对梦的解析很感兴趣。一项对阿联酋伊斯兰学生的研究发现，大约 2/3 的女生和 1/3 的男生都对解释他们的梦表现出了极大的兴趣（Salem，Ragab，& Abdel，2009；Schredl，2010）。

9. 俄狄浦斯情结

在一项检验俄狄浦斯情结效应的观察研究中，要求 3 ～ 6 岁的男孩和女孩的父母记录孩子对自己的喜爱行为和攻击或敌意行为。结果表明，对异性父母的喜爱行为和对同性父母的攻击行为都比相反行为发生的更加频繁。这些类型的俄狄浦斯行为在 4 岁左右的时候最多，到 5 岁时开始下降（Watson & Getz，1990）。

在关于俄狄浦斯情结的研究中，对梦的解析支持弗洛伊德的理论。在一项经典研究中发现，男性报告的反映阉割焦虑的梦明显更多，女性报告的反映阉割欲望和阴茎妒羡的梦则明显更多（Hall & Van de Castle，1965）。

弗洛伊德提出，女孩的阴茎妒羡使她们将父亲视为爱恋的对象，随后这一欲望被想要孩子的渴望所取代。在对这一观点进行的一项实验研究中，向大学适龄女性被试呈现包含怀孕主题的阈下信息。结果发现，相比于控制组女性和接触到相同刺激的大学适龄男性来说，被试在接下来的墨渍测验中的回答显著包含了更多阴茎的意象。这些结果支持弗洛伊德的观点：对于女性来讲，怀孕具有阴茎的意义（Jones R. L.，1994）。

在对威尔士 12 ～ 14 岁男孩和女孩的一项研究中，评估了他们对父母的态度。结果表明，对父亲态度矛盾的孩子（他们对父亲爱恨交织）比对父亲没有矛盾态度的孩子，表现出对他人更少的安全依恋。研究者注意到，这一结果支持弗洛伊德认为父亲在影响孩子以后人际关系中发挥着重要作用的主张（Maio，Fincham，& Lycett，2000）。

10. 口唇人格和肛门人格

一项对口唇人格的研究表明，由罗夏测验所确认的口唇人格取向与肥胖之间有很强的相关（Masling，Rabie，& Blondheim，1967）。这支持了弗洛伊德认为口唇人格的个体专注于吃喝的观点。另一项研究发现，口唇人格的个体比肛门人格的个体更加顺从权威人物的建议（Tribich & Messer，1974）。按照弗洛伊德的观点，口唇人格的个体比肛门人格的个体更加依赖和顺从，也会更加遵从他人，而肛门人格的个体具有更多敌意，更加抗拒顺从。

弗洛伊德还认为，女性比男性有更多口唇依赖，但后来的研究中并未发现这一性别差异（O’Neill & Bornstein，1990）。总体来讲，研究支持口唇人格和肛门人格的存在（Westen，1998），但没有证据支持生殖器人格。

11. 攻击

弗洛伊德理论中另一个被进行实验研究的观点是：攻击是与生俱来的且具有普遍性。采取这一立场的并非只有弗洛伊德一人。在自然环境中对动物进行观察的科学家也假设，人与低等动物都具有攻击本能，虽然这一观点已经受到了来自人类学和心理学的数据的挑战。人类学家观察到在一些所谓的原始文化中并没有表现出攻击行为。反对攻击本能的心理学家认为，攻击行为是由挫折引起的。

大量研究表明，尽管挫折能够引起攻击，但并非总是如此。对挫折的攻击性反应可以通过训练而改变，这一观点支持了学习在攻击中的作用。心理学家阿尔伯特·班杜拉（见第 13 章）认为，正如我们学习许多社会行为一样，我们以同样的方式学会了攻击，首先是观察他人的攻击行为，然后对观察到的行为进行模仿。

12. 年龄与人格发展

弗洛伊德提出，人格在人 5 岁左右就形成了，并且在此之后变化不大。对人格随时间发展的研究发现，学龄前儿童的人格特征发生着急剧的变化，正如一项追踪了 6 ～ 7 年的研究所表明的一样（Kagan，Kearsley，& Zelazo，1978）。其他研究表明，童年中期（7 ～ 12 岁）可能比童年早期对于成年期人格模式的建立更为重要。

著名的儿童发展心理学家杰罗姆·卡根在文献综述的基础上认为，相对于早期的亲子互动来说，人格似乎更取决于气质和儿童晚期的经验（Kagan，1999）。虽然不能否认生命的头 5 年会影响我们的人格，但很明显的是，在除此之外的时间里，人格也在继续健康发展。

13. 弗洛伊德式口误

根据弗洛伊德的观点，在演讲中看起来是普通的遗忘或偶然的过失，实际上却是潜意识动机或焦虑的反映。在检验这一现象的研究中，通过计算机屏幕向两组男性呈现相同的一组词（Motley，1987）。当蜂鸣器响起时，要求他们大声念出单词。在一组被试身上连接电极，告知他们，在实验期间他们将会受到一次痛苦的电击。这是产生焦虑的一种实验方法。在第二组，主试是一名富有魅力的、性感的女性。这一组是为了测试性焦虑。

对电击感到焦虑的男性出现了口误，如在屏幕呈现“*sham dock*”时将其念成“*damn shock*”。性焦虑组的被试在口误中透露出对性的焦虑，如将“*brood nests*”念成“*nude breast*”。在性焦虑测试中得分较高的被试出现了最多与性相关的弗洛伊德式口误。控制组的男性面对相同的单词，但没有唤起任何一种焦虑，他们没有出现口误。当然，并非所有演讲中的过失都是弗洛伊德式口误，但研究表明，至少其中一些可能是弗洛伊德所称的以尴尬方式暴露出来的被隐藏的焦虑。

14. 被压抑的童年性虐待记忆

20 世纪 80 年代末，关于被压抑的记忆问题在耸人听闻的诉讼过程中东山再起，很多当事人声称他们突然回忆起了早年间发生的虐待事件。许多女性指控自己的父亲、叔叔和她们家的朋友有罪，许多男性指控牧师、教练和老师有罪，根据他们对 20 年前发生的事件的记忆，其中一些被指控的人被判有罪并坐牢。

在性虐待案例中，被压抑的记忆现象真的这么广泛吗？调查结果并不一致。在一项针对女性，主要是根据法庭指令参与物质滥用治疗项目的非裔美国人的研究，发现 54% 的个体报告了童年性虐待史。仅有 19% 的个体说，他们在一段时间内已经忘记了这一虐待，但之后又回想起来了（Loftus，Polonsky，& Fullilove，1994）。一项对男性和女性心理学家的调查发现，24% 的人报告了童年虐待，40% 的人暂时遗忘。在这项研究中，男性和女性在暂时被压抑记忆的发生率上并无显著差异（Feldman-Summer & Pope，1994）。

观点集锦

对弗洛伊德思想的研究

自我控制水平较低的人倾向于

- 具有攻击性和固执
- 不可预知和独断
- 喜怒无常和自我放纵的

自我弹性水平较低的人倾向于

- 在与父母的负性互动中感到压力
- 焦虑并需要安慰
- 谦逊、悲伤并缺乏社交技能

通过宣泄来发泄愤怒的个体倾向于

- 后来可能更加愤怒
- 沉溺于暴力视频游戏

研究支持弗洛伊德的以下概念

- 潜意识影响
- 置换
- 压抑
- 否认
- 投射
- 梦是情感需要的反映
- 攻击是一种本能
- 所谓的弗洛伊德式口误

这些研究以及类似的研究都依赖于回溯性报告——对据说发生在 40 年以前的事件进行回忆。但回溯性研究存在一个问题：我们如何得知虐待确实发生过？一名研究者采访了被记载为童年虐待受害者的成年女性。虐待的证据包括医院急诊室的记录和当时收集的法医证据（Williams，1994）。因此，在这项研究中，我们能肯定所报告的事件是确实发生过的。对这些女性的采访显示，38% 的人没有回忆起虐待事件，这一数字接近上面所提到的以心理学家为被试的研究中被压抑记忆的发生率，但高于在物质滥用治疗项目中女性所报告的 19% 的结果。在对被记载为童年性虐待受害者的研究中，最可能对虐待事件失去记忆的女性是那些虐待事件发生时年龄较小而且是被熟人猥亵的女性。

一篇关于对被压抑的童年性虐待记忆的研究综述称，有充分证据表明，这种虐待在回忆起来之前可能已被遗忘多年（Delmonte，2000）。对曾经有过被压抑的记忆，后来又恢复这些记忆的女性，以及从来没有忘记这些记忆的女性的研究发现，报告了恢复性记忆的女性，在幻想倾向和分离（心理过程分裂为独立的意识流）测量上得分较高（McNally，Clancy，Schacter，& Pitman，2000）。理所当然地，这种状态被归因于童年创伤。

尽管有证据支持，一些被压抑的童年性虐待记忆确实发生过，但重要的是也应注意到，研究也表明，错误的记忆是多么容易被灌输以及回忆多么容易被扭曲，以致一些从未发生过的事情也可以被有意识地制造出来，而且看起来非常真实或特别具有威胁性（Loftus & Ketcham，1994；Ofshe & Watters，1994）。

在一项研究中，3～6 岁的儿童和一个坐在桌子对面的男子玩了 5 分钟，这名男子从未碰触到这些孩子。4 年之后，对这些孩子进行了访谈。在访谈中，研究者告知儿童，他们将会被问到在他们生命中非常重要的一件事情，以此创造出一种指控的氛围。“你害怕说出来吗？”他们被问道，“只要说出来，你会感觉更好。”（Ceci & Bruck，1993，p.421）1/3 的儿童同意访谈者的暗示，即在几年之前他们曾被那名男子拥抱和亲吻。其中两名儿童同意了他们曾在浴室里被拍照的暗示；一名儿童同意了那名男子曾给他洗澡的暗示。

一项对意大利大学生的研究表明，梦的解释可以被用来灌输错误记忆。一位心理学家，同时也是一个受欢迎的广播名人，告诉一半的学生，他们的梦显示了被压抑的童年创伤性事件的记忆。这些事件的例子包括被父母遗弃或在一个陌生的地方迷路。另一组被试没有收到对梦的这种解释。所有被试均是基于几周前完成的问卷筛选出来的，并且他们都说在童年时期没有发生过创伤性事件。在对梦的解释质疑了 10 ～ 15 天之后，大多数被试同意确实发生过创伤性事件，而他们多年来一直压抑了这些记忆（Mazzoni，Lombardo，Malvagia，& Loftus，1999）。

该领域的研究先驱伊丽莎白·洛夫特斯得出的总体结论是：

> 创伤通常会被驱逐出意识层面，随后又会通过超越一般遗忘和记忆的过程而得到可靠的恢复……这一观点并未得到支持。毫无疑问，那些确实是虚假且不可能的“记忆”，至少可能性非常小的可怕的创伤性事件是建构出来［或被灌输］的，尤其是对于那些遭受暗示性记忆恢复过程影响的人来说更是如此（Loftus & Davis，2006，pp.6，8）。

然而，童年期性虐待确实会发生，记住这一点非常重要。对于许多人来说，这都是挥之不去的现实，而且远比弗洛伊德在 19 世纪所想象的更加普遍。其结果可能会使个体元气大伤。在儿童期遭遇性虐待的男性和女性都会有强烈的焦虑、抑郁、自残、低自尊和自杀倾向（see，for example，McNally，Perlman，Ristuccia，& Clancy，2006；Pilkington & Lenaghan，1998；Westen，1998）。

弗洛伊德理论的扩展

虽然在随后章节中我们将要讨论的一些理论家建立了反对弗洛伊德的理论。但另外一些理论学家仍然忠实于弗洛伊德的一些基本假设，他们试图对其观点进行扩展、延伸或细化。后一组理论家包括弗洛伊德的女儿安娜，他们的目标是减少弗洛伊德精神分析体系中存在的缺陷和疏漏。

自我心理学：安娜·弗洛伊德

尽管安娜·弗洛伊德（1895—1982）可能是一个计划之外的孩子（她曾说，如果父母有更安全的避孕方法，她就不会出生），但她却成为西格蒙德·弗洛伊德六个孩子中唯一继承其衣钵的人（Young-Bruehl，1988）。安娜是一个不开心的孩子，她嫉妒受母亲青睐的姐姐，也被其他的同胞所忽视。她回忆道：“（我的）存在……仅仅是令他们讨厌，我感到无聊而孤独。”（Appignanesi & Forrester，1992，p.273）

安娜并没有被父亲忽视。她成为父亲最喜欢的孩子，并在 14 岁时就尽职尽责地参加他的精神分析团体会议，聚精会神地聆听所呈现和讨论的个案史。22 岁的时候，安娜开始了父亲对她为期 4 年的精神分析，弗洛伊德因为分析自己的女儿后来受到严厉的批评。一名历史学家称其为：“一个难以忍受的乱伦性质的治疗……俄狄浦斯情结的表演，沙发两端都是如此。”（Mahoney，1992，p.307）但也有另外一种解释：“没有其他人敢于承担这一任务，因为对于安娜的分析不可避免地会质疑作为父亲的弗洛伊德”（Donaldson，1996，p.167）。分析自己的孩子严重违反了弗洛伊德精神分析实践的原则，因此对安娜的分析一直保密了很多年。在对安娜的分析中，安娜报告了很多暴力性质的梦，包含射击、杀戮、死亡以及保护父亲免受敌人伤害等。尽管如此，“她与父亲分享自己的性幻想和第一次手淫的经历，而且通过精神分析，使她对父亲充满感激并且更加忠诚”（Edmundson，2007，p.61）。

在提交了一篇题为“击败幻想与白日梦”的论文之后，安娜·弗洛伊德加入了维也纳精神分析协会。尽管她声称描述的是一名患者的经历，但实际上就是关于她自己的幻想。她曾论及父亲和女儿之间乱伦的爱情关系、殴打以及通过手淫来获得性满足。

她一生都致力于照料父亲和他的精神分析体系。在父亲去世几年之后，她描述了她做的一系列关于父亲的梦。

> 他又来了。最近所有的梦都有相同的特征：主要的情节不是我对他的渴望，而是他对我的渴望……在最初的这类梦中，他曾公开说：“我一直渴望你。”（Anna Freud，quoted in Zaretsky，2004，p.263）

在安娜临死前，也就是她父亲去世大约 40 年之后，她会坐在轮椅上，穿着他的旧羊毛外套，那么多年来她一直保存着那件外套（Webster，1995）。

鉴于老弗洛伊德只对成年人进行精神分析，通过引发他们的回忆以及分析他们的幻想和梦，从而重构他们的童年，安娜则只针对儿童进行分析。她在父亲伦敦的家隔壁建立了一个诊所和一个分析师培训中心。1927年，她出版了《儿童分析四讲》，西格蒙德·弗洛伊德对她的工作赞许有加："安娜关于儿童分析的观点是独立于我的，我同意她的观点，但她是从自己独立的经验中建立起这些观点的。"（Freud quoted in Viner，1996，p.9）

通过扩展自我的作用，安娜·弗洛伊德对传统的精神分析进行了大幅修正，她认为自我独立于本我起作用。这是对弗洛伊德体系的重要延伸，使其发生了根本性的变化。

她在 1936 年出版的《自我与防御机制》一书中对弗洛伊德的体系提出了细化，在这本书中，她阐明了防御机制的运作过程。这本书受到广泛赞誉，并被认为是自我心理学最重要的著作。本章前面所讨论的主要的防御机制，应将其获得的全面发展与清晰阐释归功于安娜·弗洛伊德，这是她对精神分析理论最重要的贡献。

欢迎登录

The Anna Freud Centre

介绍位于伦敦的安娜·弗洛伊德中心，在这里还继续着她对情绪障碍儿童和青少年的工作。

客体关系理论：海因茨·科胡特和梅兰妮·克莱因

我们在讨论弗洛伊德关于贯注的概念时，使用了"客体"这个词。贯注指的是将心理能量投注在某一客体上。至于客体，指的是所有能够满足本能的人或活动。因此，我们可能将心理能量投注到人的身上，比如能够满足我们基本需要的母亲。弗洛伊德认为，在婴儿的生命中，母亲的乳房是第一个满足本能的客体。随后，母亲作为一个完整的人而成为客体。随着儿童的成熟，只要能够满足儿童的本能需要，其他人也会成为这样的客体。

客体关系理论（object relation theories）更多关注的是与这些客体的相互关系，而不是这些客体对本能驱力的影响。尽管驱力的满足十分重要，但相对于建立相互关系来说，它是第二位的。对个人关系的强调首次超过本能需要，这告诉我们，客体关系理论家与弗洛伊德不同，他们认可社会和环境因素对人格的影响。

他们特别强调母婴关系，认为核心人格在婴儿时就已经形成，这比弗洛伊德所提出的年龄更小。

尽管在很多细节问题上有所不同，但客体关系理论学家倾向于同意，人格发展的关键问题就是使儿童变得越来越独立于他最早的客体：母亲。同时，客体关系理论家也认为，生命早期强烈自我意识的出现以及与母亲之外其他客体关系的成熟十分关键。

尽管没有一个观点或体系能够将所有客体关系理论家统一起来，但他们还是具有一些共同之处。下面简要介绍一下海因茨·科胡特和梅兰妮·克莱因的研究。

1. 海因茨·科胡特（1913—1981）

科胡特强调核心自我的形成，将其看作成为独立个体的基础，能够主动采取措施以及整合抱负和理想。核心自我是从婴儿与环境中所谓的自我客体之间的关系中建立起来的。自我客体是在我们生命中发挥着关键作用的个体，在婴儿时期，我们将其作为我们自我的一部分。

通常，母亲是婴儿最初的自我客体。科胡特认为，母亲的作用不仅是要满足孩子的生理需求，还要满足其心理需求。为了做到这一点，母亲必须成为孩子的一面镜子，如实地反映孩子的独特、重要和高尚感。通过这样做，母亲肯定了孩子的自豪感，这将会变成核心自我的一部分。如果母亲拒绝孩子，就会反映出一种不重要感，孩子可能就会出现羞愧和内疚感。以这种方式，通过孩子与首要自我客体的最初关系形成成年人自我的所有方面（积极的和消极的）。

科胡特特别小心地指出了自己的研究与弗洛伊德的研究之间的连续性。他认为他的自我心理学并不是从弗洛伊德精神分析理论中分离出来的，而是对其的扩展和延伸（Siegel，2001）。

2. 梅兰妮·克莱因（1882—1960）

作为一位感觉被父亲拒绝、没人要的孩子，克莱因患有周期性发作的抑郁症。她与后来也成为一名精神分析师的女儿关系非常疏远。女儿指责克莱因干涉自己的生活，并坚持认为，在登山中死去的哥哥，实际上是由于与母亲关系恶劣而自杀的。因此，无论是作为女儿还是作为母亲，克莱因都饱尝艰辛。这可能对她关注母婴之间深刻情绪关系的人格理论的形成产生了影响。

与弗洛伊德强调生命前 5 年相对的是，她强调儿童生命中的前 5 ～ 6 个月。她认为婴儿生来就具有积极的生活幻想，其中隐藏着弗洛伊德所说的本我冲动的心理表征（意象），可以通过想象暂时地予以满足。例如，饥饿的婴儿可以想象吮吸母亲的乳房，从而暂时缓解饥饿。

婴儿经历的这些幻想，克莱因称之为内部客体，是真实而生动的，因为婴儿缺乏分辨现实与想象世界的能力。因此，婴儿开始懂了，本能遭遇的每一次挫折、每一次威胁，都是充满敌意的世界给予自己的打击。婴儿最开始仅仅与部分客体相关，而最初的这种部分客体就是母亲的乳房。乳房能满足也可能无法满足本我的本能，婴儿就开始将其评价为好的或不好的。因此，这一部分客体所表征的婴儿世界会被视为令人满意的或是充满敌意的。随着婴儿世界的扩展，他们逐渐与整个客体而非部分客体相关联，比如母亲是一个人而不仅仅只是一个乳房。

婴儿从一个整体的人（母亲）身上获得快乐，这会增加婴儿的自信、感知能力以及与他人的关联。所有其他关系都是从最初和母亲乳房的基本客体关系中建立起来的。婴儿期的这些经验留下了附加的心理意象，它们被保存起来并且影响深远。因此，成年期人格就是基于生命中前几个月所形成的关系而形成的。

虽然由于承认社会和环境因素对人格的影响而使得客体关系理论家偏离了弗洛伊德的立场，但其基本理论取向依然是弗洛伊德式的。他们的目标是延伸弗洛伊德的理论，而不是取而代之。

对弗洛伊德理论的反思

弗洛伊德的精神分析体系对心理学和精神病学的理论与实践、我们对人性的看法，以及我们对人格的理解都具有显著影响。他的影响在大众文化中也能感受到，他的理论出现在许多畅销的书籍、杂志和报纸中。一篇文章称他为“逃脱不了的力量，”即使在去世 65 年后依然发挥着影响（see Adler，2006，p.43）。

精神分析促进了美国心理学家从 20 世纪 30 年代起，对人格研究的关注。20 世纪四五十年代，精神分析理论影响了心理学中动机研究的出现。弗洛伊德的许多思想被当时的心理学所吸收，包括潜意识的作用、童年经验对于塑造成年行为的重要性以及防御机制的运作等。正如我们所看到的，这些思想和弗洛伊德的其他思想都引发了大量的研究。

我们可以从本书很多章节所介绍的人格理论家的思想中进一步看到弗洛伊德理论的重要性，这些理论或以弗洛伊德的体系为基础，或将其作为他们理论的反对目标。伟大的思想不仅能够被认为是有效的而给人以启示，还能够被认为不正确而刺激其他观点的产生。

弗洛伊德的人格理论比他的精神分析治疗体系影响更大。尽管对弗洛伊德思想的研究以及对其概念的实验检验还在不断丰富，但精神分析作为一种治疗技术，它的受欢迎程度却在下降，尤其是在美国。然而，在中国，精神分析作为一种治疗方法，近来却变得更受欢迎。美国的弗洛伊德精神分析师通过网络电话、互联网视频会议以及软件应用程序，在对越来越多的中国精神分析师进行培训（Osnos，2011；Wan，2010）。

越来越多的人在寻求行为和情绪问题的治疗，但很少人会选择弗洛伊德所建立的花费昂贵、耗时日久的方法。目前，持续 1 ～ 15 次会谈的短式疗程，同时伴随使用更多精神类药物进行治疗已经成为惯例。

在美国，这一远离传统精神分析的趋势还受到了管理式医疗方法的强化。对保险公司来说，赞同一个仅需要开药的治疗制度比赞同一个可能持续几年的精神分析，花费的成本更低。此外，在进行保险报销之前，管理式医疗要求提供治疗方法有效性的证据，而精神疗法有效性的证据比较弱（see，for example，Mayes & Horwitz，2005）。

我们已经注意到弗洛伊德主要的研究方法，即个案研究法的缺陷。除了主要由实验心理学家提出的那些问题以外，人格理论家也提出了一些质疑。一些人认为，弗洛伊德过于强调生物本能对人格的决定作用。另一些人对弗洛伊德关注性和攻击，并将它们作为主要动机力量的观点提出挑战，他们认为，人们更多的是通过社会经验而非性经验得以塑造。一些理论学家不赞同弗洛伊德的人性决定论，他们认为，人们拥有比弗洛伊德所承认的更多的自由意志，我们可以自主地选择行动与成长，至少在一定程度上可以控制我们自己的命运。

另一项批判集中于弗洛伊德强调过去行为而排除我们的目标和愿望。这些理论家认为，我们也受到未来的影响，也被我们的目标和计划所影响，和 5 岁之前的经验相比，这些因素具有同等甚至更重要的影响。而另外一些人格理论家认为，弗洛伊德过于关注情绪障碍个体而排除了心理健康和情绪成熟的个体。如果我们想要建立一套人格理论，为什么不研究最优秀、最健康的人，为何不与消极品质一样，也研究人的积极品质？理论家也反对弗洛伊德对女性的观点，尤其是阴茎妒羡的概念、超我不发达以及女性对其身体的自卑感等。

弗洛伊德对许多概念的模糊界定也受到了质疑。批评者指出像本我、自我、超我等这些术语的定义不明确且存在矛盾。他们在大脑中有明确的生理结构吗？他们的加工过程流畅吗？在他后来的文章中，弗洛伊德曾提到对他的一些概念进行精确的定义确实比较困难，但问题依然存在。

本书是现代人格心理学史。在个人成长和社会发展中，我们既不能摆脱过去的影响，也不应该去摆脱过去的影响。过去给我们提供了建构的基础，就像后来的人格理论家以弗洛伊德的工作为基础一样。如果精神分析只是激励了其他人格理论家，并为人格心理学这一新的学科提供了一个框架的话，弗洛伊德对于思想界的重要性就是安全的。每一个结构都取决于基础的稳固和完整，西格蒙德·弗洛伊德为人格理论家的建构提供了一个稳固且充满挑战的基础。

本章小结

弗洛伊德的理论在一定程度上是自传性的，他的一些主要概念都是基于自身童年经验和性冲突。

本能是源自内部的刺激的心理表征。生的本能使我们得以存活，并以力比多的心理能量形式显现出来。死的本能是一种指向衰退、毁灭和攻击的潜意识驱动力。

人格的三个结构是本我、自我和超我。本我是人格的生物学部分，是本能和力比多的储藏室，它遵循快乐原则。自我是人格的理性部分，遵循现实原则。超我是人格的道德部分，由良心（使儿童受到惩罚的行为）和自我理想（使儿童受到表扬的行为）构成。自我调节着本我的要求、现实的压力以及超我的原则。

当自我被过分压抑时，就会产生焦虑。现实性焦虑是指对现实世界中危险的恐惧。神经性焦虑是指本能满足与现实之间的冲突。道德性焦虑是指本我与超我之间的冲突。防御机制的运作是潜意识的。它们扭曲现实来保护自我免受焦虑的威胁。防御机制包括压抑、反向形成、投射、退行、合理化、置换和升华。

儿童会经历以身体的性感区域所定义的心理性欲发展阶段。口唇期包括两种行为模式：口唇含合和口腔攻击。在肛门期，本能冲动的满足首次受到阻碍。生殖器期涉及俄狄浦斯情结，儿童对异性父母潜意识的性渴望，对同性父母具有对抗与恐惧感。男孩形成阉割焦虑；女孩形成阴茎妒羡。男孩通过认同父亲，采取父亲的超我标准，以及压抑对母亲的性渴望来解决俄狄浦斯情结。女孩解决俄狄浦斯情结不太成功，这使得她们的超我发展不充分。在潜伏期，性本能升华到学校活动、运动以及与同性个体的友谊中。生殖期处于青春期，标志着异性关系的开始。

弗洛伊德的人性观是消极的。我们注定会焦虑，会阻碍冲动的满足，也注定会紧张和冲突。人生的目标就是减少紧张。许多人性都是遗传的，但有些是通过亲子互动而习得的。

评估人格的两种方法是自由联想和梦的解析。在自由联想中，患者以随意的方式自发表达所想到的任何想法和意象。有时候，病人会抗拒谈论令人不安的记忆或经历，从而发生阻抗。梦有显梦（梦中真实的事件）和隐梦（这些事件的象征意义）两层含义。

弗洛伊德的研究方法是个案研究，这种方法不依赖客观观察，不可控也没有系统性，并且无法重复和检验。弗洛伊德的研究数据不是定量的，可能也不够完整和准确，而且是基于一个不具代表性的小样本。

弗洛伊德的一些概念得到了实证研究的支持：潜意识、压抑、投射、置换、口误、口唇人格和肛门人格的特征、俄狄浦斯三角、阉割焦虑以及女性通过生育孩子来解决俄狄浦斯困境等。弗洛伊德理论的主要部分（本我、超我、死亡意愿、力比多、宣泄和焦虑）没有得到科学的证实。自我的两个部分得到了认同：自我控制和自我弹性。关于被压抑的童年性虐待记忆，一些可能是真实的，而另一些可能是被灌输和歪曲的。

安娜·弗洛伊德对弗洛伊德的理论进行了修正，详细阐述了自我的作用，客体关系理论家如科胡特与克莱因也对弗洛伊德的理论进行了修正，他们主要关注的是母婴关系。

许多人格理论家批判弗洛伊德过于强调生物力量、性、攻击、情绪困扰和童年经验。他们也批评弗洛伊德的人性决定论，对女性的消极看法以及他一些概念界定模糊。然而，毫无疑问的是，弗洛伊德对西方文化以及后来细化或反对其体系的人格理论家均具有显著影响。

2

PART

第二部分

新精神分析取向

一些最初忠于弗洛伊德并致力于其精神分析体系的人格理论家，由于反对弗洛伊德理论的某些方面而最终与他分道扬镳。

卡尔·荣格与阿尔弗雷德·阿德勒在做出反叛并提出自己的人格观点之前，都曾是弗洛伊德的亲随。卡伦·霍妮虽然与弗洛伊德没有个人关系，但她在寻找不同的路径之前，也曾是一名正统弗洛伊德学说的信奉者。埃里克·埃里克森的工作也源自弗洛伊德的精神分析。

这些新精神分析理论家在许多问题上观点并不一致，但是他们都反对两个主要的观点：弗洛伊德将本能作为人类行为的主要驱动力以及他关于人格决定论的观点。新精神分析理论家为我们呈现了一幅更加乐观和讨人喜欢的人性画面。他们的工作表明，人格领域在它正式出现不到10年的时间里取得了多么快速的多元化发展。

Chapter 3

第3章

卡尔·荣格：分析心理学

我的一生就是一部潜意识自我实现的传说，潜意识中的一切都在寻求外部表达，人格也渴望从其潜意识中得以进化。

——卡尔·荣格

西格蒙德·弗洛伊德曾把卡尔·荣格视作他思想的继承者，但荣格却发展出一套与正统精神分析理论完全不同的人格理论。他对人性做出了崭新而详尽的阐释，且与众不同，他称之为**分析心理学**（analytical psychology）。

荣格反对弗洛伊德学说的第一点便是性的作用，他将力比多重新定义为一种包含性却不仅仅局限于性的普遍的心理能量，从而扩展了弗洛伊德的定义。

荣格反对的第二个领域主要是关于影响人格的力量的方向，弗洛伊德认为人都是过去事件的囚徒或受害者，而荣格则认为我们同时被未来和过去所塑造，我们不仅被童年发生的事所影响，也被我们渴望将来发生的事所影响。

第三个主要的差异围绕潜意识而展开，尽管我们讨论过的其他新精神分析学派的反对者一再弱化潜意识的地位，但荣格比弗洛伊德还要强调它的重要性，他更加深入地探索了潜意识，并为它增加了一个新的维度：遗传自人类和史前人类的经验。虽然弗洛伊德已经意识到了人格之中种系发展的一面（继承而来的原始经验的影响），但荣格将此视为理论体系的核心。荣格将他从历史、神话、人类学和宗教获得的想法组织起来，形成了他自己对人性的看法。

荣格的生平（1875—1961）

不幸的童年

黑袍牧师，死亡与葬礼，婚姻失败的神经症父母，宗教困惑与冲突，诡异的梦与幻象，以及一个木偶玩伴，这一切都是荣格童年不幸的重要标志。荣格出生在瑞士一个有9名牧师（8个叔叔和父亲）的家庭中，因而他很早就被介绍进入宗教和上流社会。荣格和父亲的关系很亲密，但却认为父亲软弱无能。虽然他是个仁慈并宽容的人，但也经历了一段忧郁而易怒的时期，没能成为一个儿子需要的、具有强烈权威性的形象。

荣格的母亲比较强势，但情绪不稳定性致使她常常表现得反复无常，她可以瞬间从高兴愉悦变得毫无逻辑地喃喃自语，茫然空洞地望着天空。还是个小孩的时候，荣格就觉得母亲的身体中住着两个不同的人，不出所料，这种信念深深地困扰着他。一位传记作者曾提到："这个家庭中的母亲深受精神错乱的侵蚀。"

由于母亲的古怪行为，荣格对女性特别警觉，这种疑虑多年后才被打消。在他的自传中，将母亲描述为一个肥胖而毫无魅力的人，这也许可以解释为什么荣格反对弗洛伊德"每一个男孩都对母亲有性渴望"的观点，显然，这种观点并没有反映他的经历。

为逃避他的父母和他们持续不断的婚姻问题，荣格常常独自待在家里的阁楼上很久，雕刻一个木偶，这个木偶是他可以信赖的人物。他有一个亲妹妹，在他9岁那年出生，她对他的成长几乎没有任何影响，她的到来对减轻他的孤独没有任何作用。

梦与幻象

面对难以信赖的母亲和令人失望的父亲，荣格感到与外部世界——意识现实割裂了，作为逃避，他转而进入自己的潜意识，进入梦和幻象之中，在那里他觉得更加安全。这个选择引导了荣格整个余生，每当他面临问题时，他都会从他的梦和幻象中寻找答案。

他的人格理论也是用类似的方式形成的。当荣格3岁时，他梦到他在一个山洞里，在后来的一个梦里，他看到自己在地下挖出些史前动物的骨头。对荣格来说，这些梦境代表着他的人格取向的方向，它们促使他探索潜意识，而潜意识藏于行为表面之下。他受潜意识的影响非常强烈，以至于把他的自传命名为《梦、记忆和思考》，并且他认为他的人格研究取向像是主观的个人供认书。因此，就像弗洛伊德一样，荣格的人格理论具有强烈的自传性质。在50岁时的一次演讲中，他承认个人生活史对其理论具有重要影响。

在孩童时期，荣格刻意地回避其他孩子，而其他孩子也回避他。一位传记作者写道："卡尔常常独自玩耍，因为村里孩子的父母刻意地让自己的孩子远离这个父母很奇怪的怪异男孩。"（Bair，2003，p.22）荣格这样描述他孤独的童年："我与世界的关系模式已经被预示了，如同当时，今天，我仍是个隐士。"（Jung，1961，pp.41，42）

荣格的孤独反映在他的理论中，即聚焦于个体内部成长而非与他人之间的关系。相比之下，弗洛伊德的理论更加关注人际关系。也许是因为不像荣格，弗洛伊德并没有经历这样一个孤立内向的童年。

学医之路

荣格不喜欢学校，并且憎恨不得不去正规的学校学习，而不是学他感兴趣的东西。他更喜欢自己阅读，尤其是有关宗教和哲学问题。令他高兴的是，由于他多次晕倒，而不得不休学6个月。当他再次返回学校时却引发了一场混乱，老师不得不将他送回家，因为他的同学们更感兴趣的是"等着看卡尔晕倒，而不是上课"（Bair，2003，p.31）。当荣格偶尔听到父亲说："如果他不能养自己，将来该怎么办？"他的病突然好了，并且返回学校，比之前更加勤奋地学习。后来荣格写道，这段经历教会他神经症行为。他意识到以前他一直是在让环境去适应自己，远离学校，认识到这一点使他感到很生气也很羞愧。

荣格选择去巴塞尔大学学习医学，由于对教授感到失望，决定专修精神病学，而这一领域当时名声很差。但荣格认为，精神病学给了他追求梦、超自然以及神秘学等兴趣的机会。

从1900年开始，荣格在尤金·布鲁勒的指导下在苏黎世一家精神病医院工作，正是这位精神科医生创造了"精神分裂症"这一术语。后来荣格娶了全瑞士第二富有的女继承人，他辞掉了医院的工作，驾驶着他挚爱的红色克莱斯勒敞篷跑车环游全国。他也在苏黎世大学讲课并建立了一套独立的临床实践方法。

与弗洛伊德一起的那些年

1907年，荣格与西格蒙德·弗洛伊德产生联系之前，荣格在业界已经颇有名望。当荣格与弗洛伊德首次会面的时候，他们相见恨晚，有太多的东西要分享，以至于谈了13个小时。他们的友谊非常紧密。"我正式领养你为最大的儿子。"弗洛伊德对荣格说，"指定你为继承人及王储。"（Freud & Jung，1974，p.218）荣格将弗洛伊德视为父亲，"让我享受我们之间的友谊，不是平等的那种，"荣格写信给弗洛伊德，"而是父亲和儿子的那种"（Freud & Jung，1974，p.122）。他们的关系似乎包含了许多俄狄浦斯情结的成分，具有难以避免的儿子弑父的意愿。

此外，由于荣格18岁时的一次性经历，他们的关系可能已遭到玷污，甚至注定在劫难逃。他们家的一位密友，像父亲一样的年长男子对荣格进行身体上的挑逗，寻求同性艳遇。荣格对此十分厌恶和失望，并打破了这种关系。多年以后，当弗洛伊德这个年长荣格将近20岁的男人，企图收他为儿子和继承人时，荣格感到弗洛伊德，在某种意义上是在把他自己强加给他，这改变了他们之间的关系本质。由于荣格早前对年长男子的遭遇，使得他对弗洛伊德同样感到失望，无法在情感上与他保持亲密关系。

然而有段时间，他们两个确实非常亲近。荣格虽然还在苏黎世，但他与弗洛伊德会定期会面，并一直保持大量通信，并在1909年与弗洛伊德同游美国，在克拉克大学讲演。弗洛伊德还推荐荣格接任国际精神分析协会主席，考虑到精神分析协会可能会被贴上犹太科学（在纳粹时期它被如是称呼）的标签，弗洛伊德希望一个非犹太人出任这场运动的领导。

与弗洛伊德的希望相反，荣格并非一个不加批判的弟子，荣格对于人格有着自己的想法和独特的视角，当他开始表达这些观点时，他们的分离便难以避免。他们的关系维持到1913年。

神经症时期

同一年，荣格38岁，他经历了一段为时3年严重的神经症时期，他感到处于和现实世界失联的危险之中，因为太焦虑所以辞去了在苏黎世大学的教职。他多次想到自杀，他“在床边放了一把左轮手枪，以防错过那个‘不用再返回’的时刻”。尽管他感到无法继续进行科研工作，但他坚持治疗患者。

在这一危机期间，荣格经历了非常生动，常常充满暴力的梦境和幻象，其中涉及许多大规模的灾难，比如被冰雪覆盖的地球，血流成河，甚至所有文明的毁灭（see Elms，2010）。其他梦境虽然很个人化，但同样非常恐怖。“荣格去死亡之地漫游，与一个后来被认出是他姐姐的女人坠入爱河，被一只巨大的毒蟒缠紧……吃一个小孩子的肝脏。”（Corbett，2009，p.5）怪不得荣格感觉自己要疯掉了。

他将自己的梦境和幻象通过图画和文字的方式记录在6本黑皮书中，后来他又进行了详细的誊录，出版的时候被称为“红书”，因为封面用红色羊皮装订。荣格的子孙将这套书藏了近100年——其中一段时间在瑞士一家银行的地下室里，终于，在2009年被允许向大众出版，并很快引起了国际性的轰动。

弗洛伊德也在几乎相同的年纪遭遇神经症的困扰，并且通过分析梦来解决，这构成了他人格理论的基础。荣格的境况与弗洛伊德非常类似。他通过探索梦境和幻象直面潜意识，从而克服困扰。虽然荣格的自我分析没有弗洛伊德的系统，但他们的取向非常相似。

为了摆脱与潜意识的正面冲突，荣格改变了他的人格研究取向。他写道：“追逐内在意象的那些年是我人生中最重要的时光，决定了许多重要的事情。”（Jung，1961，p.199）他总结道，人格发展最重要的阶段并非弗洛伊德认为的儿童时期，而是中年时期，这正是荣格自己遭遇危机的时期。

与弗洛伊德一样，荣格将自己的理论建立在直觉的基础上，这种直觉从他的经历和梦境中而来，后来，根据患者所提供的数据沿着理性和实证的路径对其加以提炼。这些患者中将近2/3的人处于中年，而且遭受着与荣格同样的困难。

荣格在漫长的余生中不管是个人生活还是职业都硕果累累，尽管他的某些行为被认为很是诡异，他每天早晨会给厨具打招呼，向煎锅说“你好”，向咖啡壶说“早上好呀”（Bair，2003，p.568）。他还毫无必要地担心钱财，将大量现金藏在书中，随后却忘记了用来提醒自己藏在哪本书中而建立的密码。他还将钱藏在花瓶和罐子中，埋在花园里，随之也忘记了之前建立的能够帮助自己找到它们的一套非常详尽的系统。荣格死后，他的家人从他的书中找到了很多钱，但花园里的现金现在很可能还在那里。

荣格和他的妻子建立了一套冷酷而正式的规矩来教养三个女儿，比如很少身体接触，不准拥抱和亲吻，“如果说她们有什么身体接触的话，那就是在打招呼或告别的时候握手”（Bair，2003，p.565）。

在荣格86年生命的大部分时间中，他在研究和写作方面都保持了高产，他的书非常受欢迎，分析心理学也吸引了越来越多的追随者，他的思想在英语世界广泛传播，尤其是在美国，因为受到了洛克菲勒家族、麦考密克家族和米伦家族，这些美国显赫家族慷慨的资金支持。这些家族的很多成员曾寻求荣格对他们进行分析，作为报答他们去翻译和出版他的书籍。否则，荣格的著作，除了德语地区之外，知之者可能就非常少了。

欢迎登录

The Life and Work of Carl Jung
荣格的传记、对其著作的广泛探讨、阅读清单以及其他网址链接。
The C.G. Jung Institute
马萨诸塞州波士顿荣格研究所的网址，提供面向大众的培训、教育机会和项目，以及其他网址的链接，包括荣格式分析师的网站。

心理能量：对立、守恒和熵

荣格与弗洛伊德争执的要点之一就是关于力比多的性质，荣格认为力比多并不主要是一种性能量，相反，他认为力比多是一种宽泛的、无差别的生命动力。有趣的是，虽然荣格轻视性在他人格理论中的重要性，但他却保持了精力旺盛、无所顾忌的性生活，也经历了多次婚外恋，其中几段在他妻子知情的情况下持续了多年。他被深深爱慕他的女患者和追随者所包围。一位传记作者注意到“这迟早都会发生在他的女信徒身上，因为治疗一开始他就会告诉她们”(Noll，1997，p.253)。

对比荣格的活跃的性生活和弗洛伊德对性的焦虑，以及他自己在形成性是神经症行为原因理论的一段时间内性关系的中断，“对荣格这个自由而频繁地满足自己性需求的人来说，性在人类需求中扮演了很小的角色，而对于为自己挫败的欲望感到沮丧和焦虑的弗洛伊德来说，性则扮演了核心角色”(Schultz，1990，p.180)。

荣格以两种不同的方式定义**力比多**：第一是普遍的生命能量；第二则与弗洛伊德的定义类似，作为一种更加狭义的为人格［荣格称之为**心灵**（psyche）］提供燃料的心理能量，通过心理能量，诸如知觉、思考、感受和期望等心理活动才能运行。

当个体将心理能量大量投入在某个特定的想法和感受上时，这种思想和感受便被认为具有很高的心理价值，可以强烈地影响个人生活。例如，你获得权力的动机非常强，你将投入大量心理能量去寻求权力。

荣格从物理学中吸取思想来解释心理能量的功能，他提出三个基本定律：对立、守恒和熵。**对立定律**（principle of opposites）贯穿荣格整个理论的体系，随处可见，他注意到，宇宙中存在普遍的物理能量的对立和极化，比如热与冷，高与低，创造与毁灭，所以心理能量也与之相同：每一种期望与感受都有它的反面，这种相反或说对立——两极间的冲突，是行为的首要激发者与能量的首要创造者，实际上，两极间的冲突越激烈，产生的能量便越多。

关于荣格的**守恒定律**（principle of equivalence），他将物理学中的能量守恒定律运用到心理活动上。他认为，引起某种条件的能量损耗并不是能量的消失，而是转化成了人格的另一部分。因此，如果特定区域的心理价值弱化或消失，能量就会转移到心灵的其他地方。比如我们对一个人、爱好或研究领域失去了兴趣，那么之前投入在这一领域的心理能量便会转移到一个新的地方。我们清醒的时候用于意识活动的心理能量在我们休息时会转移到梦境之中。

“守恒”这个词意味着能量转化进入的新领域一定具有等值的心理价值，也就是说它必须同样地令人满意和引人入胜，否则，多余的能量便会流入潜意识。守恒定律暗示，无论能量向什么方向和以什么方式流动，一直都是在人格内部进行再分配。

在物理学中，**熵定律**（principle of entropy）代表能量差异的平衡，比如一个热的物体与一个冷的物体直接接触，热量会自动从热的物体向冷的物体流动，直到它们达到相同的温度。事实上，能量交换发生后，也会在物体间达到一种自发性的平衡状态。

荣格将这一法则运用于心理能量，并认为在人格中存在一种趋向于平衡的倾向。如果两种欲望或信念在强度或心理价值上存在很大差异，能量会从更强烈的一方流向弱的一方。在理想情况下，心理能量在人格中均衡分布，但这种理想情况无法达到。如果达到了完美平衡，人格就没有了心理能量，正如我们前面提到的，因为对立定律要求要产生心理能量必须要有冲突。

人格体系

按照荣格的观点，人格或心灵是由几种相互区分又互相影响的系统与结构组成。主要系统就是自我、个人潜意识和集体潜意识。

自我

自我（ego）是意识的核心、心灵的一部分，与知觉、思维、感受与记忆有关，是我们对自我的知觉，承担着清醒时的正常活动。自我的行为具有选择性，在我们所接收到的刺激中，只有一部分能够进入意识的知觉之中。

态度：外向与内向

我们对环境的意识知觉和反应大部分都是由相反的心理态度——**外向**（extraversion）和**内向**（introversion）决定的。荣格认为，心理能量可以向外导向外部世界，或者向内导向自我。外向者开放、擅长社交、具有社交自信，关注他人和外部世界。内向者易退缩、害羞、倾向于关注自我，关注自己的思想和感受。

根据荣格的理论，每个人的人格中都包含两种态度，但只有一种能够占据主导地位，这种居主导地位的态度引导个人的行为和意识。而非主导地位的态度依然是有影响力的，但它会变成个体潜意识的一部分，从而影响行为。例如，在特定的环境中，一个内向的人也可能表现出外向的特点，希望更加外向，或被外向的人吸引。

心理功能

随着荣格确认了不同种类的外向和内向者，他提出了另一种个体差异，即他所谓的心理功能。这些功能指的是个体知觉和理解外部真实世界与我们的主观内部世界的不同方式。荣格假定了以下四种心灵功能：感觉、直觉、思考以及感受（Jung，1972）。

感觉和直觉被归为非理性功能，它们不需要使用推理，这些功能接受经验并且对其不做评价。感觉功能通过照片复制物体的感觉方式来再现经验，而直觉不会通过外部刺激产生。例如，我们相信有人和我们共处一个黑暗的房间，我们的信念可能会基于我们的直觉和预感，而非真实的感官体验。

第二对相反的功能便是思考和感受，它们是评价我们经验的理性功能。尽管思考和感受是相反的，但它们都与对经验的组织和分类有关。思考功能指的是有意识地评价经验的对与错，而感受功能做出的评价则用“喜欢”和“不喜欢”、“令人愉悦的”和“令人不快的”以及“刺激”和“无聊”这样的词语来表达。

因为我们的心灵包括了外向和内向两种态度，所以我们具有四种心理功能，就像只有一种态度能够占主导地位一样，也只有一种功能能够占据主导地位。其他的三种则潜藏在个人的潜意识中。此外，只有一对功能是主导性的，不论是理性的或非理性的，而在每一对中也只有一项功能是主导性的。一个人不可能同时被思考和感受或被感觉和直觉主导，因为它们是相反的功能。

心理类型

根据两种态度和四种功能的交互，荣格提出了 8 种**心理类型**（psychological types），如表 3-1 所示。

表 3-1 荣格的心理类型

外向思考	逻辑、客观、刻板
外向感受	情绪化、敏感、社交性，更多的是女性而非男性
外向感觉	外向、寻求快乐、适应性强
外向直觉	创造性，能够激励他人并抓住机会
内向思考	对思想的兴趣大于对人的兴趣
内向感受	保守、不露声色、有深刻的情绪体验
内向感觉	表面上分离，通过追求审美来表达自己
内向直觉	关心潜意识多于现实

外向者的力比多指向外部世界。

外向思考型的人严格地按照社会规则生活，这些人倾向于抑制感受和情绪，对生活的所有方面保持客观、教条式的思想和意见。他们可能被认为是刻板和冷漠的。他们倾向于成为好的科学家，因为他们专注于了解外部世界并运用逻辑规则去描述和理解它。

外向感受型的人倾向于压抑思考模式，并且高度情绪化，这类人遵循传统价值观和被教导的道德准则，他们通常对他人的意见和期望比较敏感。他们反应比较情绪化，容易交朋友，好交际并且兴奋。荣格认为，相比男性，这种类型更容易在女性中找到。

外向感觉型的人关注享乐和幸福，并寻求新的体验。这类人是强烈的外部取向，并对不同的人和变化的环境具有适应性，不具备内省精神，常常比较外向，具备享受生活的高能力。

外向直觉型的人源于探索机会的突出能力，在商业和政治上比较成功。这类人易被新的想法吸引，并具有创造力，他们可以激励他人去完成和实现目标。他们也是善变的，善于从一个想法中转移或冒险接受另一个。他们常常根据预感而非沉思来做决定，然而，他们的决定可能是正确的。

内向思考型的人无法与别人友好相处，思想交流有困难。这类人专注于思想而非感受，实践判断能力比较差，强烈地关注隐私，他们更喜欢处理抽象概念和理论，专注于识己而非明人，而他人则认为这类人顽固、冷漠、自大，不体谅他人。

内向感受型的人压抑理性思维，这类人有深刻的情绪体验但却避免向外表达，他们看起来神秘而难以接近，倾向于安静、谦虚和孩子气。他们很少考虑他人的感受和想法，表现得孤僻、冷漠和自信。

内向感觉型的人消极、平静、超脱于日常世界，常带着怜悯和嘲弄的眼光看待大多数人的行为，他们具有审美敏感性、通过艺术或音乐来表达自己，并常常压抑他们的直觉。

内向直觉型的人心无旁骛地专注于直觉，很少接触现实世界。这类人是幻想者和白日梦想家，冷漠，不考虑现实，也很少被他人理解，被认为古怪而反常，他们很难应对日常生活以及为未来制订计划。

个体潜意识

荣格理论中的**个体潜意识**（personal unconscious）类似于弗洛伊德的前意识概念，它是一个蓄水池，充满了曾经在意识中，而今因其不重要或令人烦扰而被遗忘或压抑的材料。在自我和个体潜意识之间有一个双向通道。例如，一个人的注意可以即刻从本页书漫游到昨天发生的事的记忆中。各种各样的经验都存储于个体潜意识中；它可以比作一个档案柜，从中拿出什么材料，检查它片刻或再放回几乎不用花费什么心力，而它依旧在这个档案柜里，直到下次我们想要它或想起它。

情结

随着我们放置越来越多的经验在我们的个体潜意识中，我们便开始将其分类，即荣格所说的**情结**（complexes）。情结是围绕着一个共同主题而组织的情绪、记忆、知觉以及愿望的核心或模式。例如，我们说一个人具有权力或地位的情结，意味着他在某种程度上被这个主题占据，并影响了其行为。这个人可能尝试去参与竞选来获得权力，或者通过骑摩托车或开跑车来获得权力的认同和参与。情结通过多种方式引导思想和行为，决定了个体如何知觉世界。

情结可能是意识的，也可能是潜意识的，不在意识控制之下的情结可以闯进和干扰意识。具有某种情结的人可能不会意识到它的影响力，但他人可能很容易地观察到它的效果。

一些情结可能是有害的，但有些情结则是有用的。例如，一种完美主义情结或成功情结可能会引导个体努力发展某些特定的天赋或技能。荣格认为情结不仅来源于儿童期和成年期的经验，也来自我们祖先的经验，这种种系遗传包含在集体潜意识之中。

集体潜意识

心灵中最深层、最难接近的层次，即**集体潜意识**（collective unconscious）是荣格理论中最不寻常且充满争议的一面。荣格认为就像我们把个人经验累积并归档在个体潜意识中一样，人类作为一个物种，也会将人类和史前人类经验放置于集体潜意识中，通过遗传传递给下一代。

任何一种普遍的经验，即相对来说被每一世代无改变地重复，都会成为我们人格的一部分，遥远的过去成为人类心灵的基础，引导和影响着现在的行为。对于荣格来说，集体潜意识是有力而具有控制性的祖先经验的仓库，因此，荣格将每个人的人格与过去联系起来，这种过去不仅仅是个体的童年，还包括种系的历史。我们不是直接继承这些集体性经验，比如我们并非直接继承对蛇的恐惧，而是继承对蛇恐惧的潜质，我们被预先设定以人们总是表现或感觉的方式来表现或感觉。这种预设是否变为现实取决于我们每个人的人生经验。

荣格认为，整个人类历史上每一代人都有特定的基本经验。例如，人们总是有一种慈母形象，而且也都经历了出生和死亡，经历过在黑暗中面对未知的恐惧，崇拜权力或某种上帝般的形象，害怕魔鬼。经历了无数代的进化之后，这些普遍的经验在每个人出生的时候便留下了印记，并决定了我们如何知觉世界并做出反应。荣格写道：“一个人出生时所处世界的形式作为一种实际的意象是与生俱来的。”(Jung，1953，p.188)

婴儿一出生便倾向于以一种特定的方式来知觉母亲。如果母亲的行为是典型的母亲行为，养育和支持婴儿，那么婴儿的先天倾向便与现实相一致。

由于集体潜意识这一概念非常特别，有必要阐述荣格提出这一概念的原因以及他所收集到的相关支持性证据。在荣格阅读的史前文化中，有的是传说而有的是真实的，他发现，在世界不同的地区出现了很多共同的主题和符号。根据他的判断，这些思想并没有以口头和书面的形式在不同文化之间得以传递。

此外，荣格的患者在他们的梦境和幻想之中也回忆和描述了与他在史前文化中发现的相同符号。对于在如此广阔的时间和空间中出现这么多相同的符号，除了他们可能是通过每个人的潜意识来传递的之外，荣格找不到其他别的解释。

原型

包含在集体潜意识中的原始经验通过主题或模式的再现得以印证，荣格称其为“**原型**”(archetypes)(Jung，1947)，或“原始意象”，人类有多少共同的经验，就有多少这样的意象。通过在成功存活下来的世代间重复，原型印刻在我们的心灵中，并在我们的梦境和幻象中得以表达。

荣格提出的原型有英雄、母亲、儿童、上帝、死亡、权力以及智慧老人。只有少部分原型能够得以更加全面地发展，并更加一贯地影响心灵。

“人格面具”这个词意味着演员为观众扮演各种角色所戴的面具，与荣格使用的这个单词的基本意思相同。**人格面具原型**（persona archetype）是我们把自己展现为与真实自我不同的一个人时所戴的面具，或者是一张公众的面孔。荣格认为人格面具是必要的，为了在学校和职场中获得成功，并与各种各样的人共处，我们不得不扮演多种角色。

尽管人格面具是有帮助的，但如果我们相信它反映了我们的真实本性，它也将是有害的。我们不仅仅是扮演一个角色，还将可能变成那个角色，人格的其他方面将不会得以发展。荣格这样描述这个过程：自我可能会逐渐认同人格面具，而非个体的真实本性，从而导致人格面具膨胀。无论个体是扮演某个角色还是相信某个角色，都将求助于欺骗。第一种情况是个体去欺骗他人，第二种情况则是个体欺骗自己。

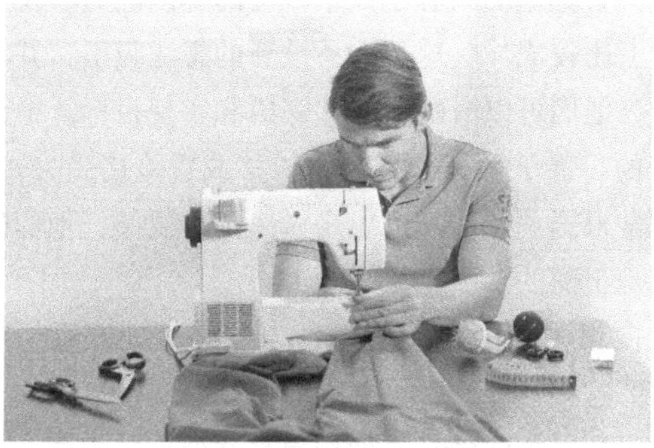

Zero Creatives/Cultura/Corbis

人格完善的个体也会表现出被认为属于异性的特征。

阿尼玛和阿尼姆斯原型指的是荣格对于人本质上是双性的认可。在生物层面，每一种性别除了分泌自己性别的荷尔蒙之外，还会分泌另一种性别的荷尔蒙。在心理层面，每一种性别都会显示出另一种性别的特征、气质以及态度，并共存数个世纪。女性心灵包含有男性化的方面［**阿尼姆斯原型**（animus archetype）］，男性心灵也包含女性化的方面［**阿尼玛原型**（anima archetype）］（见图 3-1）。

图 3-1

阴阳代表了人类本性中互补的两个方面，黑色的一边代表女性化（阿尼玛原型），白色的一边表示男性化（阿尼姆斯原型），每种颜色中的对方颜色点表示对方原型的特征。

这些相反的性别特征有助于物种的适应和生存，可以使一种性别的人理解另一种性别的人。这些原型使得我们倾向于喜欢异性的某些特定的特征，这些特征则会指导我们在做出行为的时候考虑另一种性别。

荣格坚持，阿尼玛和阿尼姆斯都必须被表达，男性必须同时表现他的女性化和男性化特征，女性在表现女性特征时也必须表现男性特征。否则，这些主要的方面会一直休眠或欠发展，导致人格的片面性。

荣格提出的最强有力的原型是名字听起来阴险神秘的**阴影**（shadow），包含各种基本、原始的生物本能，因此它的根源是所有原型中最深的。被社会认为是邪恶和不道德的行为都居于阴影之中，如果人类要和谐地相处，人类本性中这一黑暗面就必须被驯服。我们必须制约、克服和对抗这些原始冲动，否则，社会很可能将会惩罚我们。

但是我们面临一种困境，阴影不仅是邪恶的源头，它同时还是生命力、自主性、创造力以及情感的来源。因此，如果阴影被完全压抑了，心灵将变得愚钝而毫无生命力。自我的功能就是抑制动物性本能，从而使得我们被认为是文明的，与此同时我们也要允许本能充分地表达以产生创造力和活力。

如果阴影被完全抑制，不仅人格变得单调，个体也将面临阴影反叛的可能性。当遭受压抑时，动物本能并不会消失，相反，它们会保持休眠，静待冲突或自我的弱化，从而获得控制力，当这种情况发生时，个体将被潜意识控制。

自我原型（self archetype）[⊖]代表着整体人格的统一、整合与和谐。对荣格来说，对完整性的追求是生命的终极目标。这一原型将人格的所有方面进行整合与平衡。我们曾注意到，荣格提出的心灵极性的对立原则及其重要性。在自我原型中，意识和潜意识过程会不断同化，从而使得自我，这一人格的核心，转移到意识和潜意识两种对立力量的平衡点，导致潜意识对人格有了更大的影响力。

对自我的全面认识还需要寄希望于未来，这是一个我们一直在努力但却从未达到的目标。自我作为一种动机力量，拉着我们前行，而不是在后面推着我们（就像我们过去的经验那样）。

只有当心灵的其他系统建立后，自我才会出现，这大约发生在中年时期，在荣格的理论中，就像他自己一样，这是一段至关重要的转型期。自我实现涉及对未来的目标和计划，以及对个体能力的准确知觉。在缺少自我知晓的情况下，自我发展是不可能的，因此，这是我们面对的最大的困难，需要坚持、洞察力和智慧。

人格发展

荣格提出，人格同时由我们希望成为什么样子和我们曾经是什么样子而决定，他批判弗洛伊德只强调过去是人格的塑造者，而忽视未来。荣格认为我们的发展和成长不受年龄的限制，并一直朝着更加完善的自我实现前进（见表 3-2）。

表 3-2　荣格的人格发展阶段

儿童期	当儿童能够区分自我与他人时，自我开始发展
青春期到成年早期	青少年必须适应不断增长的现实需要，关注外部，关注教育、职业和家庭，意识占主导地位
中年期	转变时期，人格的关注点由外部转向内部，意图平衡潜意识与意识

相比弗洛伊德专注于生命的早期，而对 5 岁之后的发展没有任何预知，荣格对人格采取了更加长远的视角。荣格并没有假定像弗洛伊德那样详细的连续发展阶段，但他写下了在整个发展过程中具体的时期（Jung，1930）。

童年到成年早期

自我的发展始于童年早期，始于一种原始的方式，因为儿童还没有形成独特的身份认同。所谓儿童的人格，在这一阶段，基本上只是对其父母人格的一种反映。显然，父母对儿童的人格具有非常重要的影响。父母通过对待儿童的方式来促进或阻碍儿童人格的发展。

父母可能会将自己的人格强加于儿童，希望他们成为自己的延伸，或者期待子女发展出不同于他们的人格，来对他们自己的缺陷进行替代性补偿。只有当儿童能够区分自己和他人或物体的时候，自我才开始真正地发展。换句话说，意识的形成始于儿童能够说“我”。

直到青春期，心灵才开始具有确切的结构和内容。这段时期，即荣格所说的心灵诞生期，会面临许多的困难和适应需要。青春期面对现实的需要使童年的幻象必

⊖ 自我原型（self archetype），写法错误，应该是 the Self archetype，这是一个特别的原型，翻译为“真我原型”（有人译为“自性原型”），可以理解为“大写的我”，但不是大我小我的那个大我，是指一个人的心灵的核心。——译者注

须终止，从青春期到成年早期，我们主要关注各种准备性的活动，比如完成教育、开始一份事业、结婚并组建家庭。这期间我们的关注点在外部，意识占据着主导地位，通常来说，我们的主要意识态度是外向的。生活的目的是实现我们的目标并为自己在世界上找到一个安全、能够获得成功的位置。因此，成年早期是一个令人激动、具有挑战性的时期，充满了新的视野和成就。

中年期是个体的关注点和兴趣的转变期。

中年期

荣格认为人格变化主要发生在 35 ～ 40 岁，这一时期正是荣格和他的患者经历个人危机的时期。在这一阶段，成年早期的适应性问题得以解决，典型的“40 岁的人”的形象在工作、婚姻和社区中被建立。荣格问道，为什么在取得成功后，那么多人在这个年纪会难以逃脱绝望和没有价值的感受，他的患者基本上全都告诉他同样的事：他们觉得空虚，冒险、兴奋和热情消失了，生命失去了意义。

荣格越是分析这段时期，他就越剧烈地感到如此剧烈的人格改变是难以避免而且是普遍存在的。中年是一个自然的转变时期，在这段时间，人格经历了必要且有益的变化。讽刺的是，这种变化的原因在于中年人成功地满足了生命的需求。他们把大量的能量投入在了前半生的准备活动之中，直到 40 岁这些准备活动才得以完成，各种挑战也才得以满足。尽管他们仍然拥有大量的能量，但这些能量现在却已经无处可去。必须将它们重新导向不同的活动和兴趣。

荣格指出，在前半生，我们必须聚焦于现实客观世界——教育、职业、家庭，相反，在生命的下半段，我们必须专注于此前一直被忽略的内部主观世界，人格的态度必须由外向转为内向。通过对潜意识的觉知来调和对意识的关注。我们的兴趣必须由物理的和物质的转向精神的、哲学的和直觉的。人格各方面的平衡必须取代之前人格的片面性（即对意识的关注）。

因此，中年期我们必须开始自我实现的过程。如果我们能够成功地整合潜意识和意识，我们便达到了积极的心理健康的新水平，即荣格称之为个性化的条件。

个性化

简单说来，**个性化**（individuation）包括成为独立的个体，实现个人能力以及发展自我。个性化倾向是与生俱来的、难以避免的，但环境因素会促进或阻碍它，比如个体的教育、经济机会以及亲子关系的性质等。

为了实现个性化，中年人必须放弃指导他们前半生的行为和价值观，并面对他们的潜意识，将其带入意识知觉并接受潜意识对行为的指导。他们必须聆听梦境，跟随幻想，通过写作、绘画或某种其他形式来实践富有创造性的想象。他们必须使自己不被之前引导他们的理性思维所引导，而是被自发性的潜意识流所引导，只有这样，真实自我才会被揭示出来。

荣格提醒到，允许潜意识力量进入意识觉知并不意味着要被潜意识力量掌控，潜意识力量必须被意识所吸收和平衡。在生命的这个阶段，人格的任何一面都不应该处于支配地位。一个情绪健康的中年人不应该再被意识或潜意识、特定的态度或功能，以及任何一种原型统治。当个性化达成时，它们都会达到一个和谐的平衡状态。

中年个性化过程中特别重要的便是原型本质的转变。第一个改变包括人格面具的废黜，虽然如果我们想要适应现实世界并与不同的人相处，就必须继续扮演多种社会角色，但我们必须认识到，公众人格并不代表我们的真实本性，此外，我们必须接受此前人格面具遮掩下的真实自我。

接下来，我们会意识到阴影的破坏性力量，承认本性中的一些原始冲动和黑暗面，比如自私。我们不是屈从于它们或让它们主导我们，而是简单地接受它们的存在。在我们的前半生中，我们希望他人看到我们好的品质，从而运用人格面具来隐藏我们自身的黑暗面，但是为了隐藏来自他人阴影的力量，我们也必须隐藏自己的，作为学习了解自己的过程的一部分，这一点必须改变。对于阴影毁灭性和建设性两方面的良好感知将为人格带来更深刻、更全面的维度，因为阴影倾向于为生命带来激情、自主性和活力。

我们再次来看荣格个性化过程的核心主题，我们必须把人格的每个方面都与其他方面协调起来。仅仅知觉人格的好的方面会导致人格片面发展，和人格中其他对立的成分一样，在个性化达成之前，一个维度的两个方面都必须得以表达。

我们也必须向双性心理妥协，一个男人必须表达他的阿尼玛原型，或者说传统的女性特质，比如温柔，而一个女性必须逐渐表达她的阿尼姆斯特质，或者说传统的男性特质，比如果断。荣格认为对另一个性别特质的认识是个性化过程中最难的一步，因为它代表着我们自我意象中最重大的改变。同时接受两性的情绪特点为创造力打开了新的源泉，也意味着从父母影响中的最终释放。

一旦心灵结构被个性化并得以承认之后，下一个发展阶段便到来了，荣格将其称为超越，是一种对人格同一性和完整性的内在倾向，试图整合心灵的所有对立面。环境因素，诸如令人不满的婚姻和令人沮丧的工作，会抑制超越，并阻碍完整的自我实现。

人性问题

荣格对人性的看法完全不同于弗洛伊德。荣格并不持宿命论观点，但他同意人格在一定程度上是由童年经验和原型决定的。荣格的理论给自由意志和自主性留下了充足的空间，后者来源于阴影原型。

在先天和后天这个问题的立场上，荣格是模棱两可的，个性化和超越的驱动力是内在的，但它可以被学习和经验所推动或挫败。生命的终极和必要目标是自我实现，尽管它很难达成，但我们仍持续被驱动着去实现它。

荣格不同意弗洛伊德对童年经验重要性的看法。荣格认为童年经验具有影响，但我们的人格并不是在 5 岁之前就完全形成了。我们更多受到中年期经验以及我们对未来的希望和预期影响。

按照荣格的观点，每个人都是独特的，但这仅限于人生的前半段。中年期我们努力去实现个性化时，便会建立荣格所说的一种普遍的人格，其中没有哪一个方面单独占据支配地位。因此，独特性就消失了，我们不再被描述为某一特定的心理类型。

荣格呈现了一种比弗洛伊德更积极而包含希望的人性图像，他的乐观主义在人格发展的观点中体现得很明显。我们被鼓励去成长和发展，去提升和扩展自我，进步不仅仅像弗洛伊德所假设的那样，停滞在童年期，而是会持续一生。我们总是希望变得越来越好。荣格认为，人类整个种系也会持续提升。现有的世代便代表着超越于祖先的显著进步。

除了他的乐观基调，荣格也表达了对面对西方文化时所看到的危险的关注。他将这种危险称之为分裂的病态，因为过分强调唯物主义、推理和实证科学，我们正处于无法理解潜意识力量的风险之中。我们一定不能抛弃原型，它们是人类的遗产。因此，荣格对人性的无望之感带有一种警告和警示的性质。

荣格的人格评价理论

荣格评估心灵功能的技术依赖于科学和超自然，构成了一种既客观又神秘的方法。他考察了许多种文化和时代，记录了它们的符号、神话、宗教和仪式，并在患者的幻想和梦境（以及他自己的），以及他对远古语言、炼金术以及占星学的研究基础上形成了自己的人格理论。然而，起先将荣格带入美国心理学家注意范围的工作是实证和生理评价。荣格的技术是一种非正规的对立混合体，这对于基于对立原则的理论来说毫不稀奇。

荣格对患者的治疗也非同寻常，甚至有些混乱。他的患者并不是躺在沙发上。他说："我不想让患者躺在床上。"通常荣格和患者坐在舒适的椅子上面对彼此，尽管有时荣格面对着一扇窗户，以便能够看到房子附近的湖泊。有时候他还会带着患者泛舟湖上。

一位患者曾这样回忆荣格：

> 踱来踱去，谈话时手舞足蹈，可能在谈论一个人的问题、一场梦、一个私人的回忆、一则寓言故事或一个笑话，突然他会变得安静、严肃而极其个人化，为了安慰患者并对其悲惨的个人问题进行尖锐的解释，而坐得特别近，以使患者真正理解痛苦的真相（quoted in Bair，2003，p.379）。

有时荣格也很粗鲁，当患者在约定的时间出现时，他说："哦，不，我不能看其他人，回家吧，今天自己治疗自己吧。"（quoted in Brome，1981，pp.177，185）当患者开始谈论母亲，这一弗洛伊德可能会鼓励的话题时，荣格会立即打断她，"别浪费时间了"（Bair，2003，p.379）。

荣格认为患者的幻想对他们来说都是真实的，他接受它们的表面价值。当后来成为荣格终身追随者的玛丽－路易丝·冯·弗朗兹第一次见到荣格的时候，他跟她谈论一位住在月球上的患者。她想确认荣格是不是指这位患者表现得仿佛住在月亮上一样，荣格表示否认，这位患者真的住在月亮上。冯·弗兰茨说："不是荣格疯了就是我疯了。"（quoted in obituary for Marie- Louise von Franz，New York Times，March 23，1998）

荣格评价人格的三个基本技术包括词语联想测试、症状分析和释梦，而被广泛使用的自陈式人格测验，即迈尔斯－布里格斯性格类型量表（MBTI）被用于测量荣格所提出的心理类型。

词语联想测验

在**词语联想测验**（word association test）中，被试需要根据意识中即时出现的词汇对刺激词做出反应。词语联想测验已经成为心理学中标准的实验室和临床评估工具。20 世纪初，荣格经常使用他认为能够唤起情绪的 100 个单词来应用这一技术（见表 3-3）。荣格测量被试对每个词汇做出反应的时间，同时还测量决定刺激词情绪结果的生理反应。

表 3-3　荣格词语联想测验的正常和神经症反应

刺激词	正常反应	神经症反应
蓝色	好看的	彩色
树	绿色的	自然
面包	好的	吃
灯	亮的	燃烧
富有	美好的	钱；我不知道
罪恶	多的	这个概念对我来说完全陌生；我不了解它
针	刺	缝
游泳	健康的	水

资料来源：C.G. Jung. "The Association Method," 1909. In *The Collected Works of C. G. Jung*, Volume *2* (Princeton, NJ: Princeton University Press, 1973), pp. 442-444. Used by permission.

荣格运用词语联想测验揭示患者的情结，许多因素都显示了情结的存在，包括生理反应、反应延迟、对不同的词语做出相同的反应、舌尖现象、口吃、用不止一个词进行反应、编造词语或无法做出反应。

症状分析

症状分析（symptom analysis）关注患者报告的症状，并基于患者自己对这些症状的自由联想，这与弗洛伊德的宣泄法相似，在患者对症状进行联想和分析师对其进行解释的过程中，症状就会得到缓解或消失。

梦的分析

荣格同意弗洛伊德，认为梦是通往潜意识的坦途。荣格分析梦的方法不同于弗洛伊德，更加关注梦的成因，并且他相信梦不仅是潜意识的愿望。首先，梦是具有预期性的，能帮助我们为预期将会发生的经验和事件做准备。其次，梦是补偿性的，能为过度发展的所有心灵结构带来补偿，从而协助心灵中的对立面达到平衡。

不像弗洛伊德那样将每个梦分开解释，荣格分析一个患者在一段时间内报告的一系列梦境。荣格认为这样可以发现循环往复的、持续出现在患者潜意识中的主题和问题。

荣格也运用详述来分析梦。在弗洛伊德的自由联想中，患者从梦中的一个元素开始，通过报告相关的记忆和事件来发展一连串的联想。荣格聚焦于原始的梦境元素并询问患者做出反复的联想和反应，直到他侦测出主题。他不尝试区分表面和潜在的梦的内容。

迈尔斯－布里格斯性格类型

迈尔斯－布里格斯性格类型（Myers-Briggs Types Indicator，MBTI）是一个与荣格人格理论相关的测量工具，由凯瑟琳·库克·布里格斯和伊萨贝尔·布里格斯·迈尔斯在 20 世纪 20 年代建立（Briggs & Myers，1943，1976）。时至今日，MBTI 已成为最受欢迎的自陈式问卷之一，每年有将近 250 多万人使用。在《财富 100》杂志所列的前沿公司中，有 89 家使用 MBTI 来招聘员工和做出晋升决策，因此，在求职中你极有可能会被要求参与该测试（见表 3-4）。

这个测验由凯瑟琳·库克·布里格斯于华盛顿建

立，她对处于青春期的女儿伊萨贝尔很溺爱，凯瑟琳为女儿写了一份像书一样长的手稿，甚至叫她的女儿为“小莎士比亚”。当伊萨贝尔去上大学，妈妈和女儿几乎每天通信，后来伊萨贝尔将一个法学学生克拉伦斯·迈尔斯带回家。“凯瑟琳和伊萨贝尔大胆、富有想象力并且直觉伶俐，而迈尔斯则实际、逻辑性强并且注重细节”（Gladwell，2004 p.45）。凯瑟琳对他女儿和将来的女婿之间的人格差异感到极为震撼，以至于她开始了一项庞大的心理学自学计划，以便于理解他。

表 3-4　MBTI 例题

下面哪个答案能够较为接近地描述你通常的感受或行为
1. 当你要去一个地方时，你会
（a）计划一下要做什么以及什么时间做
（b）直接去
2. 你倾向于：
（a）与很少的人保持深厚友谊
（b）与许多不同的人保持泛泛的友谊
3. 当你有一个特别的工作要做，你会
（a）在开始前小心地安排
（b）边做边找出来什么是必要的
4. 当一个新的事物广受欢迎，你会
（a）首先去尝试它
（b）不那么感兴趣
5. 当一个真相会是不礼貌的，你通常会
（a）说一个礼貌的谎言
（b）说出这个不礼貌的真相

资料来源：Modified and reproduced by special permission of the Publisher, CPP, Inc., Mountain View, CA 94043 from Myers-Briggs Type Indicator® assessment by Katharine D. Myers Isabel Briggs Myers.

1923 年，她读到了荣格的书——《心理类型》，发现了她要寻找的东西，即一种将人们归类并解释他们之间差异的方法。因此，在没有得到研究经费支持、大学机构和研究生协助的情况下，在伊萨贝尔的帮助下，她建立了一套测量这些差异的测验。

1975 年，伊萨贝尔·布里格斯·迈尔斯和玛丽·麦考利建立了心理类型应用中心来用作 MBTI 的训练和研究。1979 年，心理类型协会成立，两本杂志出版应用该测验的研究报告，MBTI 已被视作荣格在人类人格研究中最可视化和实用的发展。

对荣格理论的研究

像弗洛伊德一样，荣格也运用个案研究法，荣格其称为**生活史重建**（life-history reconstruction），这种方法是一种对个人过去经验的发散性回忆。通过回忆，荣格力图识别他认为导致目前神经症状况的发展模式。对弗洛伊德的数据和研究方法的批评也适用于荣格，荣格的数据也并非依赖于客观观察，也不是以控制性和系统性的方式获得。进一步讲，这些数据的获得是通过临床访谈的方法并不符合可复制、可证实以及可量化的原则。

与弗洛伊德一样，荣格既没有逐字逐句记录患者的谈话，也没有试图去证实患者报告的准确性。荣格的案例研究（与弗洛伊德一样）所涉及的样本规模小且没有代表性，因此很难将结论概化到更大的人群。

荣格的数据分析是主观而不可靠的，我们无法获知他是如何分析数据的，因为他从未解释他的分析程序。很明显，这些数据经受了所有人格理论中最不寻常的解释。之前我们提到，荣格曾经学习过许多种文化和学科，正是在此基础上，以及他自己的梦境和幻象基础上，荣格对收集自患者的信息加以解释。

他的理论遭受批评是因为他可能为了支持自己的理论而对结论做了处理。据称他的很多幻想，比如他所宣称的在中年期对潜意识的对抗，都能在他曾阅读过的材料中找到痕迹（Noll，1993，1994）。

与弗洛伊德的许多观点一样，荣格的许多观察也无法进行实验检验。荣格自己并不在意这些批评，他说：“任何希望了解人类心理的人都不会从实验心理学中学到任何东西，或者几乎学不到任何东西。”（quoted in Ellenberger，1970，P.694）

心理类型

尽管荣格对实验心理学的看法非常消极，但一些研究者仍将其观点通过实验研究进行验证，一些结果支持了荣格的某些观点。大多支持性的研究都使用了 MBTI，并且都关注的是内向和外向态度。然而，并不是所有研究都支持荣格对心理类型的描述。

一项对大学生的研究发现，职业兴趣与荣格提出的态度和心理类型密切相关（Striker & Ross，1962）。内向者对不需要人际互动的职业显示出强烈的兴趣，比如技术或科研工作。外向者则对提供高度人际互动性的职业更感兴趣，比如销售或公共关系。最近对大学生的一项研究发现，内向感受判断型的平均学分高于其他心理类型（DiRienzo，Das，Synn，Kitts，& McGrath，2010）。

另一项运用 MBTI 的研究表明，不同的心理类型会被不同的职业吸引（Hanewitz，1978）。这项测试针对一个由警察、教师、社会工作专业以及牙医学校学生组成的大样本进行，教师和社会工作专业的学生显示高水平的直觉和感受。警察和牙医学校学生与人相处的方式不同于教师和社会工作专业的学生，他们在外向性、感觉和思考维度上得分更高。

对大学生的其他研究发现，直觉上得分更高的个体倾向于对更具有创造性的职业感兴趣，感觉得分更高的个体则更喜欢传统的职业（Apostal，1991）。一项从 1986 ～ 1996 年使用 MBTI 对美国海军学校女性的研究发现，外向 – 感觉 – 思考 – 判断型的个体更可能顺利毕业，相反，在感受和理解上得分高的个体则更可能辍学（Murray & Johnson，2001）。对文学艺术学院学生进行的一项长达 10 年的研究发现，在 MBTI 的理解（P）维度上得分较高的个体更有可能在毕业前辍学（Barrineau，2005）。

医学院学生的 MBTI 得分显示，那些成为初级护理医师的学生在感受和内向维度上得分较高，而那些成为外科医生的学生则被纳入外向和思考型（Stilwell，Wallick，Thal，& Burleson，2000）。在一个接受 MBTI 测试的大学生样本中，外向者比内向者在心理幸福感和整体生活满意度上得分较高（Harrington & Loffredo，2001）。

对印度高级和中级经理进行的一项研究证明，在思考维度上得分较高者在努力解决冲突时更倾向于合作，而在感受维度上得分较高者则倾向于回避冲突。在这项研究中，男性在思考维度上得分较高，而女性在感受维度上得分较高（Mathew & Bhatewara，2006）。然而，一项对于中国管理者的研究并没有发现男性和女性在 MBTI 上的显著差异（Huifang & Shuming，2004）。另一项对中国管理者的研究则发现，相比中国的普通大众，他们 MBTI 的得分更接近美国的管理者（Yang & Zhao，2009）。

荣格的人格类型在认知和心理功能上显示出了差异。被归为内向思考型的个体对中立的和非个人的刺激具有更好的记忆，比如数字，而被标记为外向感受型的个体则对具有情绪暗示的人类刺激具有更佳的记忆，比如面部表情（Carlson & Levy，1973）。此外，通过 EEG 技术测量发现，运用 MBTI 测量的不同心理类型的个体在脑电波活动上也有所不同（Gram，Dunn，& Ellis，2005）。

此外，内向思考型和外向感受型的个体回忆重要个人经历的能力也有所不同（Carlson，1980）。当要求被试回忆他们与欢乐、愤怒和羞愧情绪相关的最生动的经历时，外向感受型最常报告与他人相关的记忆，内向思考型则更多回忆他们单独发生的事件。此外，外向感受型更多回忆情绪的细节，而内向思考型更多回忆中性情绪和事实性的经历。

一项对新加坡大学生的研究显示，外向者更喜欢与他人面对面交流，而内向者更喜欢线上交流，在感觉、理解、直觉和判断上得分较高者也表现出了对面对面交流的偏好（Goby，2006）。

对保加利亚学生（年龄为 13 ～ 16 岁）进行的 MBTI 测试表明，在直觉和感觉上得分较高的个体自尊水平更高。在感觉和判断上得分较低的个体自尊水平较低（Papazova & Pencheva，2008）。

对内向和外向来源的研究同时指向了基因和环境的影响，双生子研究为这两种态度提供了遗传成分的证据（Wilson，1977）。内向者和外向者的父母具有显著差异，内向者的父母被描述为拒绝的和冷漠的，而外向者的父母则更易于接受和有爱心（Siegelman，1988）。

也许并不出人意料，一项对澳大利亚和加拿大人的研究发现，外向得分较高者的基本激励特征是他们的行为能带给他们社会关注（Ashton，Lee，& Paunonen，2002）。

资料来源：DILBERT © 2000 Scott Adams. Used By permission of UNIVERSAL UCLICK. All rights reserved.

梦

对梦的研究主要考察的是原型的出现，经常要求被试回忆最近的梦、最生动的梦以及最早的梦（Cann & Donderi，1986）。在近三周的时间里，要求被试每天早晨一醒来就记下前一天晚上的梦，并对被试进行 MBTI 和其他人格测验。

结果显示，与外向者相比，内向者更可能回忆起很平凡的、与原型没什么关系的梦。直觉型比感觉型的个体则更多回忆起与原型有关的梦。神经质得分高的个体回忆更少与原型相关的梦。研究者认为，这些发现与基于荣格的人格理论所做的假设一致。

个性化

一项对年龄介于 37 ～ 55 岁的男性和女性高级行政人员的广泛调查发现，他们的行为证实了荣格的个性化概念。这项研究通过对这些行政人员、他们的同事以及家庭成员进行访谈，并观察他们在工作中的行为，并利用 TAT、MBTI 以及《形容词检测表》进行评价。

研究者认为，这些行政人员“审视他们自己，寻找方向与能量，质疑所继承的价值观，放弃自我中过时的方面，揭示他们自我的新维度，使自己变得更加有趣和自然”（Lyons，2002，p.9）。这些行政人员也会根据他们自己的愿望和欲望采取行动，而非仅仅对外界要求和压力做出反应，这些行为和情绪的特征与荣格所描述的个性化过程相一致。

女性的中年危机

我们曾提到，中年时期，即 40 岁左右，对荣格和他的许多患者来说是一个危机时期。荣格以及其他研究所谓中年危机的研究者，最初都将其看作更可能发生于男性而非女性的现象。然而最近，女性也经历着类似危机的观点得到研究者的认同。一项对美国女性的全国性调查发现，她们的健康状况比男性更糟糕，对婚姻几乎或完全没有控制感，而且几乎没有什么就业机会（Barrett，2005）。

一项关于女性种族和性取向的研究则发现，相比异性恋女性，同性恋女性中年期的情绪混乱更少，黑人女性比白人女性在中年期有更加积极的自我知觉（Brown，Matthew，& Bromberger，2005；Howell & Beth，2004）。

一项对 50 多岁女性始于她们大学时期的周期性研究，要求她们描述人生中自毕业时最困难的时期，对稳定和适应性的大量评价（比如对冲动和潜力的关注，对认同的寻求等）显示，40 岁早期是冲突最剧烈的时期（Helson，1992）。

其他研究也证实，许多女性在中年期回顾自己的生活并做出成败评价时，经历了非常激烈的自我评估。一项研究发现，相比只专注于婚姻和家庭的女性，主动追求事业的女性在中年的转变中遇到的困难更小，而专注于婚姻和家庭的女性认为，她们的婚姻部分或完全失败，她们对导致自己剧烈变化的选择非常后悔。而职业女性对中年期做出重大变化的需要水平更低（Levinson，1996）。

对涉及两组受过大学教育的女性的研究支持了这些发现。这两组被试均在 20 世纪 60 年代大学毕业，当时的女权运动为女性打开了许多新的职业道路，这些女性刚开始作为学生学习，其后迎来了她们的 30 岁和 40 岁时期，就像荣格预测的那样，这些女性大部分在 40 岁左右迎来了一段人生重评的时期，评价的结果导致其中 2/3 的人在 37 ～ 43 岁做出了重大人生改变。当这些人在 37 岁时被问及是否愿意对年轻时所做的决定重新选择一次，34% 来自富裕的私立大学的学生和 61% 来自大型公立大学的学生说并不会，如果可以重来，这些女性说道，她们会追求教育和职业机会，而非家庭目标。对另一个中年女性样本的研究显示，2/3 的被试认为，相比她们离家工作的女儿，她们的人生更不成功（Carr，2004）。

中年期的不满意感激励许多女性做出改变，但并非所有人都能返回学校去提高技能，或找到充分发挥她们能力的工作。能够在 43 岁做出影响其生活满意度改变的女性比无法做出改变的女性报告了显著更高的整体幸福感。做出改变的被试经历了更高的自我认同和对自己能力的更多认识，因此，对早期抉择的后悔带来了中年时期的积极改变（Stewart & Ostrove，1998；Stewart & Vandewater，1999）。

另一项纵向研究对女性从其 20 世纪 50 年代大学毕业进行了 20 年的追踪，结果表明，基于独立评分者的打分，这些中年女性的人格可以被分为三个层次或原型：冲突、传统以及个性化。最低层次，即冲突型，特征为个人冲突、心理问题、与他人关系紧张、焦虑、敌意以及刻板，这种层次的女性被认为心理不成熟。

第二个层次，即传统型，特点是为他人奉献、内疚感、强调牺牲自己的自我发展和自我表达来完成责任与义务，以及关注社会标准以及获得他人的认可。她们也被描述为称职的成年人和关注婚姻而非事业的好公民，但是缺乏高水平的心理成熟度和自我理解。

第三个层次，即个性化类型，与荣格的个性化概念相对应，是中年人格危机的理想结果。处于这个层次的女性被描述为高水平的自主性和创造性，对他人反应迅速且具有亲密感，自我实现，具有个人成就取向、同理心、宽容、自我弹性以及富有智慧和文化修养（John，Pals，& Westenberg，1998）。对美国和澳大利亚的女性的研究也证实，对一些人来说，中年期确实面临一个个人发展、转向新方向、摆脱过去的问题，是一个体验自由的时期（Arnold，2005；Leonard & Burns，2006）。换句话说，他们到达了更高层次的心理成熟，这一发现支持了荣格将个性化看作心理健康和自我发展最高境界的观点，

研究集锦

对荣格理论的研究

对心理类型的研究发现

- 内向者被技术和科研工作所吸引
- 外向者喜欢有大量社会互动的职业
- 内向、感受和判断型倾向于在学校取得更好的成绩
- 外向者在幸福感和生活满意度上得分更高
- 相比面对面的社会交往，内向者更喜欢线上交流

对女性中年危机的研究发现

- 同性恋女性比异性恋女性经历更少的情绪困难
- 黑人女性比白人女性在中年时期感到更多自我满足
- 拥有独立职业的女性比只关注婚姻和家庭的女性更容易解决中年危机
- 个性化概念适用于男性也适用于女性

对荣格理论的反思

荣格复杂且不同寻常的人格取向对许多学科产生了广泛的影响，比如精神病学、文化历史、社会学、经济学、政治学、哲学以及宗教。荣格也获得了整个知识界的广泛认可，他接受了哈佛大学和牛津大学的荣誉学位，并被认为对许多学者的理论都产生了巨大的影响。

荣格在多个方面对心理学做出了重要而影响深远的贡献（see，for example，Summerville，2010）。词语联想测验后来成为标准的投射技术，并激发了罗夏墨渍测验的建立以及所谓的测谎技术的发展。情结和内向－外向人格的概念今天已经被心理学界广泛接受。测量内向和外向的人格量表成为标准的诊断和选拔工具。内向－外向人格维度被广泛研究。

在接下来的章节中，我们可以看到荣格影响其他理论家的证据。荣格的个性化或自我实现的观点预期了马斯洛和其他人格理论家的学说。荣格是第一个强调未来决定行为的研究者，这一思想被阿尔弗雷德·阿德勒所接受。马斯洛、埃里克·埃里克森、雷蒙德·卡特接受了荣格关于中年期是人格发展的关键时期的观点。中年危机这一观点现在已经被许多人看作人格发展的必经阶段，得到了大量研究的支持。

尽管这些思想获得了广泛认可，但荣格的大部分理论都没有获得心理学家的认可。一个原因是荣格的很多概念难以理解。西格蒙德·弗洛伊德、阿弗雷德·阿德勒以及其他人的著作都非常清晰，很容易阅读和理解，但荣格写作并不是为了给普通大众阅读，因此他的著作读起来容易令人沮丧，书中很多的不一致和矛盾令人备受困扰。荣格曾说：“只有当我的思想摆脱我自己的时候，我才能把它们整理好。我的思想像一束喷泉，追随

我的人必须把它们分门别类。"(quoted in Jaffé，1971，p.8）一位荣格学派的学者指出，荣格的著作只有一部分能看懂。"一个思想与另一个思想之间的联系是不清楚的，并且它们有许多内在矛盾。"（Noll，1994，p.109）。这一批评适用于荣格的许多作品，它们都很难理解而且缺乏内在的一致性和系统性。

荣格对神秘主义和超自然的强调可能也是其理论招致广泛批评的原因所在。从神话和宗教中获得的证据在一个推崇推理和科学为获取知识最合理方法的年代，无法获得支持。批评者指责荣格，将患者报告的神秘事件和神话故事作为科学的证据。

尽管存在这些问题，但对荣格理论的赞赏浪潮始于 20 世纪 80 年代晚期，并延续至今。在纽约、芝加哥、波士顿、旧金山、洛杉矶和其他一些美国和加拿大的主要城市都有进行荣格式精神分析正规训练的机构。在欧洲也有许多这样的机构。分析心理学协会成立于 1947 年，并出版了《分析心理学》杂志。

本章小结

荣格的人格理论在一定程度上受其童年经历以及梦境和幻想的影响。荣格扩展了弗洛伊德对力比多的定义，将之重新定义为更广泛的动态力量。荣格认为人格同时被过去和将来塑造，并且他更加强调潜意识的重要性。荣格对力比多这一术语有两种定义：一种是指一种扩散的、普遍的生命能量，另一种指狭义的推动心灵的能量。投入在一个想法和感觉上的能量数量被称为价值，心灵能量的运行遵照对立、守恒和熵定律。对立定理指的是心灵的每个方面都有其对立面，并且这种对立能够产生心灵能量。守恒定理指的是能量不会消失在人格中，而是转化到另一部分。熵定律指的是人格之中有一种平衡的倾向。

自我是意识的中心，关心的是知觉、思维、感受和记忆。意识知觉的一部分由内向和外向态度所决定，在其中力比多贯穿于外或者贯穿于内。心理功能包括思考、感受、感觉和直觉。思考和感受是理性功能，感觉和直觉是非理性功能。只有一种态度和功能占主导地位，态度和心理功能结合组成八种心理类型。

个体潜意识是一个装满了曾被意识到但已忘记和压抑的材料的蓄水池，情结可能是意识的，也可能是潜意识的，是与一般性主题有关的情绪、记忆、知觉以及愿望模式。集体潜意识是一个仓库，储存着有人类经验转化而来的个体经验。原型是表达这些经验的主题的再现。最强有力的原型是人格面具、阿尼玛、阿尼姆斯、阴影和自我。

心灵诞生在青春期，此时心灵具有了确定的内容，从青春期到成年早期这段时间以预备性活动为标志。在中年期，人们获得成功，其人格经历变化。心理能量必须被重新导向内在的潜意识世界，态度必须从外向转向内向。个性化（个人能力的实现）进而发生在中年期。此时人们必须面对潜意识，抛弃指导其前半生的行为和价值观。超越指的是人格的统一。

荣格对人类本性的看法比弗洛伊德更加乐观，更少具有决定论的意味。荣格认为人格一部分是天生的，一部分是习得的。生命的最终目的是个性化。童年经验很重要，但人格更多受到中年期的经验和对未来的希望影响。人格在个体的前半生是独特的，但在后半生却并非如此。

荣格对人格的评估方法包括对符号、神话以及远古文化中的仪式进行调查，用词语联想测验来揭示情结，进行症状分析。患者对他们的症状进行自由联想，以及梦的分析。MBTI 是一项源自荣格人格取向的测量工具，是非常受欢迎的人员选拔技术，也被用于对人格理论的研究。

荣格的案例研究法，称为生活史重建，不依赖于客观的观察，也不系统，而且没有进行任何控制，也没有遵循可复制和可验证原则。

荣格关于态度、功能以及心理类型的一些观点得到了研究的支持，但荣格理论的其他方面却没有科学的效度，即便如此，他的理论在很多领域仍产生了巨大的影响。荣格被广泛接受的思想包括词语联想测验、情结、内向－外向、自我实现以及中年危机。

Chapter 4

第 4 章

阿尔弗雷德·阿德勒：个体心理学

> **人类的目标就是征服、完美、安全感和卓越。每个儿童一生中都会面临许多障碍，只有追求卓越才能成长。**
> ——阿尔弗雷德·阿德勒

阿尔弗雷德·阿德勒所塑造的人性图像并没有将人视作本能和冲突的受害者，也并非由生物因素和童年经验所注定。他将自己的研究取向称为**个体心理学**（individual psychology），因为它主要关注个体的独特性，否认西格蒙德·弗洛伊德将我们归因于普遍的生物性动机和目标。

阿德勒认为，人主要是一种社会存在，人格由我们独特的环境和社会互动所塑造，而非我们为满足生理需求所做出的努力。尽管弗洛伊德认为性是决定人格最重要的因素，但阿德勒却弱化了性的地位。对阿德勒来说，意识才是人格的核心，而非潜意识，我们主动地创造自我并引导我们的未来，而不是受我们看不到或无法控制的力量所驱使。

阿德勒和弗洛伊德，仅仅相差 14 岁，他们在同一个时代同一个地区，并且在同一所大学接受医学教育，却提出了两个非常不同的理论。和弗洛伊德一样，阿德勒的童年也对其看待人性的方式产生了重要影响。

阿德勒的生平（1870—1937）

童年与青春期

阿德勒童年早期的标志就是疾病、知晓死亡以及对哥哥的嫉妒。他深受佝偻病（一种维生素 D 缺乏症，特点是骨质软化）的折磨，这使他无法跟其他小朋友一起玩耍。3 岁时，他的弟弟就在他旁边的床上死去了，阿德勒自己也因为肺炎而差点丧命。当他听到医生跟他父亲说“你的儿子要走了”（Orgler，1963，p.16）时，他决定当一名医生。

由于身体有病，他的母亲对他非常纵容，但在他 2 岁的时候，另一个婴儿的到来使得年幼的阿德勒遭到废黜。传记作者曾暗示到，阿德勒的母亲在此之后可能排斥他，但他仍是父亲最喜欢的那个，因此，他童年时与父母的关系与弗洛伊德非常不同（弗洛伊德与母亲关系比父亲亲近）。成年之后，阿德勒抛弃了弗洛伊德的俄狄浦斯情结这个概念，因为它与自己的童年经历非常不符。

阿德勒嫉妒自己的哥哥，他的哥哥健康而有活力，参与各种体育活动和比赛，而阿德勒却不能。“我记得我坐在椅子上，因为佝偻病而绑着绷带，而我健康的哥哥就坐在我对面，他可以跑，可以跳，可以毫不费力地移动，而对我来说，任何一种活动都要拼尽全力。”（Adler quoted in Bottome，1939，pp.30-31）

面对哥哥和其他邻居的小孩，阿德勒总是感到自卑，他们看起来都比他健康强壮，因此他选择了勤奋学习来克服他的自卑感，补偿身体的局限性。尽管他身材矮小、笨拙、毫无魅力，而且有疾病的后遗症，他还是强迫自己去参加游戏和比赛，渐渐地，他获得了胜利，并得到了自尊，获得了社会认可。他喜欢他人陪伴，并在一生之中都保持了喜欢交际的特点。在他的人格理论中，阿德勒特别强调同伴团体的重要性，并提出童年期与兄弟姐妹以及家庭之外其他儿童的关系远比弗洛伊德所认为的更加重要。

在学校里（弗洛伊德也曾在这个学校），刚开始阿德勒很不愉快，也只是个很普通的学生。老师觉得他什么也做不好，建议阿德勒的父亲送他去给鞋匠当学徒，这样的前景让阿德勒感到害怕，他的数学成绩特别差，但他一直坚持努力并逐渐从不及格上升到了班级前列。

从许多方面来看，阿德勒的童年就像是一个悲剧，但也是其理论教科书般的例证，克服童年的软弱和自卑塑造自己的命运。这位将自卑感介绍给全世界的理论家曾说：“熟悉我生活的人能够很清楚地发现我的童年和我所表达的思想之间的一致性。”（quoted in Bottome，1939，p.9）

成年期

为了实现童年的抱负，阿德勒在维也纳大学学习医学，但毕业时成绩平平。他进入一家私人诊所，做眼科医生，但很快又转去了做普通内科。他对疑难杂症很感兴趣，但囿于无法阻止死亡的无助感，尤其是面对年轻的病人，因此他选择专攻神经病学和精神病学。

阿德勒与弗洛伊德长达 9 年的交往始于 1902 年，当时弗洛伊德每周邀请阿德勒和其他三人在自己家会面一次，探讨精神分析。尽管他们的关系从来没有很亲近，但开始时弗洛伊德很看重阿德勒，赞赏他作为心理医生能够取得患者信任的技能。阿德勒从来不是弗洛伊德的学生和追随者，也不曾作为他精神分析的对象，记住这一点很重要。弗洛伊德的一个同事曾指责阿德勒没有能力去探测潜意识或进行精神分析。推断这种可能的缺失是否导致阿德勒将他的人格理论建立在更容易获知的意识上，并且弱化潜意识的地位，是个有趣的话题。

1910 年，尽管阿德勒已出任维也纳精神分析协会的主席，及其杂志的联合编辑，但他对弗洛伊德理论的批判之音越来越强。他很快切断了和其他精神分析学者的联系，并继续发展他自己的人格理论，弗洛伊德愤怒地回应了阿德勒的背叛。他贬低阿德勒的身体状况（阿德勒比弗洛伊德矮 5 英寸[⊖]），并称阿德勒令人憎恶、诡异、被野心逼疯、充满了怨恨和恶意、偏执、极端嫉妒、虐待狂，他声称阿德勒的理论毫无价值（Fiebert，1997；Gay，1988；Wittles，1924）。

阿德勒对弗洛伊德也显示了相同的敌意，称他为骗子并公开指责精神分析肮脏污秽（Roazen，1975）。只要被介绍为弗洛伊德的学生，阿德勒就会非常愤怒。在他的晚年，对于自己理论的背叛者，他也像弗洛伊德当年面对精神分析的背叛者那样非常愤怒。众所周知阿德勒“当感觉自己的权威受到挑战时，会突然暴怒”（Hoffman，1994，p.148）。

1912 年，阿德勒建立了个体心理学协会。第一次世界大战期间（1914 ～ 1918 年），他在奥地利的军队中服务，后来在维也纳组建了由政府赞助的儿童咨询诊所。在他的诊所中，阿德勒引入了团体训练以及指导程序，成为现代团体治疗技术的先驱。1926 年，他开始了数度美国访问的第一次，教授课程并举办颇受欢迎的巡回讲座。

1929 年，他举家搬到了美国，定居纽约，继续发展和改善他的个体心理学。一位传记作者曾指出，阿德勒“亲切、乐观、热情并伴随着巨大的野心……使他作为一名心理学专家，在美国迅速声名鹊起”（Hoffman，1994，p. 160）。

阿德勒的书和演讲使他在全国范围内获得了认可，他成为美国最受欢迎的心理学家、时代名人。1937 年

⊖ 1 英寸 = 2.54 厘米。——译者注

在令人疲惫不堪的56场欧洲巡回演讲中，阿德勒患上了心脏病，逝世于苏格兰。

欢迎登录

NASAP
北美阿德勒心理学协会。
The Life and Work of Alfred Adler
提供了阿德勒生活和工作的回顾。

PhotoStock10/Shutterstock.com

很多身体残疾的人都在努力追求对其不足的补偿。

自卑感：人类奋斗的源泉

阿德勒认为**自卑感**（inferiority feelings）永远存在，是行为的驱动力。他曾写道："成为一个人就意味着感受到自卑。"（1933/1939，p.96）因为自卑感是所有人共有的，并不是软弱或不正常的标志。

阿德勒提出，自卑感是所有人奋斗的源泉。个体成长源自**补偿**（compensation），源自我们渴望克服我们真实和想象中的自卑，终其一生，我们都被克服自卑感并追求更高水平的发展需要所驱使。

这一过程始于婴儿期，婴儿弱小、无助，完全依赖成人。阿德勒认为婴儿意识到父母有更大的权力和力量，并且意识到他们无法抵抗或挑战这种权力，因此，婴儿产生了相对于他周围更大、更强壮的人们的自卑感。

尽管这种最初的自卑经历适用于婴儿期的每个人，但它不是由基因决定的，而是环境的一种功能，对每一个婴儿都是相同的，都具有面对成人的无助和依赖。自卑感是无可逃避的，但更重要的是，它是必不可少的，因为它为奋斗和成长提供了动力。

自卑情结

设想一下，如果一个孩子补偿自卑感会发生什么？克服自卑感的无能会强化他们，导致**自卑情结**（inferiority complex）的产生。具有自卑情结的人对自己评价很低，感觉很无助，而且无法应对生活的要求。阿德勒发现来找他进行治疗的许多成年人在童年时期都有自卑情结。自卑情结来自儿童期的三种因素：机体自卑、溺爱以及忽视。机体自卑是阿德勒首个重要的研究成果，当时阿德勒与弗洛伊德还在一起，弗洛伊德对这一思想也予以赞同。阿德勒认为，身体器官的缺陷通过个体努力补偿这种缺陷和弱点来塑造人格。就像阿德勒对童年身体自卑——佝偻症的补偿，比如一个身体虚弱的孩子很可能会努力发展出众的运动技能。历史上有很多这种补偿的例子。古希腊政治家德摩斯梯尼克服口吃成为一名雄辩家；第26任美国总统病怏怏的西奥多·罗斯福，成年后成为身材很好的模特。克服机体自卑的努力可能导致惊人的艺术、运动和社会成就，但是如果这些努力失败，就会造成自卑情结。

基于理论家的个人经历，通过知觉提出人格概念，然后再用患者的数据来加以确认，阿德勒的研究是又一个这样的研究过程的例证。阿德勒在维也纳的办公室靠近一个娱乐广场，他的患者中包括了马戏表演者和体操运动员，他们拥有卓越的身体技能，很多便是刻苦努力克服童年缺陷的结果。

溺爱和纵容同样会带来自卑情结，被溺爱的儿童在家里是注意的中心，他们的每一个需求和念想都被满足了，几乎没有什么被否定。在这种状况下，这些儿童自然而然地产生了这样的观念：不论在哪种状况下，他们都是最重要的人，并且，其他人都应该服从他们，当第一次去学校，他们不再是注意的焦点，毫无思想准备会让他们震惊。被溺爱的儿童几乎没有社会情感，对他人缺乏耐心，从来没有学会等待想要的东西，也没有学会克服困难和适应他人的需要。当需要的满足受阻，被溺爱的儿童会认为，他们一定是有某种个人缺陷，使得他们受到了挫折，从而产生自卑情结。

为什么被忽视、不被需要和受到排斥的儿童会出现自卑情结，这很容易理解。他们在婴儿期和儿童期重要的特点就是缺乏爱和安全感，因为他们的父母漠不关心和充满敌意。因此，这些儿童便会产生无价值感，甚至是愤怒，认为他人不值得信任。事实上，忽视在今天已经被看作虐待儿童的一种主要形式（Hickman，2009）。

优越情结

不管这个情结的来源是什么，每个人都倾向于过度补偿，从而出现阿德勒所说的**优越情结**（superiority complex），夸大个体的能力和成就。这种人可能会感到内在的自我满足和优越感，并表现出不需要证明的优越性。或者他可能会感到这样一种需求，并努力变得极其成功。这两种具有自卑情结的人都表现得夸耀、虚荣、自我中心以及贬低他人。

追求卓越或完美

自卑感是努力和奋斗的源泉，但是终点在哪里？我们的目的只是消除自卑感吗？阿德勒认为我们在为更多的东西而努力。然而，他对我们的人生终极目标的看法一直在变化。

最开始，他认为自卑感带有一种普遍的软弱感和女性化，在他所处的时代，女性的地位比较低下，他认为对自卑感的补偿是对男性气质的反抗。这种补偿的目的是对权力的意愿或追求，在这种权力中攻击性占据了很大一部分，而攻击性一般被认为是男性化的特征。后来，他又拒绝了将自卑感与女性化等同起来的观点，并建立了一种更加广泛的观点，即我们追求卓越或完美。

阿德勒将**追求卓越**（striving for superiority）作为生命的基本现象（Adler，1930）。卓越是我们追寻的最终目标，他的意思并不是这个词的一般意义，也不是和优越情结相关的概念。追求卓越并不是要试图超越所有其他人，也不是指傲慢自大和刚愎自用的倾向或对我们能力和成就的夸大。阿德勒的意思是追求完美，“完美”这个词源于拉丁语，意思是完整或结束。因此，阿德勒提出，我们追求卓越是努力让自己更加完美，使自己更加完整。

这一追求完整的内在目标是指向未来的。而弗洛伊德认为，人的行为是由过去（即由本能和我们的童年经验）决定，阿德勒将对未来的期望看作人类的动机。他认为本能和原始的冲动作为解释原则还不充分，只有最终的卓越或完美目标才能解释人格与行为。

虚构目的论

阿德勒用目的论这一术语来解释，我们都有一个终极目标，一个最终的存在状态，以及追求它的需要。然而，我们追求的目标是潜在的，而不是现实的，换句话说，我们所追求的理想只存在于我们的主观世界之中。阿德勒认为我们的目标是虚构或想象的理想，不能被现实所验证。我们依靠这样的理想而生活，比如“人人生而平等”和“每个人本质都是好的”。阿德勒的生活目标是征服死亡，他为这个目标奋斗的方式是成为一名医生（Hoffman，1994）。这些信念影响着我们对他人的知觉和互动，比如我们认为按照某种特定的方式行动在我们进入天堂和后世会获得奖赏，我们便会努力按照这种方式行动。虽然对于存在后世的信念并不是基于客观现实，但对于相信它的人而言就是事实。

阿德勒将这种概念称为**虚构目的论**（fictional finalism），意味着在我们追求完整的存在状态时这些虚构的思想指导着我们的行为。许多这种虚构的思想指导着我们的生活，而最为普遍的就是完美的理想。他提出，人类对于这一理想最好的构想便是上帝。阿德勒更喜欢用“主观终极目标”和“指导性自我理想”来描述这个概念，但这一概念却一直以“虚构目的论”而广为人知（Watt & Holden，1994）。

关于追求卓越还有两个观点，第一，它增加而非减弱了紧张。与弗洛伊德不同，阿德勒认为我们唯一的动机并不是减少紧张。追求完美需要付出大量的能量和努力，这种状况完全不同于平衡状态或无紧张状态。第二，追求卓越既体现在个人层面也体现在整个社会层面。我们大多数人都是社会存在，我们不仅是作为个体也是作为团体成员而追求卓越。我们努力使自己所处的文化完美。在阿德勒看来，个体和社会是互相影响、互相依存的，为了众人的利益，人们必须与他人建设性地互动。因此，对于阿德勒来说，人们在不断地追求虚构的、理想的完美目标。在日常生活中，我们如何努力实现这一目标呢？阿德勒用生活风格这一概念来回答这个问题。

生活风格

每个人的终极目标都是卓越或完美，但是我们会通过许多不同的行为模式来达成这个目的。我们每个人表现这种追求的方式不同，会产生特定的特征、行为和习惯模式，阿德勒称之为区别特征或**生活风格**（style of life）。

为了理解生活风格是如何建立的，让我们回到自卑感和补偿这两个概念。婴儿饱受自卑感的折磨，驱使他们对无助感和依赖感进行补偿。在补偿的过程中，儿童发展出一整套的行为，比如病怏怏的婴儿可能会通过跑步和举重努力强健体魄，这些行为便成为生活风格的一部分，一种被用来补偿自卑感的行为模式。

我们做的所有事情都被我们独特的生活风格所塑造和限定。生活风格决定了我们参与哪些情境、忽视哪些情境，以及我们所持的态度。生活风格是通过生命早期的社会互动而习得。阿德勒认为，生活风格在 4 ～ 5 岁的时候便已稳定成型，此后就很难改变。

生活风格成为指导以后行为的框架。它的性质取决于社会互动，特别是个体在家庭中的出生顺序以及亲子关系。回想一下，忽视是导致自卑情结的条件之一。被忽视的儿童在应对生活要求时会感到自卑，从而可能不信任他人并对其产生敌意。因此，他们的生活风格可能是寻求报复，嫉恨他人的成功以及追求他们认为自己应得的东西。

自我的创造力

我们之前看到阿德勒的理论并不像弗洛伊德的理论那样属于决定论的范畴，但之后可能会发现，阿德勒的生活风格理论却与这样一种特点存在明显的不一致。阿德勒说，我们是命运的控制者，而非受害者。但是现在，我们发现生活风格却被早年的社会关系所决定，并在其后很少有所改变，这似乎与弗洛伊德的观点一样属于决定论，强调儿童早期在成年期人格形成中的重要性。但阿德勒的理论却并非像一开始看起来那样属于决定论。他通过提出所谓的**自我的创造力**（creative power of the self）概念来解决这一困境。

阿德勒认为是个体创造了生活风格，我们创造自我、人格、性格，这些都是阿德勒用来和生活风格交替使用的术语。我们并不是被动地由童年经验所塑造。经验本身并没有我们对它们的意识态度那么重要。阿德勒认为，遗传和环境都不能完整地解释人格的发展，相反，我们解释这些影响的方式形成了我们对生命态度的创造性建构的基础。

阿德勒认为个体具有自由意志，使得我们每个人能够基于基因遗传和社会环境所赋予我们的能力和经验创造适当的生活风格。尽管细节仍不清楚，但阿德勒仍坚持，生活风格对我们来说并不是决定好的，我们自己可以自由地选择和创造生活风格，然而一旦创造出来之后，生活风格会在个体的一生中保持稳定。

支配型、索取型、回避型以及社会利用型

阿德勒描述了几个普遍性的问题，并将它们归为以下三类：

1. 我们对他人的行为
2. 职业
3. 爱

他提出在解决这些问题时的四种基本生活风格：

1. 支配型
2. 索取型
3. 回避型
4. 社会利用型

第一种类型展现了一种支配性的、几乎没有社会觉知的态度。这种类型的人行为完全不关注他人。比较极端的这种类型个体常常攻击他人，成为施虐狂、少年犯或反社会的人。不太极端的往往是酗酒者、药物成瘾者或自杀者。他们相信可以通过攻击自己来伤害他人。索取型（阿德勒认为是最常见的类型）期望从他人那里获得满足，因此非常依赖他人。回避型则无意面对生活问题，通过回避困难，逃避可能的失败。

这三种类型并没有打算去应对日常生活中的问题，他们不能和他人合作，而且他们的生活风格与导致异常行为的现实世界相冲突，这些异常行为被神经症和精神病患者所证实。他们缺乏阿德勒所说的社会兴趣。

社会利用型个体与他人合作，行为与需要相一致。这种类型的人在发展完善的社会兴趣框架中应对各种问题。

阿德勒通常反对用这种方式将人们严格地进行分类，声称他提出这四种类型只是为了教学。他提醒治疗师尽量避免将人们划分为互相排斥的类别。

社会兴趣

阿德勒认为与他人相处是我们在生命中遇到的首要任务。我们随后的社会适应水平，也是我们生活风格的一部分，影响着我们对所有生活问题的态度。他提出的**社会兴趣**（social interest）这一概念，指的是个体与生俱来的与他人合作实现个人和社会目标的潜能。阿德勒对这一概念最先使用的是德语“Gemeinschaftgefuhl”，翻译过来是“社群感”(Stepansky，1983，p.xiii)。但“社会兴趣”成为这一被认可的术语的英文表述。

尽管我们更多受到社会因素的影响，而不是生物因素，但按照阿德勒的观点，社会兴趣的潜能是与生俱来的。因此，从某种非常有限的意义来讲，阿德勒的人格取向包含生物因素，但我们与生俱来的社会兴趣潜能在何种程度上能成为现实取决于我们早期的社会经验。

没有人能够完全回避他人，回避对他人的责任。从最早的时代开始，人们便聚集在家庭、部落和国家中，出于保护和生存目的，社群是不可或缺的。因此，对人们来说，合作并表达他们的社会兴趣是必要的。个体必须与他人合作并对社会做出贡献，才能实现个人和社群目标。阿德勒指出，人们有归属的基本需求，以实现个体的健康和功能良好（Ferguson，2010）。

新生儿处在一个需要合作的环境中，最开始这种合作源于母亲或主要照顾者，后来源于家庭成员和日托或学校的人员。阿德勒指出了母亲作为婴儿联系的第一个人的重要性。通过母亲对婴儿的行为，她能够促进或阻碍儿童社会兴趣的发展。

阿德勒认为在婴儿的社会兴趣和人格其他方面的发展中，母亲发挥着至关重要的作用。他写道：

> 这种联系（儿童与母亲之间）是如此紧密，影响如此深远，以至于在之后的数年中，我们无法显示遗传所决定的特征，每种遗传而来的倾向都可能因适应母亲而改变，受到母亲的训练、教育和再造。母亲的技能或技能的缺乏会影响儿童所有的潜能（Adler，quoted in Grey，1998，p.71）。

母亲必须教会儿童合作、友谊和勇气。只有儿童感受到与他人的亲密感，他才会有勇气去应对生活的挑战。如果儿童（随后成为成人）用怀疑和敌意看待他人，将会终身抱有相同的态度。那些没有社会兴趣的人可能成为神经症，甚至成为罪犯。阿德勒指出，从战争和种族仇恨到公共场所饮酒这些罪恶行为都源于社群感的缺乏。

有趣的是，在他职业生涯早期，阿德勒认为人们被权力的欲望和支配需要引导。提出这个观点的时候，他还在弗洛伊德理论的圈子里为建立自己的理论而斗争。在与弗洛伊德决裂，自己的理论得到认可之后，他指出人们更多地被社会兴趣引导，而不是对权力和支配的欲望。

当阿德勒还是弗洛伊德团体的一分子时，他被认为是难以相处和野心勃勃的，常常为自己观点的优点而争论，而之后的很多年，他变得成熟，他的理论体系也改变了，从强调权力和支配为动机性力量，转为强调更加良性的社会兴趣的力量（这里我们可以看到阿德勒理论反映了其生活经历的又一个例子）。

出生顺序

阿德勒的一个重要杰出贡献之一便是出生顺序是童年期重要的社会影响的观点，而我们从童年期开始就在创造我们的生活风格。尽管兄弟姐妹们拥有同样的父母，生活在同一间房子里，但他们的社会环境并不完全一样。比其他孩子大还是小，以及父母的不同态度塑造了不同的童年环境，而这会影响我们的人格。阿德勒很善于通过一个人的行为猜测出生顺序来取悦演讲听众和晚餐宾客，他提到四种情况：长子女、次子女、幺子女和独生子女。

长子女

至少在一段时间内，长子女的处境独特而令人羡慕，通常父母在长子女出生时非常快乐，并投入大量的时间和注意力在这个刚出生的孩子身上，长子女通常会得到父母即时而没有任何分割的注意，因而直到次子女出生，长子女的存在都是快乐而有安全感的。

突然，不再是注意力的焦点，不再能够获得持续的爱与关怀，在某种意义上，长子女被废黜了。长子女在他们“在位”期间受到的关爱现在被分享了，他们必须屈服于等待的愤怒，直到新生儿的需求被满足，他们还被告诫保持安静以免打扰到新的婴儿。

没有人能期望长子女承受突然的替代而不经历任何

斗争，他们会努力重新抓住之前的权力和特权。然而，长子女在家中重获最高地位的战斗从一开始就输了，不论长子女多么努力，再也不会和以前一样了。

一段时间内，长子女变得顽固，行为混乱，具有破坏性，并拒绝吃饭和上床睡觉。他们变得愤怒，但父母很可能会反击，他们的武器更加强有力，当长子女由于他们讨厌的行为而受到惩罚，他们可能会将惩罚解释为他们堕落的附加证据，并渐渐憎恨次子女，毕竟，他们是问题的原因。

阿德勒认为所有的长子女都会为他们在家庭中境况的改变感到震惊，但是那些曾经被过分纵容的长子女会感受到更大损失，并且，损失的程度取决于竞争对手出生的年龄。总体而言，次子女出生时长子女年龄越大，长子女经受的废黜感越小。例如，一个8岁的儿童面对兄弟姐妹的出生时的沮丧感，会少于一个2岁的儿童。

个体在家庭中的出生顺序，有哥哥姐姐还是有弟弟妹妹，所创造的童年期不同的情境，对其人格具有重要影响。

阿德勒发现，长子女通常是面向过去，面对未来总是怀旧和悲观的，一旦经历过权力的好处，他们就会终生重视它。他们在弟弟妹妹们身上实施权力，但同时，又会更加受制于父母的权力，因为他们希望从那里获得更多权力。

然而，成为长子女有很多好处，在孩童时期，长子女通常被父母期望去帮忙照顾弟妹，扮演教师、领导以及维持纪律者的角色，这种经历也会使长子女在智力上比其他年幼的孩子更加成熟，一个研究者曾描述过以下这种情境：

> 次子女可能会问哥哥或姐姐词语的意思，一些东西的运作原理和原因，糖果藏在哪里，晚归的父母以及数不清的长子女必须解释的事情。在这个导师的角色上，长子女获得了智力的优势，通过预演，通过必须组织语言解释或给出一个词语的含义，长子女能够更快地让自己的词汇表达比次子女更流畅（Zajonc，2001，p.491）。

阿德勒认为长子女在保持纪律和权威上也有更不寻常的兴趣，他们是好的组织者，在细节上认真而谨慎，在态度上独裁而保守。西格蒙德·弗洛伊德是长子，阿德勒将他描述为一个典型的长子。长子女也可能变得没有安全感和敌视他人，阿德勒认为神经症患者、堕落者和犯罪者通常都是长子女。

次子女

引起了长子女生活巨变的次子女也处在一种特殊的情境之中。他们从来没有体验过长子女曾经经历的强势地位。即使再有一个孩子出生，次子女也不会遭受长子女所经历的废黜感。而且在次子女出生时，父母通常已经改变了他们的育儿态度和实践。次子女已经不再像长子女那样新奇，父母对他们自己的行为关注也比较少而且也不再那么焦虑，对次子女更加放松。

从一开始，次子女就有长子女作为带头人，次子女总是将长子女的行为作为榜样、威胁和竞争的来源。阿德勒就是次子，与他的长兄（名字是西格蒙德）保持了终生的竞争关系，甚至当阿德勒成为著名的精神分析师后，他仍然感到笼罩在他哥哥的阴影下。

> 阿德勒始终因为他的“榜样哥哥”而感到相形见绌，并对他占据了家里最受欢迎的地位感到愤恨……甚至到中年时期，当他疲倦地对富有的商人西格蒙德做出评价时，仍然很激动：“那个一直在我前面的勤勉的家伙还在我的前面！”(Hoffman，1994，p.11)

与长子女的竞争可能会激励次子女，次子女可能会努力赶上并超越长子女，这一目标会刺激长子女言语和动作的发展。因为没有经历过权力，次子女并不关心它。他们对未来更加乐观，也可能会像阿德勒那样富有竞争性且野心勃勃。

长子女和次子女的关系也会出现其他不太有益的结果。例如，长子女可能在体育或学业上非常突出，次子女可能感到永远无法超越长子女，而放弃尝试，在这种情况下，竞争性将不会变成次子女生命中的一部分，他可能会成为一名学习成绩低于智商的学生，在生活的很多方面都表现不出其真实的能力。

幺子女

幺子女或者最晚出生的孩子从不会面对其他孩子的夺权，并通常会成为家里的宠儿，特别是当其他兄弟姐妹比他大好几岁的时候。由于受超越兄长的需要所驱使，幺子女的发展速度会异常快，成年后他们通常在任何工作领域都能取得高的成就。

然而，很有可能会发生相反的事，如果幺子女被过分纵容，会认为自己不需要学习任何东西。当他们长大以后，这样的孩子可能还会保留童年期的无助感和依赖感。由于不习惯奋斗和进取，过去经常被照顾，他们很难适应成年期。

独生子女

独生子女永远不会失去在家庭中的优势和权力，他们一直是焦点和注意的中心。相比拥有兄弟姐妹的儿童来说，独生子女有更多的时间与成年人相处，他们通常早熟，并显示出成年人的行为和态度。

当独生子女发现在家庭之外的生活领域，比如学校，他们不再是注意力的中心时，他们很可能会经历一些困难，他们从来没有学习过分享或竞争，如果他们的能力不能给他们带来足够的重视和注意，他们可能会感到强烈的失望。

虽然有关于出生顺序的思想，但阿德勒并没有提出儿童期发展的严格规则。儿童并不会完全依赖在家庭中的位置自动地获得一种特殊的性格，阿德勒认为，生活风格是出生顺序和早期社会互动的共同作用的结果。在建构生活风格中，创造性自我采用了两种影响方式。

人性问题

阿德勒的理论提供了一种充满希望且令人愉悦的人性画面，这与弗洛伊德沉郁而悲观的观点相对立，事实上，这更能满足我们的自我价值感。他认为我们能有意识地塑造我们的发展和命运，而非被我们无法控制的本能冲动和童年经历所支配。

阿德勒对人性的看法是乐观的，简而言之，人们并非受到潜意识力量的驱使。我们拥有塑造能够影响我们的社会因素的自由意志，并利用它们创造性地建构特殊的生活风格。这种独特性是阿德勒令人愉悦的人性画面的另外一面，弗洛伊德对人性的看法则充满了普遍的抑郁。

尽管在阿德勒看来，人性的某些方面是与生俱来的，比如潜在的社会兴趣以及追求卓越，但正是经验决定了这些遗传的倾向如何被实现。童年影响是重要的，特别是出生顺序以及与父母的互动，但我们并不是童年事件的受害者，相反，我们利用它们去创造我们的生活风格。

阿德勒认为每个人都在努力追求实现完美，并且用相似的术语来看待人类，他对社会进步持乐观态度。他被社会主义所吸引，并参与学校诊所和监狱改革，表达他对于个体创造力的看法。

阿德勒的人格评价理论

与弗洛伊德一样，阿德勒也是通过对患者的分析建立了自己的理论，即通过评价他们在治疗过程中的言语和行为。阿德勒的方法比弗洛伊德更加放松和非正式。弗洛伊德的患者躺在沙发上，弗洛伊德坐在他们后面，而阿德勒和他的患者面对彼此坐在舒适的椅子上，与弗洛伊德和患者保持正式关系相比，阿德勒的治疗过程更像朋友间的聊天。

阿德勒也喜欢在治疗中运用幽默，时常轻松而友善地戏弄他的患者。他有适合各种神经症的玩笑，并认为玩笑能引导患者看到他的病是多么可笑。当一个青少年患者告诉阿德勒自己对手淫感到内疚时，阿德勒回应道："你是说你手淫而且还感到内疚？这太多了，不管手淫还是内疚，一个就够了，但两个同时进行就太多了。"（Hoffman，1994，pp.209，273）

阿德勒通过观察病人来评估他们的人格：他们走路和坐着的方式，握手的方式，甚至选择坐在哪个椅子上。他认为，我们运用自己身体的方式显示了我们的生活风格。即使我们睡觉的姿势也能揭示我们的生活风格。例如，根据阿德勒的说法，难以入睡的人和仰卧者想要自己看起来比实际上更重要；俯卧者则显示了顽固和消极的人格；蜷曲如婴儿的姿势则表示这个人害怕与他人交往；伸展双臂睡觉的人则显示了被照顾和支持的需要。

阿德勒的主要测量方法是出生顺序（上文曾讨论过）、早期回忆和梦的分析，这些评估方法被阿德勒称为心理生活的大门口。此外，与阿德勒同时代的心理学家在阿德勒社会兴趣概念的基础上建立了心理评估测验。阿德勒评估人格的目的是发现患者的生活风格并决定其是否最适合这个人。

早期回忆

按照阿德勒的理论，人格是在生命最初的 4 ～ 5 年创立的。我们的**早期回忆**（early recollections），即我们对那段时间的记忆，显示了成年后继续刻画我们特性的生活方式。阿德勒发现，不管来访者的早期回忆是真实的还是幻想的，并没有什么差异。不管在哪种情况下，个体生活的主要兴趣都是围绕着他们所记住的事件，因此，按照阿德勒的观点，早期回忆是“生活方式最令人满意的单一指标”（Manaster & Mayers，2004，p.114）。阿德勒还发现，许多早期的回忆都会提及一些实际的物体，作为之前描绘的记忆的一部分（Clarks，2009）。

成年后的阿德勒所能回忆起的一个早期记忆是他 5 岁时刚刚入学，他很害怕，因为去学校时要穿过一个公墓（Adler，1924/1963）。每次上学他都感到很害怕，但也很困惑，因为其他孩子似乎并没有注意到这个公墓。因为他是唯一感到害怕的人，这加重了他的自卑感。有一天他决定要去终结他的恐惧，他穿越这个公墓十多次，直到他感到已克服恐惧感，此后他便能够顺利抵达学校而不感到害怕。

30 年后，阿德勒遇到了之前的一位校友，问及那个旧的公墓是否还存在，那个校友表现得很惊奇；他告诉阿德勒，学校附近从来没有过公墓，阿德勒非常震惊，他的回忆如此生动、真实！他找出其他同学并询问他们，他们全都做出了同样的回答：那里根本没有公墓。阿德勒最终接受了他关于这件事的记忆是错误的，尽管如此，它确实象征着恐惧和自卑，以及他为克服它们所做出的努力，这些刻画了我们特殊的生活风格。这一早期回忆显示了他人格中重要而有影响力的一面。

尽管阿德勒认为每个早期回忆都应该在该患者的生活风格框架中进行解释，但他也发现了它们的共同点。他提出，包含危险和惩罚的记忆显示了敌意倾向，有关弟弟妹妹出生的回忆显示了持续的废黜感，关注父母一方的回忆则显示了对这位父母的偏爱。而对不适当行为的回忆则警告任何重复该行为的意图。

阿德勒认为：

> 人们关于童年早期的记忆包括：①确信和支持他们对自己在当前这个世界中的看法的描绘；②支持他们追求意义感和安全感方向的记忆。[他]的记忆具有选择性，并且关注被记住的生活风格。相反，弗洛伊德解释早期记忆的理论强调通过压抑机制而被遗忘的东西（Kopp & Eckstein，2004，p.165）。

梦的分析

阿德勒赞同弗洛伊德对于梦在理解人格中的重要价值，但是不同意弗洛伊德解释梦的方式。阿德勒认为梦并不能满足愿望或揭示隐藏的冲突。相反，梦包含了我们对当前问题的感受以及我们打算如何去做。

阿德勒自己的一个梦说明了这一点，在他第一次去美国之前，阿德勒感到焦虑和紧张，担心他和他的人格理论是否会被接受，在他计划乘船横渡亚特兰大海的前一晚，他梦到了自己在这艘船的甲板上，然而船倾覆并沉没了。

阿德勒拥有的一切都在上面，都被起伏的海浪毁灭了，沉入了海底，阿德勒被迫游泳逃命，他在波涛起伏的海浪里拍打挣扎，但是通过意志和决心的力量，他最终安全地抵达了陆地（Hoffman，1994，p.151）。

这个梦境显示了阿德勒面对美国的恐惧，以及他安全着陆的愿望。换句话说，他希望自己和自己的个体心理学理论能够成功。

在我们的幻象梦境（包括夜晚的梦和白日梦）中，我们相信我们能够克服最困难的阻碍或简化最复杂的问题，因此，梦境是面向现在和未来的，而非面向过去的冲突。

梦的解释从来不应该脱离对本人及其所处情境的认识而进行，梦是个体生活方式的显示，所以对个体而言它是独一无二的。阿德勒并没有发现对某些梦的共同解释，然而，许多人都报告了包含坠落和飞翔的梦，弗洛伊德用与性相关的术语来解释它们。

根据阿德勒的理论，坠落的梦显示个体对降级或失去的情绪反应，比如害怕失去自尊或声誉。而飞翔的梦则表示一种追求向上的感觉，个体渴望超越或比他人更优秀的一种充满野心的生活风格。被追赶的梦则表示一种与他人相关的软弱感。梦见裸体的人则表示对暴露自己的恐惧，表 4-1 列出了阿德勒对其他梦的解释。

表 4-1　梦及其潜在含义

梦	阿德勒的解释
瘫痪了	面临不能解决的问题
学校考试	对某些情境准备不足
穿错衣服	被自己的错误困扰
与性相关的梦	逃避性或对性不了解
愤怒	愤怒而敌意的生活风格
死亡	与去世的人相关的未解决的事

资料来源：Adapted from Grey，1997，p.93.

社会兴趣的测量

阿德勒并没有想要运用心理测验来评估人格。他认为，心理测验创造一个人为的情境，所产生的结果很含糊。阿德勒认为治疗师应该运用他们的直觉，而不是依赖这些测验，但他却支持记忆和智力测验，他批判的只是人格测验。

心理学家建立了测量阿德勒的社会兴趣和生活风格概念的测验。社会兴趣量表（SIS）由多组成对的形容词组成（Crandall，1981）。被试从每一对形容词中选出最能够描述他们特质的形容词，诸如“有帮助的”“同情的”和“体贴的”这些词语被认为能够表示个体的社会兴趣程度。社会兴趣指数（SII）是一个自陈式问卷，被试评价每个陈述代表自己个人特征的程度（Greever，Tseng & Friedland，1973），比如被试选择了“我不介意为朋友提供帮助”这一项目，则反映了阿德勒的思想，表明个体接受和与他人合作的能力。

研究表明，在 SII 上得分高的个体显示出了高度的社会兴趣，倾向于在友善性、同理心、合作性、容忍度和独立性上得分更高。他们还被发现在焦虑、敌意、抑郁和神经质上得分较低（Leak 2006a，2006b）。

阿德勒基本人际成功量表（BASIS-A）是一个 65 项目的自陈式问卷，用于测量生活方式以及社会兴趣水平。所测量的五个人格维度包括社会兴趣、顺从、控制、渴望认同以及谨慎（Peluso，Peluso，Buckner，Curlette，& Kern，2004）。

对阿德勒理论的研究

阿德勒主要的研究方法是案例研究，不幸的是，阿德勒的研究数据几乎没有被保留下来。除了两个片段之外，他并没有出版案例，一个是由患者所写，另一个是由患者的医生所写，阿德勒并不认识这些患者，但他通过他们的作品分析了他们人格。

我们在讨论对弗洛伊德和荣格的批评时所提到的对数据和研究方法的批评同样适用于阿德勒。他的观察也无法被重复和复制，而且这些观察也不是通过控制良好的实验以及系统性的方式所获得的。阿德勒没有试图证实患者报告的内容的真实性，也没有解释他分析数据的程序，而且对应用实验法也没有任何兴趣。一位追随者写道：“阿德勒希望他的心理学成为一种科学，但它并不是一种能很容易被科学方法验证的心理学。”（Manaster，2006，p.6）

尽管阿德勒的很多观点都没有办法通过科学的方法进行验证，但有些已经成为科学研究的主题，包括梦、自卑感、早期回忆、儿童期的溺爱与忽视、社会兴趣以及出生顺序。

1. 梦

阿德勒认为梦有助于我们解决当前的问题。研究者让被试面对无法解决谜题的失败情境，这一情境被认为是对个体人格的一种威胁。然后让被试睡觉，允许一些人做梦，他们只在非快速眼动（NREM）睡眠中被唤醒，其他人则在快速眼动（REM）睡眠中被唤醒，所以他们不能做梦。做梦的被试比没有做梦的被试能够回忆起更多的未完成谜题，这些研究者总结道，做梦能够使被试有效解决当前的威胁情境——未成功解决谜题（Grieser，Greenberg，& Harrison，1972）。

在另一项研究中，报告了两组被试的梦（Breger，Hunter，& Lane，1971），其中一组被试是正在参加紧张的心理治疗的大学生，另一组被试则是即将进行重大手术的患者。对这两组被试来说，他们所回忆起来的梦主要都是他们意识到的焦虑、恐惧和希望，两组不同类型的被试梦到的都是他们正面临的问题。

2. 自卑感

对于阿德勒自卑感概念的研究发现，相比自卑感得分上高的成年人，得分低的成年人倾向于更加成功和自信，也更可能坚持努力去实现他们的目标。一项对美国大学生的研究显示，相比自卑感上得分低或高的个体，得分中等的个体拥有更高的学分（Strano & Petrocelli，

2005）

对中国青少年和大学生的一项研究显示，在不同年龄段他们会对不同的方面感到自卑，青少年早期的个体对成绩不好感到自卑，青少年晚期的个体则对身体吸引力感到自卑，而大学生则报告对缺乏社交技能感到自卑（Kosaka，2008）。

3. 早期回忆

经典研究显示，被诊断为焦虑神经症的个体的早期回忆主要与恐惧有关。抑郁个体的早期回忆主要是抛弃，抱怨身心疾病的个体早期记忆主要是疾病（Jackson & Sechrest，1962）。酗酒者的早期回忆主要是各种威胁性时间，以及他们受外部力量控制而不是自己决定所控制的情境。非酗酒的控制组的早期回忆则完全没有涉及这些主题（Hafner，Fakouri，& Labrentz，1982）。

成年罪犯的早期回忆则主要是应付令人不安或攻击性的人际互动。与控制组的早期回忆相比，他们的回忆中包含了更多不愉快的事件（Hankoff，1987）。行为不良的青少年的早期回忆则包括打破规则、难以建立社会关系以及无法应对他们自己的生活，而且他们认为父母不信任他们，更愿意伤害他们而不是帮助他们。而在控制组的早期记忆中，这些主题都没有出现（Davidow & Bruhn，1990）。

与不具有危险性的精神病患者相比，被认定对自身和他人有危险性的精神病患者早期记忆中显示了更多的攻击性。危险性患者的回忆揭示，他们感到脆弱和无力，认为他人充满敌意和侮辱性（Tobey & Bruhn，1992）。

使用客观评分对早期回忆的研究显示，这些回忆倾

Fancy/Jupiter Images

童年早期的回忆有助于揭示我们的生活风格。

向于主观重建而不是实际发生过的事件，就像阿德勒的公墓回忆一样（Statton & Wilborn，1991）。

一项研究报告，当要求被试编造有可能发生在别人身上的早期回忆时，这些主题与他们自己回忆的主题非常相似（Buchanan，Kern，& Bell-Dumas，1991），这项研究也对阿德勒的论点提供了支持，即早期回忆揭示了个体当下的生活风格，因此可以被用作一个治疗手段（表 4-2 总结了早期回忆的主题）。

表 4-2　早期回忆和生活风格主题

回忆	可能的主题
第一次上学经历	对成就、控制感以及独立的态度
第一次被惩罚	对权威的态度
有了第一个弟弟或妹妹	兄弟姐妹竞争的证据
最早的家庭记忆	在社会情境中的适应
对母亲最清晰的记忆	对女性的态度
对父亲最清晰的记忆	对男性的态度
对你最敬佩的人的记忆	角色模型的基础
最幸福的事	最充分满足你最强烈需要的基础

资料来源：Adapted from A. R. Bruhn (1992). The early memories procedure. *Journal of Personality Assessment*, 58(1), 1–15.

对美国和以色列成人的早期回忆研究显示，早期回忆能够预测职业偏好。例如，物理学家、数学家和心理学家的早期回忆包括诸如好奇心、独立思维以及与对权威人物的怀疑等（Clark，2005；Kasler & Nevo，2005）。

4. 童年忽视

阿德勒提出被父母忽视或拒绝的儿童会出现无价值感，一项对 714 名因抑郁而就医的成年人的研究发现，这些患者认为他们的父母是敌意的、分离的和拒绝的（Crook，Raskin，& Eliot，1981）。对这些患者的兄弟姐妹、亲戚和朋友的访谈确认，这些患者的父母的确曾表现出敌意和忽视。

在另一项研究中，8 岁儿童的父母完成一个问卷以测量他们养育儿童的行为和他们对孩子的满意度（Lefkowitz & Tesiny，1984）。10 年之后，这些孩子 18 岁，被施测明尼苏达多相人格量表的抑郁分量表（MMPI）。测验得分显示为比较抑郁的被试在童年期曾遭到父母的忽视。而那些父母没有漠不关心或缺乏爱心的被试在抑郁量表上的得分则更低。

最近的研究也支持了早期研究的发现，被忽视的

儿童比没有被忽视的儿童报告了更高水平的羞耻感和抑郁（Bennett，Sullivan，& Lewis，2010）。体验到被忽视的中国儿童和青少年（年龄为 5 ～ 17 岁）也比那些没有被忽视的被试更可能出现高焦虑（Guan，Deng，& Luo，2010）。

5. 童年溺爱

阿德勒提到，童年溺爱可能会导致一种溺爱的生活风格，这样的个体几乎没有或完全不显示对他人的社会感受，有研究支持了这一观点并表明，溺爱会导致极端自恋，对他人缺乏尊重或同情心，夸大自我重要感，以及一种利用他人的倾向。研究确认了以下四种类型的溺爱：

- 过度纵容，父母持续地满足孩子的需要和欲望，导致特权感以及专横和老于世故。
- 过度许可，不顾孩子行为对他人的影响而允许孩子随自己的喜好去做，导致对社会规则和他人权利的忽视。
- 过度控制，父母过度专横包办一切，导致孩子缺乏自信和成年后依赖他人的倾向。
- 过度保护，父母小心翼翼，过分警告孩子所处环境中的潜在危险，导致普遍的焦虑和从社会情境中逃避和隐藏的倾向。

对大学生的研究发现，母亲比较专横的孩子更有可能在大学期间寻求心理治疗，将父母评价为过度纵容和过度保护的学生则倾向于拥有低自尊，其父母被认为是过度纵容和专横的学生则在自恋性上得分较高（Capron，2004）。

6. 社会兴趣

使用 SIS 的研究显示，社会兴趣得分高的个体比社会兴趣得分低的个体报告了更少的压力、抑郁、焦虑以及敌意，社会兴趣得分高的个体在与他人合作、同情、责任和受欢迎程度的测试中得分也较高（Crandall，1984；Watkins，1994；Watkin & St，John，1994）。对大学生的研究发现社会兴趣高的个体在精神性和宗教性上得分也高，但是，他们在精神性上积极、宽容和有益，并不一定是一种宗教性的民族优越感和原教旨主义（Leak，2006a）。美国和中国的其他研究显示，社会兴趣得分高的个体在主观幸福感、希望与乐观、愉悦性、自我认同、自我决定和强烈生命意义感上的得分也较高（Barlow，Tobin，& Schmidt，2009；Foley，Matheny，& Curlete，2008；Leak & Leak，2006）。

一项针对 9 ～ 12 年级青少年的研究发现，社会兴趣得分高的个体，在总体生活满意度以及对朋友和家庭的满意度上得分也显著地比社会兴趣低的个体更高（Gilman，2001）。另一项对年龄在 18 ～ 40 岁的犯罪者的研究也显示，与社会兴趣上得分高的个体相比，得分低者出狱后实施更多犯罪行为的可能性更小（Daugherty，Murphy，& Paugh，2001）。青少年犯罪者比没有被识别为犯罪者的人在社会兴趣上得分更低（Newbauer & Stone，2010）。

使用 SII 的一项研究则显示，社会兴趣得分高的女性在自我实现，即被马斯洛描述为一种健康人格特质上得分显著更高（见第 9 章）。其他研究发现，女性的社会兴趣比男性更高，并且对两性而言社会兴趣都随着年龄增长（Greever，Tseng，& Friedland，1973）。

一项对居住在美国的拉丁美洲男性和女性的研究发现，双文化者（对两种文化都完全适应）的社会兴趣得分高于单独适应拉丁美洲或美国生活方式的个体（Miranda，Frevert，& Kern，1998）。

高社会兴趣也可能对你的健康也是有益的。社会兴趣，和与它相关的归属感、合作性以及对社会关系网络的贡献感以及从社会关系网络中所获得的支持感，都与身体和心理的幸福感呈正相关。例如，社会兴趣得分较高的个体倾向于拥有更强健的免疫系统，更少感冒，血压更低以及主观幸福感更高（Nikelly，2005）。

研究集锦

对阿德勒理论的研究

被忽视的儿童倾向于出现

- 无价值感和羞愧感
- 抑郁
- 焦虑

被溺爱的儿童倾向于	社会兴趣得分高的个体倾向于
◆ 低自尊	◆ 在抑郁、焦虑和敌意上得分低
◆ 自恋	◆ 建立对他人的同理心
◆ 缺乏对他人的同理心	◆ 幸福和愉悦性

7. 出生顺序

很多研究考察了个体在家庭中出生顺序的影响，很明显，无论长子女、次子女、幺子女还是独生子女的身份都从多个方面影响着人格。不管自己的出生顺序如何，仅仅是拥有一个比自己大或比自己小的兄弟姐妹，都会影响个体的人格。例如，对英格兰、苏格兰和威尔士将近20 000人和在美国大约3 500人的研究发现，男性所拥有的哥哥的数量可以预测他的性取向，有哥哥的男性比没有哥哥的男性更有可能被男性吸引。哥哥越多，被同性吸引的可能性越大，而对于女性，拥有姐姐的数量却不能预测其性取向（Bogaert，2003）。

出生顺序影响我们对朋友的选择，一些研究显示长子女更可能与其他长子女交往，次子女也更可能和其他次子女交往，独生子女也倾向于和其他独生子女交往，这种对友谊的偏好也适用于浪漫关系（Hartshorne，2010；Hartshorne，Salem-Hart-shorne，& Hartshorne，2009）。

芬兰的一项研究发现，长子女的行为和特征影响着父母决定在长子女出生的五年内是否生育其他孩子，长子女显示出高智商，极少问题行为以及有能力去适应新情境的父母更可能生育更多孩子（Jokela，2010）。

按照阿德勒的理论，长子女关注权力和权威，对他们来说作为成年人获得权力和权威的一种方式就是通过在工作中取得成就。如果阿德勒理论是对的，那么长子女应该在成就的测量上得分更高，这一观点已经有大量的研究支持。在许多领域，从大学生到高级管理人员，长子女所占的比例都超出他们在总人口中的比例。长子女比后生的孩子更杰出，他们倾向于在学习场合获得更好的学习成绩，在事业上取得更大的权力和声望（Breland，1974；Schachter，1963）。

美国和波兰的一些研究发现，与幺子女相比，长子女在智力测验上得分较高，所受正式教育的年限更长，所从事的职业声望更高（Herrera，Zajonc，Wieczorkowska，& Cichomski，2003）。对瑞典成年人的一项研究显示，长子女在管理和执行功能测验中得分比之后出生的孩子更高，然而，在这项研究中，长子女在智力测验上的得分并没有更高（Holmgren，Molander，& Nilsson，2006）。一项对挪威超过240 000男性新兵的研究则显示，在家中比较年长的儿子比年幼的儿子在IQ测验上得分更高（Kristensen & Bjerkedal，2007）。

因此，总的来说，有证据表明长子女可能比之后出生的孩子更聪明，但并非所有研究者都同意这一观点（see，for example，Rodgers，2001）。研究者分析了400 000名欧洲男性的IQ分数与其出生顺序的关系，结果显示，长子女比次子女的IQ分数高，次子女比第三个孩子的IQ分数高，依此类推。这些发现在多个国家的男性和女性群体中均被证实（Zajonc，Markus，& Maekus，1979）。一个可能的解释是，智力的差异并非是基因的差异所致，而是和长子女独享的与成年人的接触有关，因此，长子女可能比之后出生的孩子拥有更多刺激的智力环境。

尽管长子女的智力水平可能比后出生的孩子更高，但学习成绩却并不总是比之后出生的孩子更高。对美国高中生的研究确认，长子女的确有更高的IQ分数，但后出生的孩子却更加努力，而且学分也更高（Frank，Turenshine，& Sullivan，2010；REttner，2010）。

长子女容易受他人影响并依赖他人。他们在压力情境中比较焦虑，对社会关系的需要更高（Schachter，1963，1964）。这些发现能够从阿德勒的理论中预测，他提到长子女由于弟弟妹妹的出生而遭到废黜之后体验到了焦虑，他们会通过确认父母的期望来试图重新获得他们的地位。因此，长子女更多依赖他人的标准来指导他们的行为，并以此作为自我概念的基础（Newman，Higgins，& Vookles，1992）。

其他研究发现，长子女在抑郁和焦虑测验中比后出生的孩子更低，在自尊测验中得分更高（Gates，Lineberger，Crockett，& Hubbard，1988），长子女可能也更外向和有责任心（Sulloway，1995）。然而，后来荷兰的研究发现却相反，后出生的孩子更加外向，也更具有支配性和独断性（Pollet，Dijkstra，Barelds，& Buunk，2010）。

长子女如果是女孩，会比后出生的孩子更顺从，更具有社会责任，与父母感觉更加亲近（Sutton-Smith & Rosenberg，1970）。法国、克罗地亚、加拿大和英格兰的研究均显示，长子女在童年被监管得更加严密，母亲评价他们更加不知道恐惧，而且长子女也报告了更多童年的噩梦，并在大学的支配性测验中得分更高（Beck，Burnet，& Vosper，2006；Begue & Roche，2005；Kerestes，2006；McCann，Stewin，& Short，1990）。

对次子女的研究比较少，一项跨时三年针对长子女和次子女的研究发现，次子女的态度、人格和休闲活动主要受到哥哥或姐姐而不是父母的影响（McHale，Updegraff，Helms-Erikson，& Crouter，2001）。对棒球联盟主要运动员的研究发现，在比赛中尝试偷球这种高风险行为的个体中，在家中是弟弟的个体是在家中是哥哥的 10 倍，他们也比那些是哥哥的人有更高的击球率（Sulloway & Zweigenhaft，2010）。

阿德勒预测，幺子女如果被过度溺爱，则会在成年期产生适应性问题。阿德勒预测到，一个广为接受的对酗酒的解释是，一些人无法应对日常生活的要求，而根据阿德勒的理论，幺子女比早出生的孩子更可能成为酗酒者，这一预测已经得到大量关于酗酒和出生顺序研究的支持，研究发现，幺子女比长子女更有可能在大学时豪饮（Laird & Shelton，2006）。

对阿德勒来说，成年后的独生子女过度关心成为注意的焦点，就像他们童年时一样。阿德勒还认为独生子女更自私，但研究并非一致地支持这一观点。一项研究发现，独生子女比长子女和幺子女更富有合作性（Falbo，1978）。另一项研究发现，独生子女更加以自我为中心，也比有兄弟姐妹的孩子更不受欢迎（Jiao，Ji，& Jing，1986）。

对 115 个独生子女研究的分析报告了独生子女具有更高水平的成就和智力以及与拥有兄弟姐妹的人相当的社会和情绪适应性（Falbo & Polit，1986）。后来的研究（Mellor，1990）证实了这些结果，并报告了独生子女更主动，抱负水平更高，更勤奋，而且自尊水平更高。

对几项研究的分析显示，一个家庭中兄弟姐妹的数量是预测教育成功的一个稳定的指标，兄弟姐妹越少，在学校表现得越好（Downey，2001）。独生子拥有更多受教育机会和父母资源，这使得他们比有兄弟姐妹的孩子表现得更好。

研究集锦

对阿德勒理论的研究

长子女倾向于

- 聪明且勤奋
- 在大学和职场中成功
- 低抑郁和焦虑
- 高自尊

次子女倾向于

- 被哥哥或姐姐影响
- 更可能在玩棒球时冒险

独生子女倾向于

- 高成就和智力水平
- 勤奋并在学校表现好
- 高自尊

对阿德勒理论的反思

阿德勒对心理学具有重要影响，在之后的章节中我们还可以在其他人格理论家的理论中看到他的一些思想。这些贡献使得阿德勒的理论成为最为持久的人格理论之一。他领先于他的时代，而且他对于认知和社会因素的强调使得他比同时代的心理学，更加顺应心理学的发展趋势（LaFountain，2009）。亚伯拉罕·马斯洛写道："阿尔弗雷德·阿德勒一年比一年更加正确，就像事实一样，他们给予了阿德勒人性画面越来越强有力的

支持。”（1970s，p.13）

阿德勒对人格社会因素的强调可以在卡伦·霍妮的理论中看到，他对于完整的人以及人格整体性的强调也反映在了戈登·奥尔波特的学说中。自我在塑造生活风格中的创造性力量，以及强调未来目标比过去事件更加重要的思想影响了亚伯拉罕·马斯洛的理论。社会学习理论家朱利安·罗特写道，他“一直钦佩阿德勒对人性的洞见”（Rotter，1982，pp.1-2）。

阿德勒的思想也延伸进了弗洛伊德的精神分析理论中，早在弗洛伊德将攻击和性作为主要动机力量的12年之前，阿德勒就提出了攻击性驱力。新弗洛伊德学派的自我心理学家，更多关注意识和理性过程，而不是潜意识，都是对阿德勒的追随。

阿德勒和弗洛伊德关于女性的观点进行了争论。阿德勒认为，女性的自卑感并不具有生物基础，比如阴茎妒羡，阿德勒宣称，这种观点是男性编造的神话，以维持他们的优越感。阿德勒承认女性会感到自卑，但他认为这可以归因于社会的条件化和性别角色的刻板印象。他还相信性别平等的观点，并支持那个年代的妇女解放运动。

阿德勒对心理学有持久影响的概念还包括早期对机体自卑的研究、自卑情结、补偿以及出生顺序等，其中机体自卑对于身心失调的研究具有重要影响。阿德勒也被认为是社会心理学和团体治疗的先驱。

尽管阿德勒的思想被广泛接受，但他的公众认可度却在他1937年去世之后不断下降，他的贡献没有收到相应的赞美和荣誉。许多从他理论中借用的概念、他的贡献并没有得到承认。典型的一个例子就是伦敦的《泰晤士报》，在弗洛伊德的讣告中将弗洛伊德作为“自卑情结”这一术语的始创者。在卡尔·荣格去世之后，《纽约时报》又说他是这一术语的创造者。没有一家报纸提到阿德勒——这一术语真正的始创者。然而，阿德勒也获得了一个非常特殊的荣誉——一位英国的作曲家用他的名字为一首弦乐四重唱命名。

与阿德勒的理论产生巨大影响一样，它也受到了很多的批评，弗洛伊德就指责说，阿德勒的心理学过分简化，因为删除了性质复杂的潜意识，没有难懂的概念，忽视了性的问题，因此能吸引很多人。弗洛伊德强调，学习他的精神分析需要2年或更多的时间，而“阿德勒的理论和技术可以非常容易地在两周内学会，因为阿德勒的理论实在没有什么内容”（quoted in Sterba，1982，p.156）。

阿德勒的理论的确看起来比弗洛伊德和荣格的理论都更简单，但这正是阿德勒有意为之。他写道，自己花费了40年的时间去简化他的心理学，使他的书读起来更容易，因为他就是写给普通大众看的，而且其中一些内容就是来自他之前广受欢迎的讲座（见图4-1）。一个相关的指责就是，阿德勒的概念似乎严重依赖对日常生活的常识性观察。《纽约时报》的一位图书评论家指出：“尽管阿德勒是世界上最杰出的心理学家之一，但是他的心理学著作在语言简洁性和非学术性方面没有人可以和他相提并论。”（quoted in Hoffman，1994，p.276）

图 4-1

阿德勒的著作在美国广受欢迎，而且产生了一批自助类书籍。

资料来源：Edward Hoffman, *The Drive for Self: Alfred Adler and the Founding of Individual Psychology*, Addison-Wesley, 1994.

有批评者认为阿德勒的理论不一致且不系统，理论中有很多漏洞以及没有回答的问题，自卑感是我们一生中面临的唯一问题吗？所有人都主要为完美而奋斗吗？我们能实现自卑感的某种和谐程度，而不再去追求补偿吗？阿德勒对这些问题以及其他一些问题都没有给予充分的回答。但实际上大多数理论家都给我们留下了很多没有回答的问题。

一些理论家质疑阿德勒在决定论与自由意志问题上的立场。在职业生涯的早期，阿德勒并不反对决定论，在那个时代决定论是被科学界广泛接受的，弗洛伊德的精神分析理论也具有决定论的特色。后来阿德勒觉得需要假定自我具有更多的自主性，最终他拒绝了决定论。他的创造性自我的概念提出，在 5 岁之前，我们利用遗传物质和环境构造了一种生活风格，然而，儿童如何能够做出如此重大的决定并不清楚。我们知道，阿德勒赞同自由意志，并反对我们是与生俱来的力量和童年事件的受害者的观点，这一立场是很清晰的，但生活风格的具体构成细节却并不清楚。

阿德勒的追随者宣称，个体心理学在心理学家、精神科医生、社会工作者以及教育者中依然非常受欢迎。《个体心理学：阿德勒理论、研究与实践杂志》已经由北美阿德勒心理学协会按季度出版。德国、意大利和法国也出版了有关阿德勒的杂志。纽约、芝加哥和许多其他城市都成立了阿德勒训练协会，阿德勒的咨询技术也被鲁道夫·德雷克斯和其他人所发展，而且他们的工作也对新一代的阿德勒治疗流派的治疗师产生了影响。德雷克斯在儿童教养实践中应用了阿德勒对同时代问题的观点，不仅是儿童发展，而且也包括把家庭作为一个整体的治疗。

本章小结

阿德勒童年的显著特点就是努力去补偿自卑感，他的个体心理学与弗洛伊德的精神分析理论在很多方面不同，主要关注个体的独特性、意识和社会因素而非生物因素。他最小化了性的作用。

自卑感是人类努力的源泉，源自我们对自卑感的补偿。自卑感是普遍的，是由婴儿的无助感和对大人的依赖决定的。自卑情结（即无力解决生活问题）源于无法补偿自卑感，自卑情结在童年期通过机体自卑、溺爱和忽视而产生。优越情结（对个体能力和成就的夸大想法）源于过度补偿。

我们的终极目标是卓越或完美，即人格完整。虚构目的论指的是虚构的想法，比如完美，指导我们的行为。生活风格指的是我们追求完美的行为与特征的独特模式。自我的创造力指的是我们根据遗传和环境所提供的材料创造自我的能力，四种基本生活风格分别是支配型、索取型、回避型以及社会利用型。社会兴趣是与生俱来的，但社会兴趣的实现程度取决于早期社会经验。

出生顺序是产生个体生活风格的童年期主要的社会影响之一。长子女是过去取向，对未来悲观，关心维持秩序和权威，次子女与长子女竞争并野心勃勃。幺子女被超过年长孩子的需要所刺激，可能会成为高成就者；独生子女成熟的更早，但当他们在学校中不再是注意焦点的时候，会感到震惊。

阿德勒对人性的看法比弗洛伊德更充满希望，按照阿德勒的理论，人是独特的，且拥有自由意志和塑造自身发展的能力，尽管童年经验很重要，但我们不是他们的受害者。

阿德勒的人格评估方法包括出生顺序、早期回忆以及梦的分析。阿德勒的以下观点得到了一些研究的支持：梦、早期回忆以及童年忽视和溺爱；他认为社会兴趣与情绪幸福感相关，长子女是高成就的、依赖他人的，易受他人影响，以及在压力情境下容易焦虑；幺子女更容易酗酒等观点。

阿德勒对人格中认知和社会因素、人格统一性、自我的创造力、目标的重要性以及认知因素的强调影响了许多人格理论家。

Chapter 5

第5章

卡伦・霍妮：神经症需要和倾向

基本罪恶总是缺乏真正的温暖和喜爱

——卡伦・霍妮

卡伦・丹尼尔森・霍妮是正统弗洛伊德理论的另一个背叛者。尽管霍妮既不是弗洛伊德的弟子也不是他的同事，但她受过正统的精神分析训练。她在弗洛伊德的阵营里并没有待太久。当她与弗洛伊德对女性心理的描述出现争议时，他们之间就出现了差异。作为一名早期的女权主义者，她认为精神分析主要关注男性的发展而不是女性的发展。针对弗洛伊德女性受阴茎妒羡所驱使的主张，她提出男性也会嫉妒女性具有生育孩子的能力。她曾说："我知道，就像女性具有阴茎妒羡一样，男性也具有子宫妒羡。"（quoted in Cherry & Cherry，1973，p. 75）

在她刚开启心理分析师的职业生涯时，她坚持认为自己的工作只是对弗洛伊德理论的扩展。"我并不想建立一个新的学派，只是想在弗洛伊德的基础之上有所建树。"（quoted in Quinn，1987，p. 318）然而，当她构建完自己的理论以后，她对弗洛伊德的理论进行了广泛的批评，实际上建立了一个新的学派，一个与弗洛伊德理论几乎完全不同的新精神分析取向。

性别和个人经历以及社会与文化因素共同影响了霍妮的理论，这与弗洛伊德理论的影响因素不同。霍妮在美国建立自己的理论，而美国文化与弗洛伊德所在的维也纳文化有很大不同。到20世纪三四十年代，关于性以及男女角色的主流态度发生了巨大的变化。尽管欧洲也发生了这些变化，但美国的改变被认为更加明显。

霍妮发现她的美国患者与她早期的德国患者有很大的不同，包括他们的神经症和正常人格都有很大不同，而霍妮认为只有他们所处的社会情境才能解释这些变异。因此，霍妮认为，人格并不像弗洛伊德所说的那样完全取决于生物力量。否则，我们不会看不到不同文化之间具有如此大的差异。

因此，像阿德勒一样，霍妮比弗洛伊德更加强调社会关系和交互作用是影响人格形成的重要因素。霍妮反对弗洛伊德认为性是决定性因素的观点，她置疑弗洛伊德的俄狄浦斯情结、力比多和三重人格结构的观点。霍妮认为，人们并不是被性和攻击性力量所驱使，而是被对安全和爱的需要所驱使。我们可以看出她的这些观点反映了她的个人经历。

霍妮的生平（1885—1952）

对爱的寻觅

卡伦·丹尼尔森·霍妮出生在德国汉堡附近的一个村庄。她是家里的第二个孩子，从小就羡慕自己的哥哥贝恩特，她哥哥引人注目且富有魅力，是受宠爱的长子，而她则更聪明、更活泼。她在自己的日记中吐露了心声："我为我在学校表现得比贝恩特好而感到自豪，我还有好多好玩的关于我而非他的故事，也令我自豪。"（Horney，1980，p. 252）她还嫉妒哥哥，因为他是一个男孩，而女孩被普遍认为比较卑微。"作为一个孩子，在很长一段时间我都很想成为一个男孩子，我羡慕贝恩特可以站在树边尿尿。"（Horney，1980，p. 252）

另一个更巨大的影响来自她的父亲，霍妮出生时，她的父亲 50 岁，是来自挪威的一名船长。她的母亲 33 岁，有着和霍妮父亲截然不同的气质。霍妮的父亲信仰宗教、专横、傲慢、阴郁；她的母亲富有魅力、充满活力、思想自由。霍妮的父亲长期出海工作，但当他在家时，他和霍妮的母亲截然不同的秉性使得他们常常争吵。霍妮的母亲毫不掩饰希望看到自己的丈夫死掉，还告诉年幼的霍妮她当时嫁给她的父亲并不是因为爱，而是担心成为大龄剩女。

我们可以从这些和其他的一些童年经历中追溯到霍妮人格理论的根源。在她幼年的大部分时光里，她一直都怀疑她的父母是否想要她，以及她一直都觉得父母更爱贝恩特胜过爱她。16 岁时，她在日记中写道："为什么世界上最漂亮的东西都给了我，唯独最高级的事情没有给我，那就是爱！我有一颗多么需要爱的心！"（Horney，1980，p. 30）虽然霍妮嫉妒、渴望父亲的爱和关注，但父亲却常常恐吓她。她回想起父亲凶狠的眼神，严厉的、苛求的规矩，当父亲对她的聪明和外貌给出轻蔑的评判的时候，她感觉到被轻视和拒绝。

由于母亲依然对她很喜爱，霍妮仍然是一个受宠的女儿，直到 8 岁她依然是个典型的小孩，黏人但却很听话。尽管她很努力，但她认为她并没有得到足够的爱和安全感。自我牺牲和好的表现都起不到什么作用，所以她改变策略，有意地变得有野心、反叛，她决定如果她得不到爱和安全感，她就要对她感受到的缺乏吸引力和有所不足进行报复。"如果我不能变得漂亮，我决定我要变得聪明。"（Horney quoted in Rubins，1978，p. 14）

成年时，她意识到自己儿童时期建立起了多少敌意。她的人格理论描述了童年时爱的缺失会如何促使焦虑和敌意，这是又一个最初源于个人经历和直觉而建立理论的例子。一位传记作者总结道："在她的所有精神分析著作中，卡伦·霍妮努力地想要弄懂自己，想要从自我的困境中解脱出来。"（Paris，1994，p. xxii）

14 岁时，她对一名老师产生了青春期懵懂的爱恋，日记里全是对那个老师表达情感的文字。和青春期的很多孩子一样，霍妮也以一种困惑和不快乐的方式一直喜欢着这位男老师（Seiffge-Krenke & Krisch 2002）。17 岁时，她有了性的意识，并很快遇到了一个男人，被她描述为她的第一个真爱，但他们的关系仅维持了 2 天。另一个男人又走进了她的生活，引发了她在日记中第 76 页的自我剖析。霍妮认为爱情消除了，至少是暂时性地消除了她的焦虑和不安全感，她提供了一个逃避的机会（Sayers，1991）。

虽然霍妮对爱和安全感的追寻经常遭遇挫败，但她对事业的追求却很直截了当也很成功。在遇到一位非常友善的内科医生之后，12 岁的霍妮决定以后做一名医生。尽管医疗机构对女性充满了歧视，而且她父亲也坚决反对，但她为了能够去学医而努力学习。1906 年，她进入了弗莱堡大学医学院，这是距该校 6 年前勉强接受一位女生入学之后的唯一一位女生。

婚姻与职业

在医学院读书期间，霍妮遇到了两位男性，她与其中一人相爱，而与另一个人结婚。奥斯卡·霍妮当时正在攻读政治学博士，在他们结婚之后，他成为一名成功的商人，卡伦·霍妮以优异的成绩从医学院毕业，并在 1913 年获得柏林大学的学位。

刚结婚的几年是霍妮非常痛苦的一段时间，她生了三个女儿，但却被不幸福和沉闷所击倒，她抱怨自己经常哭泣、胃痛、长期性的疲劳、强迫行为、性冷淡，渴望睡眠，甚至死亡。这段婚姻在 17 年后结束。

在婚姻维系期间和结束之后，霍妮一直有很多的风流韵事。一位传记作者写道：

在没有爱人或者一段关系结束时，她会感到迷茫、孤独、绝望，有时甚至想自杀。当她进入一个病态的依赖性关系时，她又讨厌自己没有打破的能力。她将自己的绝望归因于对男性的需要……归因于她不幸福的童年（Paris，1994，p.140）。

当她意识到这些都不能帮她缓解抑郁和其他情绪问题时，她决定接受精神分析。

精神分析与补偿

霍妮的治疗师卡尔·亚伯拉罕（弗洛伊德理论的一位忠实拥护者）将她的问题归因于她受强有力的男性的吸引，是她童年时期对她强势父亲长期的恋父情结的残余。“亚伯拉罕说，她陷入父权形象的快速程度被她在第一次来访时将手包（根据弗洛伊德的观点，这是一种女性生殖器的符号象征）落在办公室中所泄露”（Sayers，1991，p.88）。这次分析没有成功，霍妮认为弗洛伊德学派的精神分析对她没什么帮助，她转而进行自我分析，这一实践贯穿了她的一生。

在自我分析的过程中，霍妮深受阿德勒自卑感补偿概念的影响。她对阿德勒的“身体不具备吸引力是产生自卑感的一个原因”的论述非常敏感。她认为，她“需要优越感，源于她作为一名女性的不漂亮和自卑感，这让她产生对男性的反抗”，通过在男性主导的领域（如当时的医学）表现优秀来实现。很显然，她认为学习医学以及具有混乱的性行为，这让她表现得更像个男人。

当霍妮移民到美国时，她对爱和安全感的寻求一直持续着。这段时期，她倾心投入和另一位精神分析师埃里希·弗洛姆的恋情中。当这场恋爱在 20 年后结束时，她受伤很深。虽然弗洛姆比她小 15 岁，她却把他看作父亲一般。霍妮劝说弗洛姆分析她的女儿玛丽安成为他们恋爱关系破裂的导火索。弗洛姆帮助玛丽安弄明白了她对母亲的敌意，让玛丽安第一次有了面对母亲霍妮的勇气（McLaughlin，1998）。

霍妮不间断地寻觅着爱，她选择的男性越来越年轻，其中很多都是她指导训练的精神分析师，然而霍妮对他们的态度都很冷漠。她曾对她的一个朋友说起一个年轻的男人，她说她不知道是该跟那个人结婚还是养一条可卡犬。她选择了养狗（Paris，1994）。

1932 ～ 1952 年，霍妮一直在芝加哥和纽约的精神分析所工作。她是精神分析促进协会的建立者，也是美国精神分析研究所的建立者。1941 年，她还创办了《美国精神分析杂志》。多年来，她都是一位非常受欢迎的演讲者、作者和治疗师。

欢迎登录

The Life and Work of Karen Horney
提供了对霍妮生活和工作的回顾。

童年期的安全需要

霍妮和弗洛伊德原则上都认为童年早期对成年期人格的形成具有重要影响。但是他们对于人格具体如何形成的观点有所不同。霍妮认为，童年时期的社会力量而不是生物力量，影响着人格的发展。童年期既不存在统一的发展阶段，也不存在无法避免的童年冲突。相反，儿童与父母之间的关系才是最关键的因素。

霍妮认为童年期主要受**安全需要**（safety need）主导，所谓安全需要指的是对安全感以及免于恐惧的需要（Horney，1937）。婴儿期是否体验到安全感以及恐惧感的缺失是决定个体人格能否正常发展的关键。儿童的安全感完全取决于父母对待孩子的方式。父母削弱甚至是使孩子失去安全感的一种主要方式就是对待孩子缺乏温暖以及喜爱。这正是霍妮童年时的境遇。她的父母很少给她温暖和喜爱；她对她的三个女儿也是如此。

她认为只要孩子感觉到自己被需要和被喜爱，他们就可以承受通常被认为是创伤的影响，如突然断奶、偶尔被打甚至是过早的性经历，而不会有明显的病症，因为他们具有安全感。

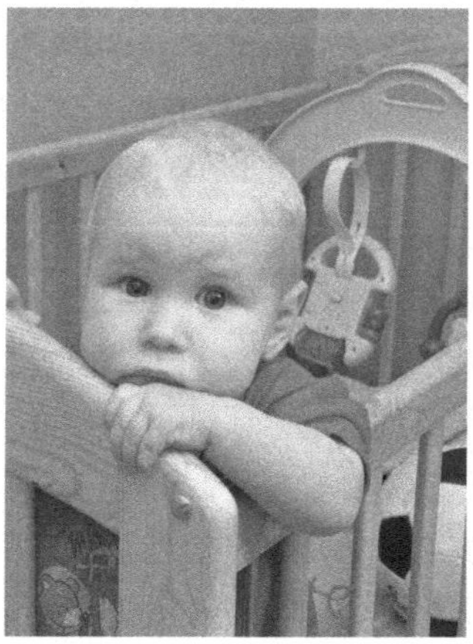

Oleg Kozlov/Shutterstock.com

婴儿期的无助会导致神经症行为。

父母会通过各种各样的行为削弱孩子的安全感，从而导致敌意产生。这些父母的行为主要包括对兄弟姐妹明显的偏爱、不公平的惩罚、反复无常的行为、不遵守承诺、嘲讽、羞辱以及将孩子与同龄人分隔开。霍妮认为孩子能够知道父母的爱是否是真切。错误的证明和不真诚地表达喜爱并不那么容易糊弄儿童。孩子可能会因为无助、害怕父母、对真实喜爱的需要或者内疚感，抑制由于父母某些削弱其安全感的行为所引发的敌意。

霍妮非常强调婴儿的无助感。但她与阿德勒不同，她认为并非所有婴儿都会感到无助，但这种无助感一旦产生就会导致神经症行为。儿童的无助感取决于父母的行为。如果孩子处于极度依赖的情形当中，他们的无助感便被增强。孩子越觉得无助，就越不敢反抗他们的父母。这意味着孩子会抑制所产生的敌意，实际上就是那句谚语："因为我需要你，所以我必须压抑我对你的不满。"

孩子很容易由于父母的责罚、身体虐待或者更多微小的恐吓而产生恐惧感。孩子越害怕，就越会压抑他们的敌意。在一个案例中，那个孩子说道："因为我害怕你，所以我必须压抑我的敌意。"

自相矛盾的是，爱是另一个压抑对父母敌意的原因。在这种情况下，父母告诉孩子自己有多爱他们，以及自己为孩子牺牲了多少，但是父母对他们的温暖和喜爱并不是真的。孩子能够认识到父母的这些言语和行为并不能替代真诚的爱和安全感，但是这是他们能得到的全部。孩子必须压抑他们的敌意，即使父母所说的这种爱并不令人满意，他们也不想失去。

内疚感是孩子压抑敌意的又一个原因。他们常常因自己的敌意和反叛而感到内疚。他们会因为对父母表达甚至只是心存怨恨而感到自己没有价值和有罪。孩子越内疚，就会越深地压抑敌意。

由于父母的各种行为所导致的对敌意的压抑，削弱了儿童期的安全需要，这一点体现在霍妮所说的基本焦虑这一情境之中。

基本焦虑：神经症的基础

霍妮定义**基本焦虑**（basic anxiety）为"在充满敌意的世界里，不知不觉增长起来的、无处不在的孤独和无助感"（Horney，1937，p. 89）。基本焦虑是神经症发展的基础，它和敌意、无助和恐惧感密不可分（see Hjertaas，2009）。不管我们怎样表述基本焦虑，这种感觉对所有人来说都是相似的。用霍妮的话来说，我们感觉到"渺小、微不足道、无助、被抛弃、有危险，处于一个充满虐待、谎言、攻击、羞辱和背叛的世界"（1937，p. 92）。童年时期我们会试图用四种方法保护我们免于基本焦虑：

- 争取关心和喜爱
- 顺从
- 获得权力
- 逃避

通过争取别人的关心和喜爱，事实上就是说，"如果你爱我，你就不会伤害我"，我们有很多方式可以获得他人的爱护，比如做别人想要的一切事情、尝试收买别人或者威胁他人给予我们渴望的爱护。

顺从是自我保护的一种方法，是指遵从我们所处社会环境中的某一个人或每一个人的愿望。顺从的人不会做任何有可能违背他人的事。他们不敢批评或触怒他人。他们必须压抑自己的欲望，因为害怕让施虐者反感，而不敢对他人的虐待进行回击。大部分顺从者认为他们是无私和自我牺牲的。这样的人似乎在说："如果我做出让步，我就不会受到伤害。"这反映了霍妮九岁之前童年期的行为。

通过获得高于别人的权力，个体可以通过成功和优越感来补偿无助感并获得安全感。这样的人似乎认为，如果他们有权力，就没有人会伤害他们。这可以解释霍妮为什么在童年期决定要争取学业成功。

这三种自我保护方法的共同点在于，无论哪种方式，都是企图通过和他人的相互作用来应对基本焦虑。第四种保护自我免于基本焦虑的方法是逃避他人，不是身体上的逃避而是心理上的逃避。这样的人试图脱离他人而独立，不依靠任何人来满足内在和外在的需要。例如，一个人攒了一屋子的物质财富，然后他就可以依靠这些物质财富来满足外在的需要。不幸的是，这个人可能被基本焦虑压抑得无法享受这些财富。因为财富是他对抗焦虑的唯一保护，必须小心地保管好这些财富。

逃避者通过回避他人来实现内心或者心理需要的独立，不再寻求他人满足自己的情感需要。这一过程会使得情感需要钝化或最小化。逃避这正是通过放弃这些情感需要来保护自己免受他人的伤害。

霍妮认为这四种自我保护机制唯一的目标就是抵御基本焦虑。这四种方法都激励人们去寻求安全感，而不是寻找幸福和快乐。他们只是在防止伤害，而不是追求幸福。

这些自我保护机制的另一个特点就是他们的力量和强度。霍妮认为他们比性或生理方面的需求更强烈。这些机制可以减少焦虑，但对个人的代价就是通常会形成没有任何特点的人格。

通常来说，神经症者会通过不止一种机制来寻求安全感，这四种机制中互不相容的部分会滋生很多其他问题。例如，一个人可能会受到获得权力和爱护的需要所驱使，既想顺从他人又想获得超越他人的权力，这种不一致难以解决会导致更为严重的冲突。

神经症需要与倾向

霍妮认为任何一种自我保护机制都能成为人格中永久性的一部分，因此可以假定驱力和需要特征决定着个体的行为。她列出了 10 个需要，因为这些需要都是对个人问题非理性的解决办法，因此霍妮将其称为**神经症需要**（neurotic needs）。这 10 种神经症需要如下：

- 喜爱与认可
- 支配性的同伴
- 权力
- 利用
- 声誉
- 羡慕
- 成就或雄心
- 自给自足
- 完美
- 狭隘的生活

神经症需要包括在四种抵御焦虑的自我保护方式之中。获得他人的喜爱在神经症需要中表达为喜爱和认可的需要。顺从包括了对支配性同伴的需要。获得权力与权力、利用、声誉、羡慕、成就或雄心等需要相关。逃避包括自给自足、完美、狭隘的生活等需要。

霍妮认为，我们每个人都不同程度具有这些需要。例如，每个人都曾追寻过喜爱和成就。在日常短暂的感觉中，每一种需要都不是异常或神经症的。使这些需要成为神经症的是人们强制性地追求对这些需要的强烈满足，将其作为解决基本焦虑的唯一方式。在这种情况下，神经症需要变得越来越严重，越来越专制，从而颠覆或主导了个体的人格（Hess & Hess，2010）。这些需要的满足不会让我们感觉安全，只会有助于我们想要逃离因焦虑而产生的不适。而且，当我们满足这些需要只是为了应对焦虑时，我们一般只会专注于一种需要，并在所有的情境中都强制性追求对其的满足。

在她后来的著作中，霍妮重拟了需求清单（Horney，1945）。根据临床工作，她将这些需要归为三类，每一类都显示了个体对自我和他人的态度。她将这三种导向性的运动称为**神经症倾向**（neurotic trends）(见表 5-1）。

表 5-1　霍妮的神经症需要与神经症行为

需要	倾向
喜爱与认可	接近人群（顺从型人格）
支配性的同伴	
权力	反对人群（攻击型人格）
利用	
声誉	
羡慕	
成就或雄心	
自给自足	脱离人群（分离型人格）
完美	
狭隘的生活	

由于神经症倾向是从周密的自我保护机制中发展而来，我们可以看到和之前的描述有很多相似的地方。神经症倾向涉及强迫性的态度和行为，也就是说，神经症者会强迫自己的行为符合 3 种倾向中的至少一种。他们通常在所有情境中都不加选择地表现其中的一种。神经症倾向是：

- 接近人群（顺从型人格）
- 抗拒人群（攻击型人格）
- 脱离人群（分离型人格）

顺从型人格

顺从型人格（compliant personality）表现的态度和行为反映出个体接近他人的渴望：强烈的、持续性的、对喜爱和认可的需要，渴望被爱、被需要以及被保护。顺从型人格的个体会对每一个人都表现出这种需求，虽然他们一般都需要一个支配性的人，如朋友或者配偶，来掌控他们的生活并给他们提供保护和指导。

顺从型人格的个体通过操控他人，尤其是他们的伴侣，来实现自己的目标。他们常常以其他人觉得有吸引力或者可爱的方式做出一些行为。例如，他们看起来非常体贴、非常欣赏你、有责任心、善解人意并对他人的需求很敏感。顺从的个体按照他人的理想和期望而生活，他们在别人眼里处事无私且慷慨。

在和别人的交往中，顺从型人格的个体会调节自己的个人欲望以顺从他人的要求。他们愿意接受责罚并且遵从别人，从来不会独断、批评或者要求他人。不管情境如何，他们所做的，正如他们对此的解释，就是获得他人的喜爱、认可与爱。他们对自己的态度永远都是无助和软弱。霍妮认为，顺从型人格的个体会说："看看我，我如此软弱和无助，所以你必须要保护我爱我。"

因此，他们把其他人视为强者，甚至在他们明显能胜任的情境当中，依旧把自己视为弱者。因为顺从型人格个体的安全感取决于他人对他们的态度和行为，因此他们极度地依赖，需要不断地认可和保证。任何拒绝的迹象，不管是真实的还是假想的，都会使他们恐惧，从而导致他们更加努力以重新获得他们认为拒绝自己的人的喜爱。

这些行为的根源就是他们对敌意的压抑。霍妮发现，顺从型的个体压抑着自己强烈的反抗和报复的愿望。顺从型的个体有控制、利用和操纵他人的欲望，这和他们表现出的态度和行为正好相反。因为敌意性的冲动必须被压抑，顺从型个体卑躬屈膝，常常试图愉悦他人，而不为自己争取任何东西。

攻击型人格

攻击型人格（aggressive personalities）的个体反抗他人。在他们看来，每个人都充满敌意，只有最健壮和最狡猾的人才可以生存下来。生活就像是一片丛林，霸权、力量和凶猛是至高无上的优势。虽然他们的动机和顺从型一样，都是减轻基本焦虑，但是攻击型人格的个体从来不表现害怕拒绝。他们的表现强硬、盛气凌人、不考虑别人。为了实现他们认为生活中最重要的东西——控制和强势，他们必须一直超越他人。通过出类拔萃并获得他人的认可，他们才能获得满足感。

由于攻击型人格的个体被超越他人的动机所驱使，因此他们按照自己能够在一段关系中得到什么利益来评判每一个人。他们不会去安抚他人，而是会争论、批评、命令，做任何对实现和保持自己的强势和权利有必要的事情。

他们努力鞭策自己成为最好，因此，尽管工作本身并不会带来内在的满足，但他们在事业上可能会真的取得巨大的成功。就像生活中其他每一样东西，工作只是实现目的的一种手段，并不是目的本身。

攻击型人格的个体可能会对他们的行为表现得很自信且会在维护和保护自己时表现得不择手段。然而，就像顺从型个体，攻击型个体依旧被缺乏安全感、焦虑和敌意所驱使。

分离型人格

分离型人格（detached personalities）的个体会远离他人，并与他们在情感上保持距离。他们不爱、不恨也不与他人合作，不以任何方式与他人产生联系。为了达到完全的分离，他们努力使自己自给自足。如果个体是分离型人格，就必须依赖他们自己的资源，而且这些资源必须很成熟。

分离型人格的个体对隐私极度渴望。他们需要尽可能多的时间独处，甚至分享听音乐的体验都是打扰他们。他们对独立的需求使他们对任何会影响和强迫他们的事情都非常敏感。分离型人格的个体会坚决回避任何约束，包括时间表、日程安排、长期承诺，比如婚姻或房贷，有时甚至包括腰带和领带的压力。

他们需要优越感，但获得的方式与攻击型个体不同。因为分离型个体不会主动地与他人进行竞争以获得优越感，这意味着他们必须和他人产生联系，他们认为他们的卓越应该被自动识别出来，不需要他们努力去争取。这种优越感的一种体现就是，个体感觉自己是独特的，是与众不同的，是和他人分离的。

分离型个体压抑或者否认对其他人的所有感觉，特别是爱和恨的感觉。亲密可能会导致冲突，必须要加以避免。由于在情绪方面的这种收缩，分离型个体在推理、逻辑以及智慧上面临更大的压力。

你可能已经注意到，霍妮提出的三种人格类型和阿德勒的人格理论中的生活风格具有一定的相似性。霍妮的顺从型人格类似于阿德勒的索取型，攻击型人格类似于主导型，分离型人格类似于回避型。这是阿德勒观点影响后来理论家对人格解释的又一例证。

霍妮发现，对每一个神经症个体而言，这三种倾向其中一个是主导，另外两个表现得较少。例如，攻击型主导的个体也会有一定程度的顺从和分离需要。占主导的神经症倾向决定了个体对他人的行为和态度。正是这种行为和思维模式能够最好地控制基本焦虑和任何对个体的威胁。因此，其他两种倾向必须被主动地进行抑制，这会导致一些其他的问题。被压抑倾向的任何被迫表达的迹象都会造成个体的内在冲突。

在霍妮的理论体系中，**冲突**（conflict）被定义为三种神经症倾向的基本不一致，冲突是神经症的核心。我们，不管是神经症还是普通人，都会在这种基本不可调和的模式中遭受某种冲突。普通人和神经症的区别在于冲突的强度，神经症的冲突强度更大。神经症会争取一定不让非主导的倾向进行表达。他们死板且不灵活，遇到所有情况都以主导倾向的行为和态度特征去面对，不管适合与否。

而非神经症，会随着情境的要求而表达三种倾向。一个人可能有时是攻击型，有时是顺从型，有时又是分离型。这些倾向并不是相互排斥的，可以和谐地整合在个体的人格之中。普通人的行为和态度具有灵活性，可以适应环境的变化。

理想的自我意象

霍妮认为我们所有人，不管是普通人还是神经症，都建构了一幅可能是真实也可能不真实的自我图像。霍妮对自我的探寻是很困难的。21岁时，她写道："我自己依然很混乱……就像我的脸，是一个无形的物体，只有在有表情的时刻才呈现某种形状。对自我的找寻是最令人烦恼的。"（Horney，1980，p.174）

对普通人来说，自我意象是建立在对我们能力、潜力、缺点、目标和与他人关系的真实评价之上，是人格一致性和整体性的体现，是我们对待他人和自我的框架。如果我们想要实现自己全部的潜能，达到自我实现，自我意象就必须能够清晰地反映我们真实的自我。

神经症经历了不一致的行为模式下的冲突，其人格不统一、不和谐。他们和普通人一样建立了**理想的自我意象**（idealized self-image），目的都是使人格更完整。但由于他们的自我意象不是建立在对自己优点和缺点的真实评价之上，而是根据幻想的、不可能实现的理想的绝对完美的形象之上，因此他们的尝试注定要失败。

为了实现这一不可能达到的理想，神经症个体从事霍妮所称的**"应该的专横"**（tyranny of the shoulds）事业中。他们告诉自己他们应该是最好的、最完美的学生、配偶、父母、爱人、雇员、朋友和孩子。因为他们发现真实的自我意象并不是自己想要的，他们认为必须按照幻想的理想的自我意象来生活，他们以非常积极的眼光来看待自己，比如善良、诚实、慷慨的、考虑周全的、勇敢的。这样一来，他们就否认了真实的自我，并试图成为他们认为自己应该成为的样子，或者成为与理想自我意象匹配的样子。然而，他们的努力注定会失败，他们绝不可能实现这种不真实的自我意象。

尽管神经症或理想化的自我意象不符合现实，但对于创造他们的个体而言却是真实而准确的。其他人很容易看穿这种错误的图像，但神经症个体却看不透。神经症个体认为这种不完整具有误导性的自我意象是真实的。这种理想的自我意象是神经症者认为他们是什么样子，可能会是什么样子，应该是什么样子的模型。

另外，真实的自我意象是灵活的、动态的，随着个体的发展和改变而调整，反映了个体的优势、成长和自我觉知。真实的意象是目标，个体为之而奋斗，因此反映和引导着个体的行为。相反，神经症的自我意象是静态、不灵活和固执的。不是目标而是一个固定的想法，不是成长的诱因，而是一个阻碍，必须严格遵守它的禁忌。

神经症个体的自我意象是对以现实为基础的自我价值感不满意的替代品。因为不安全感和焦虑，理想的自我意象不允许对缺陷进行修正，所有神经症个体没有什么自信。它只为神经症个体提供了一个价值感的错觉，使其与真实的自己更远。发展到调和这些不一致的行为模式，理想的自我意象成为这一冲突中一个重要的因素。但这离解决问题还很遥远，只是增加了一种不断增长的徒劳无益之感。神经症个体理想的自我意象中最轻微的裂缝威胁着错误的优越感，也确保了（理想自我意象）整座大厦竣工，且不费吹灰之力就能摧毁，霍妮提出，神经症个体的自我意象就像一座装满炸药的房子。

神经症个体试图保护自我，免受由理想的自我意象和真实的自我意象之间的不一致，所导致的内部冲突伤害的一种方式就是通过**外在化**（externalization），将内部冲突投射到外部世界，这一过程可以暂时减轻由内部冲突所引发的焦虑，但对于缩小理想自我意象和真实自我意象之间的差距却无能为力。

外在化所指的是在体验冲突时好像他们发生在个体的外部一样的一种倾向，还牵涉到要将外部刺激描述为冲突的来源。例如，由于真实和理想自我不一致而体验到自我憎恨的神经症个体会将这种憎恨投射到他人或制度之上，而且会逐渐相信这种憎恨起源于外部而非他们自身。

女性心理学：母亲的足迹还是职业路径

在职业生涯的早期，霍妮就表达了对女性与弗洛伊德不同的观点，并在 1922 年开始致力于**女性心理学**（feminine psychology）研究，在这一年她成为第一个在国际精神分析大会上呈交关于女性心理学论文的女性。这次大会在柏林召开，由西格蒙德·弗洛伊德主持。

霍妮特别质疑弗洛伊德阴茎妒羡的观点，她认为形成这一观点的理由（弗洛伊德与神经症女性的诊断会谈）并不充分。弗洛伊德站在女性被认为是二等公民的立场和时代，以一个男性的视角对这一现象进行了阐述和解释，他认为女性是她们解剖学上的受害者，永远羡慕和怨恨男性拥有阴茎。弗洛伊德同时得出结论，女性有不发达的超我（俄狄浦斯情结没有得到充分解决的结果），低级的身体意象，因为女人认为她们是被阉割的男性。

子宫妒羡

霍妮通过证明男性因为女性有做母亲的能力而妒忌女性，来反驳弗洛伊德的观点。她在这个问题上的立场基于她在生孩子时的愉快经历。她向男性患者揭示她所说的**“子宫妒羡”**（womb envy）：“对女性进行了相当长时间的分析之后，在我开始分析男性时最令人惊喜的结果就是这种对怀孕、生孩子和做母亲的强烈妒忌。”（Horney，1967，pp.60-61）

男性在创造新生命中贡献很小，因此他们必须升华子宫妒羡，通过在工作中获得成就来进行补偿。子宫妒羡和伴随而来的怨恨，会在日常行为中无意识地表现出来，目的在于贬低和轻视女性，强化他们的优越地位。男性通过否认女性的平等权利，减小她们为社会做贡献的机会，弱化她们的成就努力，来保持男性所谓天生优越的地位，这种典型的男性行为是一种由子宫妒羡带来的自卑感所导致。

Mauthias Tunger/The Image Bank/Getty Images

霍妮质疑弗洛伊德关于男性和女性已有的性别刻板印象。

霍妮没有否定很多女性认为她们比男性更自卑。她质疑的是弗洛伊德所宣称的这种感觉的生物基础。尽管女性可能认为与男性相比自己不够好，但她们这样做是有社会原因的，不是因为她们生而为女性。如果女性觉得自己没有价值，那是因为她们已经在男权社会文化中被如此对待了，在经过数代社会、经济和文化歧视后，很多女性如此看待自己就很容易理解了。

女性成年期的飞跃

由于这种自卑感，女性会选择否定她们的女性本性，并无意识地希望她们是男性。霍妮将此称为女性成年期的飞跃，一种可以导致性压抑的情况（Horney，1926），性恐惧在一定程度上与这种来自儿童时期对成年人阴茎和女孩阴部尺寸差异的幻想有关，这种幻想主要是阴道损伤和强行插入的疼痛，这带来了拥有小孩的无意识欲望和性交恐惧之间的冲突，如果这种冲突足够强烈，会导致他们在与男性相处时的情绪困扰，这些女性不信任并厌恶男性，拒绝他们的性挑逗。

俄狄浦斯情结

霍妮也不同意弗洛伊德关于俄狄浦斯情结本质的观点。她不否定儿童和父母之间存在冲突，但她不认为这些冲突起源于性。通过在俄狄浦斯情结中移除性别，霍妮重新解释了这种依赖父母而又敌视他们之间的冲突。

之前我们已经讨论过削弱对儿童安全需要的满足，

导致对父母出现敌意的父母行为。但与此同时，儿童依然要依赖父母，因此表达敌意是不可取的，而这会进一步破坏儿童的安全感。实际上，儿童会说："我必须压抑我的敌意，因为我需要你。"

就像我们之前提到的，敌意冲动保持并创造了基本焦虑，对霍妮来说，"最终场面可能就像弗洛伊德描述的俄狄浦斯情结，儿童热情地执着于父母一方而嫉妒另一方"（Horney，1939，p.83）。因此，她认为产生俄狄浦斯情结的原因在于演化自亲子关系的神经症冲突。这些情感并非基于性或其他生物性冲动，也不是普遍的，只有在父母的行为削弱了孩子的安全感时才会出现。

弗洛伊德并没有对霍妮富有挑战的关于女性的观点做出回应，也没有更改他的俄狄浦斯情结的概念，他在著作中曾非常隐晦地提及霍妮的理论："如果一个女精神分析师，不完全相信自己强烈地想要一个阴茎的愿望，而且在对患者的治疗中也没有适当地强调其重要性，对此我们并不会感到特别震惊。"（Freud，1940）对于霍妮本人，弗洛伊德认为，"她很有能力但却很恶毒"（quoted in Blanton，1971，p.65）。对于弗洛伊德没有能够认识到自己的理论贡献，霍妮对此愤愤不平。

做母亲还是要事业

作为一名早期的女权主义者，霍妮在定义女性角色时表达了对心理冲突的关注，即做传统的理想女性与成为更加现代的女性之间的冲突（Horney，1967）。在传统体系中，女性的角色就是爱、钦慕以及为自己的男人服务，这得到大多数男性的推崇和认可。女性的身份就是其丈夫身份的反映。霍妮提出，女性应该像她一样，通过发展自己的能力并追求自己的事业，去寻求自己的身份。传统和现代角色所产生的冲突，直到今天一些女性还难以解决。基于霍妮的理论，一位女权主义者在妇女运动的高潮期曾写道：

> 很多现代女性既想要自己让男性满意，又想追求自己的目标，这种竞争性的目标引发了很多冲突性的行为：既要有魅力又要富于攻击性，既想顺从又野心勃勃。现代女性在爱情与工作之间左右为难，并因此而对两者都不满意（Westkott，1986，p.14）。

对于21世纪的女性来说，同时考虑婚姻、成为母亲和事业，就像20世纪30年代的卡伦·霍妮一样，依然令人十分苦恼。霍妮发展自己的能力并专注于事业的决定给她带来了巨大的满足感，但她毕其一生都在寻求爱和安全感。

女性心理学的文化差异

霍妮承认社会和文化因素对人格发展的影响。她还指出，不同文化和社会团体用不同的方式看待女性。因此，会出现很多不同的女性心理学。"美国女性与德国女性不同，她们都与普韦布洛印第安女性不同。纽约的女性与爱达荷的农村女性不同……特定文化条件产生了特定的品质与能力，对男性如此，对女性也是如此。"（Honey，1939，p.119）

可以从传统中国社会中看到文化改变女性生活和期望的例子。早在公元前1000年前，中国女性就被认为是男性的附属品，宇宙包含两种相反但相互作用的因素——阴和阳，这种信念控制着整个社会。阳代表男性因素，包含了一切活力、积极、强大和主动，阴代表女性因素，包含一切黑暗、脆弱和消极。随着时间流逝，这些元素逐渐形成了男性优越、女性卑下的等级。

这一思想成为中国哲学家孔子（公元前551—公元前479）教学中的一部分，他的学说控制了中国思想体系数个世纪。对女性建立了严格的行为规范，要求她们柔顺、服从、恭敬、贞洁和无私。汉语中称女性为"内人"，从字面理解就是，她应该被限制在家庭里面。

> 受人尊敬的中国女性不应该被他人所看到和听到，并且要求她永远处在男性的统治之下，因为她的职责就是在家从父，出嫁从夫，夫死从子……如果男性听从女性的建议将会有灾难发生。任性和野心勃勃对男性而言是英雄的品质，而对女性而言则是邪恶与堕落（Loo，1998，p.180）。

如果我们将这种态度与被当代美国广泛接受的关于女性地位的观点相比，与快速变化的中国社会对女性地位的观点相比，我们就会很容易接受霍妮的观点，女性心理受到文化因素的影响，甚至由其决定。

人性问题

霍妮对人性的看法比弗洛伊德更为乐观，她持乐观看法的一个原因是她相信，生物力量并不会导致冲突、焦虑、神经症以及人格的普遍性。对霍妮来说，每一个人都是独特的，神经症行为的发生源于儿童时期的各种社会因素。亲子关系既会满足也会挫伤儿童的安全需要。如果这一需要受挫，结果便是神经症行为。如果孩子在爱、宽容和信任中成长，神经症和冲突就可以避免。

我们每一个人都有自我实现的内在潜力，自我实现是生活的最终和必要目标。我们先天的能力和潜能会不可避免地自然而然地发展，就像橡子会长成一棵橡树一样。唯一可以阻止我们成长的就是儿童期安全需要的受挫。

霍妮还认为，我们有能力、有意识地塑造和改变我们的人格。因为人性是具有灵活性的，不会在儿童时期固定成一个不变的形状。每一个人都拥有成长的能力。因此，成年期经历与儿童期经历同等重要。

所以，如同她的个人生活一样，霍妮对我们的自我成长能力非常自信，因此在诊疗实践中非常强调自我分析。在名为《自我分析》（Horney，1942）一书中，她专门强调了我们帮助自己解决问题的能力。在自由意志与决定论这一问题上，霍妮更偏向前者，认为我们可以改变我们的生活并且达到自我实现。

霍妮的人格评价理论

霍妮用来评估人格的方法实质上就是弗洛伊德提出的自由联想和梦的分析，只是对其进行了一些调整。霍妮和弗洛伊德评估方法的最基本的差异就是分析师和患者之间的关系。霍妮认为，弗洛伊德所定位的分析师角色太过被动，与患者的距离太遥远，太理智。她提出，精神分析应该是患者和治疗师之间的“完美的合作”（Horney quoted in Cherry & Cherry，1973，p.84）。

尽管霍妮在办公室放置了一个沙发，但她并不是让每位患者都使用，她采用了她所称的建设性友好态度，提出沙发的使用方法如下。

> 这需要反复尝试错误，应该询问患者愿意躺在沙发上还是坐着。这在鼓励患者方面特别有帮助，这样患者可以自由地坐着、躺下、四处走动或者任何他喜欢的方式（Horney，1987，p.43）。

对于自由联想，霍妮并没有像弗洛伊德一样，使用它来探测潜意识，她认为患者很容易扭曲或者隐藏内心活动，伪装本来记住的感受。相反，霍妮关注患者对他表现出的可见的情绪反应，认为这可以解释患者对其他人的态度。霍妮通过自由联想来探究这些态度。在精神分析第一个疗程开始的时候，她并不是去深入研究假设的婴儿期的性幻想，而是在对其当前的态度、防御以及冲突评估之后才去了解其早年的经历。

霍妮认为每一个态度和感受都源自更深层次中早已存在的态度，而它又来自更深层次的态度，并以此类推。通过自由联想，分析师逐步揭开患者早年的经历和情感，就像一层一层剥开洋葱一样。

霍妮还认为梦的解析也可以解释个体的真实自我，梦代表了人们想用建设性的方式还是神经症的方式去解决问题。梦可以展示一系列与我们自我意象不同的态度。她没有提供一个通用的梦境符号的列表，而是坚持每一个梦都要在该患者的冲突情境中进行诠释，她总结道：“理解一个梦最可靠的线索存在于患者做梦时所表现出的感觉中。”（Horney，1987，p.61）

CAD 是一个 35 项目的自陈式量表，用来测定霍妮的三种神经症倾向——顺从型、攻击型以及分离型（Cohen，1967）。霍妮－柯立芝类型指标（HCTI），是一个 57 项目的自陈式量表，是另外一个测量霍妮的三种神经症倾向的量表。一项对儿童和大学生的研究结果表明，HCTI 是一种有效的测量顺从型、攻击型、分离型人格的方法（Coolodge，Moor，Yamazaki，Steward，& Segal，2001；Coolodge，Segal，& Estey，2010）。

其他使用 HCTI 对大学生的研究表明，男性通常在攻击型和分离型上得分较高，而女性在顺从型上得分较高。研究也表明，霍妮的三种神经症倾向与多种人格障碍相关，比如攻击型和分离型与精神质高相关，顺从型与神经质相关（Coolodge，Moor，Yamazaki，Steward，& Segal，2001；Shatz，2004；for additional research support see Coolodge，Segal，Benight，& Danielian，2004）。

对霍妮理论的研究

霍妮使用的是个案研究法，因此她的方法、数据和解释面临着与弗洛伊德、荣格和阿德勒理论相同的质疑，她的个案研究法的缺陷并不比他们的少。

霍妮反对逐字纪录患者的回忆："我从来没有看到过任何一个人可以在全身心地感受并表述的同时，还能匆匆忙忙地在焦虑之中将一切全部记录下来。"（Horney，1987，p.30）与弗洛伊德、荣格和阿德勒一样，我们也没有找到霍妮精神分析和收集数据过程的完整记录。然而，霍妮一直在努力进行更加严格和科学的临床观察，建立假设并在治疗实践中进行检验，尽量保持自己的数据以和其他科学相同的方式得到检验。

神经症倾向

有研究者考察了霍妮提出的三种神经症倾向，将其重新定位为抗拒人群（脾气暴躁）、脱离人群（害羞）、接近人群（依赖）（Caspi，Elder，& Bem，1987，1988）。他们比较属于每种类型的个体儿童期晚期的行为和30年之后的行为，来探索其间可能存在哪些连续性。

脾气暴躁的孩子，不管是男孩还是女孩，成年之后倾向于脾气暴躁，更可能离婚，具有向下的职业流动；害羞和依赖他人的个体具有性别差异，害羞的男孩婚姻和工作会不稳定，比较冷漠，而害羞的女孩在之后的生活中不会展现出这种问题。依赖他人的男孩讨人喜欢、有更多社交障碍、热心，工作和婚姻稳定，而依赖他人的女孩则相反（Caspi，Bem，& Elder，1989）。

一项对抗拒人群（攻击型）和脱离人群（分离型）神经症的研究，比较了攻击型和分离型儿童7～13岁时的行为，和5～7年之后的行为（Moskowitz & Schwartzman，1989）。结果发现，攻击性高的儿童学业成绩水平更低，而且有更多精神疾病。分离型的儿童自我意象更加不准确，也更加消极。研究者认为，霍妮提出的人格类型对个体后来的行为具有预测价值。

使用CAD量表的一项研究发现，与将来打算从事商业和科学研究工作的大学生相比，将来打算从事助人职业（比如护士、社会工作等）的大学生更加顺从。而商科学生，走的是一条更具竞争性的职业路径，在攻击性上得分更高。从事科学研究的学生则在分离性上得分最高。这些研究结果与霍妮对这三种神经症倾向的描述完全一致（Cohen，1967；Rendon，1987）。

伊朗的一项研究发现，在攻击性上得分较高的个体出现交通事故的可能性显著高于攻击性得分低的个体（Haghayegh & Oreyzia，2009）。

女性心理学

一些研究间接地运用了霍妮的女性心理学思想。在讨论俄狄浦斯情结时，我们曾提到一个关于梦的经典研究，这一研究支持了弗洛伊德阴茎妒羡这一概念（Hall & Van de Castle，1965）。但这项研究并不支持霍妮对阴茎妒羡观点的质疑。然而，反驳弗洛伊德关于女性的超我发展不充分，以及身体意象低劣的观点却支持了霍妮的观点。

应该的专横

一项研究要求大学生回忆三件他们某一周中做过的优先于学习的事情，并要求他们说明，他们做这些事情是因为觉得应该做还是真的想去做这些事情。那些觉得是自己想去做，而不是应该做的大学生，整体生活满意度显著高于那些单纯认为这些事应该去做的学生（Berg，Janoff-Bulman，& Cotter，2001）。

神经症竞争

霍妮将**神经症竞争**（neurotic competitiveness）看作当代文化的一个重要特点。她将神经症竞争定义为一种无差异的不惜一切代价获胜的需要。对生活有这种感觉的个体清楚地表明，这一需要"就像是赛马中的骑手，他们唯一关心的事情就是，是不是有人跑在了自己前面"（Horney，1937，p.189）。

高竞争性态度量表（HCA），是测量神经症竞争的自陈式量表（Ryckman，Thornton，& Bulter，1994）。该量表共有26个题目，包括像"在竞争中胜利会让我感觉更强大"等类似的题目，被试对每个项目按照对自己来说"从未如此"到"总是如此"的5点量表进行评分。

使用HCA和其他测量工具的研究发现，在竞争性上得分高的个体也会在自恋、神经质、权威主义、独断以及怀疑上得分更高，而在自尊和心理健康上得分更低。故意避免竞争的个体神经质得分更高，而且更不愿意在竞争性的情境中去证明自己（这一点很正常）（Ryckman，Thornton，& Gold，2009）。竞争性水平高的男性也会更加男性化和大男子主义，他们会认为女性就是性工具，既不值得尊重也不值得关心。

有两种不同的竞争类型：①获胜性竞争（CW），目的是支配他人；②超越性竞争（CE），目的是超越自己的个人目标。对高中生而言，CE 经常与高自尊心和低抑郁相关，一般来说，青春期的男孩在 CW 上得分要高于女孩，然而，在 CW 上得分高的女孩比得分低的女孩有更强的抑郁和孤独感，并且有更少的亲密朋友（Hibbard & Buhrmeter，2010）。

对美国和荷兰大学生的一项比较研究表明，美国人在高竞争性上得分上更高，这说明他们的人格在这一方面存在文化差异（Dru，2003；Ryckman，Hammer，Kaczor，Gold，1990；Ryckman，Thornton，Butler，1994；Ryckman，Thornton，Gold，Burckle，2002）。这些研究都支持了霍妮对神经症竞争人格的阐述。

研究集锦

对霍妮理论的研究

高攻击性神经症倾向的个体倾向于

- 在学校表现不好
- 有心理健康问题
- 更可能主修商科而非助人性专业

在神经症竞争上得分高的个体倾向于

- 神经质
- 自恋
- 权威主义
- 低自尊

对霍妮理论的反思

霍妮的贡献虽然引人注目，但她在心理学界并不像弗洛伊德、荣格和阿德勒那样出名。然而她的理论却有广泛的大众影响，这在一定程度上是因为她的个人品质。一位学生曾回忆道：

> 关于霍妮，她有这样一种气质——完整、确定、毫无保留的奉献与承诺，确信自己的观点是有价值的，是值得与同事和学生分享的，因为她知道她的观点可以在需要时非常好地帮助他们（Clemmens，1987，p.108）。

这些特点在霍妮的书中体现得非常明显，她的著作很容易被完全没有受过专业精神分析训练的普通人所理解。她的理论满足了普通大众常识性的需求，对许多人来说，她的理论非常适合来理解自己和亲戚朋友的人格。

与弗洛伊德、荣格、阿德勒相比，霍妮的理论或许对美国文化有更显著的作用。许多人格理论家认为霍妮有关神经症倾向的观点是对异常行为进行归类的一种非常有价值的方式。霍妮对自尊、安全的需要，基本焦虑的作用以及理想自我意象重要性的强调也得到了认可。她的理论对埃里克·埃里克森和亚伯拉罕·马斯洛的人格理论具有非常重要的影响。马斯洛使用了她真实的自我和自我实现的概念。她所提出的基本焦虑则与埃里克森的基本不信任概念非常类似。

尽管霍妮受过规范的弗洛伊德理论训练，并称赞弗洛伊德给她的理论提供了基础和工具，但她的理论在很多方面却背离了精神分析。因此，很自然，她受到了拥护弗洛伊德观点的人的广泛质疑。对于弗洛伊德派来说，霍妮对于生物本能重要性的否定以及她对性别和潜意识重要性的弱化是站不住脚的。

霍妮的人格理论并不完全是弗洛伊德理论的延伸，因为弗洛伊德的模型建构得如此完美和精确，对霍妮来说，拒绝它并开始一个新的理论，要比从不同途径重新设计一个理论更好一些。另一种质疑是，虽然霍妮的理论注意到了社会和文化因素对人格的影响，但并没有利用任何社会学和人类学的数据来具体阐述社会因素是如何塑造人格的。相关的一个指责就是她的观察和解释受美国中产阶级文化的影响太深。她回击说，不得不说所有人格理论家都受到他们所处的阶级、文化和时代的影响。

由于受到开始于 20 世纪 60 年代的妇女运动的影

响，霍妮的著作又再次受到人们的关注。她关于女性心理和性的著作成为她最具有影响力的贡献，在霍妮去世后的50多年里，对研究女性社会角色的学者而言都具有重要的价值（see Gilman，2001；Miletic，2002）。“即便她什么别的也没写，”一位传记作者写道，“这些论文也足以帮助霍妮在精神分析历史中获得一个重要的位置。”（Quinn，1987，p.211）同在纽约的卡伦·霍妮诊所和卡伦·霍妮精神分析研究所的工作都已证明霍妮理论的持续性影响。一群追随者，虽然规模不大，仍然继续着她的事业，很多作品都已经在《美国精神分析杂志》上发表了。

本章小结

卡伦·霍妮女性心理学的观点不同于弗洛伊德，她强调在人格形成过程中社会因素的力量大于生物因素。她的童年经历促使她形成了长达一生的对爱和安全感的需求以及她的人格理论。

安全需要是指对安全和免于恐惧的需要，取决于作为一个儿童是否被爱以及被需要。当安全感被破坏，就会产生敌意。儿童会压抑他的敌意，感到无助，害怕父母，需要受到父母的关注，或对释放敌意感到内疚。压抑敌意导致基本焦虑，这是一种在敌意世界中孤独以及无助的感觉。

保护自我免于基本焦虑的四种方式是获得喜爱、顺从、获得权力以及逃避。这些保护性措施的任何一种都可能成为神经症需要或驱力。霍妮提出了10种神经症需要，后来又将其分为三种神经症倾向，即接近人群（顺从型人格）、抗拒人群（攻击型人格）、脱离人群（分离型人格）。顺从型人格需要反馈和赞同，会做其他人想让他做的任何事情。攻击型人格对他人充满敌意并寻求控制感和优越感。分离型人格会与他人保持情感距离，并有很强的隐私需要。

对普通人来说，理想化的自我意象建立在对个人能力和目标的真实评估上，有助于个体自我实现，及最大化地发展和运用个人的潜能。神经症个体的理想自我意象建立在非现实的、误导性的自我能力评价之上。

霍妮反对弗洛伊德关于女性阴茎妒羡、不发达的超我、低劣的身体意象的观点，她认为男性嫉妒女性因为女性有做母亲的权利，因此会产生子宫妒羡，这可以通过获得成就来升华。她反对俄狄浦斯情结的性基础，认为它是对父母依赖和敌意之间的冲突。

霍妮对人类本性的看法比弗洛伊德更乐观。每个人都是不同的，冲突并不是注定的，尽管童年经历的影响很重要，但后天的经历也可以塑造人格。生命的最终目的是自我实现，一种内在的成长渴望，它可能被社会力量助长或阻碍。根据霍妮的观点，我们可以有意识地塑造和改变我们的人格。

霍妮的测量方法是自由联想和梦的分析，她的研究方法是个案研究。一些心理学家认为她所提出的神经症倾向、安全需要、焦虑的作用以及理想自我意象非常有价值。研究支持她所谓的神经症倾向、女性心理学、应该的专横以及神经症竞争等理论。因为没有完全按弗洛伊德的理论发展下去，没有使用来自社会学和人类学的研究数据，而且受中产阶级美国文化的影响颇深，她的理论也受到了质疑。

3

PART

第三部分

毕生取向

大多数理论家都在一定程度上关注人格随时间的发展。一些理论家还描述了人格某些特定方面的发展阶段，另一些则提出了人格发展的一般性模式。理论家相信人格是持续发展的，但对于发展的时间阶段看法却不同。例如，弗洛伊德写到，在5岁之前人格经历了一系列的发展阶段。而荣格则认为中年期才是人格变化的最重要时期。

在本章中，我们以埃里克森的理论作为毕生取向的代表。他的理论关注人格的毕生发展，他试图通过从出生到死亡的八个阶段来解释人类的行为和发展。埃里克森认为，人格的所有方面都可以用在每个阶段我们必须面对和化解的危机以及转折点来解释。

Chapter 6

第6章

埃里克·埃里克森：认同理论

人格要一直面对存在的各种危险，就像身体为了防止腐朽而要不断新陈代谢一样。

——埃里克·埃里克森

埃里克森的研究对精神分析和大众文化都具有深远影响。埃里克森的书已经出售了数十万本，而且他的照片也登上了《新闻周刊》和《纽约时报杂志》的封面，这对一名人格理论家来说是非比寻常的赞誉。他关于好战的非暴力起源的书籍《甘地的真理》获得了1970年“普利策奖”的优秀散文奖，而且他是在没有获得大学学位的情况下获得这一殊荣的。

在弗洛伊德女儿安娜的弗洛伊德式传统训练下，他形成了自己的人格取向，扩展了弗洛伊德研究的领域但保留了它的核心。尽管埃里克森做出了重大的创新，但他的理论与弗洛伊德的理论仍然具有非常密切的关系。他说：“精神分析一直是起点。”（quoted in Keniston, 1983, p.29）埃里克森“公然将自己界定为弗洛伊德的忠实信徒，即使他实质上已经背离了传统的精神分析理论”（Anderson & Friedman, 1997, p.1063）。

埃里克森在以下三个方面扩展了弗洛伊德的理论：

1. 他细化了弗洛伊德的发展阶段。弗洛伊德强调儿童期并提出人格在大约5岁的时候就已经形成了，但埃里克森认为，人格在贯穿个体一生的八个连续的发展阶段中一直在发展。

2. 埃里克森更强调自我而非本我。在埃里克森看来，自我是人格中独立的一部分；它并不依赖或屈从于本我。

3. 埃里克森承认文化和历史因素对人格的影响。他认为，我们并非完全受制于在童年时起作用的先天生物学因素。尽管它们很重要，但是并不能完全解释人格。

埃里克森的生平（1902—1994）

个人同一性危机

提出同一性危机概念的理论家自己也经历了一些危机，这并不奇怪。埃里克森出生于德国的法兰克福。他的母亲是丹麦人，出身于一个富有的犹太家庭，她结婚很早，但丈夫却在举行婚礼的时候消失了。她怀上了另外一个男人的孩子，但从未透露过这个男人的名字，为避免私生子的社会耻辱，她被送往德国分娩。孩子出生后她留在了德国并嫁给了西奥多·霍姆伯格医生，他是这个婴儿的儿科医生。许多年里，埃里克森都不知道霍姆伯格医生并非他的亲生父亲，他声称他是在不确定自己姓名和心理同一性的情况下长大的。他一直保留着霍姆伯格这一姓氏，直到 37 岁成为一名美国公民时才取名为埃里克·霍姆伯格·埃里克森。

另一个同一性危机发生在埃里克森刚入学时。尽管他有丹麦血统，但他却将自己视为德国人，而他的德国同学则因为他的母亲和继父是犹太人而排斥他。他的犹太同伴又因为他身材高大、金发碧眼以及具有北欧人的面部特征而排斥他。埃里克森虽然学习成绩中等，但却显示出绘画的天赋，并在中学毕业后试图利用这一能力来建立同一性。他离开传统的社会而去周游欧洲，阅读，在笔记本上记录自己的思考，并观察周围的生活。他认为自己是病态的敏感和神经质，甚至接近于精神病。许多年后他的一个女儿写道：

> 他真正的父亲抛弃了他，并且从未想去了解他，这一感觉使我父亲吃尽了苦头。他一生都在抑郁中挣扎。被抛弃和被排斥的童年经验使他陷入自我怀疑的困扰之中。他有强烈的不安全感以及对自己的不确定感。他渴望从别人那里不断地获得支持、指导和安慰（Bloland，2005，pp.52，57）。

埃里克森曾在两所艺术学校学习过，他的作品也曾在慕尼黑的一个画廊展出，但每一次他都离开正规的培训而继续去流浪，继续对同一性的追寻。后来，在探讨同一性危机的概念时，他写道："毫无疑问，我最好的朋友会坚持认为，我需要命名这种危机并看到它在其他人身上是什么样子的，以使我自己真正地接受它。"（Erikson，1975，pp.25-26）

正如许多人格理论家一样，我们也可以发现埃里克森的生活经历，尤其是童年和青少年时的生活经历与他成年时所建立的人格理论之间的一致性。一位传记作者指出，埃里克森"所看到与感受到的发生在他身上的事情（正如弗洛伊德考察自己的梦、记忆和幻想）成为一个可以源源不断产生观点、文章和书籍的'研究'"（Friedman，1999，pp.16）。

儿童发展研究

25 岁的时候，埃里克森获得在维也纳一所规模很小的学校任教的机会，这所学校是为西格蒙德·弗洛伊德的患者和朋友的孩子所建立的。弗洛伊德吸引了来自世界各地的患者。他们很富有，在整个精神分析期间，他们和家人在维也纳定居下来。埃里克森后来承认，他之所以被弗洛伊德所吸引，一定程度上是因为他对父亲的追寻。从那以后，埃里克森开始了他的职业生涯，并感到终于找到了同一性。

安娜·弗洛伊德对他进行了精神分析训练并对他进行了分析。在 3 年的时间里，几乎每天都要进行精神分析，费用是每个月 7 美元。安娜·弗洛伊德对儿童精神分析很感兴趣。她的影响，加上埃里克森自己的教学经验，使他意识到社会影响对人格的重要性，并促使他去关注儿童发展。完成学习之后，他成为维也纳精神分析研究所的一员。

埃里克森 1929 年参加一个假面舞会时，遇见了琼·森塞，她是一位出生于加拿大的艺术家和舞蹈家，并曾接受过弗洛伊德一名信徒的精神分析。他们坠入爱河，但是当她怀孕后，埃里克森却拒绝与她结婚。他解释说，自己害怕做出一个永恒的承诺，并且认为自己的母亲和继父不会同意一名非犹太人做他们的儿媳妇。朋友们说服了他，如果埃里克森不迎娶琼的话，那么他就是在重复其亲生父亲的行为，并使他的孩子受到私生子的耻辱，而这一点埃里克森自己感受深刻。

当他决定要迎娶琼时，分别用犹太教、基督教和民间仪式举行了三次婚礼。琼放弃了她的职业并成为埃里克森终生的智力伙伴和编辑。她为埃里克森的生活提供了稳定的社会和情感基础，并帮助他建立了他自己的人格取向。埃里克森同母异父的妹妹评论说："如果没有琼的话，他会一无所有。"（quoted in Frienman，1999，p.86）埃里克森同意这个说法。

1993 年，意识到纳粹的威胁日益强烈，埃里克森一家移民到丹麦，随后又去了美国，定居在波士顿。埃里克森建立了一个专门针对儿童的私人精神分析诊所，也在一个指导中心为有情绪困扰的不良少年工作，而且还在马萨诸塞州总医院工作。

埃里克森开始在哈佛大学读研究生，想要获得心理学博士学位，但第一门课程就失败了，他认为正规的学术训练并不令人满意。1936 年，他受邀去耶鲁大学的人际关系研究所，在那里的医学院任教并继续他对儿童的精神分析工作。埃里克森和耶鲁的一位人类学家合作研究南达科他州苏族印第安人的儿童教养方式。这项研究使埃里克森进一步坚定了文化对童年时期产生影响的信念。埃里克森在加利福尼亚州大学伯克利分校的人类发展研究所继续拓展他的观点。与许多精神分析学家不同，埃里克森希望他的临床经验能够尽可能的广泛，因此他从不同文化中去寻找患者并观察那些他认为正常的人以及有情绪障碍的人。

同一性混乱

在对南达科他州和加利福尼亚州美国印第安人的观察中，埃里克森注意到有些心理症状并不能通过传统的弗洛伊德理论进行解释。这些症状似乎与对文化传统的疏离感有关，导致缺乏清晰的自我意象或自我同一性。埃里克森最初称这种现象为同一性混乱，与他在第二次世界大战以后具有情绪障碍的老兵身上所观察到的状况相似。埃里克森认为，那些人并没有遭受压抑的冲突，而是遭受着由创伤性战争经验以及被暂时从他们的文化中所根除而导致的混乱的折磨。他将这些老兵的状况描述为关于他们是谁以及是什么的同一性混乱。

1950 年，埃里克森加入了马萨诸塞州斯托克布里奇的奥斯汀里格斯中心，这是一家针对情绪困扰青少年的治疗机构。10 年以后，他回到哈佛大学讲授一门研究生专题课以及一门颇受欢迎的关于人类生命周期的本科课程，1970 年，埃里克森退休。在 84 岁时，埃里克森出版了一本关于老年期的书籍。根据他的女儿所说，哪怕是在取得了一生的成就、荣誉和赞誉后，埃里克森仍然对自己所获得的感到失望。“他是一个私生子这件事对于这位名人来说，仍然是一个耻辱的来源”（Bloland，2005，p.51）。

欢迎登录

The Life and Work of Erik Erikson
对埃里克森生活与工作的讨论。

人格的心理社会性发展阶段

埃里克森将人格的发展划分为八个**心理社会性阶段**（psychosocial stages）。前四个阶段类似于弗洛伊德的口唇期、肛门期、生殖器期和潜伏期。他们二人理论的主要差异是，埃里克森强调心理社会变量，而弗洛伊德关注生物学因素。

埃里克森认为，人格发展受所谓的**渐成论**（epigenetic principle of maturation）支配。他的意思是遗传因素决定着不同发展阶段的特征。前缀 epi 的意思是“根据”，因此发展依赖于基因因素。我们接触到的社会和环境因素会影响基因所预先决定的发展阶段的实现方式。这样，人格发展既受生物学因素的影响也受到社会因素的影响，或者说受到个人和情境变量的共同影响。

按照埃里克森的理论，人格发展涉及一系列的个人冲突。这些冲突在我们出生时就作为一种先天的倾向而存在；当环境需要某种适应性时，这些冲突就会在不同阶段突显出来。每一次与环境的对抗都被称为一次**危机**（crisis）。危机涉及视角的转变，要求我们根据生命周期中每个阶段的需要来重新调整我们的本能力量。

每一个发展阶段都具有特定的危机或转折点，需要我们的人格和行为做出一些改变。我们可以以两种方式对危机做出反应：非适应性（消极）方式或适应性（积极）方式。只有当我们解决了每一个冲突，人格才能继续正常的发展并获得力量来面对下一阶段的危机。如果某个阶段的冲突一直没有得到解决，我们就不太可能有能力去适应随后的问题。虽然还有可能获得成功，但成功的难度会更大。

埃里克森认为自我一定既包含非适应性的应对方式又包括适应性的应对方式。例如，在心理社会性发展的第一个阶段——婴儿期，我们可以通过建立信任感或不信任感来回应无助和依赖的危机。信任作为一种更具适应性、更合意的应对方式，明显是一种更加健康的心理态度。然而每一个人也必须建立一定程度的不信任感来保护自我。如果我们完全信任和轻信他人，就会很容易受到他人的欺骗、误导和操纵。理想的情况是，在每一个发展阶段自我都主要由积极的或适应性的态度构成，但同时也会有一部分的消极态度来加以平衡。只有这样，我们才可以认为危机得到了圆满的解决。

埃里克森还提出，八个心理社会性发展阶段中的任一阶段都提供了建立**基本优势**（basic strengths）的机会。一旦危机得到圆满解决，这些优势就会浮现出来。他认为基本优势是相互依赖的；只有与上一阶段相关的优势得到确认以后，这一阶段的优势才会出现（见表 6-1）。

表 6-1 埃里克森的心理社会性发展阶段和基本优势

阶段	年龄	应对的适应与非适应方式	基本优势
口唇－感官期	出生～ 1 岁	信任对不信任	希望
肌肉－肛门期	1 ～ 3 岁	自主对怀疑和羞怯	意志
运动－生殖器期	3 ～ 5 岁	主动对内疚	目的
潜伏期	6 ～ 11 岁	勤奋对自卑	胜任
青少年期	12 ～ 18 岁	同一性对角色混乱	忠诚
成年早期	18 ～ 35 岁	亲密对孤独	爱
成年期	35 ～ 55 岁	繁殖对停滞	关心
成熟－老年期	55 岁之后	自我完善对失望	智慧

信任对不信任

心理社会性发展的口唇－感官期，相当于弗洛伊德心理性欲发展的口唇期，发生在生命的第一年，在这一阶段个体具有最多的无助感。婴儿完全依赖于母亲或主要照顾者来获得生存、安全和情感。口唇在这一时期至关重要。埃里克森写道，婴儿“通过口唇来生存，并且爱用口唇”（1959，p.57）。然而，婴儿与世界之间的关系不仅仅是生物性的，也是社会性的。婴儿与母亲的互动决定了其应对未来环境的信任或不信任态度是否将被纳入人格之中。

如果母亲能够恰当地回应婴儿的生理需要并提供足够的情感、爱和安全感，婴儿将会建立一种信任感、一种以成长过程中儿童对自己和他人所持观点为特征的态度。这样，我们从他人和环境中学会对“一致性、连续性和同一性”的期望（Erikson，1950，p.247）。埃里克森说，这种期望成为自我同一性的开端，他回忆说自己与母亲也形成了这种信任联结。

另外，如果母亲排斥、疏忽或行为不一致，婴儿就会建立起不信任的态度，变得怀疑、担心和焦虑。按照埃里克森的理论，如果母亲没有显示出对孩子的独特关注，也可能会出现不信任。埃里克森认为，一位恢复外出工作而把孩子留给亲戚或日托中心照顾的新妈妈会面临孩子不信任感增加的风险。

尽管作为一种人格维度的信任与不信任模式发生在婴儿期，但在随后的发展阶段中，这一问题可能会再次出现。例如，理想的母婴关系会产生高水平的信任感，但如果母亲去世或离家的话，这种安全的信任感就会毁于一旦。如果这样的话，不信任感就会主导人格。当然，童年的不信任感可以通过一位充满爱心和耐心的老师或朋友的陪伴而在以后的生活中得以改变。希望这一基本优势与口唇－感官期危机的成功解决有关。埃里克森将这种优势描述为一种我们的欲望会被满足的信念。希望涉及一种持久的信任感，即使面临暂时的挫折或失败，我们将仍然保持这种感觉。

自主对怀疑和羞怯

肌肉－肛门期是在生命的第二年和第三年，相当于弗洛伊德的肛门期。在这一时期，儿童迅速地建立了一系列的生理和心理能力并且能够自己做许多事情。他们学会更有效地交流和走、爬、推、拉以及抓住或放下一个物体。儿童为这些技能而感到自豪并经常想要自己做尽可能多的事情。

埃里克森认为，在所有这些能力中，最重要的就是抓住和放下的能力。他认为这些是对以后行为和态度冲突做出反应的原型。例如，抓住可以表现为一种爱的方式也可以表现为一种敌意的方式。放手既可能是破坏性愤怒的发泄，也可能是一种被动的轻松。

重要的是在这一阶段，儿童能够第一次练习进行选择，体验自主意志的力量。尽管仍然依赖于父母，但他们开始将自己视为拥有自主权的个体，并且想要演练新发现的优势。关键的问题是，社会以父母的形式，在多大程度上允许儿童表达自己以及做他们能做的事情？

这一阶段，父母与孩子之间的主要危机是如厕训练，这被视为孩子在社会中首次试图控制一种本能的需要。儿童被训练憋住大小便，只有在适当的时间和地点才能排出来。父母可能会允许儿童按照自己的节奏进行排便训练，也可能会对此很恼怒。在这种情况下，父母会通过强制性训练来拒绝孩子的自由意志，在孩子举止不当的时候表现得没有耐心和愤怒。当父母因此而阻碍和挫败儿童训练自己独立性的愿望之后，他们就会在与人相处的时候出现自我怀疑感和羞怯感。尽管由于如厕训练危机而使肛门区成为这一阶段的焦点，但你可以看到，这一冲突的表现更具心理社会性而非生物性。

从自主中发展出来的基本优势是意志，它指的是在面对社会要求时锻炼自由选择和自我约束的决心。

主动对内疚

运动–生殖器期出现在 3 ～ 5 岁，相当于弗洛伊德的生殖器阶段。在这一阶段，运动和心理能力继续发展，儿童能够独立完成更多事情，表现出积极主动参与许多活动的强烈愿望。主动也可能以幻想的形式形成，这表现在渴望拥有异性父母以及与同性父母的对抗上。父母会如何应对这些自发性的活动和幻想？如果他们惩罚儿童或者禁止这些主动的表现，儿童就会形成持久的内疚感，而这会影响他一生的自主活动。

在俄狄浦斯关系中，儿童不可避免地会失败，但父母如果用爱和理解来加以引导，儿童将会意识到什么是被允许的行为，什么是不被允许的行为。可以将儿童的自主性导向现实和社会认可的目标，以便为成人的责任和道德发展做准备。按照弗洛伊德的术语，应将其称为超我。

目的这一基本优势来自主动性，指的是想象和追求目标的勇气。

勤奋对自卑

埃里克森心理社会性发展的潜伏期出现在 6 ～ 11 岁，相当于弗洛伊德的潜伏期。这一时期，儿童开始上学接触到新的社会影响。在理想的状况下，儿童无论是在家还是在学校，都会学到好的工作和学习习惯（埃里克森所指的勤奋），作为一种获得表扬以及因成功完成任务而获得满足感的主要方式。

儿童以掌握新的技巧和能力为傲。

儿童演绎推理和遵守规则能力的增长导致在建筑方面技能的刻意求精。埃里克森的这一观点反映了在他提出这一理论时的性别刻板印象。在他看来，男孩会建造树屋和模型飞机；女孩会做饭和缝纫。然而，无论是什么与这个年龄阶段相关的活动，儿童都会全神贯注地通过勤奋和坚持来认真、努力地完成。用埃里克森的话来说，"当孩子准备好运用大人所使用的餐具、工具和武器时，就掌握了基本的技能技术"（1959，p.83）。

此外，父母和教师的态度与行为在很大程度上决定了儿童如何看待自己掌握和使用各种技巧。如果儿童被责骂、嘲笑或排斥，他们有可能出现自卑感和缺陷感。而表扬和强化会促进儿童的胜任感并激励他们继续努力。

在潜伏期，源自勤奋的基本优势是胜任，指的是运用技能和智力去追求和完成任务。

在儿童期的四个发展阶段中，危机的结果取决于他人。危机的解决更多的在于为孩子做了什么，而非孩子能够为自己做什么。尽管从出生到 11 岁之间，儿童体验到越来越多的独立性，但他们的心理社会性发展仍然主要受父母与老师的影响，尤其是这一时期在我们生命中最重要他人的影响。

在心理社会性发展的后四个阶段，我们对环境的控制力在不断增加。我们有意识地、审慎地选择朋友、大学、职业、配偶和休闲活动。然而，这些审慎的选择明显受到从出生到青春期这几个阶段所建立的人格特征的影响。我们的自我是主要表现为信任、自主、主动和勤奋，还是表现为不信任、疑虑、内疚和自卑，将会决定我们的一生。

同一性对角色混乱：同一性危机

青春期是在 12 ～ 18 岁，是我们必定会遇到并解决**自我同一性**（ego identity）危机的阶段。这是我们形成自我意象，并整合我们对自己以及对他人如何看待自己的观点的时期。如果这个过程发展顺利，就会形成稳定的自我同一性。

形成同一性并接受它是比较困难的，通常会充满焦虑。青少年会尝试不同的角色和意识形态，试图达到最具兼容性的匹配。埃里克森认为，青春期是儿童期和成年期之间的空隙，给个体时间和精力去扮演不同角色并接受不同自我意象的重要心理延缓期。

在这一阶段中发展出高自我同一性的个体能够确定而自信地面对成年期。没有实现同一性——经历**同一性**

危机（identity crisis）的人将出现角色混乱。他们看起来不知道自己是谁，是什么，也不知道他们属于哪儿，他们想去什么地方。他们可能会像埃里克森在一段时期所做的一样，退出正常的生命序列（教育、工作、结婚），或者通过犯罪或毒品来寻求消极的同一性。即使是社会定义的消极同一性，也优于没有同一性，尽管消极同一性并不如积极同一性那样令人满意。

埃里克森指出，在青春期，同伴对自我同一性发展具有重要影响。与狂热的群体或教派有过多联系，或者对流行文化中偶像人物着迷式的认同，会限制自我的发展。

在青春期应该建立的基本优势是来自自我同一性的忠诚。忠诚包含真诚、真实以及对我们与他人关系的责任感。

Anthony Redpath/Corbis

认同危机的青少年没有归属感，不知道想要什么。

亲密对孤独

埃里克森认为相比于前几个阶段，成年早期时间更长，从青春期结束一直到 35 岁左右。在这一时期，我们从父母或准父母机构，如大学中建立起独立性，并开始像负责任的成年人一样进行更多自主性活动。承担某种形式的生产性工作并建立亲密关系——亲密的友谊和性的结合。在埃里克森看来，亲密并非仅仅局限于两性关系，它还包括爱与承诺。这些情感可以公开表现出来而无须诉诸自我保护或防御机制，也不用担心丧失我们的自我同一性。我们可以将自己的同一性与他人的同一性融合，而不会在这一过程中淹没或丧失自己的同一性。

在成年早期不能建立这种亲密感的人将会出现孤独感。他们避免社会接触并排斥他人，甚至可能会攻击他人。由于担心亲密感威胁自我同一性，他们更喜欢独自一人。

从成年早期亲密感中出现的基本优势是爱，埃里克森认为这是人类最伟大的美德。他将其描述为在共同的同一性中相互奉献，是我们自身与另一个人的融合。

繁殖对停滞

成年期，在 35 ～ 55 岁，是一个成熟期，在这一阶段，我们需要积极参与教育和指导下一代。这种需要会超越我们的直系亲属。在埃里克森看来，我们的关注点变得越来越广泛，越来越长远，包括我们的后代以及他们将来所生存的社会。人们不一定要成为父母才能展现出繁殖性，也并非有了孩子就会自动地满足这一强烈的要求。

埃里克森认为，所有的机构，无论是商业、政府、社会公益服务还是学术性的，都给我们提供了表达繁殖性的机会。因此，无论我们参与的何种组织或活动，通常都可以找到一种方法来成为年轻人的指导者、教师或向导，以使整个社会得以改进。

当中年人不能或不愿寻找一个繁殖的出口时，他们就可能会被“停滞、厌倦和人际枯竭”所压倒（Erikson，1968，p.138）。埃里克森对这些中年情绪困难的描述类似于荣格对中年危机的描述。这些人可能会退回到一个伪亲密的阶段，沉溺于自己孩子般的方式。并且因为他们只专注于自己的需求与舒适，可能罹患身体或心理疾病。

关心是源自成年期繁殖的基本优势。埃里克森将关心定义为对他人的广泛关注，并且认为这表现为教导需要，不仅可以帮助别人，也可以实现自己的同一性。

自我完善对失望

在最后一个心理社会性发展阶段，即成熟－老年期，我们会面临自我完善与失望的选择。这些态度支配着我们评价整个人生的方式。

我们的主要努力是完善或接近完善。我们检查与反省我们的生活，并采取最后的措施。如果我们以一种成就感和满足感来回顾人生，认为我们已经妥善处理了人生中的成败，那么就可以说我们达到了自我完善。简单来讲，自我完善就是接受自己的地位和过去。如果我们以一种挫败感，对所错过机会的愤怒感，以及对无法改正过失的懊悔感来回首人生，我们就会感到失望。我们会厌恶自己、藐视他人并愤愤不平。

在84岁时，埃里克森报告了一项对29名80多岁个体的长期研究结果。在这项研究中，他收集了他们自1928年以来的生活史。这本书的标题——《老年人的重大事件》体现出了埃里克森所说的老年人对自我完善的追求（Erikson，Erikson，& Kivnick，1986）。老年人要做的不应仅仅是反思过去。他们必须依然作为生活的、积极重要的参与者，从环境中寻求挑战和刺激；必须参与到隔代教养、返回学校以及建立新技能和新兴趣的活动中。

作为一名老年人，埃里克森说，繁殖感（成年期的焦点）比他在最初建立理论时所认为的更加重要。“老年人的失望实际上大多都是停滞感的延续。”（quoted in Cheng，2009，p.45）形成于生命中的第七个阶段的繁殖感，可能是促进第八个阶段，也就是最后一个阶段自我完善最重要的因素。

与最后这一发展阶段相联系的基本优势是智慧。智慧来自自我完善，表现为对整个生命的超然关注。将完善的经验传递给下一代，“遗产”这个词对此做了最好的阐述。

基本弱势

类似于在每一个心理社会性发展阶段出现的基本优势，也会出现**基本弱势**（basic weaknesses）。前面提到，每一阶段应对危机的适应与非适应方式都会以一种创造性平衡的方式包含在自我同一性中。尽管自我应该主要由适应性的态度组成，但是它也会包含一部分的消极态度。

在失衡的发展中，自我仅仅包含了一种态度，或者是适应性的或者是非适应性的。埃里克森将这种情况称为**发展不良**（maldevelopment）。当仅有积极、适应性的倾向存在于自我中的时候，这一情况被称为是“非适应性的”。当只有消极倾向出现时，这一情况被称为“有害的”。非适应性可能会导致神经症，而有害则会导致精神病。

埃里克森认为，这两种情况都可以通过心理治疗而得到纠正。非适应性是一种不太严重的困扰，也可以通过再适应的过程得到缓解，并受助于环境的改变、支持性的社会关系或者在以后发展阶段中的成功适应。表6-2列出了每一个发展阶段的不良发展特征。

表6-2 埃里克森的发展不良倾向

阶段	应对方式	不良发展
口唇－感官期	信任 不信任	感官不适应 退缩
肌肉－肛门期	自主 怀疑、羞怯	无耻的任性 强迫性
运动－生殖器期	主动 内疚	无情 抑制
潜伏期	勤奋 自卑	局限于某一领域的精湛技巧 惰性
青少年期	同一性 角色混乱	狂热 否认
成年早期	亲密 孤独	乱交 排他
成年期	繁殖 停滞	过度伸展 拒绝
成熟－老年期	自我完善 失望	傲慢 鄙弃

资料来源：Adapted from *Vital Involvement in Old Age*, by Erik H. Erikson, Joan M. Erikson, and Helen Q. Kivnick by permission of W. W. Norton & Company, Inc. Copyright © 1986 by Joan M. Erikson, Erik H. Erikson, and Helen Kivnick.

人性问题

描述人类基本优势的人格理论家会对人格持有一种乐观的看法。埃里克森认为，尽管并非每一个人都能成功获得希望、目的、智慧以及其他优势，但我们所有人都拥有获得这些优势的潜力。在我们的本性中，没有什么能够阻止它。我们也并不是因为本能的生物力量就不可避免地要遭受到冲突、焦虑和神经症。

埃里克森的理论使我们感到乐观，这是因为虽然在每一个心理社会性发展的阶段中，都会集中于一个危机，但是也为我们提供了积极结果的可能性。我们有能力以一种适应和加强的方式解决每一种状况。即使在某一个阶段上失败并建立了非适应性的反应或基本弱点，但在随后的阶段中，仍有希望去改变。

在一生之中，我们都有潜力来有意识地指导自己的成长。我们并非童年经验的独家产品。尽管在前四个发展阶段我们没有什么控制力，但独立性以及对回应危机和社会要求的方式进行选择的能力在不断增加。童年期影响固然很重要，但后面几个阶段所发生的事件可以抵消不幸的早年经历。

埃里克森的理论具有一定程度的决定论色彩。在最初的四个阶段，我们通过父母、老师、同伴团体和各种机遇所接触到的经验大部分是不受我们控制的。尽管在前几个阶段所形成的态度和优势会影响我们的选择，但在后四个阶段，我们会有更多实践自由意志的机会。

总体来说，埃里克森认为人格更多地受到学习和经验而非遗传的影响。并非本能生物力量，心理社会性经验才是更重要的决定因素。我们最终也是最重要的目标是建立包含所有基本优势的积极的自我同一性。

埃里克森的人格评价理论

埃里克森赞同弗洛伊德的某些理论构想，但他不同意弗洛伊德的人格评估方法。埃里克森质疑弗洛伊德所使用的以精神分析沙发为起点的技术的有用性甚至是安全性。在埃里克森看来，要求患者躺在沙发上会导致一种残忍的剥夺，会产生一种客观性的错觉，过度强调无意识材料并使治疗师变得过度冷静和冷漠。为了更好地促进治疗师和患者之间的个人关系以及确保他们认为彼此是平等的，埃里克森更喜欢患者和治疗师坐在舒适的椅子上面对面地交流。

在对患者进行诊断时，埃里克森比弗洛伊德更少依赖正式的评估技术。他偶尔会使用自由联想技术，但几乎没有进行过梦的分析，他认为这种技术不仅多余而且有害。他认为应该对评估技术进行选择和修正以使其适应患者独特的个人需求。

埃里克森主要利用从游戏治疗、人类学研究和心理历史学分析中所获得的数据来建立他的人格理论。在治疗情绪障碍儿童以及对正常儿童和青少年的研究中，埃里克森选择游戏治疗。他给被试提供各种各样的玩具并观察他们如何与这些玩具进行交流。游戏的形式和强度揭示了由于儿童语言表达能力有限，而无法在言语上体现出来的人格特征。

我们之前提到过埃里克森对美国印第安人进行的人类学研究。他与这些人生活在一起观察他们，记录他们的行为并对他们做详细的访谈，尤其是关于教养方式的问题。

心理历史学分析

埃里克森最与众不同的评估技术就是**心理历史学分析**（psychohistorical analysis），其本质是传记研究。埃里克森利用人格的毕生发展理论描述各种危机，以及重要的政治、宗教和文学作品中的人物的应对方式，如甘地、马丁·路德·金和乔治·萧伯纳。埃里克森的心理历史学一般会关注一个重大的危机，通过一个场景将过去、现在和未来的活动融合在一个重大的生命主题之中。使用他所谓的“经过训练的主观性”，埃里克森将被试的观点作为自己的观点，透过被试的眼光评价生活事件。

心理测验

尽管埃里克森不使用心理测验来进行人格评估，但一些测量工具却是基于他的构想。《自我同一性量表》用来测量青春期自我同一性的发展（Dignan，1965）。《自我同一性过程问卷》也适用于测量青少年，共包含 32 个条目来测量探索和承诺两个维度（Balistreri，Busch-Rossnagel，& Geisinger，1995）。《洛约拉繁殖量表》（见表 6-3）是一个包含 20 个条目的自陈式量表，测量成年期繁殖或停滞水平（McAdams & de St.Aubin，1992）。

表 6-3 繁殖测量量表条目举例

你认为这些条目适用于中年人吗
1. 我试图传授给他人一些从自己的经验中所获得的知识
2. 我认为别人不需要我
3. 我相信自己会使他人的生活有所不同
4. 别人说我是一个多产的人
5. 我所做的事情不会对我死后的世界产生任何影响
6. 别人会向我寻求建议
7. 我认为社会没有义务给所有无家可归的人提供食物和住所
8. 我拥有可以教给别人的重要技能
9. 我不喜欢为慈善机构做志愿者工作
10. 我在一生当中会向许多人、组织和活动做出承诺并坚守承诺

资料来源：Adapted from D.P. McAdams & E. de St. Aubin (1992). A theory of generativity and its assessment through self-report, behavioral acts, and narrative themes in autobiography. *Journal of Personality and Social Psychology*, 62, 1003–1015.

对埃里克森理论的研究

埃里克森采用的主要研究方法是个案研究。你已经很熟悉这一方法的弱点——难以复制和证实个案材料，但你也知道通过这一技术可以获得许多有用的信息。埃里克森认为，个案研究产生了许多关于人格发展的理论，而且有助于解决患者的问题。

游戏建构

埃里克森运用游戏疗法来对他的理论进行研究，主要是他所说的**游戏建构**（play constructions）。在一项研究中，要求 300 名 10 ～ 12 岁的男孩和女孩利用玩偶、动物玩具、汽车和木块来构建一幅虚拟的电影场景。女孩倾向于构建包含较低的、封闭式结构的静态和平场景；入侵者（动物和男性形象，未出现女性形象）试图强行进入内部。相反，男孩构建的场景主要关注户外、行动和高度。他们的创作通常是行动导向的，包含高高的塔式结构、行动的汽车和人（见图 6-1）。

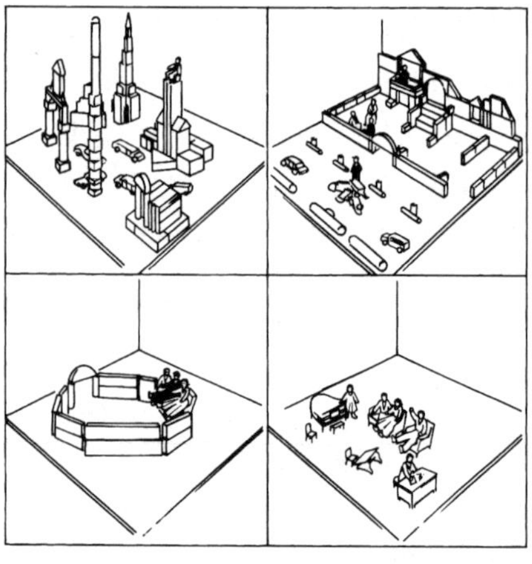

图 6-1 男孩（上）和女孩（下）创建的不同游戏建构

资料来源：Redrawn from *Childhood and Society*, 2nd ed., by Erik H. Erikson, by permission of W. W. Norton & Company, Inc. Copyright 1950, © 1963 by W. W. Norton & Company, Inc. Copyright renewed 1978, 1991 by Erik H. Erikson, and reprinted by permission of The Random House Group Limited.

作为一名接受过传统弗洛伊德理论训练的研究者，埃里克森沿着精神分析的思路来解释这些游戏的建构。他写道：

> 在游戏空间组织方面的性别差异类似于生殖器形态本身的差异：男性是外部器官，具有直立和侵入性特征……女性是内部器官，具有一个通向静态准卵子的前庭通道（Erison，1968，p.271）。

换句话说，基于生物学差异的决定性影响，女孩会建造将人们围起来的较低的围墙，男孩将会建造高塔。

埃里克森因为这一观点而遭到批评，这一观点暗示女性是解剖结构的受害者，她们的人格是由于缺少阴茎而决定的。埃里克森承认，游戏建构的差异也可能是由于社会性别角色训练而导致的，在这一训练中，女孩比男孩更少地导向行动、攻击和成就。

有研究者使用年龄在 2 ～ 5 岁的幼儿被试对这一研究进行了复制（Caplan，1979），结果并没有支持埃里克森的发现。在高塔和围墙的建造方面不存在显著的性别差异。这增加了以下可能性：在埃里克森的实验中，10 ～ 12 岁的被试经历了更彻底的性别角色训练。而后面这一研究中的幼儿还没有被充分灌输社会所期待的行为。

在埃里克森关于游戏建构研究 50 多年之后，关于玩具和游戏行为的传统性别刻板印象仍然存在。大多数儿童仍然偏爱基于性别的玩具。男孩通常会玩卡车、士兵和枪。女孩通常玩洋娃娃、珠宝和厨房用具。

研究发现，玩具偏好模式早在 2 岁时就已存在，而且还会受到许多父母的教导和鼓励。儿童的大部分玩具都是父母购买的（尽管经常是儿童要求购买的）。父母会因为儿童玩适合于其性别类型的玩具而表扬他们，并会阻止他们去玩为异性儿童所设计的玩具。儿童很快学会了这种信息。一名心理学家观察到一个男孩“一直在玩赛车和司机，而当司机的头盔掉下来露出金色的长发，也就是说发现这个司机是一名女性时，这个男孩就像捡到了烫手山芋一样扔掉了赛车”（Martin，1999，p.49）。

研究显示，父亲会比母亲用更为刻板的方式来对待男孩和女孩。因此，主要是父亲教授和强化了基于性别的游戏。他们还会教授儿子和女儿有关异性的行为和态度。父亲往往奖励女孩被动、顺从的行为，奖励男孩自信、攻击的行为（Quiery，1998）。

信任和安全感

埃里克森强调早期信任感的建立对我们在今后生活中获得安全感和幸福感的重要性。这一立场得到了强有力的研究支持（see Jacobson & Wille，1986；Londerville & Main，1981；Sroufe，Fox，& Pancake，1983）。

对 12 ～ 18 个月婴儿的研究显示，与母亲有强情感联结的婴儿（因此假设他们有高信任感）和对母亲有较少安全依恋的婴儿相比，在 3 年以后的观察中发现，他们具有更高的社会和情绪水平。具有良好信任感的儿童也具有更高水平的好奇心，更善于交际，更受欢迎，更可能成为游戏中的领导者，对他人的需要与情感具有更高的敏感性。信任感水平低的儿童会有更多社交和情感上的退缩，不愿意与其他儿童玩耍，缺乏好奇心，不会很坚定地追求目标。

在第二次世界大战结束三四十年之后，对 50 名大屠杀幸存者进行的访谈显示，除第一个阶段：信任对不信任以外，他们成功地度过了埃里克森提出的所有其他心理社会性阶段。他们对他人有更多的不信任感（Suedfeld，Soriano，McMurtry，Paterson，Weiszbeck，& Krell，2005）。然而，他们能够应对随后的发展危机这一事实证实了埃里克森的观点，即后面几个阶段的积极事件可以抵消或战胜消极的早期经验。

心理社会性阶段

还有研究关注的是心理社会性发展阶段。研究者要求 4 岁、8 岁和 11 岁的儿童基于一些测试图片编故事（Ciaccio，1971）。研究者通过分析这些故事来确定它们所反映的心理社会性阶段。研究结果支持埃里克森的理论。举例来说，4 岁儿童所讲的故事是关于自主性的（正好是刚刚结束的那一阶段）。类似地，年纪更大一些的儿童所讲的故事也反映了他们所处的发展阶段。

对英国女权主义者和作家薇拉·布里顿从 21 岁到中年时的日记、信件和小说所进行心理历史学分析，显示出她最初关注的是自我同一性。随着时间的流逝，转变为对亲密性的关注，然后是对繁殖的关注（Peterson & Stewart，1990）。这种变化非常符合埃里克森的发展理论。

《心理社会性发展量表》用于评估埃里克森前六个阶段适应和非适应性发展，使用该量表进行的研究发现，幸福感与每一阶段的适应性发展之间具有显著相关（Constantinople，1969）。另一项研究表明，前六个阶段的非适应性发展与疏离和被根除感有高相关（Reimanis，1974）。这些结果与对加拿大 18 ～ 25 岁成年人所做的研究一样，都支持埃里克森的理论，那项研究发现成年初现期是心理幸福感的增加期（Galambos，Barker，& Krahn，2006）。

埃里克森认为解决同一性危机的积极结果与之前几个发展阶段的积极结果有关，许多心理学家对这一观点进行了检验（Waterman，Buebel，& Waterman，1970）。在心理社会性发展的前四个阶段已经建立起信任、自主性、主动和勤奋（适应性的应对方式）的青少年会表现出高水平的同一性而非角色混乱。没有解决同一性危机以及体验到角色混乱的青少年并没有在前几个阶段建立起适应性的应对方式。

研究者要求三组加拿大男性（年龄分别为 19 ～ 25 岁、35 ～ 55 岁和 65 ～ 87 岁）完成同一性、自我价值感和心理痛苦的自陈式问卷。结果证实了埃里克森的理论。最年轻男性组的痛苦水平最高，而最年老男性组的痛苦水平最低。这与埃里克森认为“年长的个体由于面对并解决了以前的心理困境，因而能更好地应对生活中的挑战”的观点相一致（Beaumont & Zukanovic，2005，p.77）。

当要求英国 62 ～ 89 岁的成年人回忆早年记忆时，结果支持心理社会性发展阶段。对他们生命前 10 年的记忆关注的是信任、自主性、主动性和勤奋。对第二个 10 年（11 ～ 20 岁）的记忆是在应对同一性的问题，而成年早期的记忆则集中在亲密性上。对随后每一阶段的回忆都集中于埃里克森所预见的对发展至关重要的情境（Conway & Holmes，2004）。

青少年发展

有关青少年发展阶段的大量研究确定了这一阶段存在的五种心理社会性类型（Marcia，1966，1980）。这些类型分别是同一性获得、同一性延缓、同一性早闭、同一性扩散和疏远性达成。

同一性获得描述了致力于职业和意识形态选择的青少年。一项对大学生的研究发现，同一性获得和客观测量的承诺之间具有正相关（Streitmatter，1993）。这些学生建立了很强的自我同一性。他们非常稳重，关心现实目标，能够应对不断变化的环境要求。对困难任务，他们比角色混乱的青少年表现得更好，在大学中主修一些更为困难的专业，喜欢工程和物理学方面的课程

（Marcia & Friedman，1970）。

研究发现，在青春早期实现同一性的男性和女性青少年更可能在 20 多岁的时候拥有一段稳定且亲密的浪漫关系（Beyer & Seiffge-Krenke，2010）。相比于没有实现同一性的个体，他们不太可能有酗酒、滥用非法药物和高危性行为（Schwartz et al.，2010）。

对高中生的一项研究发现，同一性获得与自尊和积极的应对方式高度相关。它代表了心理和社会性成熟的同一性状态（Markstron & Marshall，2007）。一个含 120 项研究的大规模研究项目发现，同一性获得在青春期后期和成年早期会上升，这与埃里克森的理论一致（Kroger，Martinussen，& Marcia，2010）。

也有证据表明，认真思考要如何生活并因此而更可能实现同一性的青少年，他们的父母会以爱和关怀的方式去进行指导和控制，相比之下，另一些青少年的父母则或者过于放任或者过于专制（Berzonsky，2004）。

同一性延缓是青春期的第二种状态，描绘的是仍然在经历同一性危机的个体。他们对于职业和意识形态的承诺都比较模糊，对权威人物持有矛盾性的观点，既反抗又需要他们的指导。行为既可能优柔寡断，也有可能富有主动性与创造性（Blustein，Devenis，& Kidney，1989; Podd，Marcia，& Rubin，1968）。常常做白日梦，相信超自然现象，喜欢做出一些幼稚的行为（Bilsker & Marcia，1991）。

同一性早闭描述的是没有经历过同一性危机但是又坚定地致力于某一职业或意识形态的青少年。但他们的这些承诺通常是由父母为他们决定的，而非青少年自己深思熟虑的选择。这些青少年比较死板、独裁，比较难以应对变化（Marcia，1967）。对 23 名男性和 37 名女性大学生的研究显示，处于早闭状态的个体趋向于成就导向，精力主要集中在外部而非内部目标上（Stephen，Fraser，& Marcia，1992）。

同一性扩散状态描述的是在青春期没有职业和意识形态承诺，而且没有体验过同一性危机的个体。他们所选择的生活方式会主动拒绝承诺，在极端情况下还会导致漫无目的的放任自流。这些青少年与父母的关系疏远，认为父母比较冷漠而且经常拒绝（Waterman，1982）。

对希腊、比利时和美国青少年同一性扩散状态的研究表明，他们在心理调节和主观幸福感维度上排名较低，在不稳定的自我意象与人际关系方面排名较高。更可能出现冲动性和自我毁灭性行为，更可能表现出过度的注意需要，以及非常夸张的幻想（Crawford，Cohen，Johnson，Sneed，& Brook，2004；Luyckx，Goossens，Soenens，Beyers，& Vansteenkiste，2005；Vleioras & Bosma，2005）。

第五种状态是疏远性达成，描述的是经历了同一性危机，但没有职业目标，而且坚持对社会和经济体系不满信念的青少年。他们的这一信念将自己可能从事的所有职业都排除在外。作为学生，他们通常是比较理智、冷静且愤世嫉俗的（Marcia & Friedman，1970；Orlofsky，Marcia，& Lesser，1973）。

以上四种状态按顺序（同一性扩散、早闭、延缓和同一性获得）代表着对同一性问题的解决越来越成功。埃里克森预测，接近于同一性获得或已经获得整合的自我同一性的个体会比还远远未能解决同一性困境的个体具有更强的自我力量。对男大学生的研究支持了这一预测（Bourne，1978a，1978b）。

对高中学生的一项研究发现，积极参与课外活动和志愿者活动的个体比不积极参加的个体在忠诚这一自我力量上得分更高（Markstrom，Li，Blackshire，& Wilfong，2005）。

还有研究发现了解决同一性危机的性别差异。研究发现男性显示出分离和疏远他人的倾向，而女性则显示出与他人联结和依恋的倾向（Mellor，1989）。还有研究支持并拓展了这一结果，表明男性的同一性集中在个人能力与知识上，而女性的同一性则更多地集中在与他人的关系上。换句话讲，女性在建立同一性时，非常依赖社会关系。而男性则更关注自我和个体的技能与能力（Curry，1998）。来自荷兰青少年的数据也显示，女性青少年比男性青少年更早地建立了同一性，大多数男性在青少年末期才获得了一定程度的同一性（Klimstra，Hale，Raaijmakers，Branje，& Meeus，2010）。

你可能还记得自己的青春期也是一个动荡而紧张的时期。这一发展阶段的三个关键因素如下：

- 与父母的冲突，特点是强烈地反抗成人的权威；
- 情绪混乱，特点是情感生活不稳定，容易情绪波动以及抑郁；
- 危险行为，特点是不计后果，违反规则，以及可能会伤害到自己和他人的反社会行为。

在一项研究中，155 名青少年在持续 2 周的时间内每天都记录他们的日常交往活动，结果发现，31% 的日常交往都涉及与他人的冲突。青少年被试报告说，和与同伴的冲突相比，和父母的冲突对他们更为重要，会导致情绪更加紧张（Jensen- Campbell & Graziano，2000）。

从童年到青春期的追踪研究发现，青春期体验到抑郁和其他情绪问题的个体，许多都在儿童时遭受过某种形式的心理痛苦。这意味着在青春期所报告的一些困难未必是由于青春期而出现的（Steinberg & Morris，2001）。

研究集锦

对埃里克森理论的研究

信任感发展良好的儿童倾向于

- 社会性和情绪性发展良好
- 受人欢迎
- 好奇心水平高
- 对他人的需求和感受敏感

青春期包括以下类型或状态

- 同一性获得
- 延缓
- 早闭
- 同一性扩散
- 疏远性达成

具有高同一性获得的青少年倾向于

- 有很强的自我认同感
- 关心现实性目标
- 高自尊
- 能在成年早期建立成熟的浪漫关系

虚拟同一性

网络游戏和网站为青少年提供了一个独特的高科技机会，去完成埃里克森所说的对青少年所处发展阶段至关重要的任务：通过尝试不同的角色来决定哪个角色最适合。在网上冲浪的时候，个体完全可以以匿名的方式进行，名为《龙与地下城》的角色扮演游戏就是一个典型的例证，年轻人可以扮演虚幻的人物完成复杂的梦想。

“地下城”这个词是计算机的专业词汇，用来表示一个虚拟的空间。多名计算机用户同时共享的虚拟空间则称为多用户地下城或多用户网络游戏。多用户网络游戏允许一名玩家与其他玩家互动，并且可以建立一个个人的虚拟世界，其中的虚拟人物可以与他人互动。参与者可以扮演和自己相像或不相像的角色，因为在选择角色时不用表明自己的真实身份。“你可以是你想成为的任何人，”一名作家说，“如果你想的话，你可以完全重新定义自己。”（Turkle，1995，p.184）这恰恰是埃里克森要求我们在青春期去做的事情：试验不同的身份。

对德国平均年龄为 25 岁的多用户网络游戏玩家的一项研究发现，玩家之间的人际吸引会增加玩游戏的时间，正如他们对虚拟社区的社会认同所起的作用一样（Utz，2003）。对虚拟世界的认同与对真实世界的认同一样强烈和令人满意。因此，它也可以提供一种学习社会互动模式以及表达同一性和儿童游戏性别差异的方式（Calvert，Strouse，Strong，Huffaker，& Lai，2009）。

当然，这可能会导致一个人太沉迷于虚拟身份而逐渐替代真实自我的危险。但这种情况也可能通过承担不同的角色而发生在真实世界中。关键是对一些青少年来说，互联网为他们提供了一种建立同一性的安全方式。

澳大利亚的研究证实，孤独和社会焦虑水平较高的儿童和青少年比在这些维度上得分较低的儿童和青少年，更可能与他人在线交流个人的私密问题（Bonetti，Campbell，& Gilmore，2010）。其他数据显示，个体的个人主页对同一性形成具有重要作用。研究者认为：“创建个人主页的儿童有强烈的掌控感，他们用个人主页来表达他们是谁，在某种程度上，这比面对面地告知他人感觉要更为舒适。”（Schmitt，Dayanim，& Matthias，2008，p.504）

性别和自我同一性

埃里克森认为，社会和历史因素会影响自我同一性的形成，进而影响人格的本质。20世纪六七十年代的女权运动提供了验证社会力量影响的现实的实验室。具体来说，心理学家询问在女权运动兴起时，处于心理社会性发展青少年阶段，也就是追求自我同一性时期的女性，是否比当时年龄较大的女性受到女权运动更大的影响。研究假设年龄较大的女性早已形成了同一性。

两项研究给出了肯定的回答。这两项研究均从三所大学中选取了在20世纪40年代到60年代中期毕业的女性。从访谈、问卷和自我报告的人格测试中获取的数据发现，在女权运动开始时升入大学的女性有更大的抱负。她们比年长的女性更重视独立，并获得了更高的教育水平、工作地位和收入。在中年时，她们也比在女权运动到来时已经经历了青少年时期的女性更加自信（Duncan & Agronick，1995；Helson，Stewart，& Ostrove，1995）。

女权运动留下的一份遗产就是：如今许多青少年女性都将职业取向作为自我同一性的一部分。研究发现这种观念会影响约会行为以及结婚时的年龄（Matula，Huston，Grotevant，& Zamutt，1992）。对几百名女性大学生的问卷研究发现，职业取向的女性往往结婚更晚，在大学时很少约会，对承诺关系更为谨慎。同样的研究发现，对于男性来说，情况则相反。对56名男性大学生的问卷结果表明，职业认同越强，就越忠于一段恋爱关系。确切地说，在他们具有明确的职业承诺之前，不太可能开始一段恋爱关系。

还有纵向研究考察了20世纪60年代大学毕业的女性以及她们的结婚对象，关注随着时间的变化她们情感生活的改变，具体来说，

- 积极情绪的改变（PEM)，定义为个体主动和愉快地参与到工作和社会环境之中；
- 消极情绪性（NEM)，以痛苦、焦虑、愤怒以及其他消极情感为特征。

从20世纪20年代后期到50年代中期，在不同年龄被试中对这两个因素进行了测量。研究表明，成年早期的女性在消极情绪性上的得分要高于她们的配偶，而在中年时，她们在积极情绪上的得分要更高。研究者对这一结果的解释是，伴随着育儿阶段结束心理痛苦和疏离感的减少，女性显示出更强的社会权力感、成就感以及广泛的兴趣。因此，社会因素被认为会影响自我同一性的情感维度（Helson & Klohnen，1998）。

埃里克森将同一性强化定义为成功应对成年期社会现实的过程，涉及对不断变化的社会要求做出调整。他认为，同一性强化通常在20多岁时出现，是人们承担婚姻、家庭和职业等成年人责任的时期。一项研究对女大学毕业生在21岁和27岁时进行评估发现，具有高自我弹性并在婚姻中找到同一性的个体比没有达到这些标准的个体有更高的同一性强化（Pals，1999）。

对22～60岁的女性进行的一项研究发现，她们对改变的准备和意愿与不同发展阶段的同一性承诺之间具有正相关。展望未来和思考生活的变化与在以后生活中探索不同身份的可能性呈正相关（Anthis & La Voie，2006）。一些女性还必须去应对成年期有所变化的身体现实，比如乳腺癌患者术后的身体形象。对英国这些女性的一项研究发现，身体形象的改变会导致难以解决的同一性危机（Piot-Ziegler，Sassi，Raffoul，& Delaloye，2010）。

同一性危机

一些研究关注了同一性危机出现的时机。埃里克森认为，同一性危机在12岁左右开始，大约18岁的时候会以某种方式得以解决。但对一些人来说，同一性危机会发生的更晚。一项研究发现高达30%的被试在24岁的时候仍然在寻找同一性（Archer，1982）。

另外，上大学可能会延迟同一性危机的解决并延长青年人尝试不同角色和意识形态的时期（Cote & Levine，1988）。和同龄的全职工作者相比，工作的个体比大学生更早地实现了自我同一性。大学生会更长时间地停留在同一性延缓状态（Adam & Fitch，1982）。还有研究表明个体同一性的建构甚至可能持续一生（McAdams，2001）。

繁殖感

对成年期心理社会性发展阶段的研究表明，中年的繁殖感与权力以及亲密动机呈正相关（McAdams，Ruetzel，& Foley，1986）。正如埃里克森的理论所预测

的那样，繁殖感会激起对他人亲密感的需要并感到与他人存在较强的联系。因此，另一项研究发现繁殖感与养育后代相关（Van de Water & McAdams，1989）。所有这些都是教育和指导下一代的必要特征。

中年期的繁殖感与童年时所体验的温暖、充满感情的教养方式有显著相关（Frank，McClelland，& Weinberger，1991）。研究支持父母均对孩子的情绪幸福感具有重要影响的观点。在繁殖感上得分高的中年人倾向于相信生命的良善和价值，他们比在繁殖感上得分低的人更加快乐，生活更满意（McAdams & de St.Aubin，1992；Van de Water & McAdams，1989）。

其他研究对这些结果进行了拓展。相比低繁殖感的人来说，高繁殖感的人在外向性、责任心、利他主义、胜任感、尽责心以及对经验的开放性得分都更高（Cox，Wilt，Olson，& McAdams，2010；Peterson，Smirles，& Wentworth，1997）。高繁殖感的个体具有令人满意的社会关系，会感受到与社区的联结，情绪更加稳定（McAdams，Hart，& Maruna，1998）。另外，高繁殖感的人也更可能拥有成功的婚姻，在工作中获得更大的成功，有更亲密的友谊，比繁殖感得分低的个体表现出更多的利他行为（Westermeyer，2004）。一项对比利时成年人的研究显示，高繁殖感的个体在外向性、愉悦性、对新经验的开放性以及责任心上得分也更高（Van Hiel，Mervielde，& De Fruyt，2006）。

研究发现繁殖感与心理幸福感之间具有显著正相关，没有孩子的中年人以及为人父母的中年人均持这一观点。繁殖感和幸福感之间的这一关系在报告说从工作和职业中获得满足和成功的个体身上最强，而并非是作为父母而感到满足和成功的个体（Clark & Arnold，2008；Rothrauff & Cooney，2008）。

对受过大学教育的女性进行的两项纵向研究，以及对年龄在 31 ～ 48 岁的女性每隔一段时间就进行测试和观察，发现在中年有高繁殖感的个体比低繁殖感的个体情绪幸福感显著更高（Vandewater，Ostrove，& Stewart，1997）。另一项对受过大学教育女性的纵向研究发现，重视社会认可和成就的个体在 40 多岁时，比不重视这些方面的个体，同一性的发展会更充分，繁殖感也更高（Helson & Srivastava，2001）。

其他对受过大学教育的女性 40 多岁时的研究发现，正如埃里克森所预测的一样，这一阶段的繁殖感比她们 20 多岁时要高。然而，这项研究还发现，与埃里克森的预测相反，在她们 60 多岁时，繁殖感仍然维持在相同的水平（Zuker，Ostrove，& Stewart，2002）。

在一项与此相关的研究中，受过大学教育在 43 岁时有高繁殖感的女性，10 年后繁殖感水平保持不变。相比于 43 岁时繁殖感得分低的女性，她们对年迈的父母更关心，对配偶和孩子也更关心（Peterson，2002）。

当要求 70 名男性和女性描述他们生活的主题时，在之前的《洛约拉繁殖量表》中得分高的个体与得分低的个体表现出不同的主题。高分者的共同主题包括在早年时某个好运的事件、对他人痛苦的敏感性、稳定的个人信念体系以及对自己和社会清晰的目标。低分者则没有记录这些主题（McAdams，Diamond，de St. Aubin，& Mansfield，1997）。

研究者要求一组中年人写下过去一些具有个人意义的场景，包括处于高潮、低谷和转折点的各种事件。高繁殖感的个体更可能描述将消极生活经验转变为积极的救赎性经验的场景。低繁殖感的个体通常会描述相反的场景，即积极生活经验转变为消极生活事件。高繁殖感的个体比低繁殖感的个体生活满意度和自尊水平显著更高（McAdams，Reynolds，Lewis，Patten，& Bowman，2001）。因此，我们认为，正如埃里克森理论所认为的那样，繁殖感对中年期大有裨益。

然而，大规模的文化变革可能会给年轻一代对长辈的态度带来消极影响，阻碍有益的指导活动的发生。中国香港的研究发现，对于感到与现代科技发展脱节的老年人来说，他们的繁殖感显著下降。对于互联网和社交媒体，他们感到自己已经落伍，因此无法和年轻一代产生联系并提供指导。他们逐渐认为自己不受重视和尊重，而这会导致他们与繁殖目标和行为相脱离（Cheng，2009）。

成熟

埃里克森认为，处于心理社会性发展的成熟 – 老年期时，人们会花时间回顾和审视他们的生活，接受或后悔过去的选择。一项以 49 名心理学家为被试的研究发现，他们大部分的记忆是关于大学和成年早期的，这一时期影响着他们生活中最多的关键性选择（Mackavey，Malley，& Stewart，1991）。其他研究发现，具有高自我完善得分的老年被试会花时间回顾自己的生活以解决棘手的问题，并逐渐对环境有更好的理解。一般来说，低自我完善得分者报告说他们没有进行这种自省（Taft & Nehrke，1990）。对五六十岁成年人的研究发现，正如埃里克森所预料的，承认后悔以及错失良机直接关系到男性和女性的生活满意度和身体健康（Torges，Stewart，& Duncan，2008；Torges，Stewart，& Miner-Rubino，2005）。

对比利时六七十岁成年人的一项研究发现，自我完善的实现与较高的主观幸福感、积极心理健康、较低的死亡恐惧感以及较少的痛苦和怨恨有关（Van Hiel & VanSteenkiste，2009）。

在 17 ～ 82 岁成年人样本中，对处在年轻和年老人生阶段的个体进行比较发现，老年人比年轻人更关心繁殖感和自我整合，而更少关心自我同一性。这些结果支持埃里克森的观点。结果也发现，年龄和主观幸福感有显著正相关；一般来说，老年人比年轻人更幸福（Sheldon & Kasser，2001）。对澳大利亚 55 ～ 93 岁男性和女性进行的研究表明，持续参与家庭和社区活动会导致到年老时，还有持久的繁殖感（Warburton，MaLaughlin，& Pinsker，2006）。

另一项研究比较了较年轻的成年人（25 ～ 35 岁）和较年长的成年人（60 ～ 85 岁），结果发现，两组人报告的反思人生的频率没有显著差异。然而，反思生活事件的原因却有所不同。年轻组进行反思是为了获得自我洞察力，并找到解决当前问题的方法。研究显示，年老组通过反思过去来评价他们的人生并实现自我完善（Staudinger，2001a，2001b）。

研究集锦

对埃里克森理论的研究

建立在线虚拟同一性

- 允许你去尝试不同的身份
- 能使你感受到与在现实世界中建立同一性相同的满意度
- 对同一性形成具有积极或消极的影响
- 会更多受到孤独和社会焦虑个体的应用

女性自我同一性的形成

- （对当时那些女性来说）受到 20 世纪六七十年代女权运动的影响
- 更多受到职业关注度的影响
- 与意愿改变有关
- 受到身体意象改变的影响

具有高繁殖感的个体倾向于

- 更快乐生活更满意，而且婚姻和事业都更成功
- 外向、具有责任心，对新经验具有开放性
- 高自尊

高自我完善的个体

- 花费更多时间检视过去
- 能够承认后悔与错失的良机
- 几乎不会感受到痛苦和怨恨

老化过程中的性别差异，使女性比男性更难以参与到如埃里克森所描述的平心静气的反思过程中，或者去观察生活。这一点在对 60 多岁的成年人所进行的研究中得到了证实。男性比女性报告了更高水平的同一性、确定性、信心和力量水平（Miner-Rubino，Winter，& Stewart，2004）。所谓社会的双重标准认为老化对于女性来说更为消极，相对于男性来说，会更早地将女性视为“老人”。例如，仍然会给一名 50 岁的男演员提供一个富有思想、成熟、强大的电影角色，但如果给一名 50 岁的女演员提供电影角色的话，她可能会被定型为一名寡妇或祖母。

另外，女性一般比男性的寿命更长，因此，她们更可能要面对疾病和无能、丧失、失去社会支持以及收入减少的问题。这可能会导致我们观察到女性对生活的回顾性分析往往没有男性积极，更可能会导致她们在晚年处于埃里克森所提到的失望而非自我完善的情境之中（Rainey，1998）。

种族同一性

埃里克森没有考虑种族身份对于自我发展的影响。对这一主题的研究一致表明，种族同一性对少数族群非常重要，否认种族身份会使个体感到压力（see，for example，Franklin-Jackson & Carter，2007）。对美国和加拿大拉美裔、亚裔和黑人青少年的许多研究都清晰地表明，强烈的种族同一性与心理幸福感、高自尊、强社会联结以及良好的学习动机有关（Chae & Foley，2010；Kiang，Witkow，Baldomar，& Fuligni，2010；Smith & Silva，2011；Usborne & Taylor，2010；Whittaker & Neville，2010；Yap，Settles，& Pratt-Hyatt，2011）。

对黑人青少年的研究表明种族同一性和心理健康之间的高相关非常清晰和一致。种族同一性上得分较高的个体主观幸福感、生活满意度和自尊水平也更高（Constantine，Alleyne，Wallace，& Franklin-Jackson，2006；Pillay，2005）。对黑人、亚洲人和黑白混血青少年的一项研究发现，黑人的自尊水平最高而亚洲人的自尊最低，黑白混血青少年的自尊显著低于黑人，但显著高于亚洲人（Bracey，Bamaca，& Umana-Taylor，2004）。因此，相比于亚洲青少年和黑白混血青少年，种族同一性对于黑人青少年来说，是更强和更为重要的影响自尊的因素。

研究表明，非裔美国人和拉美裔美国人在青春早期和中期，群体自尊（即人们对其种族身份的感知）水平会增加。白人学生的群体自尊非常稳定，在研究开始以及结束时，他们的群体自尊水平都很高（French，Seidman，Allen，& Aber，2006）。

其他研究发现，具有高种族同一性的黑人青少年表达了对毒品更少的积极态度以及对学校更多的积极态度，这些积极的态度与在学校中的积极行为有关。在反对白人态度测量上得分高的黑人青少年更可能使用毒品，对学校有消极态度，并且在学校行为不端（Resnicow，Soler，Braithwaite，Ben Selassie，& Smith，1999）。体验到更多种族偏见的学生比体验到很少或没有体验到种族偏见的学生报告了更高的压力水平和更低的心理机能（Bynum，Burton，& Best，2007）。

对黑人女性和西班牙裔女性的一项研究发现，同一性混乱（对个体所处的少数文化与主流文化之间的认同冲突）可能会导致饮食失调。对北美强调以极瘦为美的认同使一些女性出现失调，如神经性厌食症。研究者提出，这种情况是由于试图模仿主流白人文化中理想女性的外貌标准而导致的（Harris & Kuba，1997）。

对亚裔美国青少年和西班牙裔美国青少年的研究证实，种族是形成自我同一性的核心。强烈的种族认同与较高的自尊以及更好的同伴和家庭关系相关（Phinney & Chavira，1992）。对西班牙裔美国青少年的一项研究发现，在以白人为主的学校学习的青少年比在种族较均衡的学校学习的青少年具有更高水平的种族同一性（Umana-Taylor，2004）。其他研究发现，拉丁美洲人较强的种族认同承诺会起到缓冲和避免压力的作用，并且能够提高主观幸福感和学业成绩（Chang & Le，2010；French & Chavez，2010；Torres & Ong，2010）。相对于在更大程度上被主流文化所同化的个体来说，具有高种族同一性的年轻亚裔美国人对饮用酒精饮料和吸食大麻表现出更强的抵抗性（Suinn，1999）。

威廉·克劳斯提出了一个关于非裔美国青少年种族同一性的模型，即修订的种族同一性模型。他发表了包含 64 个条目的《克劳斯种族认同量表》来测量他所提出的模型的发展阶段。研究已经表明，这个量表能够有效测量种族同一性（Vandiver，Cross，Worrell，& Fhagen-Smith，2002）。克劳斯假定，心理健康的黑人同一性的发展要经历四个阶段（Cokley，2002）：前遭遇阶段、遭遇阶段、沉浸－再现阶段和内化阶段。

前遭遇阶段包括三个维度。前遭遇肯定认同包含很少的种族认同。前遭遇错误教育认同内化了对黑人的消极、刻板印象。前遭遇自我憎恨认同指的是对黑人持有极强的消极看法，导致反对黑人和自我憎恨。

在遭遇阶段，个体饱受种族歧视，导致青少年的世界观转变。沉浸－再现阶段包含两种认同。强烈的黑人卷入认同颂扬黑人的一切都是好的、合意的。反白人认同将关于白人的一切都视为邪恶和错误的。

内化阶段也包含了两种认同：一种是黑人民族主义，坚持亲黑人的非洲中心论；另一种是多元文化包容性认同，不仅包括对黑人的认同，还包括对其他民族、种族和性别的认同。

对黑人男性（平均年龄为 20 岁）的一项研究表明，处于种族认同前遭遇阶段的个体比处于内化阶段个体的自尊水平显著更低，拥有更强的心理痛苦、更低的心理幸福感（Pierre & Mahalik，2005）。对黑人大学生的一项研究发现，正如从最早时期到这一模型更为成熟的阶段一样，防御机制的水平也从最简单和不成熟向成熟改变。随着个体种族同一性更加全面地发展，这完全是可以预测到的事情（Nghe & Mahalik，2001）。

这一少数民族自我同一性发展模型的重要性在于承认种族同一性是自我同一性的重要组成部分，并指出了种族同一性发展经过的一系列阶段，这与心理社会性阶段的概念类似。正如我们看到的，埃里克森并没有直接涉及种族同一性的概念，但这一模型支持他所提出的发展模式。

性别偏好认同

埃里克森也没有直接考虑性别偏好认同。性别偏好认同会影响整体的自我同一性，并会随着种族同一性的不同而变化。例如，对白人、黑人和西班牙裔儿童（平均年龄为 11 岁）进行的一项研究发现，黑人和西班牙裔儿童比白人儿童报告了更多的性别一致性压力（Corby，Hodges，Perry，2007）。

研究者提出，同性恋或同性恋认同的发展经历了一系列阶段，与埃里克森和其他研究者对自我同一性或种族认同发展的解释方式类似。性别偏好认同发展的四个阶段如下（Frable，1997）。

1. 敏感化阶段。这一阶段发生在青春期之前，指的是个体首次感知到自己与同性同伴有所不同。

2. 同一性混乱。这一青少年时期的特点是个体领悟到自己的感受和想法具有同性恋的特征，感到困惑，也可能感到恐惧。

3. 同一性假设。在这一阶段，个体开始相信自己是同性恋并开始接受同性恋身份。

4. 承诺。在这一阶段，个体完全接受同性恋身份作为一种生活方式。

研究已经表明，在同性恋认同自我报告问卷上得分高的个体在心理和情感幸福感上得分也较高，并且没有表现出改变或对其他人隐瞒身份的愿望（Frable，1997）。对同性恋和双性恋男性的一项研究发现，认为自己因为性别偏好而被社会污名化的个体与没有感到污名化的个体在自尊、情感幸福感以及整体适应水平上并不存在差异。然而，相对于在社会行为上公开自己是同性恋的男性而言，在社会行为中性别偏好较为隐蔽的男性具有更高水平的自尊和幸福感（Frable，Wortman，& Joseph，1997）。

研究发现，具有性别偏好冲突的个体会体验到负面的心理影响，包括低自尊、压力、使用神经质的防御机制、抑郁、焦虑和物质滥用，以及失败感、内疚感和悲观（Liu，Rochlen，& Mohr，2005）。

对中等戒备监狱中的男性犯人进行的一项研究发现，人格中包含强烈人际关系需要的个体具有更少的性别角色冲突。在诸如监狱这样一般会规定要谨慎与其他服刑人员建立亲密关系的文化中，“对他人的需要可能会凌驾于对同性恋的恐惧或对表现出女子气的恐惧之上”。人格中具有更少个人接触需要的个体在同性恋倾向上具有更强的性别角色冲突（Schwartz，Buboltz，Seemann，& Flye，2004，p.63）。

研究集锦

对埃里克森理论的研究

具有高种族同一性的少数族群个体倾向于

- 高主观幸福感和高自尊
- 对违禁药物的积极态度更少
- 与家人和同伴相处良好
- 在学校表现更好
- 体验到更少的压力

性别偏好研究表明

- 黑人和西班牙裔儿童在遵从性别角色上感受到很大的压力
- 性别偏好冲突与低自尊、内疚和压力有关
- 同性恋认同高的个体显示出高自尊且没有改变的意愿

对埃里克森理论的反思

埃里克森对心理学的主要贡献包括承认人格的毕生发展、青春期的同一性危机概念，以及将文化、社会和历史因素纳入他的理论中。然而，他的理论体系也并不缺乏批评。一些批评认为术语和概念模糊不清，结论缺乏数据支持以及整体上缺乏精确性（Rosenthal, Gurney, & Moore, 1981；Waterman, 1982）。埃里克森承认这些指责是有根据的，并将其归咎于自己的艺术气质和缺乏正式的科学培训。他写道："我从艺术进入到心理学，如果不能证明的话，这句话可以解释，有时读者会发现我在描绘环境和背景，但是他宁愿我去指出一些事实和概念。"（Erikson, 1950, p.13）

更为具体的批评针对的是他对发展阶段的描述不完整，对于这一点埃里克森试图在他 1986 年的著作中进行更正（Erikson, Erikson, & Kivnick, 1986）。另外一些心理学家质疑，55 岁之后人格的发展是否像埃里克森所提出的自我完善概念一样积极。对许多人来说，这一阶段以痛苦、丧失和抑郁为特征，甚至对于发展了智慧这一基本优势的人来说依然如此。

埃里克森在游戏建构解释中所揭示出的对性别差异的立场，也受到了攻击。他认为男孩和女孩的人格差异是基于生物学的差异，在于他们是否具有阴茎，但这种差异也可能来自文化差异或者由于性别角色训练而引起。埃里克森后来承认了这些可能性。

埃里克森的发展阶段理论可能并不适用于女性。当社会心理学家卡罗尔·塔佛瑞斯在阅读埃里克森对他所谓男性发展阶段的描述时写道："这很令人担忧。我所经历的危机均没有按照一个正确的顺序……尽管我不再是一名青少年，但是我的身份并不稳定，并且我在应该结婚的时候而没有结婚，这使我的亲密和繁殖危机处于暂停状态。"（Tavris, 1992, p.37）

一些评论家指责埃里克森的人格理论并不适应于经济状况恶化的个体，他们无法负担在青春期的延缓，以探索不同的角色并建立自我同一性。这一阶段可能只是有办法上大学或有时间去旅游的个体的奢侈品（Slugoski & Ginsburg, 1989）。

埃里克森对批评并不在意。他认为存在许多描述人格发展的方法，但没有任何一个观点是完美的。通过他的著作以及一代又一代心理学家、精神病学家、教师和咨询师的工作，埃里克森的影响不断扩大。他的理论被认为是一种有效地描述婴儿期到老年期人格发展的方式，他的理论既得到了专业人士的认可也受到了大众的欢迎。《时代周刊》杂志称埃里克森为"健在的、最有影响力的心理学家"（1975 年 3 月 17 日），《今日心理学》将他描述为"一个真正充满智慧的英雄"（Hall, 1983, p.22）。

他提出的概念在教育、社会工作、职业和婚姻咨询以及儿童和青少年的临床实践中都非常作用。他的研究"一直在证明着对当代心理学和社会思想的意义"（J. Clark, 2010, p.59）。芝加哥的罗耀拉大学成立了埃里克森儿童早期教育研究所。

近年来，研究和理论均有巨大发展的毕生发展心理学，大部分研究和理论都来自埃里克森的理论，包括当前研究者非常感兴趣的中年和老年发展问题。

另外，埃里克森的游戏疗法成为情绪障碍和受虐儿童的标准诊断与治疗工具。不能用言语来描述身体或性攻击细节的小孩子，可以用洋娃娃代表自己或虐待者，通过游戏表达他们的感受。

本章小结

埃里克森遭受了个人的同一性危机，同时也建立了一个寻求同一性在其中具有重要作用的人格理论。他的人格理论以弗洛伊德的理论为基础，通过详细阐述各个发展阶段，强调自我重于本我，并且承认文化、社会和历史对人格产生的影响。人格的发展被分为八个阶段。每一阶段的冲突都使人们面对适应性或非适应性的应对方式。发展取决于渐成原则，每一个阶段都依赖于遗传的力量，但环境有助于决定遗传力量是否会实现。

口唇 - 感官期（出生～1 岁）会导致信任或不信任感。肌肉 - 肛门期（1～3 岁）会导致自主或自我怀疑。运动 - 生殖器期（3～5 岁）发展出主动或内疚。潜伏期（6～11 岁）导致勤奋或自卑。青春期（12～18 岁）是自我同一性形成的阶段（也是同一性危机的时期），会导致同一性或角色混乱。成年早期（18～35 岁）导致亲密或孤独。成年期（35 ～ 55 岁）导致繁殖感或停滞感。成熟期（55 岁之后）表现为自我完善或失望。

每一个阶段都会促使来自对冲突的适应性应对方式的基本优势是希望、意志、目的、胜任、忠诚、爱、关心和智慧。如果自我仅仅包含适应性倾向或仅仅包含非适应倾向，就会出现不良发展。

埃里克森为我们展现了一个充满希望、乐观的人性形象。我们有能力去实现基本优势，以积极的方式去解决每一个冲突，并且能够有意识地指导我们的成长。我们并不是生物力量或童年经验的受害者，更多地受到学习以及社会互动，而非遗传因素的影响。

埃里克森的评估方法是游戏疗法、人类学研究以及心理历史分析。他的研究基于个案研究进行。有大量研究支持心理社会性发展的前六个阶段以及自我同一性概念。然而，同一性危机可能比埃里克森所认为的要出现的晚一些，上大学会延迟危机的解决。其他研究证实了在生命早期建立信任感的重要性，以及在中年期繁殖感给个体带来的益处。在少数民族群体中，青春期种族同一性的形成会影响自我同一性的发展以及随后的行为。克劳斯种族认同模型描述了心理健康的黑人青少年同一性发展经历的四个阶段。性别偏好认同也会影响自我同一性的特征。自身性别偏好存在冲突的个体比没有体验到这些冲突的个体心理健康水平更低。

对埃里克森理论的批评主要包括术语模糊不清，对心理社会性阶段的描述不完整，以及缺乏支持的人格性别差异源于生物因素的主张。

PART 4

第四部分

遗传取向

特质是一种有区别性的个人特征或品质。在日常生活中，我们经常会使用特质来描述我们认识的那些人的人格。我们通常会选择比较突出的特征或特点来总结某个人是什么样子的。我们可能会说："凯拉很自信""伊恩特别好胜"或者"布兰迪真的很聪明"。

通过特质来对人们进行分组是十分容易的，并且具有符合常识的吸引力，能够解释为什么人格特质取向能在很长时间内都受欢迎。特质分类起源于古希腊医生希波克拉底时期（公元前460—公元前337年），距离本书中所描述的理论已经有2 000多年。希波克拉底区分出四种类型的人：快乐的、不快乐的、喜怒无常的和冷漠的。产生不同类型的原因是其身体内部的液体，或者"体液"。他认为人格特质是先天的，是由生物机能而非经验或学习而决定的。

20世纪40年代，美国医生威廉·谢尔登（1899—1977）提出了基于体型的人格类型说（见图P4-1）。他提出三种体型，每一种体型都与不同的气质有关（Sheldon，1942）。与希波克拉底的研究取向相似，谢尔登也认为人格特质基本上是固定的，也就是说，无论我们所处的情境如何，人格特质是恒定不变的。

人格是由不同特质组成的观点受到一些人格心理学家的批评。他们认为如果个人特质足以解释人格的话，那么人们在所有情境中的表现就是一致的。但这一观点并没有得到研究和我们自己与他人相处的经验的支持。众所周知，个体的行为通常会随情境而改变。

这场争论的参与者忽略了这样一个事实：后来的特质理论学家，尤其是奥尔波特和卡特尔，从未暗示过人类行为具有跨情境一致性。实际上，两位理论家都考虑了特殊事件以及环境和社会影响对行为产生的影响。他们的理论是一种整合的研究取向，认为行为是个人和情境变量交互作用的函数。

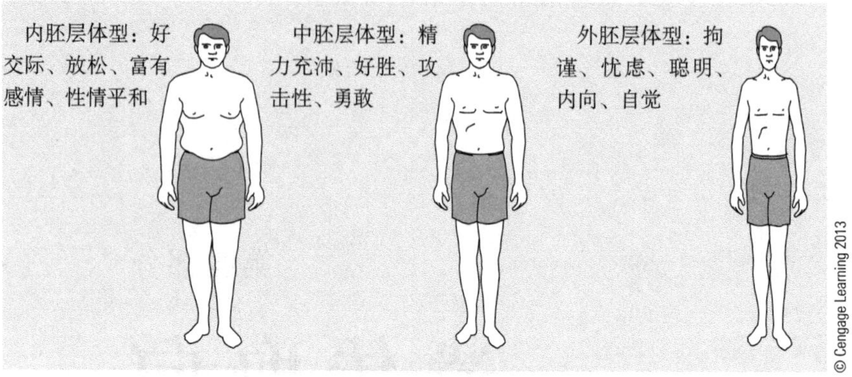

图 P4-1

谢尔登提出的体型和人格特征。这一理论并没有得到研究支持。

人格的特质取向仍然很活跃。由奥尔波特和卡特尔在几十年前所开创的这一领域，仍然是当前人格心理学研究的核心。这些理论家与我们所探讨的其他理论家在一个重要方面有所不同。他们的理论并不是基于对情绪困扰患者的个案研究或访谈的心理治疗方法。相反，他们通过在大学实验室中观察情绪健康的人来进行人格研究。除去这一相似性以及他们的目标都是确定人格特质之外，奥尔波特和卡特尔的理论也并不相同（奥尔波特也可以被认为属于人本主义，因为他关注整体的人以及与生俱来的成长和自我实现潜能）。

奥尔波特和卡特尔都赞同遗传因素在特质形成中的重要性。越来越多的研究支持特质受遗传的生物因素影响的观点，也就是，人格中有明显的遗传成分。在介绍完他们的理论之后，接下来我们将探讨汉斯·艾森克的工作、五因素人格模型以及气质理论。

Chapter 7

第7章

戈登·奥尔波特：动机与人格

随着个体的成熟，与过去的联系就被打破了。

——戈登·奥尔波特

在长达40多年的职业生涯中，戈登·奥尔波特使人格成为学术界认可的主题。源于此的精神分析和人格理论在此之前并不是科学心理学的主流。正式系统性的人格研究并未得到心理学权威的承认。1937年，奥尔波特出版了《人格：心理学的解释》一书，此书一经面市，立刻获得成功，并成为人格心理学研究的经典。因此，奥尔波特的研究有两个目标：帮助人格心理学进入心理学的主流；建立一套以特质为核心的人格发展理论。

奥尔波特对弗洛伊德的精神分析理论提出了多个方面的挑战。第一，奥尔波特不接受潜意识力量主导着正常成熟的成年人人格的观点。他认为，情绪健康者的机能是理性和有意识的，能够觉知并掌控动机力量。按照奥尔波特的观点，潜意识只对神经质或情绪障碍患者比较重要。

第二，对于历史决定论，即过去对于现在具有重要的决定作用，奥尔波特认为，我们并不是弗洛伊德所说的，是儿童期冲突和过去经验的囚犯。相反，我们更多是受到现在以及我们对于未来的看法的指导。奥尔波特写道，人们“匆匆忙忙地走向未来，而心理学，很大程度上，却在忙于追溯过去”(Allport，1955，p.51)。

第三，奥尔波特反对收集变态人格的数据。弗洛伊德认为正常和变态之间是一个连续体，而奥尔波特则认为它们之间具有明显的区别。奥尔波特认为，变态人格的机能处于婴儿水平，研究人格唯一适当的方法是通过情绪健康的成年人收集数据。其他群体，诸如神经质个体、儿童以及动物，都不应该与正常成年人进行比较。儿童与成人、变态与正常、动物与人类的人格在机能上不具有相似性。

奥尔波特理论另一突出的特点就是他强调人格的独特性。他反对传统科学强调建立一般性的结构或规则从而进行普遍应用的观点。他认为，人格并不具有一般性或普遍性，每一个的人格都是特殊而独特的。

奥尔波特的生平（1897—1967）

孤立与认同

奥尔波特出生在印第安纳州的蒙特苏玛，是家中四个儿子中最小的一个。他的母亲是一位教师，父亲是一位销售员，他却立志要成为一名医生。在老奥尔波特进入巴尔的摩的医学院学习时，家里的经济状况非常糟糕。他从加拿大走私药品在美国销售，来维持一家人的生计。当执法者来敲他们家前门的时候，老奥尔波特从后门溜了出来，从篱笆墙上翻过去逃走了。他带着家人来到印第安纳，开了一家私人诊所。奥尔波特认为他一出生就成为他父亲的第一个病例。

奥尔波特母亲虔诚的宗教信仰和活动主导着他们一家。她不允许吸烟、喝酒、跳舞和打牌，也不允许家庭的任何一个成员穿戴颜色艳丽的奇装异服，不能佩戴任何珠宝。奥尔波特写道，他的母亲"有着极强的是非感和严格的道德观念"（quoted in Nicholson，2003，p.17）。

由于年纪太小，无法和哥哥们一起玩，使奥尔波特也与其他家庭的孩子隔离开来。他回忆道："我形成了自己活动的圈子。那是一个经过选择的圈子，因为我无法适应普通男孩的集体活动。"（Allport，1967，p.4）后来他还写道："在运动场上，我遭受了巨大的痛苦，我不能和哥哥们真正地一起玩。他们不喜欢我，也不友好，我无法和他们竞争。他们都比我更阳刚。"（quoted in Nicholson，2003，p.25）他认为自己擅长言语，但不擅长体育运动和游戏，只能通过努力工作而被他少得可怜的朋友所注意。

在奥尔波特的人格理论中，主要的观点之一就是心理健康的成年人不受童年经验的影响。奥尔波特几乎没有揭示任何他儿时的经历，也许正是对这一信念的反映。但其所言的确证实了，自己的早期经验和他后来所建立的理论之间没有关系。

儿时在这种孤立和拒绝的环境中成长起来，使奥尔波特有种深深的自卑感，他试图通过追求卓越来进行补偿。他曾写到，由于哥哥和其他孩子给自己带来的自卑感，他一直都在寻求认同。年纪更大一些的时候，奥尔波特开始认同他的大哥弗劳德，这也许是由于羡慕他所取得的成就。

成年后，奥尔波特在哥哥弗劳德面前依然很自卑，并试图赶上他的成就。他追随弗劳德进入了哈佛大学，而且和弗劳德一样也获得了心理学博士学位。弗劳德成了著名的社会心理学家之后，虽然奥尔波特也在自己的研究领域中开始声名鹊起，但依然感觉自己生活在哥哥的影子之中。31 岁的时候，奥尔波特写道，他已经"发表了几篇不那么重要的文章，但依然还不能和我那位更加杰出的哥哥相提并论"（quoted in Nicholson，2003，pp.168-169）。

模仿弗劳德的努力对奥尔波特的认同感造成了威胁。为了维护自己的独特性，戈登·奥尔波特通过提出自己的人格理论来拒绝对弗劳德的认同，他的人格理论认为，成年期的动机和兴趣与儿童期的感觉无关。后来他根据这一思想形成了机能自主这一概念。

大学时代

尽管奥尔波特高中毕业时在全班 100 名同学中排名第二，但他承认对于接下来要做什么很茫然。1915 年夏末，他申请了哈佛大学并被录取。他写道："一夜之间我的世界被重塑了。"大学时代对奥尔波特来说是一场巨大的冒险，他发现了才智与文化新的前沿。但他被第一次考试中极低的分数震惊了，于是他加倍努力，并在学年结束的时候拿到了全 A。奥尔波特从父母那里获得的对社会伦理和社会服务方面的兴趣，在哈佛大学得到了强化。他为一家男孩俱乐部、工厂的一群工人以及一个外国学生代表团做志愿者。他还做过见习公务员。他发现这些活动让自己感觉很满足，因为他真心诚意地愿意帮助人。"这让我有一种胜任感，补偿我一直以来的自卑感。"（Allport，1967，pp.5-7）他认为这种服务反映了他对自我认同的追求。

虽然选择了心理学课程，但那个时候他还没有在这一领域中长期发展的打算。1919 年，他获得了学士学位，同一天弗劳德获得了博士学位。毕业之后，奥尔波特在土耳其的伊斯坦布尔罗伯特学院工作了一年，后来他接受了哈佛大学的心理学研究生奖学金。他的传记作者记录道："成为一名成功的心理学家，或者能更像成功的哥哥，这样的想法吸引着奥尔波特。"（quoted in Nicholson，2003，p.67）

奥尔波特与弗洛伊德的会面

在返回美国的途中，奥尔波特路过奥地利维也纳，去看望他的一位哥哥。在维也纳期间，他写了一个便签给弗洛伊德，并受到了这位大人物邀请前去拜访。当奥尔波特走进弗洛伊德的办公室时，他发现弗洛伊德正耐心地等着他，并期待这位年轻的美国人解释他前来拜访的原因。在尴尬的沉默中，奥尔波特感觉很不舒服，脱口而出说起了在来的路上，他乘坐有轨电车时所遇到的一件事。他看到一个小男孩似乎特别怕脏，他似乎感觉所有的东西都很脏，他甚至想换座位，并告诉他妈妈，不想让一位脏兮兮的男子坐在旁边。

弗洛伊德端详了一会儿这位举止得体、非常整洁的年轻人，然后问道："你就是那个小男孩吧？"之所以这么问，是因为弗洛伊德认为，奥尔波特所讲的这个故事，暴露了他自己潜意识当中的恐惧和冲突。在弗洛伊德面前，奥尔波特似乎是"整洁、注重细节、井井有条而且非常守时，拥有许多与强迫性人格相关的特征"（Pervin，1984，p.267）。另一名心理学家曾对此评论说："弗洛伊德刚好打了（奥尔波特的）右脑，非常准确。"（quoted in J.W. Anderson，1990，p.326）

奥尔波特被弗洛伊德的问题震惊了，从此以后，奥尔波特坚决否认自己就是故事中那位极端爱干净、中规中矩的小男孩，但这次事件给他留下了非常深刻的印象。数年之后，他写道："我与弗洛伊德唯一的一次会面非常令人痛苦"（Allport，1967，p.22）。他认为精神分析对潜意识的探测太过深入了，就像弗洛伊德对他所做的那样。奥尔波特认为，心理学应该更关注意识或外显的动机。这就是他所选择的人格研究途径。

特质研究

在攻读研究生两年之后，奥尔波特于 1922 年获得了哈佛大学的博士学位。他的博士论文"人格特质的实验研究"预示了他一生的事业，而且这也是在美国进行的第一个人格特质研究。在获得一份出国奖学金后，奥尔波特与德国和英国的著名心理学家一起工作了 2 年，然后他回到哈佛大学做讲师，开设了一门关于人格的心理学与社会学视角的课程，这可能是在美国第一次正式开设人格心理学课程。他在哈佛大学工作了近 40 年，进行人格与社会心理学方面的研究，并指导了好几代的学生。

鉴于他是这一领域资深的领导者，奥尔波特获得了多项奖励，包括美国心理学基金会的金质奖章、美国心理学会的杰出科学贡献奖，期间还担任了美国心理学会主席以及社会问题的心理研究学会会长。

欢迎登录

The Life and Work of Gordon Allport

奥尔波特简略的传记以及对其理论的详细述评。

人格的本质

在《人格的模式与成长》一书中，奥尔波特回顾了大约 50 种人格的定义，并提出他自己的观点："人格是蕴藏于个体心理物理系统之中的，决定一个人特有的行为和思想的动力组织。"（Allport，1961，p.28）

奥尔波特指出，"动力组织"意味着虽然人格是不断变化和发展的，但其发展是组织化而非随机的。"心理物理系统"意味着人格是由"心"与"身"组合而成的统一体；人格既不完全是心理的也不完全是生理的。"决定"意味着人格能唤起或引导特定的行为及思想。"特有的行为和思想"意味着我们所想和所做的一切都是独特的，因此，每个人都是独一无二的。

遗传与环境

为了支持自己人格独特性的观点，奥尔波特指出，我们既受到遗传的影响也受到环境的影响。遗传为人格提供了原材料（比如体格、智力和气质），而这些原材料会受到我们周围环境条件的塑造、扩展或限制。因此，奥尔波特借用个人和环境变量来代表基因和学习的重要性。但是我们的独特性主要源于我们的遗传背景。除了同卵双生子之外，基因的组合存在无限种可能，一个人的基因与另一个人完全相同的可能性小到完全可以忽略。

基因与社会环境存在交互作用，而且，任何两个人，甚至包括生长在同一个家庭中的兄弟姐妹也不会拥有完全相同的环境，从而必然造就出独一无二的人格。因此，奥尔波特总结道："在研究人格时，心理学必须着眼于个案，而非群体的一般性规律。"

两种不同的人格

奥尔波特认为人格是分离的，或者说不连续的。这不仅表现为每个人的人格区别于他人，也表现在成年期的人格与过去也是相分离的。他发现儿童期的人格与成年期的人格并不是连续的。原始的生物性冲动和反射引导着婴儿的行为，而成年人的动机在本质上更多的是心理层面的。因此，在某种意义上存在着两种人格：童年人格和成人人格，而成人人格并不受童年经验的约束。

至此，我们可以看到奥尔波特对于人格本质的独到见解：他强调意识而非无意识，强调现在和将来而非过去，着眼于人格的独特性而非指出群体的一般性或共同性。而且，他选择研究正常人格而非变态人格。

人格特质

奥尔波特认为，人格**特质**（traits）是使个体对不同刺激做出相同反应的先天行为倾向。换句话说，特质是指我们对环境一致而稳定的反应方式。他将人格特质的特征总结如下（Allport，1937）。

（1）人格特质是真实存在的，而非只是为解释行为而创造的理论建构或标签。

（2）特质决定并引发行为。特质并不只是出现在对特定刺激的反应中，也会驱动我们去寻求适当的刺激情境，并与环境共同作用决定我们的行为。

（3）特质可以从实际行为中得到证明。如果我们观察到个体在相同或相似刺激下的反应具有一致性，我们便可推断特质的存在。

（4）尽管不同特质代表着不同的特征，但它们是相关的，并有可能重叠。例如，攻击性与敌意虽然是不同的特质但却具有相关性，而且经常同时出现在个体的行为中。

（5）特质会随环境而又不同的表现。例如，一个人在一种环境中会展现整洁的特质，而在另一个环境中可能会展现混乱的特质。

最初，奥尔波特提出了特质的两种类型：个人特质和共同特质。个人特质是某个个体独有并能定义其特点的特质。共同特质是许多个体，比如处在同一文化下的成员，所共有的特质。不同文化下的人拥有不同的共同特质。共同特质会随着社会标准和价值观的变化而变化。这表明共同特质受社会、环境以及文化的影响。

个体倾向

后来，奥尔波特意识到，个人特质和共同特质的名称都是“特质”，容易造成混淆，于是对这两个术语做了修改，他将共同特质改称为“特质”，而将个人特质改称为“**个体倾向**”（personal dispositions）。不同的个体倾向具有不同的强度和重要性，可以将其分为枢纽特质、中心特质以及次级特质。

枢纽特质（cardinal trait）具有极强的渗透力和影响力，触及个体生活的各个方面。奥尔波特将枢纽特质看作主导个体行为的优势倾向和强大力量，比如施虐狂和沙文主义。并非所有人都具有这种优势倾向，而具有这种优势倾向的个体也并非会在所有情境中都将其表现出来。

每个人都具有**中心特质**（central traits），有 5 ～ 10 个，它们能够准确地描述我们的行为，比如攻击性、自我怜悯以及犬儒主义。我们在描述一个人的人格或为某个人写一封推荐信的时候所列出的特征就是中心特质。

次级特质（secondary traits）影响力最弱，一致性往往也低于枢纽特质和中心特质。次级特质不甚明显，不太受人关注，只有非常亲密的朋友才可能注意到。例如，次级特质包括个体对某些音乐和食物的独特偏好。

动机：机能自主

奥尔波特认为，所有人格理论都面临的一个核心问题，就是如何对待动机这个概念。无论是在他的人格理论中，还是在关于动机的看法中，奥尔波特都非常强调个体当前所处情境的影响。相对于个体过去的如厕训练、学校教育或其他童年危机的经历而言，当前的境况才是最重要的。无论过去发生过什么，都确确实实地成为“过去”。除非它现在依然具有动机力量，否则就再也不能激活和解释成年后的行为。

认知过程，即我们有意识的计划或意图，是我们人格中至关重要的一面。弗洛伊德的理论在以忽视意识和理性为代价的情况下，关注无意识和非理性力量。奥尔波特对此提出了批评，他认为深思熟虑的意图是人格中必不可少的部分，我们想要或渴望的事物是理解行为的关键。因此，奥尔波特希望通过未来而非过去解释现在。

奥尔波特提出的“**机能自主**”（functional autonomy）概念认为，一个成熟、情绪健康的成年人的动机在机能上与以前行为最初出现时的动机没有关联。小时候的动机力量也变得自主，而独立于最初的情境。就像我们成年后会独立于我们的父母一样，即使我们依旧与他们相关联，但我们在机能上却不再依赖他们，他们也不应该再控制或引导我们的生活。奥尔波特还以树为例，很明显，树的生长可以追溯到种子，而当树完全长成之后，种子就不再作为必备的营养来源了，这棵树已经完全自主自立，在机能上已经与种子完全无关。

刚毕业的大学生初入商界，努力工作以便获得经济上的成功，在付出了大量的时间和精力之后，已为能在50岁退休积攒足够多的金钱。但他们依然还像刚入职时那样努力工作，这样的表现已经不是为了与先前同样的目的了，而是获得经济保障这一目标已经达成并被超越。努力工作的动机，曾经是为了实现某一具体的目标（金钱），但现在已经成了目的本身。动机已经独立于它最初的来源了。

我们也都很熟悉同样一些例子：虽然额外的努力并不能带来更多的金钱回报，但能工巧匠依然精益求精地工作，而即使囤积了大量财富，吝啬鬼们依然过着极度贫穷的生活。这些曾经能够满足他们某些需要的行为，现在已经变成了需要本身，而与最初的动机已经不再相关。因此，不能通过考察童年时的行为来理解个体成年的动机，理解其的唯一办法就是考察个体当前行为的原因。

持续性机能自主

奥尔波特提出了两个层次的机能自主：持续性机能自主与统我性机能自主。**持续性机能自主**（perseverative functional autonomy）更为基础，主要涉及成瘾行为和重复性身体活动，比如完成日常工作的习惯方式等。这些行为之所以持续或被保留下来完全在于它们本身，而不是为了获得任何外在的回报。这些行为曾经为了某个目的而存在，但现在已非如此，它们的层次太低，从而不能被看作人格的必要组成部分。

奥尔波特引用了动物和人的证据来证明持续性机能自主：当给一只接受过跑出迷宫获取食物训练的大白鼠提供足够多的食物时，它依然会跑迷宫，但此时它的目的显然不再是获取食物。对人类而言，即便是在没有外部强化的情况下，我们依然会偏好一些惯常且熟悉的行为。

统我性机能自主

统我性机能自主（propriate functional autonomy）比持续性机能自主更加重要，而且对于理解成人动机也更加必要。**“统我”**（proprium）这个词来源于“自我统一体”这个概念，是奥尔波特用来表示我和自我的术语。对每个个体而言，统我性动机都是独一无二的。自我决定着哪些动机将被保持，哪些动机将被抛弃，我们会保持那些能够提升自尊和自我意象的动机。因此，我们的兴趣和能力之间存在一种直接的关系：我们喜欢做我们能做好的事。

学习一项技能，比如弹钢琴，最初的动机可能与我们的兴趣无关。小时候我们可能被迫上钢琴课并去练习，但当我们精通之后，就会更加致力于弹奏。最初的动机（害怕父母不高兴）已经消失，弹钢琴这一持续性行为已经成为我们自我意象的一部分。

统我性机能是一个组织化的过程，能够保持我们的自我感知，它决定了我们如何知觉这个世界，能从我们的经历中记住什么，以及我们的思想如何被引导。这些思维和认知过程具有选择性。它们从我们周围环境的大量刺激中挑选出那些与我们的兴趣和价值观相关的刺激，这一组织化过程受到以下三个原则的支配：

- 调节能量水平
- 优势与胜任力
- 统我模式化

第一项原则——调节能量水平，说明了我们如何获取新的动机。这些动机被“必要性”唤起，有助于消耗那些原本可能以破坏性和有害的方式所消耗的能量。例如，当人们退休后，最理想的方式就是把富余的时间和精力放在新的兴趣和活动上。

第二项原则——优势与胜任力，指的是我们选择满足需要的水平。对于我们来说，达到适当的水平是远远不够的。健康而成熟的成年人有动力使自己表现得更好和更充分，从而获取新的技能，提高胜任力。

第三项原则——统我模式化，描述了对人格一致性和完整性的追求。我们围绕着自我组织知觉和认知过程，保留那些能够提升自我意象的而抛弃其他的动机，因此，统我动机取决于自我的结构与模式。

奥尔波特指出，并非所有行为和动机都能被机能自主原则所解释。一些行为，比如反射、固着、神经官能症以及由生物需要驱动的行为，并不受机能自主动机所控制。

童年人格发展：独特自我

正如上文提到的，奥尔波特选择“统我”这一术语来表示“我”和“自我”，而拒绝使用“我”和“自我”，这是因为其他理论家对这两个词的含义描述得太过冗杂。通过对形容词“适当”含义的感知，我们可以更好地理解“统我”这个词。统我包括了我们人格中那些独特的方面，因此对我们的情绪生活而言非常适当。这些方面对于我们每个人来说都是独特的，并整合了我们的态度、知觉以及意图。

发展阶段

奥尔波特描述了从婴儿期到青春期统我的本质和发展的 7 个阶段（见表 7-1）。

表 7-1　统我的发展

阶段	发展特点
1. 躯体自我	第 1 ～ 3 阶段出现在 0 ～ 3 岁。在第 1 阶段，婴儿开始知觉到自己的存在，并能把自己的身体和环境中的其他物品区别开来
2. 自我同一性	尽管经验在不断变化，但儿童认识到自己总是同一个人
3. 自尊	儿童开始为自己的成就而感到自豪
4. 自我扩张	第 4 ～ 5 阶段出现在 4 ～ 6 岁。在第 4 阶段，儿童开始认识到属于自己的物和人
5. 自我意象	儿童建立了实际的和理想的自我与行为，认识到做什么会令父母满意而做什么会令父母不满意
6. 理性应对者自我	第 6 阶段出现在 6 ～ 12 岁。儿童开始使用逻辑推理去解决日常生活中的问题
7. 统我奋力	第 7 阶段出现在青少年时期。青少年开始形成长远的目标和规划
成年期	正常、成熟的成年人的动机与儿童期是分离的，是机能自主的。它们在当前理性地发挥作用而且有意识地创造个体自己的生活风格

在统我开始显现之前，婴儿没有自我意识和对自我的觉知，“我”还没有和其他事物分离开来，婴儿接受来自外部环境的感官印象，并做出自主的反应或反射，刺激与反应之间没有“自我”作为中介。奥尔波特认为婴儿是“追求快乐的、破坏性的、自私的、没有耐心和依赖的”，称其为“未社会化的恐怖分子”。我们最终人格的基础，我们所继承的基因，的确存在于婴儿体内，但是很难说我们所讲的“人格”也在其中。婴儿基本上是由减少紧张和最大化快乐的反射所引导。

统我发展的前三个阶段涉及个体从出生到大约 4 岁这几年时间。当婴儿开始知觉到奥尔波特所说的“躯体自我”的躯体时，躯体自我开始发展。例如，婴儿开始能够区分他们自己的手指和手中所握的东西。自我同一性阶段的标志就是对自我持续性的感知，儿童开始意识到尽管他们的身体和能力在改变，但他们仍是同一个人。当儿童知道自己的名字，并将自我与他人区分开来，自我同一性便得到了提升。自尊的发展开始于儿童发现自己能够独立完成一些事情。他们希望去完成一些建筑、探索、操作器物的活动以及有时可能具有破坏性的行为，如果父母阻挠儿童在这一阶段的探索需要，正在发展的自尊感就会遭到挫败，并被羞辱感和愤怒所替代。

在自我扩张阶段，儿童对环境中物和人的觉知不断增加，并识别出它们是归属于自己的，儿童会说“我的房子”“我的父母”和“我的学校”。接下来的自我意象阶段，涉及儿童如何看待自己以及希望如何看待自己。实际和理想的自我意象的发展来源于亲子互动，通过亲子互动，儿童觉知到父母的期望以及他们在多大程度上满足或没有满足这些期望。自我扩张和自我意象阶段通常出现在 4 ～ 6 岁。

理性应对者的自我阶段出现在 6 ～ 12 岁，此时，儿童意识到逻辑推理可以用于解决日常生活中的问题。随后统我奋力阶段出现，青少年开始形成未来的规划和目标。在这之前，他们对自我（统我）的感知都是不完整的。

亲子互动

在“统我”的所有发展阶段中，我们与父母的社会互动都是至关重要的。其中特别重要的就是作为情感和安全感来源的母婴联结。如果母亲或主要照顾者提供了足够的情感和安全感，那么统我便会得到逐步而持续的发展，儿童就会获得积极的心理成长。儿童期的动机会自由地转化为成年期自动化的统我追求，形成个体倾向性模式并最终使个体成为一个成熟、情绪健康的成年人。

然而，如果童年的需求没有得到满足，自我便无法健康地成长，儿童会变得没有安全感、好争斗、苛求、嫉妒和自我中心，心理成长就会发育不良。因此，之所以成为一个神经质的成年人，仍然受到了童年期动机的驱动，成年期的动机并没有变得机能自主，而依然与最初的情境相关联。特质与个体倾向没有发展，人格依然停留在婴儿期。

Radius Images/Jupiter Images

儿童的实际自我意象和理想自我意象，反映了儿童实际如何看待自己，以及希望如何看待自己。

健康的成人人格

在奥尔波特看来，健康的人格由婴儿期的生物机制转变为成年期成熟的心理机制，动机也与儿童期的动机相分离，并指向未来。正如我们前面所提到的，如果儿童期的情感和安全需要得到满足的话，统我就会得到令人满意的发展。成人人格是由儿童期发展而来，但不再受儿童期内驱力的影响或主导。奥尔波特并没有解释神经质的个体是否能够抵制或克服不幸的童年经历的影响；他对积极的心理成长更感兴趣，并提出了正常、成熟、情绪健康的成人人格的 6 项标准。

（1）成熟的个体能把对自我的感知扩展到对自我之外的其他人与活动中去。

（2）成熟的个体充满热情地与他人相处，对人亲近，富于同情心与宽容心。

（3）成熟的个体能够自我接纳，这有助于其获得情绪上的安全感。

（4）成熟的个体对生活的知觉更加实际，发展个人的能力，并全身心地投入某一项工作之中。

（5）成熟的个体具有幽默感与自我客观化能力（对自我的理解与洞察）。

（6）成熟的个体具有统一的人生哲学，驱使其人格指向未来目标。

如果一个成年人符合以上六条标准，就可以被认为是一个情绪健康、机能自主并独立于儿童期动机的个体。因此，他们可以摆脱早期经验的伤害，应对当前的状况并规划自己的未来。

Fabrica LEROUGE/Jupiter Images

正常、成熟的成年人是机能自主的，是独立于童年动机的。理性地生活在当下并有意识地创造自己的生活风格。

人性问题

奥尔波特机能自主与人格发展的观点认为，情绪健康的成年人不会受儿童期各种冲突的影响与驱使。因此，他的理论中体现出对成年人的一种乐观态度，认为他们能有意识地掌控他们的生活，理性地应对现状，规划未来以及积极地塑造同一性。我们总是在变化的过程中，得以创造性地设计并实现一种适当的生活方式，这一过程主要受到当前事件与未来规划的影响，而不是过去的经验。

在自由意志与决定论的问题上，奥尔波特秉持一种折中的立场。他承认个体可以自由地规划未来，但他也意识到，一些行为则是由特质和个体倾向所决定的。这些行为一旦形成，就很难改变。在有关先天后天的问题上，他认为，遗传和环境都会对人格产生影响。遗传解释了人格中非常重要的一部分，它决定了我们基本的体格、气质以及智力水平。但是这些原材料又会经受学习和经验的塑造。奥尔波特相信每个人都是独特的。虽然共同特质使得我们的行为表现出一些一致性，但个人特质或个体倾向则能更加准确地描述我们的本质。

对奥尔波特来说，生活的最终目标并不像弗洛伊德所说的是减少紧张感，而是增加紧张感，以驱使我们追求新的感觉与挑战。当我们经受了一次挑战之后，又会激励我们去寻求另一个挑战。我们所收获的不是某一特定的成就，而是实现成就的过程，重要的是为目标努力而非实现目标。我们需要目标来激励自己，并维持我们的人格处于一个最佳的紧张水平。

奥尔波特对人类本质乐观的描述，反映在他所持的个体自由立场以及对社会改革的兴趣之中。而他在作品中所表达出来的人本主义态度也反映在他自己的人格中。据他的同事和学生回忆说，奥尔波特总是真诚地关心他人，而他的这些情感也得到了回报。

奥尔波特的人格评价理论

与其他大多数理论家相比，奥尔波特对人格评估技术做了更多的阐述。在他非常畅销的《人格的模式与成长》一书中，奥尔波特提到，尽管已有许多人格评估方法，但却不存在一种最好的技术。人格这一概念太过复杂，我们必须利用多种合理的技术对其进行评估。他列出了以下 11 种主要的方法：

- 体质和生理诊断
- 文化环境、身份、角色
- 个人记述和个案研究
- 自我评估
- 行为分析
- 等级评估
- 测验与量表
- 投射技术
- 深层分析
- 表现性行为
- 综合法（对不同来源的信息进行综合分析）

奥尔波特主要依赖个人记述及价值观研究。他也会观察表现性行为，这一点我们会在有关奥尔波特理论的研究部分进行探讨。

个人记述研究

个人记述研究（personal-document technique）就是通过考察个体的日记、自传、信件、文学作品或其他文字或言语记录资料，来判断其人格特质的数量与种类。奥尔波特最著名的个案研究就是对一位名叫珍妮的中年女性在 12 年中所写的 300 多封信进行了分析（Allport, 1965，1966）。后来有人透露，珍妮是奥尔波特一名大学室友的母亲，而这些信是写给奥尔波特和他妻子的（Winter，1993a）。

对于第三者提供的资料如个案史、传记，我们也可以用相似的方法进行分析。在奥尔波特的研究中，一组评判者阅读自传或传记材料，并把他们在这些材料中所发现的人格特质记录下来。由于不同的评判者之间存在一定的一致性，因此他们所发现的人格特质可以进行更进一步的归类和简化。在对珍妮信件的研究中，36 名评判者列出了将近 200 条特质，因为许多条目具有相似性，奥尔波特将它们简化归并为 8 类。

奥尔波特的一名学生对信件进行了计算机分析，以获得能够表明某一特质存在的单词类别（Paige，1966）。例如，可以将表达生气、愤怒、敌意和攻击性的单词均编码为攻击性这一特质的组成部分。这一方法比奥尔波特最初的信件分析法更复杂、更定量化，也包含了更少的主观判断。对珍妮人格进行的计算机分析所产生的 8 个突出的人格特质，与奥尔波特的分类非常相似。正因为这种一致性，奥尔波特认为，他对人格特质进行评估的主观方法所得到的信息是有效的，并且完全可以与更客观的计算机分析相媲美。

价值观研究

奥尔波特和他的两位同事开发了一套客观的自我报告评估测验，称为价值观研究（Allport，Vernon，& Lindzey，1960）。他们认为，个人价值观是健康成人人格六项评价标准之一，也是统一的人生哲学的基础，价值观就是人格特质，并且代表了个体所持有的较强的兴趣与动机。奥尔波特认为，对于每一种类型的价值观，每个人在某种程度上都拥有，但其中会有一两种价值观在人格中占据主导地位。他对价值观的分类如下：

- 理论型价值观：强调通过观察、分析和推理去发现真理。
- 经济型价值观：强调有用性和实用性。
- 审美型价值观：重视优美、合宜以及优雅的审美体验。
- 社会型价值观：重视人际关系、利他以及博爱。
- 政治型价值观：竭尽全力赢得个人权力、影响力和威信，并不只限于政治活动之中。
- 宗教型价值观：强调神秘主义以及对宇宙整体的理解。

对奥尔波特理论的研究

奥尔波特对那些坚持认为只有实验与相关法才是研究人格的正规方法的心理学家提出了批评，他认为，这些方法并不足以考察人格的所有方面。因此，心理学家应该在研究方法上持有更开放、更具有折中性的态度。他也反对将研究情绪障碍者的方法（如案例研究与投射技术）应用到对情绪健康个体的研究中来。由于案例研究着眼于过去，奥尔波特认为，它对理解正常成年人的人格没有任何价值，成年人的人格已经不再受童年时期的影响。

投射技术，比如主题统觉测验与罗夏墨迹测验，呈现给被试的画面是对正常人格的扭曲，因为这一技术所关注的是无意识的力量，而这对正常成年人的人格没有任何影响。奥尔波特提出，通过自我报告法就完全能够获得更为可靠的信息，从而揭示人们的主要人格特质。

从奥尔波特所采用的个人记述研究中可以看到，他支持采用个案研究这一独特的研究方法，但同时，奥尔波特也会使用研究一般规律的方法，在适当的时候利用统计分析对大样本进行差异性检验。例如，奥尔波特在价值观研究中所采用的心理测验法，就是研究一般规律的方法。

表现性行为

奥尔波特将能够表现出人格特质的行为称为**表现性行为**（expressive behavior），并对其进行了大量研究。他还提出了**应对性行为**（coping behavior），即指向特定目标并有意识地计划与实施的行为。应对性行为取决于由情境所诱发的需要，通常也指向于改变我们所处的情境。表现性行为是自发的，它反映了人格的基本方面。与应对性行为相反，表现性行为很难改变，没有特定的目标，且并非我们有意识地表现出来。奥尔波特曾提到一个关于公共演讲的例子。他认为，演讲者是在两个层面上与观众进行交流的。正式、计划性的层面（应对性行为），包括演讲的内容；非正式、无计划的层面（表现性行为），包括演讲者的动作、手势及语调变化。演讲者可能很紧张，语速很快，来回踱步或只带了一只耳环，这些自发性行为表现了他们的人格特征。

在奥尔波特关于表现性行为具有里程碑意义的研究中，他要求被试完成一系列的任务，然后判断被试在不同情境中其表现性行为的一致性（Allport & Vernon，1933）。他发现，被试在声音、书写、姿态和手势上具有高度的一致性。根据这些行为，他推断出了内向性与外向性人格特质的存在。

相对于奥尔波特所处的时代，当前对于表现性行为的研究则更为普遍。特别是对于面部和言语的表现性行为已经有了大量的理论和实验研究（see Russell，Bachorowski & Fernandez-Dols，2003）。研究表明，我们可以通过录音、电影和视频来评估人格。对一个训练有素的观察者而言，面部表情、语调变化、个性化的手势和举止都能揭示个体的人格。甚至可以通过静态的照片来评估与某些人格特质相关的表现性行为（Allport & Cantril，1934；Berry，1990，1991；Depaulo，1993；Riggio & Friedman，1986；Riggio，Lippa & Salinas，1990）。

有研究发现，女性和较年轻个体比男性和年纪较大的个体能更准确地识别面部表情（Sassion，Pinkham，Richard，Hughett，Gur & Gur，2010）。研究还证实，儿童在 5 岁的时候就能准确识别面部表情，且在此之后迅速发展（Gao & Maure，2010）。

有研究对女大学生在年鉴中的照片进行了分析，发现相比于 21 岁时在年鉴中积极情绪更少的女生来说，那些在 21 岁左右呈现出更多积极情绪的女生，在 27 岁、43 岁、52 岁时的主观幸福感自我报告测验中得分更高。而且她们还报告了更好的婚姻状况，以及在亲和性、胜任力与成就动机方面更高的得分（Harker & Keltner，2001）。

研究者积累的大量研究证据表明，一些人可以仅仅根据容颜和表情就能对一个陌生人的人格形成可靠的印象（Berry & Wero，1993）。例如，有研究发现，观察者仅仅观看一个人30秒的影片，就能准确评估其人格因素，如焦虑（Ambody & Rosenthal，1992）。也有研究证明，相对于泛泛之交而言，亲密的朋友能够更准确地识别伤心、愤怒和高兴的情绪（Zhang & Parmley，2011）。这些研究以及类似的大量研究为奥尔波特所提出的表现性行为反映了人格特质的观点提供了强有力的支持。

由保罗·艾克曼执行的一项长期研究项目确认了7种情绪的面部表情，并且可以对其进行客观且一致的区分。这些情绪是愤怒、蔑视、厌恶、恐惧、悲伤、惊讶以及快乐（Ekaman，Matsumoto，& Friesen，1997）。艾克曼作为加利福尼亚州大学旧金山分校人际互动实验室主任，与同事在对43块面部肌肉分析的基础上建立了一套编码系统。该系统提供了3 000种有意义的不同面部情绪。面部动作编码系统（FACS）目前已经被美国的警察部门以及CIA和FBI，用于对犯罪嫌疑人和恐怖分子进行测谎。根据FACS，他们面部肌肉非常细微的运动都会将他们暴露。

另外一些研究表明，面部表情可以揭示人格的某些基本维度。例如，神经质以愤怒、蔑视以及恐惧的表情展现出来，宜人性以大笑和其他表示友好社会交往的表情展示出来；外向性以微笑、大笑以及其他表示欢乐和愉悦的表情显示出来；责任心的标记则是窘迫，包括拼命控制的微笑、避免凝视以及低头回避观察者（Keltner，1997）。

我们可以通过无意识地模仿来识别微笑。当我们看到的一个人对我们微笑时大脑被激活的区域，恰好就是他使用相同的肌肉发出同样的信息时所激活的大脑区域（Niedenthal，Mermillod，Maringer，& Hess，2010；Zimmer，2011）。

有时我们的个人经历会影响我们识别他人面部表情的能力。例如，一项对遭遇身体虐待的8～10岁儿童的研究表明，与没有遭遇过虐待的控制组儿童相比，他们能够更容易地识别照片中成年女性的愤怒表情（Pollak & Sinha，2002）。

被认为与心脏病有潜在相关的A型行为与B型行为，可以通过厌恶、怒视、表情扭曲以及愁眉苦脸等表情进行区分（Chesny，Ekaman，Friensen，Black，& Hecker，1997）。一项对瑞士抑郁症患者的研究发现，通过面部表情可以区分后来试图自杀和没有自杀行为的患者（Heller & Haynal，1997）。对日本大学生的研究发现，在焦虑测验中得分高的被试，与得分低的被试相比，会展现出不同的面部表情，特别是在嘴周围以及左脸位置（Nakamura，2002）。这些研究结果都证实了奥尔波特的观点。

对成年人的一项研究证实，情绪状态会影响对他人面部表情的识别。被诊断为重度抑郁症的患者，需要看到强度很高的面部表情，才能正确识别所呈现给他们的图片中的快乐表情。相反，只需要强度很低的面部表情，他们就可以正确识别悲伤（Joormann & Gotlib，2006）。

在焦虑量表上得分高的儿童擅长正确地解读面部表情。高抑郁水平的成年人与非抑郁成年人相比，能更好地识别悲伤表情（Ale，Chorney，Brice，& Morris，2010；Gollan，McCloskey，Hoxha，& Coccaro，2010）。

面部表情的文化差异

面部表情具有一致性吗？在不同文化中相同的面部表情显示的是同样的人格因素吗？证据并不一致。对美国和中国的婴儿与成年人的研究发现，在两种文化以及两种年龄群体中一些基本情绪的面部表情是一致的（Albright et al.，1997；Camras，Oster，Campos，Miyake，& Bradshaw，1997）。但一项对美国、中国和日本婴儿面部表情的比较研究却得出了不同的结论。中国婴儿面部表情的变化性低于美国和日本的婴儿。美国婴儿的面部表情与中国婴儿显著不同，但与日本婴儿差别不大（Camras，1998）。

对3岁女孩的研究发现，与中国内地儿童以及华裔美国儿童相比，白人女童的微笑会更多。母亲的严格要求以及家中其他孩子和成年人的数量也会影响这些文化下儿童面部表情的强度。女孩面部表情的强度会随着所处文化和家庭特征的不同而变化（Camras，Bakeman，Chen，Norris，& Cain，2006）。

对美国和日本成年人的研究发现，每组被试都更擅长识别与自己来自同一文化的人们的面部表情（Dailey et al.，2010）。一项对经过数字化处理的中性面孔（不带有任何情绪）的研究发现，与黑人面孔相比，白人面孔更多地被评价为生气，而黑人面孔则更多被评价为快乐或惊讶（Zebrowitz，Kikuchi，& Felloos，2010）。

面部表情的计算机识别

如果我们能精确地解读他人的面部表情，那计算机识别还遥远吗？明显是不遥远。已经有计算机程序能够以每秒 30 幅的频率来记录面部的视频图像。在对包括快乐、悲伤、恐惧、厌恶、愤怒以及惊讶等基本情绪的识别方面，计算机已经达到了相当高的准确性（Susskind，Litlewort，Bartlett，Movellan，& Anderson，2007）。

如果计算机能够识别人类面孔所展示的情绪，那它能够传递情绪状态吗？一项以荷兰平均年龄 16 岁的青少年为被试的研究，使用表情符号来研究个人情感的在线传递（“表情符号”这个词是“表情”加上“图标”构成的，是传递情感的一种快捷方式；在电子邮件、聊天室以及即时通信中被广泛使用）。在模拟聊天室中，发现青少年在社会情境的交流中，比在工作或任务情境中使用了更多的表情符号。他们在积极情境中使用了更多积极符号，比如代表微笑的符号，而在消极情境中使用了更多消极符号，比如代表悲伤的符号，这与在面对面交流中的情况一样。因此，研究者认为，人们在以计算机为媒介的交流中表达情绪的方式，与在面对面情境中是一样的（Derks，Bos，& von Grumbkow，2007）。

研究集锦

对奥尔波特理论的研究

对表现性行为的研究发现

- 可以通过面部表情评估人格特质
- 在解读面部表情方面，女性和儿童比男性和老年人强
- 在解读面部表情方面，亲密朋友比陌生人强
- 已经被确认的面部表情不少于 7 种
- 我们可以通过无意识地模仿来识别他人的微笑
- 抑郁的个体更擅长识别悲伤的表情
- 计算机可以识别和展示基本情绪

对奥尔波特理论的反思

尽管对表现性行为已经进行了大量研究，但奥尔波特的理论在整体上并没有促使太多的研究对其观点进行验证。他独特的研究方法与当代心理学的主流思想背道而驰，主流思想接受的是对普遍性（通过复杂的统计分析进行大规模样本研究）而不是相反的研究。奥尔波特对情绪健康成年人的关注也与当时临床心理学中流行的观点不符，当时流行的观点主要关注的是神经症和精神病患者。

奥尔波特提出的许多概念很难转化成具体的术语和命题并通过实验方法来进行研究。例如，我们如何在实验室中对机能自主或统我奋力进行观察呢？我们怎样能对这些概念进行操作从而检验其效应呢？

批评者对机能自主的概念也提出了质疑。奥尔波特没有明确地阐述原始动机是如何转化成机能自主的？例如，对一个收入稳定的人来说，他努力工作以获得经济收入的动机是通过什么过程转变为为了任务本身而努力工作呢？如果不对转化的机制加以解释，我们如何去预测儿童期的哪一种动机会转变为成年期机能自主的动机呢？

奥尔波特对人格独特性的强调也受到了挑战，因为他的观点只关注某个个体，很难在不同个体之间进行推广。许多心理学家发现很难接受奥尔波特所提出的儿童与成人、动物和人类、正常与异常之间的非连续性观点。他们指出，对儿童、动物以及情绪障碍被试的研究，为理解情绪健康的正常成年人的机能提供了很多知识。

尽管有这些批评，但奥尔波特的理论已经得到了学术界的接纳。他对人格发展的探讨，对人格独特性的强调以及对目标重要性的关注，在人本主义心理学家卡尔·罗杰斯和亚伯拉罕·马斯洛的研究中都得到了反映。奥尔波特还常常被看作将人本主义价值观和关切引入心理学的第一人（Jeshmaridian，2007）。当前由于对

人格特质论的关注，人们对奥尔波特研究的兴趣近年来又再次被唤醒，人格特质论为奥尔波特的一些观点提供了实证支持。

奥尔波特对情绪表达的研究对认知神经科学中该领域的发展至关重要。他研究人格的个人记述法也重新点燃了研究者的兴趣（Barenbaum，2008；Zunshine，2010）。

奥尔波特的著作可读性很强，他的许多概念都具有常识性的诉求。他对意识、行为的理性决策的强调，是对精神分析心理学家所认为的人是非理性的，是受到难以控制的潜意识驱动的观点的一种替代。奥尔波特认为，人主要是受到未来预期的塑造，而不是过去发生事件的影响，这一观点与给人以希望的人本主义哲学相契合。

本章小结

戈登·奥尔波特关注意识而非潜意识。他认为人格主要是受现在和未来，而不是过去的指导。他研究的是正常人而不是具有情绪障碍的患者。人格是蕴藏于个体心理物理系统之中的，决定一个人特有的行为和思想的动力组织。人格是遗传和环境的产物，与儿童期的经验相分离。

特质是以相同的方式对不同刺激做出反应的一致而稳定的先天倾向。个人特质（个体倾向）是个体独有的，共同特质则是许多个体共有的特质。枢纽特质具有极强的渗透力和影响力；中心特质的渗透力次之。次级特质不甚明显，一致性也低于枢纽特质和中心特质。

机能自主指的是正常成年人的动机在机能上与行为最初出现时的动机没有关联。机能自主的两个层次是：持续性机能自主（主要涉及成瘾行为和重复性身体活动）与统我性机能自主（兴趣、价值观、态度、意图、生活风格以及与核心人格相关的自我意象）。统我性机能自主的三个原则是调节能量水平、优势与胜任力以及统我模式化。

统我（自我）从婴儿期到青春期经历了七个发展阶段：躯体自我、自我同一性、自尊、自我扩张、自我意象、理性应对者自我和统我奋力。婴儿的行为主要是受反射活动所引导，他们几乎没有人格。成熟、健康的成年人能够把自我扩展到其他人与活动中去、充满热情地与他人相处、情绪安全、知觉更加实际、发展个人的能力、全身心地投入到工作之中、自我客观化并具有统一的人生哲学。

奥尔波特对人性持乐观的态度，强调个体的独特性。我们并不是受儿童期的事件所驱使。在对生活有意识地控制下，通过与生俱来的对于自主性、独特性以及自我的需要，我们创造性地设计了一套自己的生活风格并不断成长。我们的终极目标是增加紧张感，以促使我们追求新的感觉与挑战。

人格评价的个人记述法通过考察个体的日记、信件以及其他个人记录来评价其人格特质。《价值观研究》是评价6种价值观类型的心理测验量表。表现性行为的研究发现，面部表情的呈现具有一致性而且与众多的情绪和人格模式相关。有研究表明，不同文化下的面部表情具有一致性，可以通过计算机程序识别面部表情，而且也可以使用计算机程序在人际交流中识别和传递情绪。

由于很难对诸如机能自主等概念进行实证研究，奥尔波特的理论遭遇了很多批评。而奥尔波特关注人格的独特性，以及儿童期和成年人人格之间的非连续性，也饱受质疑。

Chapter 8

第8章

人格可以预测个体在既定情境中的行为。

——雷蒙德·卡特尔

雷蒙德·卡特尔、汉斯·艾森克以及其他特质理论家

卡特尔的人格研究目标是预测个体在既定刺激情境中的行为反应。卡特尔并没有谈及将不合意或不正常的行为矫正为合意的或正常的行为，而这是其他一些人格理论家的方法。更具临床取向的理论家以对患者的个案研究为理论基础，这些患者因为不开心或情绪困扰而寻求改变。与此相反，卡特尔的被试则是那些所谓正常的人。因此，他的目的在于对他们的人格进行研究而非治疗。他认为，在充分理解要去矫正什么之前就去试图改变人格是不可能的，至少是不明智的。

卡特尔的人格理论并非来源于临床实践。他的研究方法依赖于行为观察和大量的数据，因此是非常科学的。在卡特尔的研究中，从单个被试身上获得50多种测量数据是一件很平常的事情。“在综合性和坚持实证研究证据方面，他的人格理论是无可匹敌的”（Horn，2001，p.72）。

卡特尔研究方法的特点在于他对数据的处理。他对数据进行了名为**因素分析**（factor analysis）的统计处理，因素分析指的是评估从一组被试得出的每一对可能测量之间的关系，以确定共同因素。例如，研究者会对两个不同的心理测验或同一测验两个分量表上的得分进行分析，来确定它们的相关。如果两个测验显示出高相关，卡特尔就会断定它们测量的是相似或相关的人格变量。假如人格测验中的内疚和内向性两个分量表相关系数很高，我们就可以推断出，这两个分量表提供同一个人格因素的信息。因此，对一个人所测量的这两套数据就会被合并起来，形成一个单一的维度或因素，这一维度描述了两套数据所提供的信息。

卡特尔将这些因素称为特质，他将特质定义为人格的心理因素。只有知道个体的特质，才能预测个体在既定环境中会如何表现。因此，为了全面理解一个人，必须能够用精确的术语去描述将这个人定义为一个独立个体的整体特质模式。

卡特尔的生平（1905—1998）

卡特尔记得，他在自己的出生地英国斯塔福德郡度过了快乐的童年。他的父母对孩子有很高并且很严格的行为标准，但同时，他们对孩子如何度过空闲时间却很宽容。卡特尔自己、他的兄弟和朋友都花费大量的时间进行户外运动，包括航海和游泳、探索洞穴以及模拟战斗，尽管他们“偶尔会溺水或摔下悬崖”。当卡特尔9岁时，英国进入了第一次世界大战。他家附近的一座大楼被改为一家医院，他记得自己曾会看到从法国战场返回的大量受伤的士兵。他写道，这一经历使他对年轻男孩异乎寻常的严肃，并且使他意识到“生命的短暂以及可能实现需要”。他强烈的事业心可能就源于这些经历。他也感受到与哥哥之间的激烈竞争，曾写道，在维持自己自由发展的同时又面临着无法战胜哥哥的问题（1974a，pp.62-63）。

16岁的时候，卡特尔进入伦敦大学学习物理和化学，3年后以优异的成绩毕业。在伦敦期间，他对社会问题的兴趣得以加强，他意识到自然科学的训练不能使他具备处理社会问题的能力。他决定，最好的解决方法就是掌握对人类心理的研究。在1924年这是一个勇敢的决定，因为当时英国的心理学领域职业机会很少，只有六个学术教授的职位。而且心理学被视为一门针对怪人的学科。卡特尔不顾朋友们的反对，开始了伦敦大学的研究生学习，他与杰出心理统计学家查尔斯·斯皮尔曼一起工作，斯皮尔曼曾创立了因素分析技术。

1929年，卡特尔获得博士学位，这时他发现朋友们是正确的。心理学家几乎没有就业机会。他在埃克塞特大学讲课，写了一本关于英国乡村的书籍，并在莱斯特郡的学校建立了一个心理诊所，所有这些都追寻着他的研究兴趣。鉴于斯皮尔曼曾使用因素分析来测量心理能力，卡特尔决心用这一方法研究人格结构。

在这一时期，由于过度工作，饮食缺乏，以及被迫居住在一个寒冷的地下室里，卡特尔患上了慢性消化系统疾病。由于他糟糕的经济前景和完全热衷于自己的工作，他的妻子离开了他。然而，卡特尔却声称，那一段艰难的岁月有很多益处，使他专注于实践问题而非可以在更为安全和舒适环境中完成的理论和实验问题。“那些年使我像一只已经知道要度过漫长冬季的松鼠一样谨慎和难以信任。它孕育了禁欲主义，并且对无关紧要的事毫无耐心，到了一种冷酷的程度”（1974b，p.90）。

距离他获得博士学位8年以后，卡特尔终于获得了一个在他所选择的领域全职工作的机会。美国杰出的心理学家爱德华·李·桑代克邀请卡特尔到纽约哥伦比亚大学的桑代克实验室工作一年。第二年，卡特尔接受了位于马萨诸塞州的克拉克大学伍斯特分校的教授职位。1941年，他去了哈佛，他说，在那里“创造力”得以提升（1974a，p.71）。他的同事包括戈登·奥尔波特和威廉·谢尔登，他们在当时正在建立他们自己的人格理论和体型理论。卡特尔与一名能够分享他研究兴趣的数学家结了婚，并在40岁时作为研究教授定居在伊利诺伊大学。他出版了43本书，发表了500多篇文章这一不朽的成就反映了他巨大的奉献精神和毅力。

> 在以后的20年中，我的生活就是一台嗡嗡作响的发动机——平稳但强大。我通常是最后一个在午夜从停车场走出来的人。有这样一件事：有一天，我到了实验室，惊奇地发现，一个人都不在。我打电话回家，他们告诉我：“我们刚刚坐下准备享受感恩节晚餐。”每一天对于我来说都是相同的（Cattell，1993，p.105）。

在70多岁的时候，卡特尔加入了夏威夷大学的研究生院，在那里，他可以每天很奢侈地在海洋中游泳。据说“他像一名助理教授一样努力工作，期望获得一个并不确定会被授予的终身职位”（Johnson，1980，p.300）。92岁的时候，他在夏威夷去世。

1997年，卡特尔获得了美国心理学会颁发的心理科学终身成就金质奖章。颁奖词中写道：

> 在他70年举世瞩目的职业生涯中，雷蒙德·卡特尔对心理学做出了巨大的里程碑式的贡献，包括人格、动机和能力领域的因素分析技术等，他独自一人建立了一个整合人格的智力、气质和动力领域个体差异的统一理论（Gold Medal Award，1997，p.797）。

欢迎登录

The work and Theories of Raymond Cattell
关于卡特尔生活和理论的信息，包括一个在1984年对他的采访。还提供了对他的研究的评价。
Cattell’s Life and Work: A Snapshot
提供了对卡特尔生活和工作的概况。

Short Biography of Cattell
快速了解卡特尔的生活。
Raymond Cattell Interview
卡特尔家人献给他的纪念馆。包含他的传记、照片、所获奖励、颂词和讣告。

卡特尔的人格特质取向

卡特尔将**特质**（traits）定义为相对持久的反应趋势，是人格的基本结构单元。他从多个方面对特质进行了分类（见表 8-1）。

表 8-1 特质的分类方式

共同特质	每个人都在一定程度上具有共同特质，比如每个人都会具有智力和外向性
独特特质	每一个人都具有将我们区分为独立个体的独特特质，比如喜欢政治或对棒球感兴趣
能力特质	我们的技能和能力决定了我们能在多大程度上实现目标
气质特质	我们的情绪和感受（比如我们是否独断、焦躁或随和）有助于决定我们如何对环境中的人和情境做出反应
动力特质	是构成我们的动机并驱使我们行为的力量
表面特质	由许多根源特质或行为元素构成的特征；它们可能是不稳定、非持久性的，在不同的情境中反应会变弱或增强
根源特质	是构成我们行为的单一、稳定、持久的元素
体质特质	具有生物来源的根源特质，比如由于过度饮酒而产生的行为
环境塑造特质	具有环境来源的根源特质，比如由于受朋友、工作环境或邻居影响而产生的行为

共同特质和独特特质

卡特尔将特质分为共同特质和独特特质。**共同特质**（common trait）是每一个人在一定程度上都拥有的特质。智力、外向性和合群性都是共同特质。每个人都拥有这些特质，但有些人比其他人拥有这些特质的程度更高。卡特尔之所以认为共同特质是普遍的，是因为所有人都具有相似的遗传潜能，并受到相似的社会压力，至少处在相同的文化之中。

人各有别，不仅是因为他们拥有的共同特质的数量和程度不同，更在于他们的**独特特质**（unique traits）各不相同，很少有人具有相同的独特特质。在我们的兴趣和态度方面，独特特质尤其明显。例如，一个人可能对系谱学有强烈的兴趣，而另一个人可能对美国南北战争、棒球或中国武术有强烈的兴趣。

能力、气质和动力特质

特质的第二种分类方法是将它们分为能力特质、气质特质和动力特质。**能力特质**（ability traits）决定了我们完成目标的有效性。智力就是一种能力特质；智力水平将会影响我们为目标奋斗的方式。**气质特质**（temperament traits）指的是行为的一般方式和情绪基调，比如我们有多么独断、随和或烦躁。这些特质影响我们面对情境时采取行动和做出反应的方式。**动力特质**（dynamic traits）是行为的驱动力量，限定了我们的动机、兴趣和抱负。

表面特质和根源特质

特质的第三种分类是，根据特质的稳定性和持久性分为表面特质与根源特质。**表面特质**（surface traits）是一些相互关联，但因为不能被单一来源所决定，从而不能构成一个因素的人格特征，几种行为因素，比如焦虑、优柔寡断以及非理性恐惧共同形成被称为神经质的表面特质。因此，神经质并不是单一来源。由于表面特质由多种因素所组成，不太稳定和持久，因此对于描述人格而言不太重要。

更为重要的是**根源特质**（source traits），它们是单一的人格因素，更为稳定和持久。每一个根源特质都会引发某方面的行为。根源特质是由因素分析得到的个人因素，结合起来可以解释表面特质。

体质特质和环境塑造特质

按照来源，根源特质可以分为体质特质和环境塑造特质。**体质特质**（constitutional traits）起源于生物条件，但它们并不一定是与生俱来的。例如，饮酒会导致如粗心、健谈和言语不清等行为。而因素分析表明这些特质都是根源特质。

环境塑造特质（environmental-mold traits）来源于社会和物理环境的影响，是习得的特征和行为，会赋予人格一种模式。与在上流社会的奢华中培养出的个体相比，在拥挤的市中心贫民区长大的个体会被塑造出完全不同的行为。一名职业军官会显示出与爵士乐手所不同的行为模式。因此，我们可以看出，卡特尔承认个人和情境变量之间的交互作用。

根源特质：人格的基本因素

在经过20多年深入的因素分析之后，卡特尔（1965）确认了16种根源特质作为人格的基本因素。这些因素以一种被广泛使用，被称为《十六种人格因素（16PF）问卷》(见表8-2）的客观人格测验而为广为人知。

表8-2 卡特尔的人格根源特质（因素）

因素	低分者	高分者
A	内敛、冷淡、超然	外向、热心、随和
B	低智力	高智力
C	低自我力量、容易不安、情绪不太稳定	高自我力量、沉着、情绪稳定
E	顺从、服从、温顺、不自信、谦恭	支配性、果断、坚强
F	严肃、清醒、压抑、焦虑	轻松愉快、充满热情、快乐
G	权宜、低超我	负责、高超我
H	胆小、害羞、冷淡、克制	勇敢、爱冒险
I	理智、务实、自立、苛刻	慈悲心肠、敏感、依赖
L	信任、有同情心、易接受	怀疑、嫉妒、孤独
M	现实、脚踏实地、关注细节	富于想象、心不在焉
N	直率、天真、谦逊	机灵、世故、富有洞察力
O	自信、安心、自满	忧虑、不安心、自责
Q1	保守、持有传统价值观、不喜欢变化	激进、自由、乐于尝试、喜欢变化
Q2	依赖、随群附众	自给自足、独立
Q3	不受控制、松懈、冲动	受控制、强迫性、要求严格
Q4	松弛、平静、沉着	紧张、被动、焦躁

卡特尔以两极的形式来呈现特质，而且与这些特质相关的人格特征，都被用我们日常交往中用来描述朋友和自己的言语进行表述，毫无疑问，看一眼你便会知道自己在这些基本人格因素上得分是高是低，还是处于中间的某个位置上。卡特尔后来还确认了另外一些因素，并将其命名为气质特质，因为这些因素行为的整体风格和情绪基调有关。他列举了一些例子，比如兴奋性、热情、自律、礼貌和自信（Cattell，1973；Cattell & Kline，1977）。

在卡特尔的理论体系当中，根源特质是人格的基本因素，就像原子是物理世界的基本单位一样。记住这一点非常重要。卡特尔认为，只有精确地描述这些元素的本质，心理学家才能理解或归纳出人格的规律。

能与情操

卡特尔提出了两种类型的动力性特质：能和情操。Erg这个词来源于古希腊词汇ergon，指的是工作或能量。卡特尔使用**能**（erg）来表示本能或驱力的概念。能是所有行为与生俱来的能量源或驱动力量，是指导我们追求特定目标的基本动机单位。

卡特尔通过因素分析确定了11种能。它们是：

- 愤怒
- 吸引力
- 好奇
- 厌恶
- 合群
- 饥饿
- 保护
- 安全
- 自信
- 自我屈服
- 性

能是一种体质性根源特质，而**情操**（sentiment）则是一种环境塑造根源特质，因为它受外部社会和客观环境的影响。情操是一种习得的态度模式，关注生活中的重要方面，比如个体所处的社区、配偶、职业、宗教或爱好。能和情操都能激发行为，但它们之间存在重要差异。因为能是一种体质性特质，因此它是一种持久的人格结构。它可能会增强或减弱，但却不可能消失。情操，由于它是习得的，可以去习得和消失，因此它对个体的生活来说，不那么重要（卡特尔后来称这些习得的特质为SEMS，即社会塑造的能量集合，这为我们继续将其称为情操提供了充足的理由）。

遗传和环境的影响

卡特尔对遗传和环境对人格塑造的相对影响力显示出极大的兴趣。他通过对在相同家庭中抚养的双胞胎、分开抚养的双胞胎、在相同家庭中抚养的非双胞胎兄弟姐妹和分开抚养的非双胞胎兄弟姐妹所发现的相似性进行统计上的分析比较，探讨遗传和环境因素的重要性，从而评估特质的差异性在多大程度上可以归因于遗传或环境的影响。

他的分析结果显示，对于一些特质而言，遗传发挥着主要作用。例如，卡特尔的数据表明，智力因素（B 因素）的 80% 和羞怯对勇敢（H 因素）的 80% 可以由遗传来解释。卡特尔断定，总体来说，人格有 1/3 是基于遗传，2/3 由社会和环境影响所决定。

人格发展阶段

卡特尔提出了涵盖生命全程的人格发展六阶段（见表 8-3）。婴儿期从出生到 6 岁，是人格的主要形成期。孩子会受到父母和兄弟姐妹以及断奶和如厕训练的影响。社会态度伴随着自我和超我、安全感或不安全感、对权威的态度以及可能的神经质倾向的形成而建立。卡特尔并非弗洛伊德的追随者，但他的理论中融合了弗洛伊德的观点，即生命早期对人格的形成起到关键作用，口唇和肛门冲突会对人格产生影响。

表 8-3　卡特尔的人格发展阶段

阶段	年龄	发展
婴儿期	出生～ 6 岁	断奶；如厕训练；自我，超我和社会态度的形成
儿童期	6 ～ 14 岁	独立于父母，同伴认同
青春期	14 ～ 23 岁	独立、自信和性方面的冲突
成熟期	23 ～ 50 岁	对职业、婚姻和家庭感到满意
后成熟期	50 ～ 65 岁	由自然和社会环境引起的人格变化
老年期	65 岁以后	适应朋友、职业和地位的丧失

6 ～ 14 岁是人格形成的儿童期，此时没有什么心理问题。这一阶段标志着儿童开始独立于父母，同时对同伴的认同不断增加。儿童期之后是有较多麻烦和压力的阶段——青春期，从 14～23 岁。由于年轻人渴望独立、自信和性方面的冲突，因此情绪障碍和行为不良会非常明显。

发展的第四个阶段是成熟期，从 23 岁左右一直持续到 50 岁。一般来说，这是一个在职业、婚姻和家庭各方面多产并令人满意的时期。相对于前面的阶段，这一时期人格变得不太有可变性，因此，情绪稳定性也会增加。卡特尔发现在这一时期，兴趣和态度基本不会改变。

后成熟期是从 50 岁到 65 岁，人格发展要应对自然、社会和心理的变化。健康、活力以及外表吸引力会下降，并且可能会看到生命的尽头。在这一时期，人们会重新检验他们的价值观，并且寻找新的自我。你可能会发现，这与卡尔·荣格对中年期的观点很相似。最后一个时期——老年期，65 岁以后，在这一时期个体要适应不同类型的丧失——伴侣和亲友的离世，退休，在崇尚年轻的文化中丧失地位，以及弥散的孤独感和不安全感。

青春期是充满压力的发展阶段。

在后成熟期，孩子离开家庭之后，个体需要重新审视自己的生命价值。

关于人性的问题

卡特尔对人格的定义为我们提供了他人性论的线索。他写道：“人格能够预测个体在既定情境中的行为反应。”（1950，p.2）行为必须是合法和有序的，才是可预测的。如果人格没有规律性和一致性，就很难进行预测。例如，伴侣中的一方通常能够相当准确地预测另一方在既定情境中会如何做，因为那个人过去的行为是一致且有序的。因此，卡特尔的人性论很少承认自主性，因为这会使预测变得更为困难。在自由意志与决定论这一问题上，卡特尔更偏向决定论。

卡特尔并没有提出任何支配行为的终极目标，不是自我实现的驱动力使我们面向未来，也不是过去的心理性冲突推动着我们。尽管他注意到了早期生活事件的影响，但我们没有从他的著作中得到他认为童年力量会持久决定人格的印象。

卡特尔承认先天和后天均具有影响。例如，体质特质和能是与生俱来的，而环境塑造特质则是习得的。关于独特性与普遍性，卡特尔采取折中的立场，认为存在适用于文化中每一个人的共同特质以及描述单独个体的独特特质。

卡特尔有关人性的观点要更为清晰一些。在年轻的时候，他对我们解决社会问题的能力很乐观，预测我们能够对环境进行更多的觉知和控制。他期待看到智力水平的上升，同时建立“富有创造性的公民更加富贵、安逸的社会生活”（1974b，p.88）。而现实并不符合他的预期，最终他开始认为人性和社会已经倒退了。

卡特尔的人格评价理论

卡特尔对人格的客观测量使用了三种主要的评估技术，他分别称为L数据（生活记录）、Q数据（问卷）和T数据（测验）。

1. 生活记录（L数据）

L数据（L-data）是观察者对人们在现实生活情境，如班级或办公室中所呈现的特定行为的评价。例如，观察者可以记录工作缺勤的频率、在校成绩、在完成工作职责中的责任心、在足球场上的情绪稳定性或者在办公室中的社交能力。关于L数据技术重要的一点就是，它涉及的是能够被观察者所看到的外显行为，而且发生在自然情境而非人为的心理学实验室情境中。

2. 问卷（Q数据）

Q数据（Q-data）技术依赖于问卷。L数据技术需要观察者对被试进行评价，而Q数据技术需要被试对自己进行评价。卡特尔承认Q数据具有不足之处。首先，一些被试的自我意识可能比较肤浅，他们的回答不能真实地反映其人格。其次，即使被试能非常了解自己，但他们可能并不想要研究者去了解自己。因此，他们可能会故意伪造自己的答案。由于这些问题的存在，卡特尔提醒，不能自动地认为Q数据就是正确的。

3. 人格测验（T数据）

T数据（T-data）技术使用卡特尔所谓的“客观”测验，个体会在不了解评估的是自己哪一方面行为的情况下做出回应。通过使被试难以准确了解测验所测量的方面从而避免了Q数据的不足。如果你无法猜测实验者想要测量的是什么，就不能通过歪曲你的答案来隐藏你的特质。如果给你呈现一个墨渍，你很难预测实验者对你答案的解释是要揭示，你是保守的、放松的、爱冒险的还是忧虑的。

卡特尔认为，罗夏墨渍测验、主题统觉测验和字词联想测验等都是客观的，因为它们可以防止伪装。然而，很重要的一点要注意，对于大多数心理学家来说，使用“客观”这个词是会让人误解的；这些测验通常被认为是“主观的”，因为对被试的回答进行计分和解释时存在很多偏差。

16PF（16种人格因素）测验

卡特尔建立了多种用于评估人格的测验。其中最著名的就是16PF测验，用来测量16种主要的根源特质。该测验适用于16岁及16岁以上人群，被试会在每个分量表上都得到一个分数。研究者会对被试的反应进行客观地计分，还可以进行计算机计分和解释。在研究、临床诊断和预测职业成功中，16PF测验被广泛用来进行人格评估。该问卷已经被翻译成大约40种语言。

以一名虚拟飞行员的16PF测验为例（见图8-1）。通过阅读测试成绩图的高低点，能够看出这个人情绪稳定、有责任心、爱冒险、坚强、务实、自信、自律以及放松。这名飞行员并不紧张、忧虑或羞怯。

卡特尔建立了多种版本的16PF测验。有的被用来测量人格的一些特定方面，比如焦虑、抑郁和神经质，有的被用于一些特定的目的，比如婚姻咨询以及对企业主管人员的绩效评价，还有一些版本用来测量儿童和青少年。

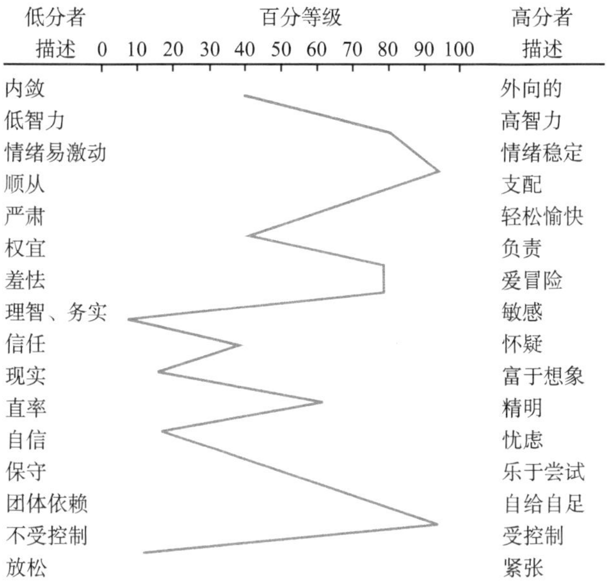

图 8-1　虚拟飞行员的 16PF 轮廓型样例

资料来源：Based on Cattell, Eber, and Tatsuoka, 1970.

对卡特尔理论的研究

卡特尔列出了三种人格研究方法：二变量、临床和多变量法。二变量法是标准的实验室实验方法。心理学家通过对自变量的操作来决定它对被试行为（因变量）所产生的影响。因为一次只研究一个变量，因此这种方法也被称为单变量分析法。卡特尔认为二变量法研究是科学、严谨和定量的，但同时认为它仅仅处理了人格中非常有限的方面。在现实中，人格受到许多变量的交互影响。并且，在典型的人为实验室情境中，很多重要的情感体验并不能被操纵和复制。因此，对卡特尔来说，二变量法具有太多局限，无法更好地揭示人格特质。

正如在第 2 章和第 5 章中所提到的，临床法包含了个案研究、梦的解析、自由联想以及类似的技术，具有高度主观性。这些方法不能产生可验证和量化的数据。卡特尔写道："虽然临床医生的心肠很好，但是他的头脑仍然有些糊涂。"（1959，p.45）

卡特尔选择通过多变量法来研究人格，多变量法会产生非常具体的数据，这就涉及复杂的统计技术——因素分析。卡特尔运用了两种形式的因素分析：R 技术和 P 技术。R 技术就是从一组人中收集大量的数据，通过计算所有分数之间的相关性来决定人格因素或特质。P 技术通过一段较长的时间，对单一被试收集大量的数据。

让我们看看卡特尔和他的同事所做的数百个因素分析研究中的一小部分，以及最近使用卡特尔测试所做的研究例证。我们注意到，他对遗传和环境对人格的相对影响力非常感兴趣。通过对 3 000 名 12 ～ 18 岁男性被试的 16PF 测验数据进行因素分析，卡特尔断定，有三个根源特质主要是由遗传所决定的。这些根源特质分别是 F 因素（严肃对轻松、愉快）、I 因素（理智、务实对慈悲心肠或敏感）和 Q3 因素（不被控制对受控制）。而另外三种特质主要由环境影响决定：E 因素（顺从对支配）、G 因素（权宜对负责）以及 Q4 因素（放松对紧张）。

卡特尔使用 16PF 测验来探讨人格特质和婚姻稳定性之间的关系（Cattell & Nesselroade，1967）。被试是被确定为有稳定或不稳定婚姻的已婚夫妻。稳定的标准是一对夫妻是否已经对离婚采取了措施。因素分析表明，测验分数能够预测婚姻稳定性。婚姻稳定的伴侣具有相似的人格特质，而婚姻不稳定的伴侣在人格特质上表现出高度的差异性。

研究发现，和其他人格测验一样，16PF 测验也可能会被歪曲或伪造。在一项研究中，大学生、罪犯和物质滥用者参加了两次测验。第一次要求他们诚实回答，而第二次要求他们以一种更为积极的自我表现方式来回答。结果表明，两次反应具有显著的差异（Simon，2007）。

在南非所做的一项研究发现，在翻译成文达语后，测验题目的意思发生了改变，这导致被试的反应无效。正如其他人格测验被翻译成某种语言一样，直译法被证明是行不通的（Van Eeden & Mantsha，2007）。使用希腊版本的 16PF 测验（这是一个令人满意的翻译）所做的研究，将希腊小学教师的人格特征从整个希腊人的测验常模中清晰地区分了出来（Roussi-Vergou，Angelosopoulou，& Zafiropoulou，2009）。

研究集锦

对卡特尔理论的研究

研究表明，16PF 测验

- 能够预测婚姻稳定性
- 如果你想要以一种更为积极的方式来表现自己，它可以被伪造
- 能在许多文化中使用，但对于某些语言来说，直译测验条目是行不通的
- 所产生的结果表明，某些根源特质主要是由遗传决定的，而另一些主要是由环境影响决定的
- 能够确认人格的 16 种根源特质
- 可以进行研究、临床诊断并预测在工作中的成功

对卡特尔理论的反思

尽管卡特尔声称因素分析是一种客观、准确的技术，但批评者注意到，存在由于主观性而影响结果的可能性。在研究过程的多个阶段，所做的决策都会受到个人偏好的影响。在数据收集这一初始步骤中，研究者必须决定使用哪些测验来进行测量，以及测量行为的哪些方面，决定应用哪种因素分析技术，以及什么样的显著性水平可以被接受。一旦确定了因素或特质，研究者就会对它们进行命名。如果这些名称比较模糊，就不能准确表达因素的本质。虽然这些批评并非指向卡特尔理论的固有弱点，只是认为因素分析方法存在主观性错误的可能。正是因为这种主观性，其他研究者在复制卡特尔的结论和证实他的 16 种根源特质时存在着困难。

卡尔特在以个案史、直觉和推测为特征的领域中，进行了大量研究，积累了大量实验数据，然而，卡特尔所做工作的庞大数量，以及因素分析方法的复杂性也是导致他的理论在总体上缺乏接受性的原因。

卡特尔明白自己无法说服其他心理学家相信自己观点的正确性，但他坚信自己的研究方法是人格研究中唯一有价值的方法。85 岁的时候，他再次重申这一点，批评当时的心理学家不能掌握和应用因素分析方法，感叹自己的研究依然没有成为主流的人格理论。但他仍然确信，总有一天他的理论能够对人类行为做出准确的预测，就像天文学家预测行星的运行一样（1974a，1974b，1990，1993）。

当前人格心理学家的共识是肯定卡特尔对其研究方法价值的信念。通常认为，他不仅是人格特质取向之父，还是 20 世纪最有影响力的心理学家之一（see Denis，2009；Revelle，2009；Tucker，2009）。无论卡特尔具体研究的最终结果如何，人格的特质取向以及他首创的对遗传影响的研究，都对当代的研究者充满了吸引力，这一点是非常清晰的。

行为遗传学

前面曾提到，有越来越多的证据支持某些特质是由遗传因素决定的这一观点。行为遗传学关注的就是遗传和人格之间的关系。不管使用哪种方法评估和研究人格，都必须考虑遗传因素。奥尔波特和卡特尔最早提出遗传因素塑造人格，与环境具有同等重要性。下面我们介绍其他关注遗传与人格之间因果关系的研究者。

汉斯·艾森克（1916—1997）

汉斯·艾森克出生于德国柏林，阿道夫·希特勒在德国执政后，他于 1934 年移民到英国。艾森克本打算在伦敦大学学习物理，但却被告知他缺乏必要的学术背景。他很气馁，就去询问大学办公室人员是否有他可以攻读其他科学。艾森克回忆道：“他们告诉我，还可以选择心理学。‘那到底是什么？’我无知地询问。‘你会喜欢它的’，他们说。因此，我选择了一门科学地位可能比我的指导老师所认识到的更为值得怀疑的学科。”（1980，p.156）40 多年之后，有人问已经非常成功的艾森克，是否曾经后悔过他的职业选择。他指出，通常来说是这样的，但他也承认自甘从事这一领域。

在他的职业生涯中，艾森克出版了 79 本书，包括一些服务于大众的书籍，以及 1 097 篇期刊论文。在他去世的时候，他是世界上引用率最高的心理学家（Farley，2000）。他建立了多个人格评估工具，包括《艾森克人格问卷》《艾森克人格调查》《莫兹利医学问卷》以及《莫兹利人格问卷》。他的研究在支持遗传对人格的作用，以及将人格的科学研究融入整个心理学整体中都具有关键性的影响（see Corr，2007；Revelle & Oehlberg，2008；Rose，2010）。

人格的维度

艾森克的职业生涯大部分在伦敦大学的莫兹利医院和精神病学研究所度过，在那里，他进行了有关人格测量的研究。他同意卡特尔人格是由特质组成，而特质是通过因素分析获得的观点。但由于卡特尔所使用的研究技术的潜在主观性和其结果的难以复制性，艾森克对因素分析和卡特尔的研究都曾进行过批评。因此，尽管艾森克也使用因素分析来发现人格特质，但他同时还增加了人格测验以及能够考察更多变量的实验研究来对因素分析法进行补充。

艾森克和他的妻子西比尔（伦敦大学的博士），共同开发了许多研究问卷（Furnham，Eysenck，& Saklofske，2010）。《艾森克人格问卷》（Eysenck & Eysenck，1963）经过了他们 12 年的合作研究和 20 多个研究因素分析。汉斯·艾森克写道："虽然是我们联名出版的，但是这在很大程度是有关她技能、耐心和耐力的一个纪念碑。"（1980，p.172）不管在哪个学科都很少有科学家能够如此坦率地承认他们的配偶对研究所做的贡献。

他们努力的结果就是基于三个维度的人格理论，这三个维度被认为是多个特质或因素的结合，可以称其为超级因子（Eysenck，1990a，1990b；Eysenck & Eysenck，1985）。三个人格维度如下：

E——外向对内向

N——神经质对情绪稳定性

P——精神质对冲动控制（或超我）

艾森克注意到，自古希腊哲学家以后外向性和神经质维度就被视为人格的基本因素。艾森克（1997）还提出，几乎可以在已经建立的每一个人格评估工具中都发现相同的维度构想。

看看与艾森克三个人格维度有关的人格特质列表（见表 8-4）。你可以很清晰地看到，在 E 维度特质上得分较高的个体会被归类为外向者，而得分较低的个体被归类为内向者。

表 8-4　艾森克人格维度中的特质

外向 / 内向	神经质 / 情绪稳定性	精神质 / 冲动控制
社交的	焦虑的	攻击性
活泼的	抑郁的	冷漠的
积极的	内疚感	个人中心的
自信的	低自尊	没有人情味的
感觉寻求的	紧张	冲动的
无忧无虑的	非理性	反社会的
支配的	害羞的	创造性
冒险的	喜怒无常的	坚强的

研究表明，尽管我们有不同的社会和环境经验，但艾森克提出的特质和维度通常在一生之中都会保持稳定。我们的处境可能会改变，但人格维度始终如一。例如，一个内向的儿童从青春期到成年期通常会保持内向（see Ganiban，Saudino，Ulbricht，Neiderhiser，& Reiss，2008）。

艾森克也做了大量关于智力的研究。尽管他没有将智力列为一个人格维度，但他将其视为对人格的一个重要影响因素。他注意到，IQ 为 120 的个体比 IQ 为 80 的个体会有更为复杂和多维的人格。他提供了证据来说明我们大约 80% 的智力都是遗传的，只有 20% 是社会和环境力量的产物。

欢迎登录

The Life and Work of Hans Eysenck

讨论了艾森克的生活与工作，以及本章中所涉及的其他特质和气质理论，包括谢尔登、卡特尔、巴斯和普洛明以及大五人格理论。

外向性

基于你的经验，你可以准确地描述外向者和内向者。外向者面向外部世界，更喜欢他人的陪伴，倾向于好交际、冲动、爱冒险、自信和支配。另外，研究发现，在《艾森克人格问卷》外向性上得分高的个体比得分低的个体会体验到更多愉快的情绪，并且更加快乐（Holder & Klassen，2010；Lucas & Fujita，2000）。研究报告了内向者则有与之相反的特征。

艾森克对外向者和内向者的生物和基因差异非常感兴趣。他发现，外向者比内向者的大脑皮层激活基线水平更低。因为外向者大脑皮层激活水平低，所以他们需要并积极寻求兴奋和刺激。与此相反，内向者回避兴奋和刺激，是因为他们的大脑皮层激活水平已经很高（Eysenck，1990b）。

因此，相比于外向者，内向者对感官刺激的反应会更强烈。研究表明，内向者对低水平刺激展现出更高的敏感性，并且比外向者具有更低的痛觉阈限。其他研究支持外向者与内向者对感官刺激具有不同的反应，但是少有令人信服的证据表明这种差异可以归因为大脑皮层激活水平的变化（Bullock & Gilliland，1993；Hagemann & Naumann，2009；Stelmack，1997）。尽管如此，正如艾森克预测的，这些差异是由基因决定的。

神经质

思考一下与神经质维度相关的特质。正如你从表8-4中所看到的，神经症以焦虑、抑郁、紧张、非理性和喜怒无常为特征。他们可能具有低自尊并且倾向于有内疚感。艾森克提出，神经质主要是遗传的，是遗传而非学习或经验的产物。它以不同于在神经质维度上情绪稳定性一侧的那些人所具有的生物和行为特征表现出来。

对美国16～70岁被试持续两年的研究表明，工作和社会关系满意度的提升与更低的神经质水平和更高的外向性水平有关（Scollon & Diener，2006）。澳大利亚的研究发现，当工作环境节奏较快和充满压力时，在《艾森克人格问卷》神经质维度上得分高的个体比得分低的个体表现更好。换句话说，这项研究表明，神经症患者似乎在繁忙情境下被迫努力工作时发挥最好（Smillie，Yeo，Furnham，& Jackson，2006）。

英国的一项研究表明，高神经质个体在言语能力上比低神经质个体的得分更低（Chamorro-Premuzic，Furnham，& Petrides，2006）。瑞典的研究发现，中年时期有高神经质得分的人更可能在25年之后表现出认知障碍（Crowe，Andel，Pedersen，Fratiglioni，& Gatz，2006）。

高神经质个体控制自主神经系统交感神经分支的脑区更为活跃，交感神经是身体的警报系统，它会通过增加呼吸频率、心跳频率、肌肉血液循环以及肾上腺素的释放来对压力或危险事件做出反应。艾森克认为，在神经症患者身上，甚至对于轻微的压力源，交感神经系统也会反应过度，从而导致慢性过敏症。这种状况会导致几乎对任何困难情境都高度情绪化。实际上，神经症患者会对其他人认为无关紧要的事件做出情绪化反应。在艾森克看来，神经质维度的这些生物反应性差异是与生俱来的。人们具有神经质或情绪稳定性的遗传倾向。

精神质

在精神质上得分较高的个体具有攻击性、反社会性、意志坚强、冷漠并且自我中心。另外，研究发现，他们对他人的需要和感受非常残酷、充满敌意而且不敏感。同时，他们比在精神质上得分低的个体具有更多的酒精和药物滥用问题（Sher，Bartholow，& Wood，2000）。

自相矛盾的是，高精神质得分的个体也具有高创造性。研究证据证明精神质很大程度上是遗传因素决定的。然而，研究也发现精神质得分高的个体比得分低的个体有更为专制和控制性的父母，因此支持了童年环境潜在的不利影响（Heaven & Ciarrochi，2006）。

男性作为一个群体通常会比女性在精神质维度上得分更高，但是对澳大利亚660名青少年的研究发现，高精神质得分的男孩和女孩在情绪幸福感上的得分都较低（Ciarrochi & Heaven，2007）。然而，这些结果使艾森克认为，精神质可能和男性荷尔蒙有关。他还推测说，在所有三个维度上均有高得分的个体容易出现犯罪行为，但支持这一观点的实证证据很少（Eysenck & Gudjonsson，1989）。中国的研究证明，犯罪行为和在精神质与神经质维度上的高得分有显著正相关（Huo-Liang，2006）。

在艾森克看来，社会需要以这三个人格维度所有方面为特征的多样性成员。理想的社会会给每个人都提供充分利用其特质和能力的机会。但一些人总会比另一些人更好地适应社会环境。例如，以敌意和攻击性为典型行为的高精神质个体，可能会出现情绪障碍，表现出犯罪倾向，也可能将攻击性特质转变为一种社会认可的事业，如大学生橄榄球教练。

遗传的主要作用

尽管研究证据表明，外向性和神经质维度比精神质有更强的遗传成分，但艾森克认为，特质和维度主要是由遗传因素决定的。艾森克并没有排除环境和情境对人格的影响，比如儿童期的家庭互动，但是他认为这些因素对人格的影响非常有限（Eysenck，1990a）。

艾森克比较了同卵（单卵）双胞胎和异卵（二卵）双胞胎。研究表明，同卵双胞胎比异卵双胞胎在人格上更为相似，即使是同卵双胞胎童年时期在不同环境中由不同父母所抚养，依然如此。对养子女的研究证明，他们的人格与亲生父母的人格比与养父母的人格之间有更大的相似性，甚至是在儿童与亲生父母并没有接触的情况下依然如此。这对艾森克认为人格更多归因于基因遗传而非环境的观点提供了更多的支持。

跨文化研究证明，艾森克的三维人格在超过 35 个国家都具有一致性，包括美国、英国、澳大利亚、日本、中国、尼日利亚和瑞典（see，for example，Bouchard，1985；Eaves，Eysenck，& Martin，1989；Floderus-Myrhed，Pedersen，& Rasmuson，1980；Hur，2009；Martin & Jardine，1986；Tellegen et al.，1988）。三维人格在不同文化中被确认，进一步证明了遗传对塑造人格的重要作用。

研究集锦

对艾森克理论的研究

对艾森克三维人格的研究表明

- 外向者体验到更多的愉悦情绪
- 外向者大脑皮层激活基线水平较低
- 神经质患者有低自尊和高内疚感
- 神经质患者在快节奏、有压力的工作中发挥较好
- 神经质患者言语能力得分低
- 精神质患者残酷、敌意和不敏感
- 精神质患者有较多酒精和药物滥用问题
- 精神质患者具有攻击性、反社会性以及自我中心
- 所有三个人格维度主要都是由遗传因素决定的

罗伯特·麦克雷和保罗·科斯塔：五因素模型

卡特尔和艾森克都使用因素分析的方法，却得出了不同数量的人格特质。这并不是说这一方法具有固有的缺陷，而是反映了每位理论家所选择的人格测量方法有所不同。许多人格研究者对这两种理论均不满意，认为艾森克得出的维度太少，而卡特尔得出的因素太多。当代研究普遍发现了五种广泛的人格因素。

麦克雷（1949—）和科斯塔（1942—）在马里兰州巴尔的摩的国立卫生研究院老年研究中心工作，他们通过一个庞大的研究项目，确定了五个所谓稳健的因素或大五因素（McCrae & Costa，1985b，1987）。这些因素是：神经质、外向性、开放性、愉悦性和责任心。

这些因素通过多种评估技术而得以确定，包括自我评估、客观测验以及观察者报告。研究者使用前三个因素的首字母缩写，开发出一套人格测验，也就是 NEO 人格量表。同时还开发了一个较短的版本以供在互联网上进行研究使用（Buchanan，Johnson，& Goldberg，2005）。不同评估方法中得出相同因素的一致性结果表明，我们可以通过这些因素来区分人格的不同方面。表 8-5 列出了大五人格因素及其典型特征。

表 8-5　麦克雷和科斯塔的大五人格因素

因素	描述
神经质	忧虑、不安全、紧张、神经过敏的
外向性	社交性、健谈、爱好玩乐、有感情的
开放性	有独创性、独立、创造力、勇敢
愉悦性	和蔼、性情温和、信任、谦恭
责任心	仔细、可靠、勤奋、有组织的

在麦克雷和科斯塔的领导下，其他研究者开发了已证明能够更加快速测量五因素的形容词清单。被试通过选择能够最好描述自己的词语来对清单做出反应。其中一个清单使用100个形容词来测量大五因素；另一个清单仅使用了40个形容词。测量大五因素及其人格特质的另一种方法是，使用由120个条目所组成的结构化访谈，被试需要做出口头回答（Trull et al.，1998）。

尽管研究者提出了很多方法来测量大五因素，但NEO仍然是使用最频繁的技术。但研究也表明，与大多数人格测验一样，想要给他人留下一个积极心理适应印象的个体会通过故意的行为来歪曲NEO的结果。

可以看到，麦克雷和科斯塔所提出的外向性和神经质因素与艾森克所提出的外向性与神经质维度非常相似。而且，麦克雷－科斯塔模型中的愉悦性和责任心可能代表了艾森克精神质维度（冲动控制）的低端部分。开放性与智力之间具有高度正相关。同样，愉悦性与我们在第4章中讨论的阿德勒的社会兴趣有关。

双生子研究发现，五因素中有四个因素都显示出较强的遗传成分：神经质、外向性、开放性和责任心。研究发现，愉悦性有较强的环境成分（Bergeman et al.，1993；Pedersen，Plomin，McClearn，& Friberg，1988）。

跨文化一致性

研究发现，五因素在东西方文化中具有一致性，这一结果也支持了遗传成分的存在。麦克雷和科斯塔注意到，大五人格因素及其特质似乎代表了超越文化差异的"人类共同的人格结构"（1997，p.515）。研究者在50多个国家和地区均发现了这五个因素，包括英国、德国、葡萄牙、捷克共和国、土耳其、以色列、中国、朝鲜、日本、法国、菲律宾、俄罗斯、印度、丹麦、意大利、黎巴嫩和加拿大，包括美国的土著和西班牙裔居民（see Allik et al.，2009；Heine & Buchtel，2009）。

虽然在许多文化中都出现了相同的因素，但研究者还是认识到，在相对重要性以及社会赞许性上存在差异。例如，澳大利亚人认为外向性和愉悦性比其他三个因素更值得拥有。而日本人认为责任心比所有其他因素都更为重要。换句话讲，在日本社会中，相比于外向、愉悦、开放甚至是情绪稳定来说，责任心对于一个人来说更为重要。

在中国香港地区和印度，宜人性是最重要的因素。在新加坡，情绪稳定性更为重要，而在委内瑞拉，外向性则是人们称赞的首要特征。在智利、芬兰、德国、荷兰、挪威、土耳其和美国，没有发现某一个因素比其他因素更为重要。总体来说，欧洲人和美国人通常比亚洲人和非洲人在外向性和经验开放性上得分更高，而在愉悦性上得分更低（Allik & McCrae，2004；McCrae & Terracciano，2005）。

大五因素似乎确实有一致的性别差异。在包括东西方55个国家和地区所进行的研究发现，女性比男性报告了更高水平的神经质、外向性、宜人性和责任心。这些差异在那些女性有更多受教育及就业机会的繁荣和平等的国家中最为显著（Schmitt，Realo，Voracek，& Allik，2008）。

在人们如何看待自己和他人人格的问题上，也具有跨文化的一致性。相比于他人对自己的看法，人们通常将自己视为更加神经质以及有更多的经验开放性，也倾向于将他人视为比自己有更多的责任心（Allik et al.，2010）。

因素的稳定性

在儿童和成年人身上均发现了这五个因素。对同一批被试持续6年的追踪研究证实，所有五个因素均具有高稳定性水平（Costa & McCrae，1988）。儿童时愉悦性水平高的个体在成年时仍然如此。对芬兰18～59岁双生子的研究发现，在40岁的年龄跨度内，无论男性还是女性，在外向性和神经质上都具有高度的稳定性（Viken，Rose，Kaprio，& Koskenvuo，1994）。对美国男性和女性从青春期后期到成年期超过19年的研究发现，外向性和神经质因素具有中等程度的稳定性，但达到统计显著水平（Carmichael & McGue，1994）。对美国和比利时青少年超过4年的研究显示，外向性、愉悦性和责任心因素保持稳定，而男性和女性对经验的开放性都有所提高（McCrae et al.，2002）。

研究者分别测量男女大学生在学生时期以及20年以后的外向性水平时发现，两个年龄阶段的测试分数之间有显著正相关，这表明大学时期外向性的人在中年时仍然如此。研究也表明，和预期一致，外向性上得分较高的个体比得分低的个体更擅长社交，也更开朗，高分者也比低分者更可能在中年面对压力情境时寻求社会支持（Von Dras & Siegler，1997）。

在另一项大规模研究中，比较了美国成年人及他们在 40 年之后的人格测量结果，发现外向性和责任心因素一直最为稳定（Hampson & Goldberg，2006）。从青春期到成年期这一短暂时期人格的变化，正如捷克和俄罗斯的研究显示的一样，神经质、外向性和对经验的开放性水平在这些年有所下降，而愉悦性和责任心水平有所上升（McCrae et al.，2004a，b）。对德国成年人在他们 40 多岁和 60 多岁时的研究表明，从前 10 年到后 10 年之间神经质水平有所下降（Allemand，Zimprich，& Hertzog，2007）。

在另一项研究中要求幼儿教师预测，他们 3 ～ 6 岁的学生在 20 年之后会是什么样子。教师基于对学生行为观察所做的预期，与学生在大五人格因素上的得分一致。这些结果表明，教师假定学龄前行为与成年行为密切相关（Graziano，Jensen-Campbell，& Sullivan-Logan，1998）。

这提出了一个问题：预期是否会使教师和父母强化某些行为，从而加强基于遗传的人格特征。例如，会不会是因为照料者对外向儿童和内向儿童的不同对待而强化了每组儿童不同的遗传行为倾向？

研究集锦

对麦克雷和科斯卡理论的研究

对五因素人格的研究表明

- 神经质、外向性、开放性和责任心具有较强的遗传成分
- 愉悦性因素具有较强的环境成分
- 在不同文化中均发现了这五个因素
- 大多数因素在一生之中都保持稳定
- 女性比男性报告了更高的神经质、外向性、愉悦性和责任心水平
- 我们通常认为他人比自己更有责任心并且没那么神经质

相关情绪

在大量研究中，外向性都与情绪幸福感呈正相关（see，for example，Heller，Watson，& Hies，2004；Lischetzke & Eid，2006）。神经质与情绪幸福感呈负相关。研究者认为，高外向性和低神经质的个体从基因方面比较容易具有情绪稳定性（Costa & McCrae，1984；Watson，Clark，McIntyre，& Hamaker，1992）。一项对男性和女性大学生的研究发现，高外向性得分者比低外向性得分者能够更好地应对日常生活压力。外向者也更可能去寻求社会支持来帮助他们应对压力（Amirkhan，Risinger，& Swickert，1995）。

这与早期所报告的结果相符合，即外向者在中年时更可能寻求社会支持来应对压力生活事件。研究还发现，神经质的抑郁层面和外向性的积极情绪 / 快乐层面是整体生活满意度和情绪幸福感最一致的预测因子（Schimmack，Oishi，Furr，& Funder，2004）。

对美国大学生的研究发现，高外向性得分者比低外向性得分者在同龄人中享有更高的地位和声望（Anderson，John，Keltner，& Kring，2001）。只要情境是快乐的，高外向性的个体就将社会情境评价为积极的，这表明了积极情绪在外向性这一因素中的重要性（Lucas & Diener，2001）。

其他对大学生的研究发现，在 4 年多的时间中，外向者可能会经历更多的积极事件，如优异的成绩、加薪或结婚。高神经质的学生则更倾向于经历一些消极事件，如生病、体重增加、交通罚单或被研究生院拒绝（Magnus，Diener，Fujita，& Pavot，1993）。对美国 25 ～ 74 岁成年人的研究发现，日常生活压力源对高神经质得分的个体，有显著更高的消极情绪影响（Mroczek & Almeida，2004）。

对瑞典共同抚养与分开抚养的同卵和异卵双胞胎所进行的研究，证实了对女性而言，人格与理想生活事件具有显著相关。在外向性和对经验开放性上得分高的女性更可能经历积极生活事件。在神经质上得分高的女性更可能经历消极生活事件（Saudino，Pedersen，Lichtenstein，McClearn，& Plomin，1997）。

在另一项研究中，高宜人性和高责任心的个体比在这些特质上的低分者显示出更多的情绪幸福感（McCrae & Costa，1991）。其他研究者发现，高神经质个体容易抑郁、焦虑、物质滥用和自责（Jorm，1987；Kotov，Gamez，Schmidt，& Watson，2010；Parkes，1986）。更多生理疾病和心理痛苦都与在神经质因素上的高得分有关（DeRaad，2000；Larsen & Kasimatis，1991；Ormel & Wohlfarth，1991）。对慢性肾功能不全（一种肾脏疾病）的男性和女性患者持续4年的研究，发现在大五人格量表神经质因素上得分更高的个体比得分较低的个体死亡率会高出37.5%（Christensen et al.，2002）。

对荷兰青少年的一项研究发现，在外向性、情绪稳定性和愉悦性上得分高的个体更受同学欢迎和喜爱（Van der Linden，Scholte，Cillessen，Nijenhuis，& Seger，2010）。在美国的研究发现，相比于低外向性和低愉悦性的个体，高外向性和高宜人性的个体被评价为更有外表吸引力（Meier，Robinson，Carter，& Hinsz，2010）。

相关行为

高开放性的个体有广泛的智力兴趣，并会寻求挑战。相比于低开放性的个体，他们更可能会改变工作，尝试不同的职业，期待更多不同的生活体验（McCrae & Costa，1985a，1985b）。在开放性和外向性上得分都高的个体更可能会从事个体经营。外向者退休后也更为积极，并且对退休生活更为满意（Lockenhoff，Terracciano，& Costa，2009；Robinson，Demetre，& Corney，2010; Shane，Nicolaou，Cherkas，& Spector，2010）。

高责任心的个体一般是可信赖的、负责、守时、有效率和可靠的，并且在校成绩也比低责任心的个体更好（Back，Schmukle，& Egloff，2006；Chowdhury & Amin，2006；Wagerman & Funder，2007）。对英国大学生的一项研究发现，高责任心的个体更有组织性、自律性并且对未来目标的规划更有成就取向（Conner & Abraham，2001）。在工作场所进行的研究发现，高责任心比低责任心的个体更可能设定较高的目标，并努力去实现，开展理想的工作行为以及获得高绩效评价。研究也表明，责任心因素是对专业工作、警察、管理、销售和技术工作绩效的有效预测因子（Barrick & Mount，1996；Barrick，Mount，& Strauss，1993；Stewart，Carson，& Cardy，1996）。

对五到八年级学生的一项研究表明，相比于低责任心的学生来说，高责任心的学生会更可能受到同伴认可，有更多和更高质量的友谊，并且不太可能成为攻击的目标（Jensen-Campbell & Malcolm，2007）。

研究也表明高责任心的个体会更健康，活得更长久（Friedman & Martin，2011）。对成年吸烟者的一项研究表明，相比于责任心水平较低的个体，责任心水平较高的个体不太可能在家里吸烟。这表明有责任心的吸烟者会更加意识到室内吸烟的健康风险（对他们自己和与他们住在一起的人来说都是如此），而且会有减少这些风险的行为（Hampson，Andrews，Barckley，Lichtenstein，& Lee，2000）。

美国高责任心的大学生比低责任心的大学生更可能会系安全带，锻炼身体，有充足的睡眠以及吃更多的水果和蔬菜（Raynor & Levine，2009）。

对已被诊断出患有糖尿病的青少年和年轻成年人所进行的研究表明，责任心得分高者会比得分低者寻求更多控制他们病情的信息，并且更勤于自我护理（Skinner，Hampson，& Fife-Schau，2002）。对英国大学生的一项研究发现，相比于责任心水平较低的个体，责任心水平较高的学生更不可能表现出疑病抱怨（也就是说，相信并害怕自己得病了）（Ferguson，2000）。对美国成年人的一项电话调查显示，在责任心上得分较高的个体比得分较低的个体有更多健康的行为（Tucker，Elliott，& Klein，2006）。

研究发现，具有高愉悦性水平的个体易于合作、乐于助人、利他、诚实和无私（Digman，1990；John，1990）。对芬兰居民持续25年的研究发现，8岁时有高愉悦性水平的个体比低愉悦性水平的个体在校成绩更好，问题行为更少。25年之后，作为成年人，高愉悦性水平的个体比低愉悦性水平的个体报告了更少的酗酒、更低水平的抑郁以及更少的被捕记录，并显示出更多的职业稳定性（Laursen，Pulkkinen，& Adams，2002）。对成年人的一项研究表明，低责任心和愉悦性水平的个体比高得分者更可能成为酒精或非法药物的严重依赖者（Walton & Roberts，2004）。

对被诊断为注意缺陷 / 多动症个体的研究发现，相比于低愉悦性得分的个体，高愉悦性得分的个体会更少出现多动、冲动、注意力不良以及认知和行为混乱等症状（Nigg et al.，2002）。

对德国大学生从大学第一年开始时进行的历时 18 个月的研究发现，大五人格因素中有三个因素对他们的社会关系有显著影响。相对于外向性得分低的学生，外向性得分高的学生在 18 个月中交到了更多的朋友，并且更可能坠入爱河。高愉悦性水平的学生更少经历与异性熟人之间的冲突，高责任心的学生更可能与父母或兄弟姐妹保持联系。研究没有显示开放性因素对社会关系具有显著影响（Asendorpf & Wilpers，1998）。

愉悦性、责任心和开放性因素与学业成绩呈正相关。在这三个因素上得分均高的个体成绩更好（Poropat，2009）。被评价为是更好的父母，能更好地应对压力（Carver & Connor-Smith，2010；Prinzie，Stams，Dekovic，Reijintjes，& Belsky，2009）。

对神经质的研究有更多矛盾性的结果。尽管高神经质可以预测老年时期身体健康和主观幸福感的下降，但神经质也与更长的寿命有关。这表明，神经质患者可能活得更长久，但对此并不感到开心，并且有更多健康问题（Eysenck，2009；Friedman，Kern，& Reynolds，2010）。高神经质得分的个体与老年痴呆有关的认知功能下降较少（Williams，Suchy，& Kraybill，2010）。

对荷兰异性夫妻进行的一项研究表明，夫妻双方的低神经质得分和高外向性得分与婚姻幸福感有关（Barelds，2005）。对美国新婚夫妻的研究表明，在结婚的头两年里，对愉悦性和责任心的自我评价显著提高，对神经质的自我评价显著下降。而伴侣对自己的评价却有所不同，在 2 年时间里，伴侣评价的责任心、愉悦性、外向性和开放性显著下降（Watson & Humrichouse，2006）。也就是说，这些成年人认为他们在婚后两年中变得越来越好，而伴侣对此却并不认同。

当要求美国大学生评价各种生活目标的重要性时，比如婚姻、充满乐趣的活动以及对事业的认真追求，发现渴望更高经济、社会和政治地位的人外向性得分更高，而愉悦性得分更低（Roberts & Robins，2000）。

最后，大五因素模型甚至能够准确指出所谓爱狗的人与爱猫的人有哪些差异。相比于更喜欢猫的个体，更喜欢狗的个体在外向性、愉悦性和责任心上得分更高，而在神经质和开放性上得分更低（Gosling，Sandy，& Potter，2010）。

从广泛的情绪和行为研究中可以得到明显的证据，即大五因素人格模型具有很高的预测价值。大多数研究在使用大五因素时，都将其作为一个独立的实体，而非构成它们的个别特质（见表 8-5）。比较大五因素及其特质预测价值的研究发现，更高层次的因素和更低层的特质具有高预测效度，但特质的预测效度高于因素的预测效度（Paunonen，1998；Paunonen & Ashton，2001）。

麦克雷和科斯塔的研究结果已经得到了复制，并继续激励着大量研究的出现。他们为人格以及我们更好地理解遗传和环境的相对重要性，提供了有趣并获得很好支持的研究方法。然而，正如你可能会怀疑的那样，并非所有心理学家都同意这些因素就是构成我们人格的仅有因素。

研究集锦

对大五因素的研究

外向性得分高的个体通常

- 有高情绪稳定性和生活满意度
- 能更好地应对日常压力
- 有更高的成绩
- 在大学中享有较高的地位和声望

责任心得分高的个体倾向于

- 是可信的、有效率的和守时的
- 有更好的成绩
- 很有条理、遵守纪律
- 有更高的个人目标
- 被同伴认可并有更多朋友
- 更加健康且活得更长久
- 系安全带，锻炼身体，有充足的睡眠以及吃更多的水果和蔬菜

责任心、愉悦性、开放性和外向性得分高的个体倾向于

- 受欢迎，并被认为更具吸引力
- 获得优异的成绩
- 很好地应对压力
- 是好父母
- 偏爱狗而非猫

迈克尔·阿什顿和 Kibeom Lee：六因素模型

阿什顿和 Lee（2007，2009）提出了人格的六因素模型（HEXACO）。其中的两个因素——外向性和责任心与五因素模型中的外向性和责任心相似，另外四个因素与以前的研究有不同程度的差异，同时也是六因素模型的独特之处（Ashton & Lee，2008；Shepherd & Belicki，2008）。表 8-6 列出了 HEXACO 模型的六个因素。

表 8-6 HEXACO 模型的六种人格因素

因素	描述
诚实 / 谦恭	真诚、诚实、忠诚对贪婪、狂妄、虚伪、自负
情绪性	情绪化、过分敏感、忠诚、焦虑对勇敢、坚强、自信、稳定
外向性	外向、活泼、好交际、快乐对害羞、被动、退缩、内向
愉悦性	宽容、平和、温和、愉悦性对好争论、顽固、脾气暴躁
责任心	守纪律、勤勉、细致、一丝不苟对鲁莽、懒惰、不负责任、心不在焉
经验开放性	创造性、创新、非常规的对肤浅、常规的、缺乏想象力

资料来源：Hexaco Personality Inventory-Revised. © 2007. Used by kind permission of Michael C. Ashton and Kibeom Lee.

有两种评估六因素模型各维度的自陈式量表：100 个条目的 HEXACO 模型人格问卷修订版，以及 60 个条目的 HEXACO-60。这两个量表均具有良好的信效度（Ashton & Lee，2009）。六个因素在多个不同文化中都得到了证明，包括荷兰、法国、德国、匈牙利、意大利、韩国、波兰、希腊、克罗地亚、土耳其和菲律宾（Ashton et al.，2006；Ashton，Lee，Perugin，et al.，2004；DeRaad & Barelds，2008）。

关于六因素模型与行为和情绪的相关研究正在进行。例如，对意大利成年人的一项研究发现，在 HEXACO 模型责任心因素上得分高的个体倾向于为右翼政党投票，而倾向于为左翼政党投票的个体则在诚实、愉悦性和开放性上得分较高（Chirumbolo & Leone，2010）。对新西兰大学生的研究发现，在经验开放性和情绪性上得分较低的个体在右翼威权主义和对持不同政见团体的偏见上得分较高（Sibley，Harding，Perry，Asbrock，& Duckitt，2010）。对美国就业者的一项研究发现，在诚实 / 谦恭维度上得分高的个体比得分低的个体得到了更高的工作绩效评价（Johnson，Rowatt，& Petrini，2011）。

人格特质与互联网

我们在第 1 章看到，互联网，尤其是社交网站既能影响又能反映我们的人格。研究者做了许多研究来确定在本章中所探讨的特质会如何影响互联网的使用。

对艾森克人格维度的研究表明，在德国，神经质得分高以及过度关注自己的学生更容易网络成瘾（Montag，Jurkiewicz，& Reuter，2010）。对土耳其大学生的研究发现，在艾森克精神质这一特质上得分高的个体将互联网作为一种面对面社会互动的替代。他们通常只通过互联网发展友谊（Tosun & Lajunen，2010）。

这类研究大多数都使用五因素模型，并涉及各种不同的行为。想象一下下面这些例子。其中是否有一些适用于你或你认识的某个人？

- 在以色列，具有责任心得分高的个体比得分低的个体有更多的脸书好友。高神经质水平的个体比低神经质水平的个体会在脸书上公布更多他们的照片（Amichai-Hamburger & Vinitzky，2010）。
- 在荷兰，近似于强迫的高互联网使用在内向、不讨人喜欢以及情绪较稳定和孤独的青少年中最严重（Van der Aa et al.，2009）。

- 在美国和德国，高责任心、愉悦性和情绪稳定性的大学生更不可能在脸书上公布关于个人问题的信息，如物质滥用或性行为。然而，总体来讲，相比于德国学生，美国学生更倾向于公布这些内容，而不依赖于人格特质（Karl，Peluchette，& Schlaegel，2010）。
- 在美国，一个全国性的成年人样本显示，高外向性的男性和女性都更可能使用社交媒体网站，但高情绪不稳定性的男性甚至更可能会使用社交媒体网站（Correa，Hinsley，& deZuniga，2010）。
- 另一项对美国人的研究发现，高神经质的女性比低神经质的女性更可能去写博客。对于男性来说，不同神经质水平的个体在博客活动上没有差异（Guadagno，Okdie，& Eno，2008）。
- 对中国台湾地区的大学生的研究表明，高责任心的个体进行网络购物是为了方便；高开放性的人进行网络购物是为了有一个新的冒险尝试；高神经质的个体网络购物则是为了避开其他人（Huang & Yang，2010）。
- 在澳大利亚，外向性水平高、责任心水平低，并且报告说处于社会孤独中的成年人更可能会使用脸书（Ryan & Xenos，2011）。
- 在美国，对 11 ～ 16 岁的个体进行的一项研究发现，在经验开放性上得分高的个体比得分低的个体会花费更多时间使用计算机以及玩视频游戏（Witt，Massman，& Jackson，2011）。

对特质论的反思

本章所呈现的理论及其支持性研究表明，遗传几乎可以解释 50% 的人格（Brody，1997；Buss，1988；Stelmack，1997）。虽然在外向性、神经质和精神质因素上的证据最多，但人格研究者所探讨的其他维度几乎都显示出很强的生物成分。在很多情况下，共同家庭环境的影响非常微小。一些研究者持更强硬的观点，认为不管家庭状况怎样，无论是共同抚养还是分开抚养，双胞胎在所有的人格方面都具有相似性，这表明遗传的影响远远重于环境的影响。

这一领域的研究对过去关注家庭和儿童早期社会互动的人格心理学家具有理论和实践的启示。未来如果我们想要完全解释人格的发展，需要对行为遗传学的研究成果进行重构。然而，谨慎是十分必要的。我们不能过早地推断，家庭以及其他环境因素在塑造人格方面完全没有作用。普洛明、西帕尔和莱林提道：

> 抛弃头脑简单的环境论对于人格领域是有好处的。然而，目前的危险是，匆忙地从环境论抽离出来会反弹太远——形成人格几乎完全是由生物因素所决定的观点（1990，pp.225-226）。

人格的各种成分仍然是遗传和我们生活经验的产物。心理学家的任务仍然是确定每个影响因素的相对重要性。

本章小结

在卡特尔看来，因素或特质是人格的基本结构单元。我们在某种程度上都拥有共同特质；独特特质为个人或少数几个人的特征。能力特质决定了我们完成目标的有效性。气质特质限定了行为的情感风格。动力特质关注的是动机。

表面特质是一些相互关联，但因为不能被单一来源所决定，从而不能构成一个因素的人格特征。卡特尔所确定的 16 种根源特质都是单一因素，每一个特质都是行为某个方面的单一来源。根源特质可以是起源于身体内部的体质特质，也可以是来自环境影响的环境塑造特质。

动力特质包括能（所有行为的能量来源）和情操（态度的习得模式）。卡特尔的研究表明，1/3 的人格都是由遗传因素所决定的，其余的则由环境影响所决定。因此，卡特尔对人格持有一种决定论的观点。他没有提出任何终极的人生目标。正如遗传因素和环境一样，童年期影响对人格的发展也是十分重要的。

卡特尔所使用的三个主要评估技术是 L 数据（观察者评估）、Q 数据（通过问卷、人格量表和态度量表进行自我评估）以及 T 数据（来自测谎测验的数据）。卡特尔开发了16PF测验。他使用两种形式的因素分析：从成群被试中收集大量数据的R技术；通过一段较长的时间，对单一被试收集大量数据的P技术。卡特尔的研究具有高度技术性，并且具有大量的支持性数据。因素分析由于其潜在的主观性而受到批评。

对行为遗传学的研究表明，遗传因素对人格具有显著影响。艾森克证实了遗传对外向性、神经质和精神质这几个人格维度的影响。麦克雷和科斯塔提出了五种基于生物学的因素：神经质、外向性、开放性、愉悦性和责任心。这些因素在个体一生都保持稳定，并在许多文化中出现，在多种情境下都能有效预测情绪和行为，并且能够影响我们行为的许多方面。HEXACO模型，也就是人格的六因素模型，在五因素模型的基础上增加了诚实/谦恭这一人格维度。这个因素在十多种不同文化中都已经被证实。人格特质影响我们的网络行为，包括从我们与他人在社交网站上互动的方式到博客，再到网上购物习惯。

5 PART

第五部分

人本主义取向

人本主义是一种将人类的兴趣和价值放在首位的思想体系。人格的人本主义取向是活跃于20世纪六七十年代，并仍在影响当今心理学的人本主义心理学运动的一部分。这一运动的目标是改变心理学的研究方法和研究主题。人本主义心理学家反对美国心理学的两个主要力量——精神分析和行为主义，认为它们太过局限并且贬低了人的本性。

人本主义心理学家批评弗洛伊德和其他精神分析学家只研究人性中情绪障碍的一面。他们质疑到，如果我们只局限于神经症和精神病，如何能够了解积极的人类特征和品质。因此，人本主义心理学家提议，研究我们的优势和品德，即美好的而不是糟糕的人类行为。

人本主义心理学家认为，行为主义心理学家否认意识和无意识的力量，只关注对外显性行为的观察，视角太过狭隘和刻板。这种基于条件反射的心理学将个体描述为机器人，以既定的方式对事件做出反应。人本主义心理学家坚决反对这种观点，坚持认为人并非实验室中大点的白鼠或运行缓慢的电脑。人类行为极其复杂以至于不能完全按照行为主义者的方法去解释。

亚伯拉罕·马斯洛和卡尔·罗杰斯的研究展现了人格的人本主义取向。他们的理论强调人类的优势和抱负、自觉的自由意志以及人类潜能的实现。他们秉持乐观的人性观，将人类描述为与成长和自我实现有关的积极、创造性的存在。

Chapter 9

第9章

亚伯拉罕·马斯洛：需要层次理论

一个人本来是什么，就必须是什么，他必须忠实于自己的本性。

——亚伯拉罕·马斯洛

亚伯拉罕·马斯洛是人本主义心理学运动的创始人和精神领袖。他反对行为主义和精神分析学派，尤其是弗洛伊德的人格理论。马斯洛认为心理学家只关注心理异常以及具有情绪障碍的个体，而忽视了人类的积极品质，比如幸福、满足和内心的平静。一段经常被引用的表述很好地概括了马斯洛的观点："研究残疾的、不健全的、不成熟的以及不健康的样本只能导致有缺陷的心理学。"（Maslow，1970b，p.180）

马斯洛指出，如果我们不去考察最优秀的人，即最有创造力、最健康和最成熟的个体，就会低估人的本性。因此，马斯洛在研究人格时，考察的是社会上最杰出的代表人物。他的理由是，如果你想知道人能跑多快，你不能去研究普通的跑步者，而应该研究你能找到的跑得最快的人。只有这样才有可能发现人类的最大潜能。他的理论并非来源于临床患者的病案，而是来自对具有创造性、独立、自立以及自我实现的成年人的研究。他认为，每个人出生时都具有相同的本能性需要，它促使个体成长、发展以及实现自我潜能。

马斯洛的生平（1908—1970）

自卑感和补偿

1908年，马斯洛出生在纽约的布鲁克林，是家中七个孩子中的老大。他的父母是移民，且没什么文化。由于对摆脱近乎崩溃的经济状况几乎绝望，马斯洛的父亲在14岁的时候，通过徒步以及搭便车的方式从俄罗斯穿越西欧，野心勃勃地来到美国。老马斯洛也把这种强烈渴望成功的动机逐渐灌输给了自己的儿子。

马斯洛的童年充满艰辛。他曾对一位采访者说："对于我的童年，我很惊讶自己不是精神病。"（Hall，1968，p.37）在他去世多年后，人们发现在他未发表的文章中的一段记述。马斯洛写道："我的家庭很不幸，我的母亲非常可怕。"（quoted in Hoffman，1996，p.2）在他的成长过程中既没有亲密的朋友也没有爱他的父母，有的只是孤独与不幸。他的父亲对他很冷漠，而且时不时地就会抛弃他不幸的婚姻。马斯洛说他的父亲，“喜欢威士忌酒和女人，还好打架”（quoted in Wilson，1972，p.131）。最终马斯洛与他的父亲和好了，但在他还是儿童和青少年的时候，感受到的只是父亲对他的敌意。

马斯洛与他母亲的关系更糟糕。一位传记作家写道：“直到长大成人，马斯洛对他的母亲都一直充满恨意且从未得到一丝一毫缓解。”（Hoffman，1988，p.7）她十分迷信，就算马斯洛只犯很小的错误也要惩罚他。她声称上帝会惩罚他的不良行为。马斯洛缺乏关爱并且不被接受，相反，母亲却对弟弟妹妹的疼爱丝毫不加掩饰。当马斯洛把两只流浪小猫带回家时，他的母亲把小猫的脑袋狠狠撞向墙壁，将它们杀死。马斯洛从未原谅她对他的所作所为，甚至在她去世以后，也拒绝参加她的葬礼。这一经历不仅影响了马斯洛的情感生活，而且也影响了他的心理学工作。“我的人生哲学中所有的信任，以及所有的研究和理论……都根植于对她的厌恶和对她所赞成的一切的反对。”（quoted in Hoffman，1988，p.9）

马斯洛从小就认为自己与其他孩子不同。他一直为自己瘦得干巴巴的身体和大鼻子感到窘迫，他记得十几岁的时候一直非常自卑。“我在这个世界上很孤独，”马斯洛曾告诉一位采访者，“我很奇怪，不知为何内心深处总感觉自己不对，这种感觉就像真的在我血液里流淌着一样。我从来没有感觉自己很优秀，唯一有的就是令人心痛的强烈的自卑感。”（quoted in Milton，2002，p.42）他在其他地方写道：“我试图通过强迫提高运动成绩来弥补自己最大的（身体）不足”（quoted in Hoffman，1988，p.13）。因此，他对阿尔弗雷德·阿德勒的理论非常感兴趣，而且他自己在许多方面就是阿德勒自卑补偿这一概念的实例。

马斯洛早期想通过成为运动员来弥补自己的身体缺陷从而获得认同和接受，但并没有成功，后来他转向读书。图书馆成了他童年和青少年时期的乐园，依靠阅读和教育，马斯洛走出了贫民窟和孤独的困扰。马斯洛早年的记忆很重要，因为这些预测了他的生活风格、他的学术生涯的风格，他会因为自己而引领时尚。马斯洛曾经回忆，他会早上很早去社区图书馆等着开门。他经常提前一个小时就到学校，老师会把自己的书借给他让他坐在空教室里读。尽管他的学习成绩还处在中等水平，但这也足以让他被纽约市立大学录取。第一学期他有一门课程没有通过，而且在第一学年末他还处在留校察看的状态，但经过他的不断努力，成绩得以提高。在父亲的要求下，他开始学习法律，但两周之后，他就发现自己并不喜欢法律。他真正想要做的是研究一切。

从猴子到自我实现

马斯洛对学习的渴望伴随着他对表妹贝莎的挚爱。他不久后离家，先是来到康奈尔大学，然后又去了威斯康星大学，贝莎在这里和他在一起。他们结婚时，他 20 岁，她 19 岁。婚姻为马斯洛提供了归属感和一种方向感。他后来说自己的生活是直到他和贝莎结婚并在威斯康星开始开展研究时才变得有点意义。在康奈尔大学时，他选修了心理学课程，但他却说心理学课程“糟糕透顶而且毫无生气”“与人没有任何关系，简直让人不寒而栗，弃而远之”（quoted in Hoffman，1988，p.26）。

然而在威斯康星，他接触到了领导心理学成为行为科学的约翰·华生的行为主义心理学。和 20 世纪 30 年代早期的许多人一样，他欣喜地认为行为主义能够解决世界上的所有问题。他在实验心理学方面的训练涉及关于灵长类的支配性和性行为的研究。因此，很明显，从这类行为主义框架下的研究到人本主义心理学思想，从猴子到自我实现，存在着巨大的跨越。

几次重大的影响促使了马斯洛思想的巨大转变。首先，第二次世界大战的爆发以及他第一个孩子的出生对他产生了深刻影响。对于婴儿，他说：“我被这份神秘和真实的不可控感震惊了，我感受到了前所未有的渺小、脆弱和无力。我想说任何有孩子的人都不可能是行为主义者。”（quoted in Hall，1968，p.56）

1934 年，马斯洛在威斯康星大学获得了哲学博士学位，并获得了哥伦比亚大学桑代克教授博士后奖学金回到纽约，随后又任教于布鲁克林学院直到 1951 年。马斯洛参加了几个智力和学习资质测试，得到的智商评分为 195，这个分数属于桑代克描述的天才的范围。起先马斯洛觉得很惊讶，但很快他就接受了这个评估，在此后把它看作一种成功，在社交场合中经常提及。

20 世纪 30 年代末到 40 年代初，在纽约任教期间，马斯洛有机会结识了一批从纳粹德国逃亡出来的知识分子，其中包括卡伦·霍妮和阿尔弗雷德·阿德勒。马斯洛“整天谈论阿德勒，并因为他的理论而感到极度兴奋”（quoted in Hoffman，1988，p.304）。他还结识了格式塔心理学家马科斯·韦特海默和美国人类学家露丝·本尼迪克特，而且对韦特海默以及本尼迪克特的钦佩激发了他的自我实现理论。

1941 年，日本偷袭了位于美国夏威夷的珍珠港海军基地，促使美国卷入了第二次世界大战之后，马斯洛目睹了一场短暂的游行。这一经历改变了他的思想，他决定建立一种致力于实现人类最高理想的心理学，改善人格，并证实人类能够展现出超越偏见、憎恨和攻击的行为。

1951 ～ 1969 年，马斯洛任教于马萨诸塞州的布兰迪斯大学。在一家机构提供的基金的支持下，马斯洛移居加利福尼亚州，从事以他的人本主义心理学为基础的政治学、经济学和伦理学的哲学研究。马斯洛在心理学以及公众领域大受欢迎，他获得了很多奖励和荣誉，并于 1967 年被推选为美国心理学会的主席。

在名望达到顶峰的时候，马斯洛染上了多种慢性病，包括胃功能紊乱、失眠、抑郁以及心脏病。面对身体的每况愈下，马斯洛强迫自己更加努力地工作，以完成他使心理学人性化的目标。“我感觉自己越来越力不从心，”他在 1968 年的采访中说道，“我放弃了娱乐、诗歌以及结交新朋友……我非常热爱自己的工作，一心一意，其他所有的一切都被看得小之又小。”（quoted in Frick，2000，p.135）1970 年，马斯洛死于心脏病突发，当时他正遵照心脏病专家的嘱咐，绕着自家的游泳池慢跑。

欢迎登录

The Life and Work of Abraham Maslow
马斯洛生平与理论的回顾，包括对马斯洛研究方法的评价。
Maslow Compendium
该链接提供了你想了解的关于马斯洛以及他的研究的一切，包括超过 28 个小时的采访录音。

人格发展：需要层次

马斯洛（1968，1970b）激发和引导人类行为的**五种层次的内在需要**（hierarchy of five innate needs）。他们是生理需要、安全需要、归属与爱的需要、尊重需要以及自我实现需要（见图 9-1）。马斯洛将这些需要描述为**似本能**（instinctoid）性质，意思是它们都包含了遗传的成分，但这些需要也会受到学习、社会期望以及害怕、不被赞许等影响或颠覆。尽管我们一出生就具备这些需要，但我们满足这些需要的行为却是后天习得的，因此是具有个体差异的。

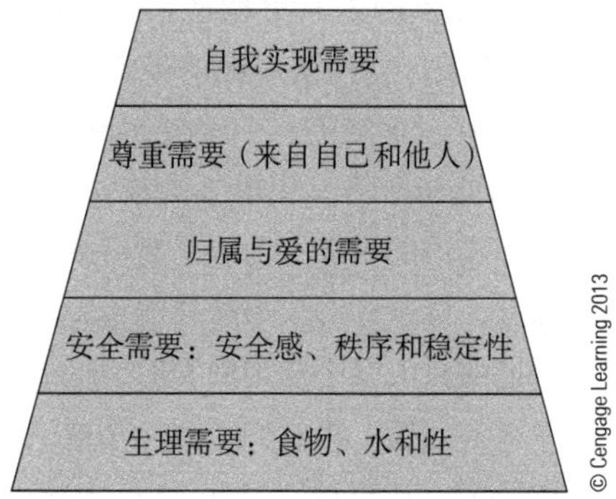

图 9-1　马斯洛的需要层次

不同的需要是按照从强到弱的顺序排列的。在高层次需要得到满足之前低层次需要必须得到一定程度的满足。例如，一个处于饥饿状态的人不会想着去满足更高层次的尊重需要，他们关注用食物来满足生理需要，而不是获得他人的赞许和尊重。只有在具有适当的食物和住所，在其他低层次需要得到适度满足的时候，人们才会有动机追求更高层次需要的满足。

因此，我们并不是同时受到所有需要的驱动。一般来说，只有一种需要主导着我们的人格。具体是哪一种需要依赖于其他已经被满足的需要。对事业成功者而言，他们不会再受到生理和安全需要的驱动，甚至可能都意识不到这些需要的存在，因为他们的这些需要已经得到了非常充分的满足，他们更有可能受到尊重或自我实现需要的驱动。但马斯洛也指出，不同需要的顺序是可以变化的。当经济不景气而使一些人失业时，安全和生理需要可能会再次成为他们的主导性需要，此时能够偿还贷款比获得同事的欢迎或在社团活动中获奖更加值得珍视。

需要的特征

马斯洛认为需要具有以下特征：

- 需要的层次越低、强度越大、效能越高越需要优先满足。需要的层次越高，需要程度越弱。
- 高级需要在个体生命中出现得较晚。生理和安全需要在婴儿期就会出现，归属与爱的需要出现在青春期，而自我实现的需要要一直到中年期才会出现。

- 由于高级需要对于个体实际生存的必要性较低，所以可以延迟满足。高级需要的不满足不会产生危机，但低级需要的满足失败却会引发危机。正因为如此，马斯洛将低级需要称为**缺失性需要**（deficit / deficiency need），低级需要不能得到满足会让个体产生匮乏和缺失感。
- 尽管高级需要对于生存的必要性较低，但有助于个体的生存和发展。高级需要的满足会让个体更加健康、长寿。正因为如此，马斯洛将高级需要称为**成长性需要**（growth / being needs）。
- 高级需要的满足也有利于个体的心理健康。高级需要的满足会带来更大的满足感、幸福感和成就感。
- 高级需要的满足比低级需要的满足需要更多的外部条件（社会、经济和政治条件）。例如，追求自我实现比追求安全需要的满足需要更多的表达自由和机会。
- 高层次出现之前低层次需要并不需要得到完全满足。马斯洛认为每一层次需要的满足比例是逐渐下降的。
- 一个需要不必在层级中的下一个需要变得重要前完全地被满足。马斯洛提出了每个需要的满足感都是按比例下降的。马斯洛以一个假想的例子描述了需要得以满足的个体，依次是 85% 的生理需要、70% 的安全需要、50% 的归属感与爱的需要、40% 的尊重需要以及 10% 的自我实现需要。

生理需要

如果你游过泳，当你在水下的时候你一定会为了呼吸而努力，或者你已经走了很久而没有进食，你也许会意识到，当出现生理上的匮乏状态时，对爱或尊重以及其他一切的需要是那么微不足道。就像众所周知的，一个饥肠辘辘的人所渴望的只有食物。但这种需要一旦得到满足，这个人就不再受其驱使。这一需要对行为的引导和控制也就终止了。

为大多处在富裕的工业化文化中的人描绘这一情境很有必要。对于美国的中产阶级而言，他们很少会关注生存需要的满足。生理需要对那些依然处在每天都需要面临基本生存问题的文化下的个体而言驱动力更强。由于已经得到满足的需要不能再对行为产生驱动力，因此生理需要对我们大多数人而言意义极为有限。

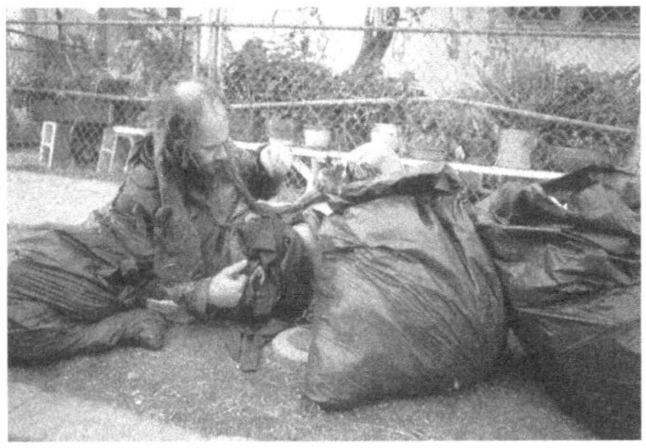
Michael Newman/PhotoEdit

当对食物和居所的基本需要得到满足的时候，尊重、自我实现等高层次需要对个体而言就不那么重要了。

安全需要

马斯洛认为，对婴儿和神经质的成人来说，安全需要是尤为重要的驱动力。情绪健康的成人，希望稳定、安全以及免于恐惧和焦虑的情境的安全需要通常已经得到了满足。而对于婴儿和儿童来说，安全需要在其行为中体现得非常明确，因为小孩子对于所有的安全威胁都会迅速且明确地表现出来。而成年人则已经学会了抑制对危险情境的反应。

儿童安全需要的另一个明显的迹象就是他们更加偏爱结构或程序，更加偏爱有秩序和可预测的世界。过多的自由和放任会导致缺乏结构化和秩序。这样的情境因为威胁到了儿童的安全感，会让他们产生焦虑和不安。因此，尽管给予儿童一定的自由是必要的，但一定要在他们能够应付的范围之内。因为孩子还不能够完全管理自己的行为并认识到行为的结果，所以在给孩子自由的时候必须加以指导。

由于安全需要依然主导着神经质和缺乏安全感的成人的人格，因此他们也需要结构和秩序。神经质的个体强迫自己回避新鲜的经验。他们规划时间，整理物品，安排自己的世界以使其具有可预测性。铅笔必须放在指定的抽屉里，衬衫必须以同一个方向挂在衣柜里。

马斯洛指出，尽管大多数正常的成年人的安全感已经得到了满足，但这种需要依然会对他们的行为产生影响。我们大多数人喜欢选择可知而不是不可知，喜欢秩序井然而不是混乱不堪。这也是我们为什么会为了将来而储蓄、购买保险，而且愿意选择稳定的工作而不是冒险创业。但与儿童和神经质个体不同，对于正常的成年人来说，安全需要并不是占有绝对优势的驱动力。

归属感和爱的需要

一旦生理和安全需要得到适当的满足之后，归属与爱的需要就出现了。这种需要体现在与朋友、爱人或伴侣的亲密关系之中，也体现在群体的社会关系之中。

在我们现在这个流动性越来越强的社会中，归属需要的满足变得越来越难。很少还有人和儿时的邻居住在一起，也很少与刚上学时的朋友保持着友谊。我们频繁地换学校、换工作、更新脸书上的朋友以及朋友圈，根本无法稳定下来建立可靠的归属感。很多人试图用其他方式满足归属需要，比如加入一个教派、一家俱乐部或网络聊天室，注册一门课程或者加入志愿服务组织等。

爱与被爱的需要都可以在与另一个人的亲密关系中得到满足。马斯洛并没有将爱与性等同起来，性是生理需要，但他也承认，性是表达爱的需要的一种方式。爱的需要无法得到满足是造成情绪失调的主要原因之一。

尊重需要

一旦我们感到了爱和归属感，可能就会发现我们被两种形式的尊重需要所驱使。我们需要自己对自己的尊重，以自我价值感的形式体现，也需要他人的尊重，以社会地位、他人的认可以及社会成功的形式得以体现。自尊需要的满足会让我们对自己的优点、价值以及胜任力感到自信，这有助于我们在生活的所有方面取得更大的成绩。当缺乏自尊时，我们会感到自卑、无助而且在做事的时候缺乏信心。

自我实现需要

在马斯洛的需要层次中，**自我实现**（self-actualization）是最高层次的需要，取决于最大化地实现和完成我们的潜能、天赋和能力。尽管一个人可能满足了需要层次中的其他所有需要，但如果没有达到自我实现，他依然会感觉焦躁不安、受挫和不满。马斯洛写道：“一个作曲家必须作曲，一个画家必须画画，一个诗人必须写诗……实现最终的平和。”（1970b，p.46）

自我实现的过程可能会有多种形式，但每个人，不论职业和兴趣，都可以将个人能力最大化并实现完美人性。自我实现并不限于具有创造性和智力发达的社会精英，比如音乐家、艺术家以及天体物理学家。重要的是，不管付出多大的努力，都要在最高可能的水平上实现个体自己的潜能。马斯洛是这么说的：“一流的汤比二流的画更具有创造性……烹饪、为人父母或建立一个家庭都可能是具有创造性的，而写诗却可能并不需要。”（1987，p.159）

以下是满足自我实现需要的必要条件：

- 必须摆脱社会和我们自己强加给自己的各种限制。
- 不能受低级需要的干扰。
- 必须有稳定的自我形象以及人际关系，有能力去爱别人且同时也能被人所爱。
- 必须对自己的长处和短处、优点与缺点有客观的认识。

尽管马斯洛提出的需要层次理论适用于大多数人，但也存在例外。有些人为理想而献身，有些人愿意为了事业而牺牲一切。有人曾为了自己的信仰绝食而亡，从而拒绝了生理和安全需要。宗教人士会为了实现贫困的誓言而摒弃世俗的物品，使得自我实现需要得到满足，而低级需要遭遇挫折。在整个历史长河之中，艺术家为了他们的作品而经常危及他们的健康和安全。在需要层次中更为常见的一个反转就是人们会把自尊看得比爱更重要，认为只有先做到自信，才能满足归属与爱的需要。

Cultura/Nancy Honey/Getty Images

归属和爱的需要可以通过友谊来满足。

认知需要

马斯洛还提出了第二组内在需要——**认知需要**（cognitive need），即认识和理解的需要，这组需要处在我们上面讨论的需要层次之外。认识需要比理解需要更强。因此，在理解需要出现之前，认识需要必须得到一定程度的满足。有一些证据支持认知需要的存在（Maslow，1970b）。

- 实验室研究表明，动物探索并作用于环境无非是因为好奇心，即认识和理解的欲望。
- 历史证据表明，人们经常会冒着生命危险去探寻知识，因此应该将对认识和理解的需要置于安全感需要之上。
- 研究表明，情绪健康的成人会被神秘的和无法解释的事件所吸引，并促使他们增加相关的知识。
- 在马斯洛自己的临床实践中，情绪健康的成人也会抱怨生活无聊，缺乏乐趣和刺激。他把他们描述为“在愚蠢的工作中过着愚蠢生活的聪明人”，并发现当他们采取措施，参与一些比较有挑战性的活动使认识和理解的需要得到满足时，他们的情绪状况会得到改善。

认识需要和理解需要出现在婴儿后期和儿童早期，并通过儿童天生的好奇心体现出来。虽然这些需要是天生的，不通过训练获得的，但父母和老师却可以抑制儿童这种自发的好奇心。认知需要如果得不到满足会妨碍完美人性的发展，并损害人格的机能。

这两个层次的需要与最初的五种需要层次有所重叠。认识和理解，本质上就是在环境中寻找意义，是与环境相互作用的基础，从而以情绪健康、成熟的方式满足生理、安全、归属与爱、尊重及自我实现需要。如果认识和理解的需要得不到满足，就不可能达到自我实现。

对自我实现者的研究

根据马斯洛的理论，自我实现者与其他人在基本动机方面是不同的。马斯洛提出自我实现者具有一种独特的动机类型，称为**超越性动机**（metamotivation，有时也称为 B- 动机或存在性动机）。前缀 meta- 意为之后或超越，超越性动机则表明这一概念超越了传统上心理学对动机的定义。

超越性动机

超越性动机意味着在这样一种条件下，正如我们所知道的，动机没有发挥任何作用。自我实现的人并不是为了追寻一个具体的目标。相反，据说他们是从内部发展起来的。马斯洛将非自我实现者的动机描述为 D- 动机或缺乏性动机。D- 动机是为了弥补个体内部的某种匮乏而追寻某种特殊的东西。例如，无法进食会导致身体处于一种缺乏的状态，让个体感觉不舒服。这种不舒服感驱使个体采取行动来减少这种紧张感。因此，想要获得某一具体目标物体（食物）的特殊生理需要（饥饿），使得个体产生获得我们所缺乏的某种东西（寻找食物）的动机。马斯洛（1971）有关 B- 动机和 D- 动机发展的文章并没有完成，但很显然 D- 动机不仅适用于上述例子中的生理需要，而且还适用于安全需要、归属与爱的需要以及尊重需要。

相反，自我实现的人关注潜能的实现以及对环境的认识和理解。在超越性动机状态下，他们并不是寻求减少紧张感，满足个体的缺乏，或是追求某个具体的目标，他们的目标是体验大量的充满刺激和挑战的事件以增加紧张感，从而丰富他们的生活。因为他们的低级需要已经得到满足，自我实现者已经超越了追寻特定目标物体来满足匮乏状态的层次。因此，他们处在“存在”的状态，自发地、自自然然地、欢欢乐乐地表达着他们完满的人性。

因此，在某种意义上自我实现者是无动机驱动的。马斯洛提出了一个自我实现者追寻的**超越性需要**（metaneeds）清单（见表 9-1）。超越性需要是存在的状态，比如美德、独特以及完美，而不是具体的目标物体。超越性需要得不到满足会带来伤害并产生**超越性病症**（metapathology），威胁完美人性的实现。超越性病症会阻碍自我实现者表现、发挥以及实现他们的潜能，可能会让他们感觉无助和抑郁，无法确定这些感觉的来源或者无法识别缓解忧虑的目标。

表 9-1　马斯洛的超越性需要和超越性病症

超越性需要	超越性病症
真理	不信任、愤世嫉俗、怀疑论
美德	憎恨、排斥、厌恶、自私自利
美	粗俗、坐立不安、没有品位、阴郁

（续）

超越性需要	超越性病症
统一、完整	分裂
超越两分法	非黑即白的思维，非此即彼的想法，人生观过度简单化
活力、过程	无生气，机械化，感觉自己完全被决定，对生活失去热情和心情，空虚感
独特性	丧失自我和个性化，感觉自己是可被替代的或没特点的
完美	绝望、没有奋斗的方向
必需性	混乱、不可预知性
完满、终结	不完满、绝望、停止奋斗和应对
公正	愤怒、愤世嫉俗、不信任、无法无天、完全自私
秩序	不安全感、警惕、缺少安全感和可预测性，防范的必要性
单纯	过于复杂、困惑、迷惘、失去方向
丰富、整体性、全面性	抑郁、不安、对世界失去兴趣
轻松自在	疲倦、压力、笨拙、窘迫、倔强
快活	冷酷、抑郁，缺乏幽默感的偏执狂，对生活缺乏热情，不愉快
独立性	将责任推给他人
意义性	无意义感、绝望、生活失意

资料来源：Adapted form *The Farther Reaches of Human Nature*, by A. H. Maslow. Copyright © 1971 by Bertha G. Maslow.

自我实现者的特征

马斯洛（1970b，1971）对情绪健康个体的研究构成了其人格理论的基础。他并没有找到特别多的自我实现者，据马斯洛估计，自我实现者在总人口中占比不超过 1%。但他依然总结了自我实现者所具有一些共同特征（见表 9-2）。

表 9-2　自我实现者的特征

能有效地感知现实
接受自我、他人以及自然
自然、不矫揉造作、简单
关注问题本身而不是自己
独立并追求隐私
新鲜的感知
高峰体验
社会兴趣
知心的人际关系
容忍与接受他人
创造性
抗拒社会压力

- 能有效地感知现实。自我实现者能够对世界、对他人做出清晰、客观的知觉，毫无偏见。
- 接纳自我、他人以及自然。自我实现者能够接纳自己的优点和不足。他们不会扭曲或伪造自我形象，不会因为失败而感觉内疚，一般也会接受他人的缺点和社会的缺陷。
- 自然、不矫揉造作、简单。自我实现者的行为开放、直接、自然，很少隐藏自己的感受或情绪，很少去取悦社会，尽管有时候为了不伤害他人而不得不如此。自我实现者的观念和理想是个人主义的，但其行为并非一定是违背常规的。
- 关注问题本身而不是自己。自我实现者具有使命感和承诺，愿意奉献。为事业和使命献身是达到自我实现的要求。自我实现者在努力工作的过程中找到快乐和兴奋。通过认真奉献，自我实现者满足了超越性需要。作家和科学家为了追求真相，艺术家为了追求美，律师为了公正都满足了超越性需要。自我实现者不是为了钱、名声或者权力而承担任务，而是为了满足超越性需要。他们的承诺既具有挑战性也提高了自己的能力，同时也有助于界定自我感觉。
- 超然独处。自我实现者能承受孤独而且不会受到任何伤害，他们似乎比非自我实现者有更多独处的需要。自我实现者依赖自己而不是他人来满足自己。独立使得他们似乎比较冷漠。但这并不是他们的目的所在。他们只是比大多数人自主性更高，不那么渴望社会支持。
- 新鲜的感知。自我实现者能够带着新鲜、好奇以及敬畏去感知和体验环境。有些体验对非自我实现者而言会逐渐司空见惯，但对自我实现者而言，即使多次体验也如同第一次一样。不管是日落、一幅画、一首交响乐曲、一场棒球赛还是一份生日礼物，所有这些经历都可以被看作令人愉悦的。自我实现者对所拥有的一切充满感激，并且不将索取视为理所当然。
- 高峰体验。自我实现者了解那种极度快乐的瞬间，就像深度的宗教体验，实际上可以出现在任何活动之中。马斯洛称之为**高峰体验**（peak experiences），在这期间自我得以超越，个体感觉极度的强大、自信和坚定。

- 社会兴趣。马斯洛采用了阿德勒的社会兴趣概念，表示自我实现者对整个人类所具有的同情和共情。尽管经常会被他人的行为所激怒，但自我实现者依然充满亲情，理解他人，帮助他人。
- 知心的人际关系。尽管朋友圈子不大，但自我实现者具有非常深入、持久的友谊。他们倾向于选择与自己个人品质相似的人做朋友，就像我们都会选择与我们合得来的人做朋友一样。自我实现者经常会吸引很多的崇拜者和追随者，这些关系通常都是单方面的，崇拜者对自我实现者的要求往往超过他们能够或愿意给予的。
- 容忍与接受他人。自我实现者能够容忍与接受他人的人格和行为，没有种族、宗教和社会偏见，愿意向任何有所长的人请教和学习，绝不会居高临下。
- 创造性。自我实现者具有高度的创造性，在工作和生活的其他方面均展现出他们的创造才能和独到之处。他们灵活、自然，愿意犯错并从中学习。他们开放而且谦逊，就和那些可能做了某些傻事而社会还没有教会他们感到尴尬和害羞的孩子一样。
- 抗拒文化适应。自我实现者自主、独立且自给自足。他们会毫无拘束地抵制社会和文化要求以某一特定方式思维和行为的压力。他们不会公开地反抗文化规范和社会规则，但他们受自己天性的支配而不是社会的制约。

这是一组十分惊人的特征。根据马斯洛的研究，自我实现的人看上去近乎完美，但他们确实也有人的瑕疵和不完美。他们偶尔也会很粗鲁，甚至冷酷无情，他们也会经历质疑、冲突和紧张不安。不过，这些偶发事件还是会比非自我实现的人更罕见而且也不那么强烈。

Photo Researchers/Alamy

Lindsley, H. B/The Library of Congress

马斯洛通过传记和其他文字记录所研究的自我实现者中，最著名的就是物理学家阿尔伯特·爱因斯坦和哈丽特·塔布曼，塔布曼是美国内战时期废奴运动的领导者。

无法自我实现

如果自我实现需要是天生的，就不需要进行训练和学习，那为什么并不是每个人都可以自我实现呢？为什么只有不到 1% 的人才能达到这种存在状态呢？原因之一就是在马斯洛提出的需要层次中，需要的层次越高，强度越弱。作为最高层次的需要，自我实现需要自然是最弱的，因此也就非常容易被抑制。例如，如果父母对孩子怀有敌意，或经常拒绝，个体的爱与尊重需要就很难得到满足。在这种情况下，自我实现需要也不会出现。在更低的层次上，当经济状况太差，个体的生理和安全需要都很难满足时，自我实现需要似乎也就不那么被看重了。

没有受到良好的教育以及父母养育方式不恰当都可能会对个体成年期的自我实现动机造成影响。马斯洛曾引用过一个非常典型的对男孩子的性别角色进行培训的项目，这个项目训练男孩子抑制诸如温柔和敏感等品质，从而限制他们这些方面天性的充分发展。

如果孩子被过度保护，不允许去尝试新行为，探索新的思想，实践新的技能，那么他们长大之后也会束手束脚，不能充分地参与对自我实现非常重要的活动。相反，父母过度的许可，也是有害的。儿童期太多的自由会导致焦虑和不安，从而破坏安全需要。马斯洛认为，儿童期最理想的情况就是在许可与规则之间达到一种平衡。

童年时期获得充分的爱是自我实现的先决条件。同样，在两岁之前生理需要和安全需要的满足也是自我实现的必要条件。如果儿童在小时候具有安全感和信任感，长大之后也会依然如此。这一观点与埃里克·埃里克森所强调的儿童早期信任的发展，以及霍妮关于儿童安全需要的思想非常相似。如果童年期没有得到充分的父母之爱、安全以及尊重，成年后很难去为自我实现而奋斗。

自我实现失败的另一个原因就是马斯洛所说的“**约拿情结**”（Jonah complex）。这一观点出自《圣经》中约拿的传说，据马斯洛描述：“受上帝的召唤去做预言，但（约拿）害怕这份工作。他想逃跑。但不管约拿跑到哪儿，都找不到藏身之地，最后他终于明白，只能接受自己的命运。”（quoted in Hoffman，1996，p.50）

因此，约拿情结指的是人们对自身能力的质疑。我们会担心如果采取行动将自身的潜能最大化可能会导致出现我们无法应付的新情况。与此同时，我们虽然会因为各种可能性而害怕或兴奋，但恐惧却常常更为优先。

自我实现需要勇气。即使低级需要已经得到了满足，我们也不能就坐在那儿等着出现一条通往极乐和满足的康庄大道。自我实现需要努力、自律以及自我控制。因此，对很多人来说，接受目前的生活可能更容易也更安全，而不是去寻找新的挑战。但自我实现者会不断地抛弃安全的惯例和熟悉的行为与态度来不断考验自己。

欢迎登录

Association for Humanistic Psychology

人本主义心理学会网站有在线图书馆、人本主义大学研究项目清单、人本主义心理学的发展历史以及其他相关网址链接。

American Psychological Association: Humanistic Psychology Division

美国心理学会人本主义心理学分会网站提供了该分会的历史与目标、官方杂志的链接、研究项目以及学生奖励等内容。

人性问题

马斯洛对于人格的观点是人本主义的、乐观的。他关注心理健康而不是疾病，关注成长而不是停滞，关注优势和潜能而不是弱点和局限。他对人们能够塑造自己生活和社会的能力充满强烈的信心。

马斯洛认为我们有能力形成自由意志，即使在面临消极的生物和遗传因素的情况下。他写道：

> 生物层面并不是公正公平的：一些婴儿生来健康而另一些则不健康，一些聪明而另一些愚蠢，一些漂亮而另一些丑陋……对于这些，我们是无能为力的。它是被决定的，是对自由意志的限制。[但是，每个人的]自由意志和责任感都有很大的回旋余地，希望成为能动的主体而不是生命的棋子。我们有很大的空间帮助自己而不是放弃和颓废，尽自己最大的努力做到最好而不是抱怨……如何对待遗传天赋和身体肯定比仅仅依赖生物遗传所给予我们的更为重要（quoted in Hoffman，1996，pp.64-65）。

我们有自由意志去选择如何最好地满足我们的需要并实现我们的潜能。我们既可以去实现自我也可以抑制对这种最高成就状态的追求。因此，我们自己要为我们所能达到的人格发展水平负责。

尽管马斯洛需要层次中的需要是天生的，但我们满足这些需要的行为却是后天习得的。因此，人格是由遗传与环境、个人与情境变量的交互作用决定的。尽管在文章中没有明确提出来，但马斯洛似乎是支持人格的独特性的。个体的动机与需要具有普遍性，但满足需要的方式却因为是习得的故因人而异。即使都是自我实现者，具有某些共同的品质，但他们的行为并不完全一致。

马斯洛承认儿童早期经验对成年期的发展具有重要的促进或阻碍作用，但他认为我们并不是这些经验的受害者。我们具有比我们能意识到的更多的潜能来管理我们的人生和社会，而且如果能学会这么做的话我们就会更幸福、更富有成效。自我实现作为终极的必要目标，反映了马斯洛的这一思想，即假如条件正常，我们就可以达到人类机能发展的最高层次。

马斯洛认为，人性基本是善良和美好的，但他并不否认人性中恶的存在。他相信有些人的恶已经超出了可以改造的范围，并在日记中写道："对他们只能枪毙。"（1979，p.631）他认为，邪恶并不是一种遗传特质，而是由不适当的环境造成的。马斯洛对人性的怜悯在他的著作中体现得淋漓尽致，而相信每个人都能够实现最大潜能的思想则体现了马斯洛的乐观。

马斯洛的人格评价理论

马斯洛对自我实现的研究一开始并不是作为一个正式的人格评价与研究项目来进行的。最初源于对两位让他印象十分深刻的人物的好奇——人类学家本尼迪克特和格式塔心理学家韦特海默。马斯洛对他们两人非常崇拜，非常想搞明白是什么使他们如此卓尔不群。在仔细地观察之后，他发现他们都具有一些使他们区别于常人的特殊品质。

后来马斯洛试图在其他人身上验证这些特征。他第一个研究的对象是大学生，但他发现，3 000 人当中只有一个人可以称之为自我实现者。于是他认为，自我实现者的人格特征，也就是在本尼迪克特和韦特海默身上发现的那些品质，在年轻人身上还没有发展起来。接下来他研究的是中年人和老年人。但即使在这些人当中，马斯洛发现满足他的自我实现标准的人在整个人群中所占的比例不到 1%。

最终他确认的自我实现者包括了数十名确认或疑似案例、部分案例或潜在案例。一些与马斯洛是同时代的人，另一些则是历史名人，比如托马斯·杰斐逊、爱因斯坦、乔治·华盛顿、哈丽特·塔布曼、埃莉诺·罗斯福。马斯洛采用多种技术去评估他们的人格。对于历史人物，利用他们的传记材料，分析文字记载中他们个人特征的相似之处。对于健在的被试，依靠访谈、自由联想和投射测验。马斯洛发现在被提问时，这些人中很多人都处在自我意识状态中，因此很多时候他不得不间接地去研究他们，虽然他没有详细地解释究竟是如何做的。

《个人取向量表》

《个人取向量表》（POI）是由 150 组陈述组成的自我报告问卷，由心理学家埃弗里特·肖斯特朗建立，用来测量自我实现。参加测试的被试必须在每一组陈述中选择一个更适合自己的陈述（见表 9-3）。

表 9-3 《个人取向量表》（POI）的条目样本（被试选择每组陈述当中更适合描述自己的项目）

我会做别人期望我做的事
不做别人期望我做的事我没有什么压力
在追求我的个人利益时必须对我的行为做出解释
在追求我的个人利益时不需要对我的行为做出解释
我按照社会规则和准则生活
我并不总是需要按照社会规则和准则生活
我的情感需要理由来证明
我的情感不需要理由来证明
我只能自由地对朋友表达温暖情感
我会自由地对朋友表达温暖和敌意的情感
只有通过设定社会认可的高水平目标，我才能不断成长
只要做好自己就能发展到最好
人们应该控制怒火
人们应该如实地表达感受到的愤怒

资料来源：From"An Inventory for the Measurement of Self- Actualization," by E. L. Shostrom, 1964, *Educational and Psychological Measurement*, 24, pp.207-218.

《个人取向量表》由 2 个主量表和 10 个分量表来计分。主量表一个是时间胜任力，用来测量个体对目前生活的肯定程度；另一个是内部指向性，评估个体在判断和价值观方面依赖自己还是他人的程度。

对马斯洛理论的研究

马斯洛在研究中并没有使用案例研究、实验法和相关法。有人批评马斯洛对自我实现者的研究方法没有经过严格的控制。马斯洛同意这一点。他知道他的研究没有遵照科学研究的要求。他写道："按照一般的实验室研究标准，这确实不能算是研究。"（1971，p.42）但他认为，因为自我实现无法通过已有的科学程序进行研究，因此要么等着适当的研究技术被发展出来，要么完全不要研究这个问题。

马斯洛没有那么多耐心推迟研究，他确信自己能够帮助整个人类。他写到他没有足够的时间去做非常周密的实验。"鉴于我所剩余的年头以及想要做到的程度，他们需要的时间太久了"（1979，p.694）。他只是把他的研究看作预试验。他相信这些结果是有效的，希望其他研究者最终能证实他的理论。马斯洛还提出，虽然他知道自己的很多理论都是正确的，但为了支持和证明这些理论，虽然与其他理论家相比较少，他还是想方设法收集到了一些数据。

相关研究

个人取向量表（POI）在相关研究中已经得到广泛使用，POI 分数与许多行为和人格测量分数相关。研究表明，高自我实现与以下多个因素呈显著正相关：情绪智力、创造性、治疗后的幸福感、学业成绩、自主性以及种族容忍力。另一些研究发现高自我实现与酗酒、心理障碍的住院化、神经质、抑郁和疑病症呈显著负相关。这些研究结果都与以马斯洛对自我实现者的描述为基础所做的预期方向一致。使用 POI 对 19 ～ 55 岁女性的研究证实了马斯洛的观点：自我实现是在个体生命历程中逐步出现的。

需要记住的是，这些研究都只是相关研究，并没有对自我实现进行有效的独立测量，测量的只是 POI 分数，这非常重要。虽然 POI 分数被认为与自我实现相关，但即便如此也不能由此就推断出 POI 实际上测量的就一定是自我实现。

需要层次

一项以男女大学生为被试的研究发现，安全、归属以及尊重需要的满足与神经质和抑郁水平呈显著负相关（Williams & Page，1989），这支持了马斯洛的理论。在研究中对这三种需要也使用问卷进行了测量，结果表明尊重需要比归属需要更强，这些被试对于安全需要关注较少，这符合对于处在大学这个年龄段的个体的预期。

一项研究使用了《需要满足量表》，该量表是用来测量个体对马斯洛所提出的需要的满足程度，结果发现被试在该量表上的得分与其在《艾森克人格问卷》中的得分显著相关。而且结果还表明，需要满足程度越高神经质水平越低（Lester，1990）。

在一项使用精心设计的测量需要层次的量表，对普通人群代表性样本的研究，支持了五种需要的层次顺序（Graham & Balloun，1973）。这项研究还证实人们对每一种需要所表现的关注程度是随着需要层次从低到高增加的。生理需要，可能已经得到了很好的满足，这些被试对其很少关注。他们对自我实现需要的兴趣最大，可能是因为他们的自我实现需要很少得到满足。

归属需要

马斯洛提出的归属需要可能是唯一需要通过与他人交往，更重要的是他人的接受，来获得满足的。有些心理学家认为归属需要与对食物与水的生理需要一样，具有强大的驱动力。在一项研究中，让 91 名大学生相信他们正在和其他人在网络聊天室聊天，然后让他们知觉到被排斥和拒绝。他们发的信息没人回应，他们的评论和提问没人回答。而其他所有人似乎聊得热火朝天，被试却感觉到被孤立了。

接下来要求被试读一篇据说是由一名大学生写的日记。然后尽量多地写下他们所记住的日记中提到的各种活动。与在模拟聊天室中归属需要得到满足的学生相比，在线体验中归属需要满足受阻的学生，所回忆起来的日记中的社会事件更多。研究者认为，归属需要无法得到满足影响了个体的认知活动，比如记忆以及所能回忆起来的事件的情感类型（Gardner，Pickett，& Brewer，2000）。

在另一项研究中，让 43 名大学生相信他们受到了网络聊天室中其他成员的排斥和拒绝。与没有被告知遭受排斥的学生相比，这些学生报告了更低水平的自尊、控制感以及归属感（Smith & Williams，2004）。在他们被告知遭受排斥的 8 分钟内，这些消极的情感就会出现。

自尊

研究支持马斯洛的观点：高自尊的个体有更高的自我价值感和自信。他们比低自尊的个体更胜任、更富有成效。在许多情境中，高自尊的作用都会更好。在一项对求职大学生的研究中发现，高自尊的个体收到了更多的录用通知，而且比低自尊者更受招聘者喜欢（Ellis & Taylor，1983）。另一项研究发现，高自尊者比低自尊者能够更加有效地应对失业带来的困难（Shamir，1986）。此外，高自尊者认为自己比低自尊者在心智技能、愉悦性以及道德水平上都更高，而且也更加外向（Campbell，Rudich，& Sedikides，2002）。

对美国和加拿大青年人的研究表明，被评估为高自尊的个体更可能参与学校的体育活动，而且焦虑水平更低，防御行为更少（Bowker，2006；Pyszczynski，Greenberg，Solomon，Arndt，& Schimel，2004）。针对包括美国、冰岛、加拿大、中国、挪威和新西兰几个国家的大规模研究项目发现，低自尊与焦虑、抑郁、吸烟成瘾、辍学率、刑事犯罪、财务问题、对消极结果的强烈情绪性反应以及工作中的困难相关（see Brown，2010；Cal，Wu，& Brow，2009；Donnellan，Trzeniewski，Robins，Moffitt，& Caspi，2005；Jonsdottir，Arnarson，& Smari，2008；Moksnes，Moljord，Espnes，& Byrne，2010；Trzesniewski et al.，2006）。加拿大和中国的研究表明，低自尊者比高自尊者遭受更多身体健康问题和对死亡的焦虑（Routledge et al.，2010；Stinson et al.，2008）。

一项对加拿大 7 年级、9 年级和 11 年级学生的研究发现，超过 1/3 的被试报告他们知觉到的外貌（他们认为自己有多吸引人）决定着他们的自尊水平。结果还表明，与不太关注自己外貌的青少年相比，更关注自己外貌的青少年自尊水平更低。这些变量不存在性别差异（Seidah & Bouffard，2007）。

自尊会影响政治观点和投票行为。美国和比利时的研究发现，在老年人中（平均年龄 71 岁），保守的政治信仰与高自尊有关。换句话说，随着年龄增长，人们会越来越保守，而且自我感觉也会越来越好（Van Hiel & Brebels，2011）。在 2008 年美国总统预选和正式选举中，人们更倾向于给他们认为自尊水平更高的候选人投票（Ziegler-Hill & Myers，2009）。

研究还显示，被评估为低自尊的个体与高自尊的个体相比，当被引导相信受到实验室其他成员的故意排斥时，报告了更明显的被排斥感（Nezlek，Kowalski，Leary，Blevins，and Holgate，1997）。对大学生的纵向研究发现，被评价为低自尊的个体经历了更多的社会适应以及与他人和睦相处的问题（Crocker and Luhtanen，2003）。

美国的研究支持自尊随生命历程而变化的观点，从青春期到成年期，自尊水平不断增加，到 60 岁左右达到顶点，然后开始下降（Gentile，Twenge，and Campbell，2010；Orth，Trzesniewski，and Rpbens，2010）。但中国台湾地区的研究发现，自尊水平在整个儿童期、青春期和成年早期都在上升，但 30 岁之后就基本没有变化了（Huang，2010b）。

其他研究证实，黑人青少年比白人青少年报告了更高的自尊水平。在一个墨西哥裔美国青少年样本中还显示高自尊与犯罪率相关（Caldwell，Beutler，Ross，and Silver，2006；Swenson and Prelow，2005）。研究还表明，黑人的自尊水平在整个成年期一直在上升，但 60 岁之后会比白人下降的速度更快（Shaw，Liang，and Krause，2010）。黑人女大学生的自尊水平似乎要高于那些强烈认同黑人文化者（Eaton，Livingston，and McAdoo，2010）。

在对超过 50 个国家的比较研究中发现了大量关于自尊的文化和种族差异。在所有被调查的国家中，日本大学生所报告的自尊水平都是最低的（Schmittand Allik，2005；Tafarodi，Shaughnessy，Yamaguchi，and Murakoshi，2010；Yamaguchi et al.，2007）。

荷兰的一项研究发现，来自土耳其和摩洛哥的荷兰少数族裔，对自己民族背景的认同感越强，自尊水平就越高（Verkuyten，2009）。在来自波多黎各的美国移民中也出现了相似的结果，民族认同感越强，自尊水平越高（Lopez，2008）。

尽管高自尊的好处表现得很明显，但高自尊的个体仍无法实现自尊目标，比如在学校拿到好成绩或者事业成功，会使得高自尊的个体感到愤怒、羞耻、悲伤以及无价值感（Crocker and Park，2004）。因此个体的自尊水平可能具有持续效应，低自尊个体会以自我挫败的方式进行思考和行动，“降低生命品质”（Swann，Chang-Schneider，and McClarty，2007，p.92）。

另外一项有趣的研究发现，低自尊水平的大学生比高自尊水平的大学生在脸书和其他网络社交网站上花费的时间更多（Kalpidou，Costin，& Morris，2011；Mehdizadeh，2010）。最后，美国研究者还发现，与吃喜欢的食物、喝酒、花时间与最好的朋友在一起、获取回报或者发生性关系等相比，大学生对能够提升自尊水平的活动，比如赞扬或得到高分，赋予了更高的价值（Bushman Moeller，& Crocker，2010；Salamon，2011）。

自我决定理论

不管从马斯洛自我实现理论的本质来看，还是从其理论精神的当前发展来看，自我实现理论都是自我决定理论，表明人具有一种与生俱来的趋势去表达自己的兴趣、实践和发展自己的能力与潜能并战胜挑战（Deci and Ryan，2009；Ryan and Deci，2000）。对大量不同群体的研究，比如澳大利亚的足球队员、印度和尼日利亚的青少年以及美国的老年妇女，都支持自我决定理论。自我决定得分最高的人在整体行为和主观幸福感方面都有最大程度的提升（Podlog and Eklund，2010；Sheldon，Abad and Omoile，2009；Stephan，Boiche，and LeScanff，2010）。

个体对内在动机的关注会促进自我决定。内在动机指的是个体参与某项活动只是因为对活动本身的兴趣和活动本身所具有的挑战性（外在动机指的是个体参与某项活动是为了外在的奖励，比如赞扬、晋升或更好的成绩）。你会发现，内在动机和自我实现理论与马斯洛对自我实现的描述根本上是相似的。两者都关注内在目标的满足，而不是某种外部奖励，实现个人的天赋与能力。

自我决定理论明确提出了三种基本需要，认为只有这三种需要得到满足才能达到幸福的状态。

（1）胜任力——感觉可以掌控困难任务的需要。

（2）自主性——按照个人喜好、需求和价值观来决定自己行动步骤的自由。

（3）关系需要——感觉到与他人关系亲密的需要。研究表明这些需要的满足，以及对内在动机的相应关注，与高自尊和自我实现呈显著正相关（Milyavskaya and Koestner 2011；Ryanand Deci，2000）。

研究集锦

关于马斯洛理论的研究

高自尊水平的个体

- 感到能够胜任且富有成效
- 得到更多的工作机会并且能更好地应对失业
- 焦虑、抑郁、辍学的可能性更小
- 能与他人和谐相处
- 有更强的民族认同感
- 花费在脸书和其他社交网站上的时间更少

高自我决定倾向的个体

- 对能力、自主性和关系需求的满意度更高
- 高自尊和自我实现水平
- 具有克服挑战发展能力的先天倾向

对马斯洛理论的反思

对于马斯洛理论的批评主要集中在他的研究方法以及没有充分实验验证的数据上。采集数据的样本人数还不到被采访人数的一半，规模太小而不能将结果推广到整个总体。马斯洛积累自我实现被试信息的方法也不一致而且很模糊。他没有描述过他如何解释测验结果，如何分析传记材料，也没有指出他是如何通过自由联想和采访来确认自我实现者的。但正如我们在其他理论家那里看到的，在科学方法论上的缺陷，马斯洛并不是独一无二的。

马斯洛按照自己对自我实现的定义，选择了他崇拜的人作为研究对象。这些标准当时并不是非常具体，马斯洛后来也承认对自我实现很难准确地进行描述。他所列出的自我实现者的特征完全来源于自己对数据的临床解释，而且很容易受到他自己个人哲学和道德价值的观念的影响。因此，这些特征描述实际上反映的可能只是马斯洛自己理想中有价值的情绪健康的个体。

其他的一些批评针对的是马斯洛对许多概念的定义，比如超越性需要、超越性病症、高峰体验以及自我实现等。马斯洛对这些概念的使用并不一致，而且这些概念的含义模棱两可。还有批评者曾询问马斯洛凭什么认定自我实现是与生俱来的，为什么不是后天习得的？为什么不是童年经历的某种特殊组合的结果？马斯洛对这些批评的辩护是，尽管他的理论确实没有得到实验室研究的广泛支持，但却在社会、临床和个体身上都获得了成功。他写道："这与大多数人的个人经验非常契合，而且为他们提供了一个结构化的理论，帮助他们更好地理解他们的内在生命。"（1970b，p.xii）

在一定程度上由于马斯洛的乐观和同情心，他的理论以及人本主义心理学在20世纪六七十年代非常受欢迎。一个正式的思想学派出现了，建立了人本主义心理学的杂志和组织，还在美国心理学中创立了人本主义心理学分会。如今，人本主义心理学家所关注的问题正在积极心理学运动中得以重生。不止一位积极心理学运动的领导人相信人本主义心理学是积极心理学的先驱（see，for example，Diener，Oishi，& Lucas，2003）。马斯洛的思想跨越了世纪的更替并继续影响着人格心理学、社会心理学、发展心理学以及组织行为学（Kenrick，Griskevicius，Neuberg，& Schaller，2010）。

作为人本主义心理学的创始者，马斯洛吸引了众多的崇拜者和信徒，他们都是不再对行为主义和精神分析人格理论与心理学思想抱有幻想的学生及专业人士。很少有理论能够超越学科而具有如此广泛的影响。教师与顾问、商界和政府领导、健康护理专家以及许许多多在应付日常困扰的人都发现，马斯洛的理论符合他们的需要而且在解决问题时非常有用。马斯洛呼吁让心理学回应现代社会的问题。他非常坚定地认为，文明的存在取决于我们发展自己的全部潜能完成自我实现的能力。

本章小结

马斯洛认为，每个人天生都具有导致个体成长、发展和自我实现的似本能需要。需要层次包括生理需要（对食物、水、空气、睡眠和性的需要）、安全需要、归属和爱的需要、尊重需要与自我实现需要。高级需要出现之前低级需要必须要得到一定程度的满足。需要的层级越低，强度越大。由于低级需要不满足会让有机体出现缺失状态，因此称为缺失性需要。高级需要（成长性或存在性需要）对于生存的必要性较低，但能够提升生理和情绪幸福感。安全需要（对安全、稳定性以及免于恐惧和焦虑的需要）是儿童和神经质成年人最重要的需要。归属感与爱的需要一般可以通过与团体建立关系，或者与一个人或多个人建立亲密关系来得到满足。尊重需要包括自尊也包括来自他人的尊重。自我实现指的是实现个人的潜能，需要对个体的优势和缺陷有客观的认识。认识和理解的需要构成了认知需要，出现在婴儿晚期和儿童早期。

自我实现者的动机（超越性动机）不是用来弥补缺陷或减少紧张感，而是为了个体的人生增加紧张感。超越性需要是向着自我实现发展的成长状态。超越性需要受挫会产生超越性病症，这种疾病并无定形，不能确定具体原因。自我实现者在总人口中不超过 1%。他们具有以下特点：能有效地感知；接纳自我、他人和自然；自然、不矫柔造作、简单；关注问题本身而不是自己；超然独处；新鲜的感知；高峰体验；社会兴趣；知心的人际关系；容忍与接受他人；创造性；抗拒社会和文化压力。由于自我实现是需要层次中最弱的需要，很容易受到干扰，因此并不是每个人都能达到自我实现。儿童期太过自由或安全感缺乏会抑制自我实现。而且有些人会害怕实现自己的最大潜能，即马斯洛所说的约拿情结。

马斯洛在人性方面持乐观态度，强调自由意志、有意识选择、独特性、战胜童年经验的能力以及天生的善良。人格受到遗传和环境的共同影响，我们最终的目标是自我实现。

马斯洛利用访谈、自由联想、投射技术以及采用评估人格的传记材料。POI 是一个测量自我实现的自陈式测验。自我实现者的人格特征，自尊与自我能力感和自爱的相关，需要的层次顺序，以及高级需要比低级需要受到更多关注，这些都得到了研究支持。高自尊的个体比低自尊的个体自我感觉更好，工作更努力，感觉自己更聪明、更宜人、更道德。儿童期自尊水平比较高，青春期较低，成年期不断增加，中老年期开始下降。马斯洛理论当前的发展就是自我决定理论，该理论假设个体具有三种需要：胜任力、自主性和关系需要。

由于理论所依据的样本太小以及没有明确自我实现者被试的选择标准，马斯洛广受批评。但他的理论对教育、咨询、健康护理、商业以及政府都产生了广泛影响。而且已经证实马斯洛的理论促进了关注主观幸福感的积极心理学运动。

Chapter 10

第10章

卡尔·罗杰斯：自我实现理论

有机体有一种基本的倾向，努力实现、维持和提升有机体的体验。

——卡尔·罗杰斯

卡尔·罗杰斯发明的广受欢迎的心理治疗方法最初被称为非导向或来访者中心疗法，后来才被称为以人为中心疗法。这种心理治疗的形式引发了大量研究，并在当前的心理咨询中被广泛使用（see，for example，Kirschenbaum，2009）。和马斯洛一样，罗杰斯的人格理论也根植于人本主义心理学，是罗杰斯建立咨访关系架构的基础。罗杰斯的理论并不源于实验室研究，而是源于他与病人在一起时的工作经验。因此，他在人格结构和人格动力建构方面的研究，都源于他的心理治疗方法。罗杰斯对于治疗情境的观点充分体现了他对于人性的看法。

“以人为中心疗法”这一术语表明改变和改善人格的能力是以来访者为中心的。换句话说，是来访者而不是治疗师带来了这样的改变，治疗师的作用只是在于协助和促进这样的改变。

罗杰斯相信，我们是被自我和经验性世界的意识知觉支配的理性人，他并不认为潜意识力量或者其他弗洛伊德式的解释非常重要。他也反对过去事件控制着当前行为的观点。尽管他承认，童年经验影响我们理解世界以及我们自己的方式。但罗杰斯还是坚持，当前的感受和情绪对于人格的影响更大。由于强调意识和当前的因素，罗杰斯提出人格只能通过我们自己的观点来理解，人格是基于我们的主观经验的。罗杰斯认为现实是我们每个人意识知觉的现实，并不总是和客观现实相符。

罗杰斯提出个体具有一个单一的、固有的优势动机：与生俱来的实现倾向，发展我们从严格的生理层面到最复杂的心理层面的能力和潜能，最终的目标就是实现自己，成为罗杰斯所说的具有完全机能的人。他的治疗方法和理论取向，以及他所描绘的乐观的人本主义的人性图画，受到了心理学、教育学和家庭生活研究者的热情接纳。

罗杰斯的生平（1902—1987）

依靠自己的经验

罗杰斯是家里六个孩子中的第四个，1902 年出生在伊利诺伊州芝加哥郊区的橡树园。他的父母保有严格的宗教信仰，强调道德的行为、情绪表达的压抑和勤劳的美德。如同罗杰斯描述的一样，父母对他的基础教育像钳子一样影响罗杰斯，贯穿了他的童年期和青春期。这些信念迫使他依赖他人对于世界的观点而不是他自己的观点生活。不久之后，他将这些作为反抗的目标。

正如后来罗杰斯在自己创立的非指导性心理咨询疗法中所做的一样，他的父母以不易察觉的、充满爱的方式加深了对罗杰斯的影响。家里所有孩子的理解就是，他们不能“跳舞、打牌、看电影、抽烟、喝酒或者表达性欲”（Rogers，1967，p.344）。因此，罗杰斯很少有家庭之外的社会生活。因为他逐渐认为父母偏爱他的哥哥，因此，他和哥哥之间竞争激烈。罗杰斯把自己描述为害羞、喜欢独处、不切实际并且常常迷失在幻想中。一位传记作者曾提及，罗杰斯成长在“痛苦的记忆中，就在妈妈无法给他带来喜悦的时候，兄弟们还经常拿他作为笑柄”（Milton，2002，p.128）。

为了逃离这种孤独感，他不断地读书，读任何他能够找到的书，甚至是字典和百科全书。他的独处经历驱使他去依赖他自己的资源、经验和个人的世界观。这个特点跟随着他，贯穿了他的一生，并且成为他的人格理论的基石。在后来的岁月里，他意识到，他的孤独多么严重地影响到他的理论，也影响了他自己的人格。

> 当我回顾过去的时候，我意识到对访谈和治疗的兴趣完全出自我早年的孤独感。这是一个社会认可的与人们接近的方法，充满了我曾经毋庸置疑的渴望感（Rogers，1980，p.34）。

罗杰斯 12 岁的时候，他们一家人搬到了距离芝加哥 30 公里的一个农场。农场的生活唤醒了他对于科学的兴趣，首先，他被在木头当中发现的一只飞蛾迷住了，在好几个月里观察、捕捉、饲养它们。后来，罗杰斯对耕作产生了兴趣。他的父亲不断寻求现代的科学耕作方法，罗杰斯阅读农牧业种植实验的书，并且意识到了研究中使用控制组、变量分离的科学方法的价值，以及对数据进行统计分析的价值。这对于一位青少年而言非同寻常。同时，他的情感生活处于一片混乱之中，这其中的原因他从来没有进行完整的解释。他曾写道：“在这期间，我的想法非常古怪，可能会被诊断为类精神分裂，但幸运的是，我从来没有接触过心理学家。”（1980，p.30）

罗杰斯选择在威斯康星大学学习农业。他的父母、两个哥哥和一个姐姐都曾经就读于威斯康星大学。但在大二之后，他放弃了对农业的科学研究，而想成为一名牧师。在威斯康星大学读到大三的时候，罗杰斯被选拔到中国北平参加国际基督教学生大会，在 6 个月的旅行中，他给父母写了很多信，他的生命哲学也发生了变化，宗教观点也从基要主义转换为自由主义。

脱离父母为自己设定的发展路径让他们感到很悲伤，但这种转变给罗杰斯带来了情感和思维的独立。他意识到了这一点并在之后写道，他终于可以“自己思考，得出自己的结论，并坚持自己相信的立场”（1967，p.351）。这一解放，以及它所带来的自信和方向，加强了罗杰斯认为所有人都必须学会依赖他们自己的经验、思想和信念的观点。但对于罗杰斯来说，得出这一结论的过程是非常艰难的，他为此付出了高昂的情感代价。在他因为压力导致的胃溃疡住院五周之后，仍留在家庭农场进行恢复，一年之后才回到学校。

独特的心理咨询方法

1924 年，罗杰斯从威斯康星大学毕业之后，娶了一位童年时的好友，并开始就读于纽约联合神学院。尽管仍然期望成为一名神职人员，但两年后，他转去了街对面的哥伦比亚大学师范学院学习临床与教育心理学。1931 年，他获得了博士学位，并在纽约罗切斯特预防儿童虐待协会的儿童研究所就职。他的工作就是诊断和治疗具有犯罪倾向的儿童和处于弱势地位的儿童。

1940 年，他被任命为俄亥俄州立大学心理学教授，从临床转为学术。在那里，罗杰斯开始构建自己对于情绪困扰者的咨询理论。他也致力于将临床心理学纳入当代心理学主流思想中来。1945 ～ 1957 年，在芝加哥大学期间，他进行教书并发展心理咨询中心。一旦他不能够帮助一个严重的精神紊乱的来访者，他会变得非常失落，就像感觉生病了一样，深受后来被称为神经衰弱的病痛困扰。他的自信被击碎了，他写道，他“深深感到完全不足以作为一个心理咨询师，作为一个人我一文不值，在心理学领域里我没有任何未来”(1957，p.367)。

罗杰斯很快决定离开芝加哥。他和妻子住在纽约北部的一间小木屋，度过了与世隔绝的六个月。当他完全恢复之后又回到大学，开始心理治疗，并且意识到他的不安全感到底有多么严重。他说他相信“没有人能够永远爱我，即使他们喜欢我做的事情”(quoted in Milton，2002，p.131)。罗杰斯的治疗取得了明显的成功；他拥有了新生的给予和收获爱的能力，以及与他人建立深刻情感关系的能力，包括与他的来访者。

1957～1963年，罗杰斯在威斯康星大学任教。在这期间，他出版了大量的论文和书籍，将他的人格理论和以人为中心疗法介绍给了更多的读者。他的临床经验大多来自心理咨询中心的大学生。因此，他在此期间治疗的人——年轻、智慧、语言表达能力强，并且总体来说面临的是适应问题，而不是严重的情绪障碍，与弗洛伊德学派或者其他私人诊所治疗的来访者存在巨大差异。

1964年，罗杰斯成为加利福尼亚西方行为科学研究所的研究员，他的工作是应用他的人本主义理念解决国际问题，比如缓和北爱尔兰新教徒和天主教徒之间以及中东犹太教和阿拉伯人之间的紧张关系。

他在1946年就任美国心理学会的主席，并获得协会颁发的杰出科学贡献奖以及杰出职业贡献奖。

欢迎登录

The Life and Work of Carl Rogers

罗杰斯简短的生平传记及其理论的回顾、治疗案例、大事年表以及参考数目。

Carl Rogers: Personality Theory and Person-Centered Therapy

罗杰斯的传记以及对其人格理论和人本主义疗法主要方面的详细讨论。

自我和实现倾向

在中国游学期间，罗杰斯开始意识到自主性自我是他自己发展中的一个重要因素。他早期的研究就强调了自我在人格结构中的重要性。20世纪30年代，他建立了一种方法来判断孩子的行为是健康和有益的还是不健康和有害的。他调查儿童的背景，并且根据他提出的影响儿童行为的因素进行评估，这些因素包括家庭背景、健康、智力发展、经济环境、文化影响、社会交往和教育水平。所有这些因素都是外在的，也就是说都是儿童所处环境的一部分。罗杰斯同样调查了潜在的内在影响、儿童的自我理解和自我洞察力。罗杰斯将自我洞察力描述为对自我和现实的接纳，以及对自我的责任感。

大约10年后，罗杰斯的学生威廉·凯尔，尝试采用这一评价方法预测有犯罪倾向的儿童的行为。罗杰斯预测家庭环境因素、社会交往因素与犯罪行为相关性最高，但他错了，最能够预测后来行为的因素是自我洞察力。

家庭环境因素与后来的犯罪行为并不具有高度相关性，这一发现令罗杰斯感到非常惊讶，他写道：“我确实没有准备好接受这一发现，因此这项研究被束之高阁。”(1987，p.119)就像我们在第1章中提到的，科学家有时会排斥不支持他们观点和期望的数据。两年后，海伦·麦克尼尔以不同的被试样本复制了这一研究。她得到了相同的结果。个体的自我洞察力水平是其行为的一个最重要的预测者。

面对数据的积累，这一次，罗杰斯接受了这一发现，并经过再三思考之后，开始承认它们的重要性。如果在预测行为上，个体对自我的态度比外在因素更重要，而外在因素被广泛认为在童年期非常有影响力，那么心理咨询师和社会工作者在治疗有犯罪倾向的儿童和青少年时所强调的因素就是错误的！心理咨询师传统上一直关注外在因素，比如恶劣的家庭环境，通过将儿童从威胁性的家庭环境中带到寄养家庭中，以改变他们的处境。那现在他们更应该去改变儿童的自我洞察力，这一认识对于罗杰斯个人来说也非常重要。

> 这一经历帮助我下定决心在发展心理治疗事业中，更多关注自我理解、自我导向以及个人责任，而不是社会环境的变化，也让我更重视对自我及其如何改变的研究(Rogers，1987，p.119)。

因此，自我成为罗杰斯人格理论的核心，因为它已经成为了他生活的核心。

罗杰斯相信人被实现、维持和提升自我的先天倾向所驱使。这种自我实现的驱力是更大的**实现倾向**

（actualization tendency）的一部分，实现倾向包括了所有的生理和心理需要。实现倾向通过满足基本需要，比如对食物、水和安全的需要，维持有机体的生存。

实现倾向从个体还在母亲子宫中时就已开始，通过为身体器官分化和生理机能的发展提供能量而促进人的成长。实现倾向影响着个体的成熟（在基因层面决定着身体的各个部分和过程的发展），从胎儿的成长到青春期第二性征的出现。所有的这些变化都按照我们的基因构成进行，通过实现倾向得以实现。

虽然这些变化是基因决定的，但朝向完善者的发展既不是自动的，也不是毫不费力的。对于罗杰斯来说，这一过程充满了挣扎和痛苦。例如，当儿童迈出第一步的时候，他们会摔倒、受伤。虽然停留在爬行阶段，痛苦会更少，但大多数儿童坚持了下来。他们也许会再次摔倒、哭泣，但是即使痛苦，他们也会坚持下来，因为自我实现的倾向比仅仅因为成长的艰难而倒退的倾向更强烈。

就像罗杰斯设想的一样，这一持续一生的主导过程就是**机体评估过程**（organismic valuing process）。我们依据多大程度上为实现倾向服务，来评价我们的生活经验。有助于实现的经验被评价为好的和令人满意的，对此，我们将赋予其积极的价值。阻碍实现的经验被评价为不合需要的，因此获得消极的价值评价。这些知觉会影响行为，因为我们更喜欢能够避免不快的经验，重复令人愉悦的经验。

经验性世界

罗杰斯在发展自己理论的过程中非常看重经验性世界的影响。这为我们提供了成长的情境和参照框架。我们被暴露在无数的刺激之中，一些微不足道，一些非常重要，一些具有威胁性，另一些则是奖赏性的。罗杰斯想知道我们如何对包罗万象的经验世界进行知觉和反应。

罗杰斯对这个问题的回答是，环境的真实性取决于我们对它的知觉，但知觉并不总是和现实相符。我们对经验的反应方式可能与最好的朋友对经验的反应远远不同。你判断室友行为的方式可能与比你大 10 岁以上的人有极大的不同。我们的知觉随时间和环境的变化而变化。大学生什么样的行为是可以接受的，你现在的观点可能和你 70 岁时的观点有极大的差异。

婴儿期的实现倾向导致我们成长和发展，我们的经验世界也在扩展。婴儿暴露在越来越多的刺激之中，并按照自己的主观知觉对其做出反应，经验成为判断和行为的唯一基准。罗杰斯写道："经验对我来说是最高权威，效度的检验标准就是我自己的经验。"（1961，p.23）更高层次的发展使我们的经验世界更加清晰，并最终导致自我的形成。

童年期自我的发展

当婴儿从更广泛的社会冲突中逐渐发展出更为复杂的经验世界，一部分经验会变得与其他部分有极大差异。这一分离的部分是自我或自我概念，用主语"我"（I）、宾语"我"（me）以及"我自己"（myself）等词语表示。自我概念的形成指的是从人、物和事等这些外在于自我的部分中区分什么是自我直接的部分。自我概念也是对我们是什么、我们应该是什么、我们想要是什么的意象。

在理想的情况下，自我是一个连续的图式、一个有组织的整体。自我的所有方面都力争实现一致。例如，被攻击性想法困扰并且选择否认的人，不敢表达明显的侵略性行为。这样做意味着要对与自我概念不一致的行动负责，因为他们相信他们不应该具有攻击性。

积极关注

随着自我的形成，婴儿发展了一种需要，罗杰斯称之为**积极关注**（positive regard）。虽然罗杰斯认为积极关注的来源并不重要，但它可能是习得的。积极关注的需要是普遍的和稳定的，包括获得他人的接受、爱和认可，在婴儿期尤其是获得来自母亲的接受、爱和认可。

获得积极关注会让婴儿感到满意，而无法获得或者失去积极关注会让婴儿产生挫折感。由于积极关注对人格发展至关重要，所以婴儿行为被他人所给予的大量情感和喜爱所指引。如果母亲不能给予积极关注，那么婴儿与生俱来的实现倾向和自我概念的发展将会遇阻。婴儿会将父母对其行为的不认可看作反对他们自我的新发展。如果这种不认可出现的频率很高，婴儿将会停止对自我实现和发展的追求。反过来，他们会按照能够带来他人积极关注的方式行事，即使这种行为方式与他们的自我概念并不一致。

即使婴儿能够获得足够的接纳、爱和认可，婴儿还是会因为一些特定的行为而受到惩罚。如果婴儿的行为并不受欢迎，但依然受到持续的积极关注，这种情况被称为**无条件积极关注**（unconditional positive regard）。罗杰斯以此指出妈妈给予给婴儿的爱应该是无偿和充分的，而不应该是有条件的，或取决于儿童行为的。

积极关注需要很重要的一点是它的互惠性。当人们知觉到自己满足了他人的积极关注需要时，他们反过来也会感受到自己这种需要的满足感。因此，满足他人的积极关注需要是有回报的。由于积极关注需要的满足非常重要，特别是对于婴儿，我们会对他人的态度和行为很敏感。通过对他人反馈（认可或不认可）的解释，重新定义我们的自我概念。因此，在自我概念形成的过程中，我们内化了他人的态度。

经过一段时间之后，积极关注将更多地来自我们自己，而不是他人，罗杰斯称之为**积极自我关注**（positive self-regard）。积极自我关注的需要与来自他人的积极关注需要一样强烈，并且以相同的方式被满足。例如，快乐时得到喜爱、认可和爱作为奖赏的儿童会产生积极的自我关注，而不管他们是否表现得很快乐。因此，从某种意义上讲，我们学会了奖赏自己。积极自我关注，像积极关注一样，是互惠的。当人们获得积极关注并建立积极自我关注以后，反过来，他们会为他人提供积极关注。

Shawn Gearhart/iStockphoto.com

在理想情况下，父母提供了无条件积极关注。

价值条件

从积极关注发展到积极自我关注演化出了**价值条件**（conditions of worth）。积极自我关注是罗杰斯对于弗洛伊德超我概念的变式，来自**有条件的积极关注**（conditional positive regard）。我们知道，无条件积极关注指的是父母对于婴儿的爱和接纳没有条件，不受儿童行为的影响。有条件的积极关注与之相反。父母并不会对婴儿做的所有事情都做出积极关注的反应。对于让他们感到烦恼、害怕或厌烦的行为，父母可能不会表示喜爱或接纳。因此，婴儿会学到，父母的喜爱是有价值的，取决于他们的行为能否被接纳。他们会逐渐理解到，他们有时候会获得奖励，有时候则不会。

如果婴儿每次把东西扔出婴儿床时，父母都表现得很恼火，儿童会学到他们会因为这些行为而不被接纳。当判断的外在标准变成了内在的和个人的，从某种意义上讲，儿童按照父母的方式来惩罚自己。婴儿只有在能够引起父母接纳的情境下建立自我关注，然后经过一段时间之后，形成自我概念，并发挥父母的替代者作用，这就是价值条件。儿童相信只有在特定的条件下，他们才是有价值的，才能得到父母的积极关注以及之后个人的积极自我关注。在内化父母的规范和标准之后，儿童根据父母的定义，将自己看作有价值或没有价值，好或者坏。

因此，儿童可能会回避只能令个人感到满足的行为，他们不再自由地发展。他们需要小心翼翼地评价他们的行为和态度，抑制某些行为，这导致儿童无法全面发展和实现自我。生活在价值条件的限制中，阻碍了儿童的发展。

异化

在理想情况下，儿童不仅要学习抑制不被接纳的行为，而且也要学习否认和扭曲不被接纳的理解世界的方式。通过对特定经验的不准确知觉，他们冒险远离他们真正的自我。我们不是根据对整体实现倾向的作用，而是按照它们是否能带来他人的积极关注来评价经验，选择接纳还是拒绝。导致自我概念和经验世界（我们知觉到世界）之间的**异化**（incongruence）。

与自我概念不一致和矛盾的经验可能会造成威胁，并且以焦虑的形式表现出来。例如，如果自我概念包括我们热爱所有人类的信念，一旦我们遇到令我们感到痛恨的人，可能就会导致焦虑。痛恨与我们热爱所有人类的意象是不一致的。为了维护我们的自我概念，必须否认这种痛恨。通过扭曲个体的经验来对抗经验所带来的威胁，从而将经验世界的一部分封闭起来，最终导致我们知觉的一部分固化。

自我概念和经验之间的一致性决定着心理适应和情绪健康水平。心理健康的个体可以按照本来的面目知觉自己、他人和事件。心理健康的个体对新经验是开放的，因为没有什么可以威胁他们的自我概念。他们也不需要否认和扭曲自己的知觉，因为在儿童期他们就获得了无条件积极关注，没有必要内化任何价值条件。他们认为自己在任何情况和情境下都是有价值的，并且能够运用他们所有的经验。他们能够发展和实现自我的所有层面，不断迈向成为机能完善者的目标以及罗杰斯所说的“美好生活”。

机能完善者的特质

对于罗杰斯来说，**机能完善者**（fully functioning person）是心理发展和社会演化所期望达到的结果（Rogers，1961）。他描述了机能完善（自我实现）者的多个特征（见表 10-1）。

表 10-1 机能完善者的特征

知觉所有的经验；对消极感受和积极感受同样持开放的态度
对所有的经验保持好奇心
相信自己的行为和感受
毫无顾忌地自由选择
创造力和自主性
持续追求成长和最大化个人潜能的需要

（1）机能完善者知觉所有的经验。没有经验被扭曲和拒绝；所有经验都渗入自我当中。没有防御性，因为没有什么要防御，没有什么威胁自我概念。机能完善者对于积极的感受是开放的，比如勇气和亲切，对消极的感受也是开放的，比如恐惧和痛苦。他们接受的积极和消极情绪更广泛，并且感受更强烈，从这种意义上来说，他们更加情绪化。

（2）机能完善者在每一刻都生活得充分而丰富。所有的经验都可能是新鲜的。经验无法被预知，但是能够完全参与，而不是仅仅去观察。

（3）机能完善者相信自己的机体反应。罗杰斯借此短语来表达，机能完善者相信他们自己的反应，而不是按照其他人的观点、社会规范或者他们的理智判断行事。以感觉正确的方式行事，能够以令人满意的方式指导行为。罗杰斯并不认为机能完善者会忽略他们自己的智慧判断和从他人处获得的信息。相反，他的意思是，所有数据都因为和机能完善者的自我概念一致而被接纳。没有什么有威胁；所有的信息都能够被准确知觉、评价和权衡。因此，在特定情境下如何表现的决策取决于对所有经验数据的考量。但是，由于自我概念和经验的一致性，机能完善者所做的决定显得更加直觉化和情绪化，而非理智化。

（4）机能完善者毫无顾忌地自由选择。这给他们带来一种力量感，因为他们知道他们的未来取决于自己的行动，而不是现在的环境、过去的事件或者其他人。他们不会有被迫感，无论是被自己还是被他人所强迫，还是被只有一种行为方式所强迫。

（5）机能完善者富有创造力，当环境改变时，生活积极而适应。机能完善者与创造力的结合是自发的。机能完善者非常灵活，喜欢寻求新的经验和挑战。他们不要求可预测性、安全或者摆脱紧张。

（6）机能完善者会面对困难。这种情况指的是机能完善者敢于面对不断的测验、成长、努力以及需要运用个体所有的潜能的情境，这种生活方式会给他们带来难题和挑战。罗杰斯并没有将机能完善者描述为快乐的、满足的或者是惬意的，尽管他们有时的确如此。他们的人格更多的是丰富、令人激动且富有意义。

Kali9/iStockphoto.com

机能完善者是自由的，有能力在每一刻都生活得精彩和具有创造力。

罗杰斯用“实现”，而不是“已实现”一词来描述机能完善者的特征。后者是一种已完成的、静止不变的人格，这不是罗杰斯所希望的。自我发展一直处在进行之中。罗杰斯写道，成为机能完善者是“方向，而不是目的地”（1961，p. 186）。如果努力和成长停止，人们就会失去自主性、灵活性和开放性。罗杰斯的著作《个人形成论》（1961）中的“形成”一词巧妙地刻画了罗杰斯对于改变和成长的重视。

人性问题

关于自由意志与决定论，罗杰斯的立场非常清楚。机能完善者有选择创造自我的自由。换句话说，对他们来说，没有人格的哪个方面是先天决定的。在先天和后天问题上，罗杰斯突出了环境的作用。虽然实现倾向是与生俱来的，但实现的过程本身更多受到社会因素而不是生物因素的影响。童年经验对人格发展具有一定影响，但后来生活的经验影响更大。相对于童年的生活事件，我们现在的感受对于人格来说更加具有决定性。

当罗杰斯指出机能完善者具有一些共同的特征时，他就承认了人格的普遍性。但是，我们能够从他的著作中推断出，表达特质的方式有可能是独特的。生命的最终和必要目标是成为机能完善者。

相信人类有能力、动机和责任理解与改善自己的人格理论家，明显是以一种乐观、积极的眼光来看待人类。罗杰斯相信人类的天性基本是健康的，具有与生俱来的成长与实现潜能的倾向。罗杰斯从没有丧失对人性的乐观态度。在 85 岁时对他的采访中，他说：“在和个人与集体工作的过程中，我对人类天性的积极观点不断被强化。”（1987，p.118）

按照罗杰斯的观点，我们并不是注定要和我们的自我或者社会冲突。我们并不是被本能的生理力量所支配，也不是被生命中前五年的事件所控制。我们是前进的而不是倒退的，是成长的而不是停滞的。我们以开放而不是防御的姿态体验着世界，寻求挑战和刺激，而不是寻求源于熟悉的安全感。虽然情绪困扰也会发生，但并不是常有的。运用罗杰斯以人为中心疗法，人们能够利用他们的内在资源，即与生俱来的实现驱力，克服各种困难。

> 我完全意识到了，没有防御和内心的畏惧，个体的行为可能并且确实会极其残忍，具有可怕的破坏性、幼稚、倒退、反社会和具有伤害性。然而我的经验中最使人精神振奋和鼓舞的部分就是与这样的个体一同工作，并且发现存在于他们之中的非常积极的倾向，就像在我们所有人中存在的一样（Rogers，1961，p.27）。

成为机能完整者的渴望对于社会也是有益的，当一种文化下的人们越来越自我实现时，社会的进步自然而然会紧随其后。

罗杰斯的人格评价理论

对于罗杰斯而言，评估人格唯一的方法是测量个体知觉并接纳为事实的主观体验以及生活事件。罗杰斯坚持认为，当人格的成长受自我概念和经验的不一致阻碍时，来访者有能力检查问题的根源，并且重新引导人格成长的方向。

以人为中心疗法

在**以人为中心疗法**（person-centered therapy）中，罗杰斯探索了来访者对自我和他人的感受和态度。他不带有任何先入为主的成见倾听来访者，尝试理解来访者的经验世界。虽然罗杰斯认为以人为中心疗法是唯一有价值的人格评估方法，但他也注意到以人为中心疗法并非绝对可靠。通过关注来访者的主观经验，治疗师了解的只是来访者有意识表达出来的生活事件。不在意识层面的经验则依然处在隐藏状态。对潜意识推论太多具有很大的风险，治疗师做出的推论可能只是对咨询师自己的投射，而不是来访者的真实体验。而且治疗师对来访者的了解取决于来访者的交流能力，所有形式的交流都不是完美的，因此治疗师不可能完美地看到来访者的经验世界。

由于这些限制，罗杰斯认为，相对于其他测量方式和治疗方法，以人为中心疗法对个体经验世界的了解更为清晰。罗杰斯认为以人为中心疗法的优势之一就是，它并不依赖于某种预定的理论建构（比如弗洛伊德的精神分析），心理咨询师不需要将来访者的问题调整使之适合这种预定的理论建构。以人为中心治疗师的唯一的预定信念就是，来访者的价值与生俱来，必须按照来访者本来的样子接纳他们。治疗师应该给予来访者无条件积极关注，对于他们的行为，不做任何判断，也不会给任何建议。所有的一切都是以来访者为中心，包括改变行为和重新审视关系的责任。

罗杰斯反对诸如自由联想、梦的解析和个案史等测量技术。他认为这些方法使得来访者依赖治疗师，假定治疗师具有专业和权威的光环。这些技术给来访者留下了治疗师知道关于他们一切的印象，移除了来访者的个人责任感。来访者会认为，治疗师会解决他们的问题，而他们所要做的只是坐回去，跟随专家的指导。

会心团体

罗杰斯证实以人为中心疗法能够帮助脱离自己的感受而接近生活经验的个体。通过治疗，人们能够建立或者重新获得灵活性、自主性和开放性。罗杰斯具有传教士一般的狂热，希望将提升更多人的心理健康和机能状态，所以他创立了团体技术。通过这一技术，人们能够更加了解自己，以及了解如何与他人交往，罗杰斯将这种方法叫作**会心团体**（encounter group）。

团体的规模在8～15人，一般集会20～60个小时。开始并没有正式的结构或者议事日程。团体引导者也不是一般意义上的领导者，他只是建立一种氛围，让团体成员能够充分表达自己，并关注他人如何感知他们。引导者的工作就是让团体成员能够比较容易地实现自我洞察，机能更加完善。罗杰斯相信大多数参与者（尽管不是所有人）的机能会更加完善。

并非所有的心理学家都同意罗杰斯的观点。63个关于会心团体研究的元分析表明，会心团体的功效与传统的心理治疗方法类似（Faith，Wong，& Carpenter，1995）。分析还显示，相对于集会次数较少的小群体，集会次数更多的大群体会创造更多有利的结果。现在会心团体已不再像罗杰斯自己宣传它们时那么受欢迎了，但仍然被罗杰斯的追随者作为激发人们提升潜能的一种方式。

心理测验

罗杰斯并不使用心理测验来评估人格，也没有建立任何测量工具。但其他心理学家设计了一些测验来测量经验性世界。《经验清单》（The Experience Inventory，Coan，1972），是一个自评问卷，测量机能完善者的一种特征——对经验的开放性和接受性。《经验量表》（The Experience Scale，Gendlin & Tomlinson，1967）测量自我信任水平。被试人并不直接对该量表进行反馈。他们可以谈论任何他们所选的东西，通过录音机录下来之后会对其自我信任程度进行评价。例如，他们多大程度上认为他们的感受是行为的重要信息来源，或者他们在多大程度上否认个人感受影响他们的决定。

《经验量表》在以人为中心疗法中已经被使用。例如，一份研究报告显示，在治疗中获得最大进步的来访者，自我信任水平从治疗开始到结束有了显著的提升。而在治疗中几乎没有进步的来访者，自我信任提升很小或者没有提升。相对于更严重的情绪障碍来访者，情绪障碍不那么严重的来访者自我信任程度更高（Klein，Malthieu，Gendlin，& Kiesler，1969）。

对罗杰斯理论的研究

罗杰斯相信，依赖来访者自我报告的以人为中心访谈比实验法有更大的价值。按照罗杰斯的观点，相比于他的临床方法，越规范的科学方法所能带来的关于人格本质的信息越少。他说："我无法从研究中获知任何事情。我的大部分研究都被用来证实我的感觉是正确的。"（quoted in Bergin & Strupp，1972，p.314）虽然罗杰斯并没有使用实验室方法收集关于人格的数据，但他使用了实验法来证实和确认他的临床观察。他对于治疗过程的研究抱有极大的热情，而这被很多临床心理学家反对，认为是侵犯了隐私。

罗杰斯的做法为心理治疗引入了一种基本的方法（Goldfriend，2007）。他把整个治疗过程录制并放映出来，让研究者能够研究来访者和治疗师之间的互动。在罗杰斯的革新之前，对于治疗过程唯一可用的数据就是治疗师的事后重构。除了随时间的推移所出现的记忆偏差，书面记录缺少来访者的情绪状态和身体语言。有时面部表情或者声音的语调比语言能表露出更多的信息。有了对治疗过程的记录，用于研究的一切都可以获得了。罗杰斯将其称之为检验"人格分子变化"的显微镜（1974，p.120）。在记录治疗过程之前，他总是征得来访者的同意，他也发现录像设备的出现并不会阻碍治疗的进程。

对以人为中心疗法的评价

罗杰斯和他的同事还研究了在心理治疗期间，自我概念是如何变化的。他们运用质性研究方法和量化研究方法（尽管罗杰斯主张不要成为一个科学家）对治疗过程进行了分析。通过量表评定和对被试言语的内容分析，考察了自我概念的变化。大部分研究运用了威廉·斯蒂芬森（1953）创建的**Q分类技术**（Q-sort technique）。来访者对大量有关于自我概念的描述，按照最能描述自己到最不能描述自己进行分类。因此，Q分类是一种确定来访者自我意象的经验性方法。

典型的Q分类陈述如下：

- 我喜欢独处。
- 我感觉很无助。
- 我在情感上是成熟的。

Q分类能够以多种方式进行使用。例如，在对知觉到的自我描述进行分类之后，要求来访者对理想的自我描述进行分类，也就是他们最想成为的人的样子。罗杰斯运用相关法及Q分类的反馈来确定来访者的自我图式或者知觉到的自我与理想自我的相似性。他也注意了自我概念从治疗开始前到治疗结束后变化的程度。以一位被命名为“橡树夫人”的来访者为例，知觉到的自我和理想自我之间的初始相关系数为+0.36。治疗一年之后，相关系数增加到了+0.79。对罗杰斯来说，这表明橡树夫人感知到的自我与她理想或期待的自我越来越一致（Rogers，1954）。罗杰斯认为，这一巨大的变化反映了情绪健康水平的提升。

橡树夫人在治疗之前和之后，选择了不同的Q分类陈述来描述自己。在参与罗杰斯的治疗之前，她认为自己是依赖的和消极的。她也感到被他人所排斥。在心理治疗之后，橡树夫人认为她更像自己希望成为的那个自我。她感到更安全，更少畏惧，以及能够与他人更好地交往（见表10-2）。

表 10-2 橡树夫人在治疗前和治疗后知觉到的自我的Q分类描述

治疗之前的自我	治疗12个月后的自我
我常常感到被驱使	我可以自由地表达自己的情绪
我要对我遇到的各种麻烦负责	我感觉自己在情感上是成熟的
我真是自我中心的	我是独立的
我没有条理	我理解我自己
我觉得自己内心缺乏安全感	我感觉自己是胜任的

（续）

治疗之前的自我	治疗12个月后的自我
我不得不通过各种借口，合理化自己的行为来保护自己	我和他人具有温暖的情感关系

资料来源：From“The Case of Mrs. Oak: A Research Analysis” by C. R. Rogers. In *Psychotherapy and Personality Change* by C. R. Rogers and R. F. Dymond, 1954, Chicago: University of Chicago Press.

罗杰斯的合作者在研究中，测量了25位来访者知觉到的自我和理想自我之间的差异（Butler & Haigh，1954）。研究者发现，在治疗期间以及治疗之后，两者之间的差异在不断减小。在治疗之前，知觉到的自我和理想自我的平均相关系数为−0.01。在心理治疗之后，则变成了+0.31。

运用Q分类技术进行的研究为以人为中心疗法的效果提供了非常有力的证据，但对于罗杰斯的人格理论却没有提供什么有效的证明。其他研究者对他的一些概念进行了验证。例如，对三代女性、110位男性和女大学生的一项研究表明，父母的有条件积极关注成功地让孩子表现出了他们理想的行为。当儿童的行为适当时，父母表现出爱和喜欢，而当儿童不这么做的时候，则不表现爱和喜欢。但父母使用有条件积极关注的儿童的自我报告却显示出，他们应对技能很差，自尊水平摇摆不定，自我价值感更低，觉得父母不接纳他们，并且责怪他们的父母。而父母没有使用有条件积极关注的儿童则没有报告这样的消极结果（Assor，Roth，& Deci，2004）。

有些证据支持罗杰斯机体评估过程的概念。研究表明，积极自我关注也许在个人主义文化下更普遍，比如美国，而在集体主义文化中并没有那么普遍，比如日本（Heine，Lehman，Markus，& Kitayama，1999；Joseph & Linley，2005；Sheldon，Arndt，& Houser-Marko，2003）。

对经验的开放性

研究者要求大学生完成Q分类量表，以验证罗杰斯的主张：机能完善者对于所有的经验都具有开放性，而心理不健康者则为了保护自我意象免受威胁会对某些经验进行防御（Chodorkoff，1954）。临床医师基于被试的大量数据，包括他们在主题统觉测验和罗夏墨渍测验中的反应，为每位被试准备了独立的 Q 分类描述。基于这些临床测量，学生被分为良好适应组和适应不良组。

对被认为具有威胁性的材料的知觉防御，通过被试对中性词，比如桌子，以及被认为具有威胁性的词，比如阴茎的反应进行测量，结果表明，所有被试对于威胁性的词的知觉反应均慢于对于中性词的反应，但对适应不良的防御性被试，这种反应更加显著。适应良好的被试表现出的知觉防御更少，被认为心理更为健康。关于学生自我描述和临床医师描述的一致性，研究者发现，如果两个 Q 分类描述越相近，个体适应水平越好。

自我接纳

通过对 56 位母亲的研究探索了自我接纳与她们对自己孩子本来的样子，而不是期待中的样子的接纳程度之间的关系（Medinnus & Curtis，1953）。早期的研究以罗杰斯的观点为依据，认为实事求是地接纳自己本性的人（知觉到的自我和理想自我是一致的）更可能接纳他人本来的样子。结果表明，自我接纳的母亲和无法自我接纳的母亲之间具有显著差异，自我接纳的母亲更能接受孩子的天性，而且孩子的自我接纳程度在一定程度上取决于母亲的自我接纳程度。

对美国多种族成年人的研究发现，对自己的种族身份自我接纳程度高的个体，比对自己的种族身份自我接纳程度低的个体，有更加积极的发展（Pedrotti & Edwards，2010）。

有研究支持罗杰斯的观点：父母行为影响儿童的自我意象。相比无法接纳自己的孩子并表现出权威行为的父母，无条件接纳自己的孩子，且抚养行为比较民主的父母，他们的孩子具有更高的自尊水平、更高的情绪安全感（Baldwin，1949）。高自尊儿童的父母主要运用喜爱和奖励，而不是惩罚来引导孩子的行为。低自尊儿童的父母是更为冷漠的，缺乏爱，更可能运用惩罚（Coopersmith，1967）。父母能提供无条件积极关注，并让他们无限制地表达自己的青少年，相比父母无法提供这些条件的儿童，能发挥更大的创造性潜能（Harrington，Block，& Block，1987）。

另一项研究发现，获得父母无条件积极关注的青少年对他们未来获得他人支持的能力更为自信和更加充满希望，也会更多参加与他们知觉到的自己的兴趣和天赋一致的行为，而得到父母有条件积极关注的青少年缺少自信和希望。他们更多地采取与自己的真实自我不一致的行动来获得父母的支持和认可（Harter，Marold，WhItsell，& Cobbs，1996）。获得老师无条件积极关注的高中生，相比于无法获得老师无条件积极关注的高中生，积极自尊的水平更高（Nolan，2008）。

情绪适应

知觉到的自我和理想自我之间的不一致表明情绪适应水平差，罗杰斯的这一观点得到了多项研究的支持。研究者认为，差异越大，焦虑、不安全感、自我怀疑、抑郁、社会不胜任以及其他心理障碍水平越高。而且知觉到的自我和理想自我的高度不一致，与低水平的自我实现和自尊相关（Achenbach & Zigler，1963；Gough，Fioravanti，& Lazzari，1983；Mahoney & Hartnett，1973；Moretti & Higgins，1990；Straumann，Vookle，Berenstein，Chaiken，& Higgins，1991）。知觉到的自我和理想自我的高度不一致的个体，被评价为难相处、使人困惑和不友好（Gough，Lazzari，& Fioravanti 1978）。

罗杰斯认为，无法意识到天生的实现倾向会导致适应不良。为了检验这个观点，一名研究者以男性和女性大学生为被试，研究了巴斯和普洛明提出的与生俱来的气质特点（情绪性、活跃性和社会性，或 EAS）（Ford，1991）。运用《EAS 气质调查表》进行测量，让大学生的父母回忆他们孩子小时候的气质特定。将这些气质特点与大学生当前对这三种气质特征的自我知觉进行比较，结果支持了罗杰斯的观点，童年期潜在的气质和成年期意识到的气质差异越大，适应不良的水平越高。

研究集锦

对罗杰斯理论的研究

对罗杰斯理论的研究发现

- 积极自我关注在个人主义文化下可能更重要
- 机能完善者对所有的经验具有开放性
- 儿童的自我接纳程度一定程度上取决于母亲

的自我接纳程度
- ◆ 父母无条件接纳的儿童具有高自尊
- ◆ 知觉到的自我和理想自我不一致的个体情绪适应能力更差，自尊和自我实现水平更低
- ◆ 先天潜能无法实现会导致适应不良

对罗杰斯理论的反思

罗杰斯坚持认为探索人格唯一的方法，是通过以人为中心疗法考察个体的主观体验。罗杰斯通过倾听来访者的自我报告来完成这一过程。批评者指责他忽略了来访者无法有意识知觉到的因素，但这些因素会影响个体的行为。人们为了隐藏他们的真实本性，表现理想的自我意象，也许会扭曲对主观经验的报告，压抑一些事件，而详尽描述或捏造一些事件。

罗杰斯的以人为中心疗法很快就广受欢迎。之所以被迅速接受，在一定程度上受第二次世界大战末期（1945）美国的社会环境的影响。从海外服役归来的老兵需要帮助来重新适应平民生活，这导致对心理学家以及他们所能迅速掌握和实施的咨询技术的强烈需求。传统的精神分析训练需要医学学位和长期的专业训练。而"以人为中心疗法，"一位分析师写道，"简单、非正式、简洁，几乎不需要训练。"（DeCarvalho，1999，p.142）

罗杰斯的治疗技术得到广泛的应用，不仅用于治疗情绪困扰，而且也被用作提升自我意象。在商业领域，它还被用来作为管理者的一种训练方法。在助人行业，它被用来训练临床心理学家、社会工作者和心理咨询师。很多不同取向的心理治疗师在治疗过程中都接受了罗杰斯的一些核心概念。因此，以人为中心疗法在心理咨询和心理治疗领域非常有影响力（see Hazler，2011；Kirschenbaum & Jourdan，2005；Patterson & Joseph，2007）。有超过 200 个训练中心在推进罗杰斯的治疗方式，其中大多数在欧洲。此外，几十种期刊专注于罗杰斯理论的研究和应用（Murdock，2008）。

虽然罗杰斯的人格理论不像他的心理治疗方法那样具有影响力，但也获得了广泛的认可，特别是对于自我概念的重视。但罗杰斯并不认为他已经影响了心理学的学术研究。尽管如此，他的理论和疗法已经刺激了研究者对心理治疗的本质、来访者–治疗师的交互作用以及自我概念的研究。他的理论对于心理学对自我的理论与实证界定具有显著的影响。

罗杰斯的背景比较特殊，融合了临床、教学和实验室研究，大量借鉴了对情绪困扰来访者的治疗经验以及同事和学生的智慧性刺激，吸引了大量追随者不断地在临床和实验室中检验他的理论。

本章小结

罗杰斯的以人为中心疗法认为，人是有意识的、理智的，而不是受潜意识力量和过去经验所控制的。我们只能通过现象学的方法对人格进行理解，也就是说，通过个体基于主观经验（个体的经验世界）的个人观点来理解。机体评估过程是通过评估生活经验多大程度上为自我实现倾向服务，来评价生活经验，寻求促进自我实现的经验，避免阻碍自我实现的经验。

积极关注是对他人的接纳、爱和认可的需要，特别在婴儿期来自父母的接纳、爱和支持。在无条件积极关注下，母亲的爱和认可是无条件地给予，并不依赖儿童的行为而定。当爱和认可是有条件的，就是有条件的积极关注。一旦我们内化了他人的态度，积极关注就会来自我们自己（积极自我关注）。价值条件（与弗洛伊德的超我相似）指的是，仅仅在被父母接纳的情况下，才把自己看作有价值的。我们避免违背父母价值条件的行为和看法。自我概念和威胁自我意象的行为之间会出现异化。我们通过否认经验世界中具有威胁性的方面来防止焦虑。

机能完善者代表了心理发展的顶峰。机能完善者的特征包括：能意识到所有经验，没有防御性，在每一刻都能充分生活的能力，相信自我，拥有自由与掌控感，富有创造力与自主性。罗杰斯对于人性的乐观态度，包

括相信自由意志，相对于遗传，更强调环境的重要性，以及坚持人格具有一定的普遍性。个体和社会的成长不受过去事件的限制。

人格能够通过自我报告的主观经验进行评估。按照以人为中心取向，治疗师给予来访者无条件积极关注。罗杰斯反对自由联想和梦的解析，因为这会让来访者依赖治疗师。通过记录治疗过程，罗杰斯能够让研究者考察咨访关系的本质。

Q分类技术，即来访者将对于他们自我概念的描述按照最能描述自己到最不能描述自己进行分类，是一种量化自我意象的方法。Q分类研究发现治疗后知觉到的自我和理想自我相似性会更高。个体适应的越好，自我描述和他人描述之间的相似性就越大。知觉到的自我和理想自我的差异表明心理适应水平较差。批评者指责罗杰斯的理论忽视潜意识力量的影响，并且接受了来访者在自我报告中扭曲主观经验的可能。尽管如此，罗杰斯的理论仍然在咨询和心理治疗领域非常有影响力。

6

PART

第六部分

认知取向

如果在词典中查找“认知”这个词，你会发现，它是指认识行为和过程。人格的认知取向关注人们认识环境和他们自己的方法，人们如何知觉、评价、学习、思考、做决定和解决问题。认知取向是一种研究人格的真正的心理学取向，因为它只关注意识层面的心理活动。

也许，这种对于思维和心理过程的关注忽略了其他心理学家关注的思想。例如，在认知取向中，我们没有发现将需要、驱力或者情绪作为人格特有的活动，相反，它们只是认知过程控制下的人格的一些方面。

当代精神分析学家承认认知过程的重要性。埃里克森就是如此，他赋予了自我和认知功能更大的自主性。人本主义心理学家马斯洛和罗杰斯关注知觉，关注我们如何评价和在心理上如何加工我们的经验。奥尔波特关注人类的推理，阿德勒提出创造性自我，而这源于我们对于经验的理解和解释。社会学习理论学家也提及了认知过程。这些研究取向和乔治·凯利的人格认知理论的差异就在于，凯利试图从认知过程角度描述人格的所有方面，包括情绪成分。

Chapter 11

第 11 章

乔治·凯利：个人构念理论

我们认为真实的事情对他人不一定是真实的，我们引发了自己的行为，他人也一样。

——乔治·凯利

心理学的认知运动

凯利的**个人构念理论**（personal construct theory）与本书中讨论的其他理论有非常大的差异。凯利指出，他的理论系统中不会出现一些大家熟悉的概念，比如潜意识、自我、需要、内驱力、刺激、反应、强化，甚至于动机和情绪。显然，问题是，在不考虑这些概念，特别是动机和情绪的前提下，我们如何来理解人格？

凯利的回答是，每个个体都创造了一套关于环境的认知构念，他的意思是我们用这一体系或模式来解释和组织生活中的各种事件和社会关系。在此模式的基础上，我们对自己、他人和事件做出预测，并利用这些预测做出行为反应指导我们的行为。因此，为了理解人格，我们必须首先理解我们组织建构世界的模式和方法。根据凯利的理论，我们对于事件的解释比事件本身更重要。

和马斯洛一样，凯利反对人格研究的行为取向和精神分析取向。他认为这两种取向都否认了人类具有掌控自己生命、做决定并付诸实施的能力。他反对行为主义仅仅把人视作对环境事件的被动反应者，也反对精神分析把人看作潜意识力量的被动反应者。相反，“对凯利来说，人是运动的，我们自己推动着自己，而不是其他人或者其他事推动着我们”（Fransella & Neimeyer，2003，p.25）。

凯利提出的人格理论来源于他作为临床医生的经验。出于一些原因，他并没有像弗洛伊德及其他诊疗患者的理论家那样解读自己的临床经验，凯利从临床经验中所建立的人性模型与众不同，他认为，人人都是科学家。

科学家构建理论及假设，并且通过实验室实验来检验其真实性。如果实验结果支持他所构建的理论，则理论就被保留下来；如果数据不支持这个理论，该理论会被拒绝、修改或重新检验。

正如我们所看到的，这正是人格心理学家进行研究的典型过程。凯利还指出，心理学家并不认为他们的被试具有与他们相同的智慧水平和理性。心理学家好像有两套关于人性的理论：一套适用于科学家以及他们看待世界的方式，另一套则适用于普通人。该逻辑假设是指，心理学家认为他们的被试是无理性的，受各种冲突性的驱力的驱使，或者是无法控制的潜意识力量的受害者。因此，他们相信人很大程度是情绪性的，不可能使用他们的认知过程去学习、思考、评估经验或解决问题。可以确信的是，这并不像心理学家的运作方式。

心理学家比其他人优越吗？凯利表示，他们和自己研究的对象并没有差别。个体是如何作用于他人的？个体是如何解释他人的？这两者都与预测和控制生命中的事件有关，并且都能被非常理性地完成。和科学家一样，我们所有人都建构理论，凯利称之为个人构念。通过个人构念，我们尝试去预测和控制生活中的事件。他提出，理解人格的方法就是分析个体的个人构念。

凯利的认知理论为什么没有适应始于 1960 年并占据实验心理学主流的认知运动呢？尽管术语很相似，但认知运动并不包括凯利的工作，这是因为凯利的理论与认知运动的主题和方法并不一致。

凯利的方法是一种在临床上处理人们计划其生活的意识结构的方法。相反，认知心理学家感兴趣的是主要用实验法而不是临床和情境法进行研究的认知变量及外显行为。同时，认知心理学家的研究并不局限于人格。他们研究外在的行为和在社会环境中的学习。他们相信认知过程，比如学习，影响着人们对于特定刺激情境的反应。

虽然认知心理学出现在凯利提出的人格理论之后，但凯利的理论几乎没有对它产生什么影响。充其量，凯利的理论可以被看作现代认知心理学的先驱，但这两种取向除了共同拥有隐含着对意识活动兴趣的术语——“认知”之外，在其他方面很少有共同点。凯利的理论虽然不是实验心理学家所定义的美国主流心理学的一部分，但这并没有减弱他在研究人格中的价值。

凯利的生平（1905—1967）

凯利出生在美国堪萨斯州的一个农场。在孩童时代，他获得了父母很多的关注和爱。他的父母是正统的基督教徒，致力于帮助那些不幸的人。他们反对无意义的娱乐，比如跳舞和打牌。在凯利 4 岁的时候，一家人乘坐四轮马车去科罗拉多垦荒，然而很快还是回到了堪萨斯州。凯利早期的教育变化不定，由父母和学校老师共同承担。13 岁的时候，他来到威奇托上高中，至此之后很少住在家里。1926 年，他获得密苏里州帕克大学的物理学和数学学士学位。但他的兴趣已经从自然科学转移到了社会问题。凯利的未来出现了很大的不确定性。

凯利曾短暂地做过工程师，之后在明尼阿波利斯技工学校从事教学工作。接下来，他在美国银行家协会教授演讲课程，同时教导美国移民公民课程。随后，他进入堪萨斯大学劳伦斯分校学习，获得教育社会学硕士学位。凯利获得了爱荷华州专科学院的教职，教授大量课程并且作为戏剧课程的客座教授。当时凯利的职业生涯还没有真正倾向于心理学。上大学的时候，他还没有对这个领域的课程留下深刻的印象。

> 在心理学的第一节课上，我坐在一个大教室的后排，将椅子倾斜靠着墙，让自己尽可能舒服地坐着，心不在焉地听着可能出现的有趣的事情。教授是一个不错的人，一直努力说服自己心理学是被认真对待的。一天，教授在黑板上写下了“R”“→”“S”。这时，我从椅子上坐直，认真听讲，开始思考，两三个星期之后，我对此有了一些了解（Kelly，1969，p.46）。

凯利参加了好几次心理学的讨论会，最后放弃了。他不能理解连接刺激（S）和反馈（R）的箭头意味着什么。他从没有真正弄清楚。传统的行为学家、心理学的实验取向无法激发他的兴趣。他也曾经探索过精神分析。他写道：“我不记得我曾经读的是弗洛伊德的哪一本书，但是我确实记得当时感到非常不敢置信有人能够写出这样的谬论，更不用说出版了。”（1969，p.47）

凯利的专业训练在 1929 年获得苏格兰爱丁堡大学奖学金时发生了极大的转变。在这一年里，他获得教育学学士学位，并且对心理学产生了兴趣。他回到美国爱荷华州立大学进行博士学习，并于 1931 年获得博士学位。

咨询的理性取向

凯利在 20 世纪 30 年代美国经济大萧条中期于堪萨斯福特海斯州立大学开始学术生涯。虽然他在生理心理学方面受到了良好的训练，但他几乎没有机会进行这方面的研究，他转向了急需人才的临床心理学。他建立了面向当地公立学校和他所在大学学生的临床心理学服务机构。他创办了流动诊所，在学校之间巡诊，这使得他有机会去解决大量心理问题，并尝试不同的治疗方法。

凯利并没有坚守任何一种特殊的治疗技术，或某个具体的人格理论。他非常自由地使用传统的以及他自己创立的评估与治疗方法。他的临床经验极大地影响了他的个人构念理论。他所治疗的人并不是精神病院中严重的精神病患者，或者是有严重的情绪问题的神经症病人。他的病人都是被老师们转介过来咨询的学生。

因此，不像精神科病房或者精神分析诊疗室当中的情绪适应不良的病人，凯利的患者能够以更加理性的方式讨论他们自己的问题，用知识分子的语言表达他们的问题。在课堂上，老师教导我们有逻辑地分析、思考和处理信息。这种理性的态度被从课堂上转移到了咨询中。如果让在学术形成阶段的凯利和精神病院中的精神分裂症病人共同度过咨询的时间，他的理论可能就不会如此强烈地依靠认知信息加工能力。

第二次世界大战中断了凯利的学术生涯。他加入了美国海军，成为华盛顿医疗与手术局的一位心理学家。当 1945 年战争结束的时候，凯利在马里兰大学任教一年后加入俄亥俄州立大学。在俄亥俄州立大学，他花了 19 年的时间教授人格心理学，不断提炼他的人格理论，并进行相关研究。凯利也在全世界的大学进行巡回演讲，宣扬如何运用人格的个人构念理论解决国际性的紧张局势。1965 年，凯利接受了亚伯拉罕・马斯洛的邀请，出任布兰迪斯大学的讲座教授，但很快他就去世了。

凯利是第二次世界大战后临床心理学迅速发展期间的主要力量。他在这个领域中，担任多个重要的职务，其中包括美国心理学会临床与咨询分会主席以及美国职业心理学审查委员会主席。

欢迎登录

The Life and Work of George Kelly
凯利的简短传记、作品数目以及相关资料的链接。
George Kelly：Theory and Therapy
凯利生平信息，以及对他的理论和独特疗法的深入讨论。

个人构念理论

凯利认为每个人都像科学家一样，形成对环境的假设，并在日常生活中进行检验，从而知觉和组织他们的经验世界。换句话说，我们观察生活事件——事实或经验数据，并以我们的方式对他们进行解释。这种对经验的个性化理解、解释或者建构，就是我们对事件的独特观点。我们会把事实置于这一模式之中。凯利认为，我们是通过"不断转化适应构成世界的各种现实情境的模式"来观察这个世界的（Kelly，1955，pp.8-9）。

可以把这些模式比作太阳镜，它给我们看到的一切添加了一层特殊的色彩。一个人的眼镜可能是浅蓝的，而另一个人的可能是浅绿的，虽然面对的是同样的景色，但人们的知觉却是不同的，取决于人们创设其观点的镜头的色彩。因此，我们是利用我们所建构的假设或模式来理解世界的。每个人特殊的观点和模式就是凯利所说的构念系统。

构念（construct）是个体看待世界的独特方式，用来解释和理解事件的理性假设。我们按照构念对现实世界的预测和解释做出反应，像科学家一样，我们不断地检验这些假设。我们的行为以构念为基础并对其结果进行评价。

以一名在心理学导论课程中面临挂科危险的学生为例，他一直想说服教授让他及格，在观察了教授大半个学期之后，他认为，教授在课堂上的行为具有一种优越感和权威感，常常夸大个人的重要性。据此，这名学生会形成一个假设或者构念，强化教授夸大的自我意象会带来好处。

学生可以在现实中检验这一构念，阅读教授的一篇文章之后去向教授夸赞这篇文章，如果教授真的很高兴，并且给了学生一个高分，那么该学生的构念就得到了证实。如果这名学生下一次还选修了这位教授的课，或者碰到与这名教授相似的其他教授，他还会再次应用这一构念。但如果教授给了一个低分，那么这个构念就是不合适的，需要对教授建立新的构念。

在生命之旅中，我们对遇到的不同类型的人和环境形成了很多构念。当遇到陌生的人，面对新的情境时，我们会拓展我们的构念。随着情境的变化，我们也会不断地改变或抛弃一些构念。修正构念是非常必要且持续不断的过程。构念必须具有可替换性，如果构念不灵活，不能被修正（如果人格完全由童年期的影响所决定，就会出现这种情况），那我们将无法应对新的情境。凯利称这种适应性为**构念替换论**（constructive alternativism)，指的是我们并不受制于构念，而是能够自由地对其进行修正和替换。

预期生活事件的方式

凯利以非常科学的形式来呈现个人构念理论，共包括 1 个基本假设和 11 个推论（见表 11-1）。基本假设是：心理过程是由个体预期事件的各种方式所引导。

表 11-1　个人构念理论的定理

建构定理	因为重复的事件是相同的，我们可以预测未来将如何经历这样的事件
独特定理	人们以不同的方式理解事件
组织定理	根据对不同构念相同点和不同点的认识，将构念组织起来
两分法定理	构念是两极的。例如，我们有一个关于忠诚的概念，这个观念也一定包括关于不忠诚的概念
选择性定理	我们选择每个构念中对我们来说最好的选项，能够让我们预测被预测事件的结果
范围定理	构念也许适用于很多情境和人，也许仅仅限制在某个人和情境上
经验定理	我们通过生活经验不断地检验我们的构念，以保证其有效性
调整定理	我们会因为新经验而修改构念
片段定理	在整体构念系统中，我们有时也许会有矛盾或者不一致的次级构念
共同性定理	虽然个人构念对我们来说是独一无二的，但同一族群或者文化下的人们会拥有一些一致的构念
社会性定理	我们试图理解他人是如何思考和预测他们的行为的，并相应地调整我们的行为

使用“心理过程”这个词，凯利并不是想提出某种内在的心理能量，相反，他认为人格是一个流动的动态过程。心理过程受构念引导，受我们建构世界的方式所引导。基本假设中的另一个关键词是预期，凯利提出的构念具有预期性。我们使用构念预期未来，以便知晓未来行为的结果，知晓如果我们按照某种方式去做会发生什么。

建构定理

重复性事件具有共同之处

凯利认为没有生活事件或者经历能够被完全重现，和第一次发生时完全一样。生活事件可能会再次发生，但是我们不会以完全相同的方式去经历。例如，如果你今天看了一部上个月看过的电影，那么第二次看的时候，你的经历可能会有所不同。你的情绪可能不一样，在过去的一个月中，很多事件影响着你的态度和行为。也许你知道了电影中某个演员一些令人不愉快的事情。也许你因为学习成绩进步而感到更满意。

虽然我们并没有完全相同地经历重复的事件，但是会浮现重复的特征和主题。情境中的某些特点和以前经历的情境一模一样。我们正是基于这些相似之处来预测或建立预测，我们将来会如何应对这类事件。尽管未来的事件不是过去事件的重复，但和过去事件是相似的，我们的预测就是建立在这样一种思想之上。例如，电影里的一些场景也许总是以相同的方式打动你。如果你第一次喜欢飙车的场景，可能会再一次喜欢这样的场景。你的行为建立在喜欢飙车的预期之上，这就能够解释为什么你会选择在此看这部电影。过去事件的主题在未来再次出现，我们正是在这些重复出现的主题的基础上形成构念。

独特定理

对事件的解释存在个体差异

通过这个定理，凯利引入了个体差异的观点。他指出，在对事件的知觉与解释上，人与人是不同的，因为人们解释事件的方式各不相同，所以形成了不同的构念，这也进一步导致我们不能完全客观地反映事实。

组织定理

构念之间的关系

根据我们对于构念之间的相互关系、相同点和不同点的判断，将个体的构念组织起来。持有相似构念的个体，如果组织构念的方式不同，也会彼此存在差异。

一般来说，我们会将构念组织成一个层级体系，一些构念从属于另一些构念。一个构念会包括一个或更多的从属构念。例如，构念“好的”可能包括“有智慧的”和“道德的”两个从属构念。如果我们遇到一个符合我们所谓好人概念的人，我们会预测他也具有智慧和高道德标准的品质。

构念之间的关系常常比具体构念本身更为稳定，但也具有变化性。如果个体被一位非常有智慧的人所侮辱，个体可能会把“有智慧的”构念从从属于“好的”这一构念改变为从属于“坏的”这一构念。对构念系统唯一的有效检验就是其预测效度。如果对构念的组织不能对事件进行有效预测，就要对其进行修改。

两分法定理

两个互斥候选

所有的构念都是两极的，或者一分为二的。如果我们想要准确预测未来的生活事件，这一点是很有必要的。就像我们刚才提到的人和事之间的相似性，还必须解释它们之间的不相似性。例如，对朋友形成一个描述其“诚实”品质的构念远远不够，还必须考虑其对立面——“不诚实”，来解释诚实的人和不诚实的人之间的差异。如果我们不能对这两类人进行区分，比如我们假设所有的人都是诚实的，那形成一个关于诚实的构念就无法帮助我们去预测将来我们会遇到的人。只有一些人被预期为不诚实，另一些人才能相对地被预测为诚实。在这个例子中，恰当的个人构念是“诚实对不诚实”。构念必须由一组相互排斥的选择组成。

选择性定理

自由选择

在凯利的著作中贯穿始终的一个观点就是，人具有选择的自由。根据上面提到的两分法定理，每个构念都有相对的两极。对于每一个情境，我们选择最适合我们的一极，去预测未来事件的结果。

凯利认为我们在两极中进行选择的时候具有一定的自由，他将其描述为在安全和冒险之间进行的一项选择。例如，你必须在下学期的两门课程中选择一门，一门课很简单，与你之前选的一门课没什么大的区别，而且教授给分很高，作业很少。选这门课没有任何风险，但这门课可能也不会给你带来太多的收获。你知道这位教授讲课很乏味，而且你也已经学习过这门课的很多材料，但这是一个安全的选择，因为你对选择这门课程的结果可以做出高度准确的预测。

选择另一门课则更像是一次赌博。教授是新来的，传言说很严格，而且你对这门课本身并没有太多了解，这门课会给你展示一个你曾经好奇的领域。在这种情况下，你无法对自己的选择所带来的结果进行准确的预测。选择越冒险，意味着风险越大，但潜在的回报和满意度会更高。

你必须在低风险、低回报的安全选择和高风险、高回报的冒险选择中做出决策。第一个选择具有高预测效度，第二个选择则是低预测效度。凯利相信，在确认和拓展我们的个人构念系统之间进行选择会贯穿我们一生。安全的选择，因为和过去的选择很相似，会通过重复性的经验和事件进一步确认我们的构念系统，而冒险性的决策通过容纳新的经验和事件，扩展了我们的构念系统。

人们一般倾向于做出安全、风险低的选择，这可以解释为什么一些人会坚持毫无结果的行为方式。例如，为什么一些人在被不断拒绝的情况下仍挑衅他人？凯利的回答是，这个人之所以做出低风险的选择，是因为他能够预期人们会如何应对攻击行为。这个充满敌意的人不知道人们会如何应对友好的行为，因为他很少做出友好的行为。友好的行为带来的结果可能会更好，但对于这个人而言却是不确定的。

记住，我们做选择，是考虑他们能让我们多大程度上对事件进行预测，而并非根据哪个选择对我们是最好的。每个人都想用最科学的方法尽可能确定地预测未来，这就是凯利的观点。

Comstock Images/Jupiter Images

人们知觉和解释同一事件的方式彼此不同。

范围定理

适用范围

没有适合所有情境的个人构念。以“高对矮”这一构念为例，明显具有一定的**适用范围**（range of convenience）。它可以用来描述建筑物、树木或篮球运动员，但却不能用来描述比萨或者天气。

有些构念可以适用于多种情境和人，而有些构念的适用范围则非常有限，也许只适合某一个人或某一种情境。构念的适用范围是个人选择的结果。例如，我们可以认为“忠诚对不忠诚”这一构念适用于我们遇到的所有人，也可以认为仅适用于我们的家庭成员或我们的宠物狗。根据凯利的理论，要完整地理解人格，知道构念适用范围中不包括什么和知道其中包括什么同样重要。

经验定理

面对新经验

每个构念都是基于过去经验，预测未来事件的假设。构念在多大程度上能够预测未来事件决定了构念能否经受现实的检验。我们大多数人在生活中都面临着新的经验，因此检验构念的适用性，考察其在多大程度上能够预测事件，这一过程一直都在进行。如果一个构念不能有效地预测事件的结果，就必须对其重新进行建构或替换。因此，随着环境的变化，我们会不断地评估和解释我们的构念。在 16 岁时对我们有用的构念在 40 岁的时候可能就是无用的，甚至是有害的。在期间的这些年中，经验会引导我们不断修改构念系统。如果你没有任何新的经验，那你的构念系统就不需要改变。但对大多数人来说，生活中必然会遇到新的人，需要应对新的挑战。因此，我们必须重新解释经验并相应地重构我们的构念。

调整定理

适应新经验

构念的渗透性不同。**渗透**（permeability）是指穿透、进入某物，可渗透的构念允许新的元素渗透进入适用范围内。这种构念对新的生活事件和经验开放，并能够被它们修改和扩展。

构念系统能否随着新经验和学习而得以调整，取决于个人构念的渗透性。无论经验如何，不具备渗透性或者死板的构念都是不能被改变的。例如，如果一个偏执的人将高智慧对低智慧这一构念以固定和不具备渗透性的方式应用到某一特定的少数族群，坚信这一群体的所有成员都是低智慧的，那么新的经验无法渗透和改变这一信念。这个怀有偏见的人不会修改这一构念，不管他遇到了这个群体中多少高智慧的成员。这一构念因为无法改变和修正，而成为学习和接受新思想的障碍。

片段定理

构念之间的竞争

凯利认为在我们的构念系统中，一些构念虽然共存在一个整体之中，却是不相容的。回顾一下，我们在评价新经验时，构念系统可能就会发生变化。新的构念并不一定源于旧的构念，在特定的情境中新的构念也许和旧的构念是一致的或相容的，但当情境变化时，这些构念可能就会不一致。

以下面这个情境为例。一位男性在心理学课堂上遇到了一位女性，并感觉被她深深吸引。她也是心理学专业的，和他的兴趣相同。她满足“朋友对敌人”这一构念的朋友选项，她会被他喜欢和尊重。第二天，他在一个政治集会上看到了她，失望地发现她正在大声表达保守党的观点，而这与他自由党的观点相悖。此时，她又符合了“朋友对敌人”这一构念中的另一选项“敌人”，此时她成为了敌人。

在某个情境中，人们也许会接受另一个人作为朋友，比如在玩棋类游戏的时候，但在另一个情境中却充当对手，比如在政治辩论当中。

这位男性关于这位女性的构念的不一致，在他的整体构念系统中处在一个次级水平。在一种情境下她是朋友，而在另一种情境下她是敌人。但他更广泛的构念——自由党是朋友，保守党是敌人，并没有受到干扰。根据凯利的理论，这是在没有损害到的整体构念系统的情况下，容忍次级构念的不一致的过程。

共同性定理

人们理解事件的一致性

因为人们解释事件的方式不同，所以每个人的构念系统具有独特性。但人们在解释事件的方式上也具有一定的一致性。如果人们对经验做出相同的解释，他们的认知过程就是相似的。以具有相同文化规范和理念的群体为例，他们彼此之间的预期和期望非常相似，而且会以相同的方式来解释经验。同一文化中的人们，其行为和特征会表现出相似性，尽管他们遇到的生活事件并不相同。

社会性定理

人际关系

在上文中，我们注意到相同文化下的人们倾向于用相同的方式解释事件。尽管这可以解释人们之间的某些共同性，但其本身并不能带来积极的社会关系。对个体而言，和其他人用相同的方式解释经验还远远不够，首要的是个体必须能理解他人的构念。换句话说，我们必须理解他人是如何想的，我们是否能够预测他人会对事件做出什么样的预期。

理解他人的构念是我们经常在做的事情。以开车为例，我们用生命做赌注去赌我们能够预测其他司机在路上的行为，我们预测他们会红灯停、绿灯行。只有当我们在一定程度上能够预测 SUV 司机、朋友、老板或者老师会做什么的时候，我们才能够调整自己对他们的行为。当我们在适应他们的时候，他们也在对我们做同样的事情。

每个人都承担着与他人有关的角色，比如合作者、孩子和上司等，每个角色的行为模式都是从对他人如何解释事件的理解中演化而来的。因此，在某种意义上，我们自己在适应他人的构念。

欢迎登录

Personal Construct Psychology Information Center
德国汉堡个人构念心理学信息中心的官方网站，包括凯利个人构念心理学大量的英文信息及相关网址链接。

Personal Construct Theory: A Internet Journal
可以免费查阅网络杂志《个人构念理论与实践》。

人性问题

凯利的人格理论展现了一幅乐观，甚至有些谄媚的人性画面（Kelly，1969）。凯利把人看作理性的存在，能够通过构念体系观察世界。他认为我们是命运的创造者而不是受害者。他的观点赋予了我们自由意志，使我们能够选择生活的方向，在必要的时候，通过修改旧的构念形成新的构念。我们并不是注定要走在童年或者青少年时期铺就的那条路上。我们的方向清晰地朝着未来，因为制定构念就是为了预测各种事件。

因此，凯利不接受历史决定论，他认为过去的事件并不是现在行为的决定因素。我们不是如厕训练、早期性经历或者父母拒斥的俘虏，我们也不受生理本能和潜意识力量的束缚。我们不需要内在驱力的推动，因为我们被活着这个事实激励。凯利看不到任何援引其他解释的理由。

虽然凯利没有讨论遗传在人格中起到的作用，但他认为我们并不是完全被环境影响决定的。我们依靠基于对事件的理解所形成的构念生存。因此，影响人格形成的是理性的心理运作过程，而不是具体的事件。凯利并没有假设终极和必需的生活目标，但我们可以推断出，我们的目标是形成能够让我们预测事件的构念系统。在独特性和普遍性问题上，凯利采取了中立的立场。共同性定理指出，相同文化下的人们会发展出一致的构念，而独特定理强调构念的独特性，和因此而导致的自我的独特性。

凯利的人格评价理论

访谈

访谈是凯利主要的人格评价技术。他曾中写道：“如果你不知道一个人的脑子里正在想什么，就去问他，他会告诉你！”（1958，p.330）采用他称之为“信任的态度”，凯利完全相信来访者的话，他相信这是确定个体构念的最好方法。他也承认，个体也许会故意撒谎或者在报告中扭曲事实，但是，来访者所说的即使不被完全相信，也必须被尊重。

自我分类速写

测量构念系统的另一种方法是让个体进行**自我分类速写**（self-characterization sketch）。凯利对来访者的指导语如下：“我希望你对［来访者的名字］进行人物速写，假设他是游戏里面的一个主要角色。请你以他的一个非常亲密并对他充满同情心的朋友的角度来进行速写，这个朋友也许是最了解他的人。”（1955，p.323）凯利发现，在用于获知来访者如何理解自己在与他人的关系时，这项技术非常有效。这一技术对于了解个体在将自己和他人联系起来时如何知觉自己非常有用。

角色构念测验

凯利设计出角色构念（REP）测验来揭示我们对重要他人的构念，要求来访者按照单子列出生命中重要他人的名字，包括母亲、父亲、配偶、亲密朋友、遇到过的最智慧的人或最有趣的人等（见表 11-2）。对名字进行分类，每次三个，要求来访者在三个名字中选择两个最相似的，并记下与另一个的不同之处。例如，来访者在给定的名字中，选择了最具威胁的人和最有吸引力的人，那他必须描述这两个人在行为、性格等方面的某些相似之处，以及与另一个人的不同之处。

表 11-2　角色构念测验中的角色列表

1. 你喜欢的一位老师
2. 你不喜欢的一位老师
3. 你的妻子 / 丈夫，或现任的男朋友 / 女朋友
4. 你为之工作或服务但是你发现很难相处的一个雇主、上司或主管
5. 你为之工作或服务但是你很喜欢的一个雇主、上司或主管
6. 你的妈妈或在你生命中扮演母亲角色的人
7. 你的爸爸或在你生命中扮演父亲角色的人
8. 与你的年龄最相仿的兄弟或最像你兄弟的人
9. 与你年龄最相仿的姐妹或最像你姐妹的人
10. 一位很好相处的前同事
11. 一位很难沟通的前同事
12. 一位相处得很好的邻居

（续）

13. 一位很难沟通的邻居
14. 一位和你高中时相处得很好的男孩子
15. 一位和你高中时相处得很好的女孩子
16. 一位高中时你不喜欢的男孩子
17. 一位高中时你不喜欢的女孩子
18. 你喜欢的一位同性旅伴
19. 你不喜欢的一位同性旅伴
20. 一位最近交往密切但不喜欢你的人
21. 你觉得最有可能帮助的一个人或你感到最抱歉的人
22. 你认识的最有智慧的一个人
23. 你认识的最成功的一个人
24. 你认识的最有趣的一个人

资料来源：Reprinted from *The Psychology of Personal Constructs*, by George A. Kelly. Copyright © 1991 by Routledge, Chapman & Hall, Inc. Reproduced by permission of Talyor & Francis Books UK.

这些信息都展现在个人构念积储格中（见图 11-1）。来访者通过画圈来评价每一行中的三个人，并形成对他们的构念，比如快乐对悲伤。来访者在“显极”这一列中写下一个单词或一个短语来描述其中的两个人（在我们的例子中，是单词“快乐”），在“隐极”这一列写下反义词（悲伤）来描述其中的第三个人。来访者还可以通过打勾来描述这一行中其他拥有这一显性特质的人。在我们举的这个例子中，来访者生命中每一个重要的他人都可能被描述为快乐的。

REP 测验潜在的假设是，根据两分法定理人们会一分为二，按照喜欢和不喜欢、相似和不相似来看待事物。通过要求来访者对他们的社会关系进行重复性判断，凯利相信他能够揭开他们对于事物的预期。指导我们生活的两分法将体现出每个人的个人构念。

对 REP 测验的解释，取决于使用它的心理学家的技能和训练。凯利并没有希望这个策略成为一个标准化的、客观的自陈测验。他设计这一评价个体构念系统的测验，是作为心理治疗过程中的一个必要环节，以此来帮助来访者揭示组成其世界的构念系统。但目前已经建立了分析个人构念积储格的电脑程序。

固定角色疗法

评估完来访者的个人构念系统之后，凯利试图去改变个体不喜欢或无效的构念，提出了他称之为**固定角色疗法**（fixed role therapy）的心理治疗方法。为了帮助来访者形成新的构念，丢弃旧的构念，凯利让他们将自己作为游戏中的领导者来进行自我分类速写。

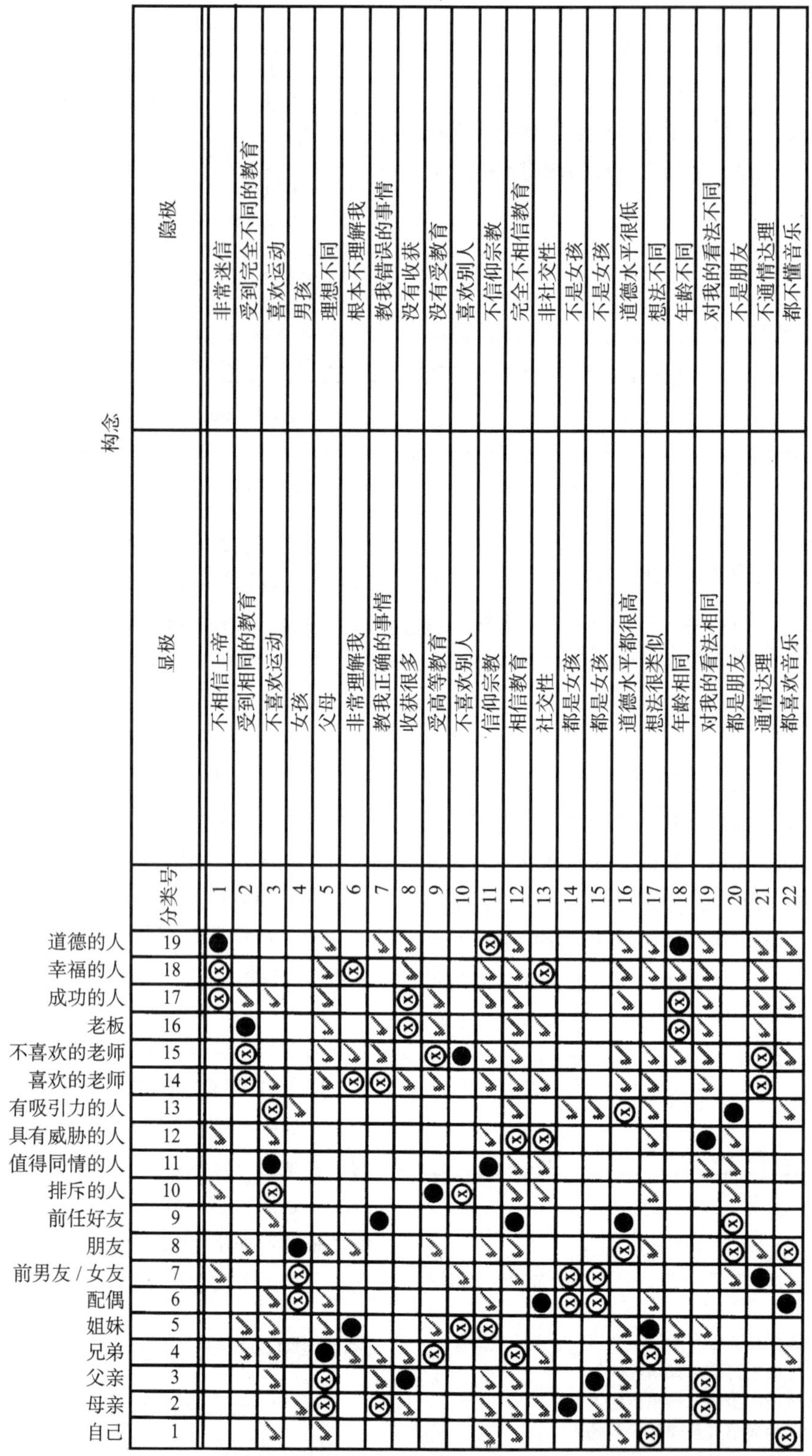

图 11-1 角色构念测验积储格

在固定角色疗法中，心理治疗师会为来访者准备一份固定的角色速写。这份速写与来访者在自我分类速写中展现出来的消极自我知觉不同。治疗师告诉来访者这份固定角色速写是对一个虚构人物的描述，并要求他们在治疗师的办公室中表演这个人物，回去之后每天也要表演。通过这种角色扮演，期望来访者将自己的需要和价值观投射到这个虚拟的人物身上。治疗师希望来访者能够发现，固定角色速写中的新构念比来访者原来构念的预测效度更好。一旦来访者认识到这一点，会把这些新构念整合到自己的构念系统之中，以更令人满意和有效的方式运作。

凯利是看到一位朋友以他在大学时期戏剧作品中的一个角色来生活而建立的固定角色疗法。这位朋友深受角色的影响，他在台上的行为越来越像那个角色。固定角色疗法的目的就是先让来访者去扮演一个角色，然后让其逐步按照这个角色去生活。

看看下面这个例子。基于对一位男性来访者的访谈、自我分类速写以及 REP 测验结果，治疗时发现，这位来访者过于关注寻找女性伴侣。他在这方面做的努力对他其他的社会关系产生了消极的影响。由于在这位来访者的构念系统中，果断和外向是负性的人格特征，因此他很难变得开放和果断。而且他坚信自己的看法是正确的而其他人都是错误的。在工作中，他感觉被孤立，坚信自己属于比同事更高的社会阶层。

治疗师给来访者的固定角色速写中并没有提到来访者希望和女性建立亲密关系的愿望。相反却为其建立了一个来访者擅长网球的形象。治疗师鼓励来访者，通过这个虚构的人物，对与自己不同的人及其观点更加具有好奇心和宽容的态度（Winter，1992，pp.270-271）。

> 罗伊·泰勒的生活哲学完全反映在他最喜欢的运动——网球上：一个运动员重要的并不是输或赢，而是能否发挥出自己最好的能力和水平。无论是在工作还是在游戏中，他相信如果一份工作值得做，那么它也值得被做好，他对自己做的所有事都抱有热情和自信，这一定会获得你的尊敬。虽然你可能会认为这将让他表现得有点儿太过于严肃和紧张，但是一旦你了解他，你会发现他的主要注意力放在了充实的生活上，而这不仅仅包括努力工作，也包括娱乐。当然，生活对他来说并不总是一帆风顺的，但一旦有令他失望的事，他总是能够从中学习到一些东西，并且向前看，而不是为现在或者过去失去的东西闷闷不乐。
>
> 他在网球方面最大的长处在于能够预测其他运动员的移动，无论是他的对手还是双打伙伴。在其他领域中，他也一直尝试通过他接触的人的眼睛来看世界，也许是因为他已经和来自很多不同行业的人混合在了一起。他对其他人行为的好奇心通常也会对他产生影响，甚至在他知晓之前，将他导入某种极具回报的关系之中。当然，他也会和他人公平地分享矛盾和不一致，这一般是在他虽然不接受别人的观点，但也会非常努力地去理解别人的观点时候出现的。因此，他不仅会接受与他自己想法一致的观点，也会对与自己不同的观点保持宽容。

治疗师和来访者一起回顾了固定角色速写，并且问他，这个角色是否像来访者想要认识的一个人。如果来访者同意在治疗师的办公室中按照这个角色去生活，治疗师会要求他在接下来的两周中，像这个角色一样去行动、思考和谈话。被试报告，固定角色疗法带来的行为改变持续的时间远远超过角色扮演期的两周时间。虽然个案报告中显示出了固定角色疗法的积极效应，但对于该疗法的效果还没有任何控制性研究。

对凯利理论的研究

运用 REP 测验的研究表明，个体构念系统具有跨时间的稳定性。每次采用不同人的名字作为角色人物，对一组被试进行两次测验。尽管角色人物变了，但被试的重要构念仍然相同。而且研究还显示，REP 测验的效度在很大程度上取决于心理学家解释结果的技能。

一项研究使用 REP 测验考察个体构念系统的复杂性。结果表明，个体的构念模式会变得越来越分化和整体化。由于构念能够以更加抽象的术语来表述，因此所加工的信息也更多（Crockett, 1982）。另一项研究显示，友谊的建立取决于个体构念系统的相似性。对一组大学生在大学开学第一周运用 REP 测验进行测试，并在 6 个月之后再次施测，数据表明，朋友之间构念的相似性和态度的相似性并不是在这 6 个月中形成的，而是在他们朋友关系建立之前就形成了。研究者认为，我们会寻求那些与我们构念相似的人作朋友（Duck & Spencer，1972）。另外，对已婚被试而言，夫妻间构念相似的被试所报告的婚姻幸福感水平显著高于夫妻间构念不相似的被试（Neimeyer，1984）。

还有研究表明，个体的个人特征与其建构他人的方式之间具有一致性。在一组实习护士中，被认为是高焦虑的个体倾向于使用"焦虑对不焦虑"这样的构念来评价其他人。被同伴认为是友好的个体，倾向于使用"友好和不友好"这样的构念来看待他人（Sechrest，1968）。

REP测验被用于研究精神分裂症、神经症、抑郁症和器质性脑损伤患者。与正常被试相比，精神分裂症患者对他人的建构是不稳定且不一致的，但他们对物体的建构却是稳定和一致的，这表明他们的思维障碍只是出现在社会情境之中。他们的思维过程具有偏执妄想的特点，并且构念之间的联结不合理（see Bannister, Fransella, & Agnew，1971；Bannister & Salmon，1966；Winter，1992）。

一项使用REP测验修订版的研究，比较了精神病院中反复入院的患者的个人构念系统与第一次被送入医院的患者的构念系统，结果发现，反复入院的患者所建构的社会关系网络非常小，局限在他认为可以依赖的少数几个人，而第一次入院的患者所建构的社会关系网络明显更大（Smith，Stefan，Kovaleski，& Johnson，1991）。对少年犯和成人罪犯的REP测验研究显示，少年犯更倾向于认同电视中的动作明星而不是现实中的成年人。刚释放出来的犯人的自尊和对未来的抱负水平都比较低。强奸犯则会感到不胜任、不成熟，只关心个人的失败。

研究者已经将REP测验应用于市场研究中，以此来测量消费者用来评价商品的标准和尺度。工业与组织心理学家将REP测验用于职业咨询、人员选聘、工作绩效评估和培训项目评价之中（Benjafield，2008）。

认知复杂性和认知单纯性

凯利在个人构念方面的研究延伸到了认知风格，即理解和解释周围环境中的人、物体或者情境的个体差异。认知风格的研究源于REP测验，主要关注的概念是**认知复杂性**（cognitive complexity）。

个体认知复杂性的程度取决于构念积储格中画"X"的情况。"X"的高区分性显示的就是认知复杂性，指的是个体对他人区别应用个人构念系统的能力。高认知复杂性个体能够看到人与人之间的不同，很容易将人进行分类。

另一端，**认知单纯性**（cognitive simplicity），则是指在构念积储格中，每一个构念中划"X"的情况都是相同或高度相似的。这表明个体在判断他人时，无法知觉到人与人之间的差异。高认知单纯性的个体可能只能把人分为一到两种类别，看不到更多的差异。

研究证实认知风格确实是一种人格差异变量。与高认知单纯性的个体相比，高认知复杂性的个体能够更好地预测他人的行为，更容易认识到自己与他人之间的差异，更富有同情心，在对他人建构过程中更善于处理不一致的信息。

对于美国大学生的研究发现，高认知复杂性的大学生表现出更低的焦虑和更高的情绪稳定性水平，而且倾向于拥有超过传统的五个因素的人格特征。具有低认知复杂性的个体所展现出的人格少于人格的五因素，这意味着他们的情绪复杂性水平比较低（Bowler，Bowler，& Phillips，2009；Lester，2009）。对美国和英国政客的研究发现，保守党的认知单纯性水平更高，而中立派和自由党的认知复杂性水平更高（Tetlock，1983，1984）。对心理健康的咨询师和治疗师的研究显示，经过更多培训和拥有更多经验的个体，相对于受到较少培训和拥有较少经验的个体，具有更高的认知复杂性（Granello，2010；Owen & Lindley，2010）。

在凯利的理论中，认知复杂性是一种更值得拥有和有用的认知风格。建立建构系统的目标就在于降低预测他人行为时的不确定性，这对我们自己的行为具有指导作用。在这样的任务中，拥有更复杂认知风格的个体相比于拥有更简单认知风格的个体更成功，因此，认知风格是一个重要的人格维度。

研究表明，认知复杂性随着年龄而增加。总体上来说，成人拥有比儿童更高的认知复杂性。但是，年龄不能完全解释认知复杂性；很多成人仍然具有认知单纯性。这主要依赖于童年经验的复杂性水平。高认知复杂性的成人童年经验更加丰富。相对于高认知单纯性成人的父母，他们的父母不太专制，更可能给予他们自主权（Sechrest & Jackson，1961）。

对加拿大大一新生的研究发现，高认知复杂性的个体相对于低认知复杂性的个体，能够更好地适应大学生活中的压力（Pancer，Hunsberger，Pratt，& Alisat，

2000）。

对 40 对夫妻的研究发现，虽然女性在认知复杂性上的分数显著高于男性，但是，夫妻之间的认知复杂性高度相关。研究者认为，这些夫妻也许是因为之前相似的认知复杂性水平而选择对方，也可能是因为他们生活在一起而发展出来这种相似性。无论是哪一种，这些夫妻都倾向于以相似的方式解释他们的世界（Adams-webber，2001）。

对单一文化背景的美国白人大学生和双文化背景的华裔美国大学生进行比较。其中华裔美国大学生出生在中国，在美国居住 5 年以上。结果显示，双文化背景大学生的认知复杂性高于单一文化背景的大学生（BenetMartinez，Lee，& Leu，2006）。

认知复杂性的一种变式是归因复杂性，其定义是对于社会行为，人们更偏好做出复杂解释而不是简单解释的程度。换句话说，归因复杂性的个体会把他人的行为归因为复杂的、多因素的和更世故老练的原因。

归因复杂性水平高的个体，对于细微的种族主义迹象更为敏感和具有洞察力，也对其他人表现出了更多的同情和理解（Foels & Reid，2010；Reid & Foels，2010）。

研究集锦

关于凯利理论的研究

运用 REP 测验的研究发现

- 我们的个人构念具有跨时间的稳定性
- 我们选择和我们构念相似的人做朋友
- 构念相似的夫妻更幸福
- 精神分裂症患者对物体建立了稳定的构念，但对人没有
- 少年犯认同动作明星，而不是真实存在的人

认知复杂性得分高的个体倾向于

- 焦虑水平更低
- 拥有超过传统五因素人格的人格特征
- 善于预测他人的行为
- 拥有中立和自由主义的政治观点
- 童年经历更加丰富
- 更好地适应大学里的压力

高归因复杂性个体

- 将他人行为归因于复杂的原因
- 对他人更富有同情心和更理解他人
- 对于细微的种族主义迹象很敏感

对凯利理论的反思

凯利建立了一个并非来自和基于其他理论的独一无二的人格理论。这一理论来源于凯利对临床实践中的数据的解释以及他自己的个人构念系统。这是一种个人化的观点，它的独创性与其理论的主旨非常吻合，我们每个人都能建立自己的生活体系。

凯利的理论体系在以下几个方面受到批评。批评者认为该理论过度关注人类机能的智慧和理性的一面，而排除了情绪性的一面。人理性地建构现在和未来，形成并检验假设，以预测作为行为的基础，凯利所描绘的这一人性画面与那些看到很多人类极端行为例子的临床心理学家的日常经验并不相符。对他们来说，凯利的理性人只是一种理想，只存在于抽象世界而不是现实世界中。即使凯利并没有明确地提出情绪的问题，但他将情绪也看作个人构念，与其他构念的形成过程一致。

我们知道，西格蒙德·弗洛伊德的人格理论来源于他和维也纳的中产阶级神经症患者的接触，这些患者向他呈现的都是扭曲的、非典型的人性的例子。其他一些理论家也同样受到了类似的批评。凯利的理论也是非典型的，很大程度上局限于美国中西部正在定义自己构念系统。他期望其能有助于应对大学生活的年轻人。

凯利的理论和很多其他理论一样，留下了很多没有回答的问题。每个人都能够以独一无二的方式解释事件，但是为什么一个人用一种方式解释事件，而另一个人会用不同的方式解释相同的事件呢？个体能够选择是

限定还是拓展构念系统，但什么决定了个体选择更为安全的决定还是更加冒险的决定？

尽管有许多批评，个人构念理论仍然获得了越来越多的支持，其影响也超出了美国，拓展到了欧洲、加拿大和澳大利亚。20 世纪 80 年代，英国建立了个人构念心理学中心，按照凯利的心理治疗技术训练临床医师，促进了这一理论的应用。《国际个人构念心理学杂志》和《构念心理学杂志》在 20 世纪 80 年代晚期创刊；1990 年，《个人构念心理学进展》系列出版了第 1 卷。在 1955 ～ 2007 年的 40 年间，《心理学年鉴》几乎一半的卷册中都引用了凯利的理论。

凯利的工作在美国没有那么受欢迎，有以下几个原因。第一，很多心理学家认为凯利的理论和主流观念的差异太大。人格心理学家熟悉的概念——动机、情绪、潜意识力量、驱力、需要，在凯利的理论中都没有出现。第二，凯利出版的书、文章和案例研究非常少，他把时间主要花费在了临床工作和训练研究生上。而且凯利的两本主要著作的写作风格太学术化，并不是针对普通大众以及寻求人类激情、情绪、爱、憎恨、畏惧、梦的解释的理论家，而解释这些问题并不是凯利的风格也不是他的理论的风格。

凯利承认自己理论的局限，因此并没有妄称自己建立了一个完整的理论。就像个体的构念会随着新经验的出现而变化一样，凯利希望个人构念理论也能随着未来的研究和实践的发展而变化。他的贡献已经得到了心理学界和过去学生的承认。他的理论是 20 世纪人格理论中最为特殊的一个。他的追随者仍然在应用他的理论解决临床心理学、工业心理学、人类学、犯罪学和城市规划问题，将其作为改变和预测生活中多种行为的一种方式（Butt，2008；Walker & Winter，2007）。

本章小结

凯利认为人和科学家一样，建构假设，并在现实中进行检验。个人构念是一种看待生活事件的方式。凯利的基本假设是心理过程受到我们预期事件和解释世界的方式所引导。该理论包括 11 个定理。凯利为我们展示了一幅乐观的人性画面，人类是理性的存在，具有自由意志，能够掌握自己的命运。人们并不受制于某个生命阶段所建立的构念，也不受制于过去的经验、潜意识力量以及生物本能。我们的目标是确定一套能够使我们预测未来事件的构念。

凯利通过完全相信来访者所说的话，让来访者完成自我分类速写，以及角色构念（REP）测验来评估人格。REP 测验揭示了两分法在个体生命中的重要性，揭示了个体构念的模式。固定角色疗法是让来访者实行一个虚构的人物的构念，以证明执行新的构念回避旧的构念更加有效。REP 测验研究表明，构念具有跨时间的稳定性，该测验的效度取决于心理学家对其进行解释的技能。该测验已经被用在市场研究、绩效评估以及职业咨询领域。

相比于认知单纯性高的个体，认知复杂性高的个体能够更好地预测他人的行为，更容易认识自己和他人之间的差异，更富有同情心，焦虑水平更低，情绪稳定水平更高，更善于处理在解释他人过程中的不一致性信息。归因复杂性高的个体会比归因复杂性低的个体把他人的行为归因为复杂的和多因素原因。

由于忽略了人格领域非常熟悉的一些概念，比如动机和情绪，而关注人理性的一面，忽略情绪性的一面，依靠不具有代表性的被试样本，凯利的理论也饱受批评。

第七部分

行为主义取向

在本书开始，我们简要介绍了行为主义的建立者——约翰B. 华生的理论。他的行为主义心理学主要关注外显行为，关注人们如何对外在刺激做出反应。这一心理学的自然科学取向，是基于严格的实验研究和对刺激反应变量的精确测量之上，在20世纪20年代广受欢迎，并主导心理学60多年。

意识和潜意识力量在华生的行为主义中没有立足之地，这是因为它们不能被观察、被操纵或测量。华生认为，无论是有机体，还是人或动物，内部发生了什么，即刺激呈现和所诱发的反应之间发生了什么，对于科学而言都没有任何价值、意义和作用。这是为什么呢？因为科学家无法对这些内在条件进行实验，因此，在行为主义取向中，看不到焦虑、驱力、动机、需要或者防御机制等——大多数人格理论家都曾提及的内在过程。对行为主义者而言，人格只是对于刺激习得反应的累积，是外显行为的集合或习惯系统。人格所指的只是那些能够被客观观察和操纵的方面。

本章将通过斯金纳的理论来展示人格的行为取向，他的理论遵循了华生的行为主义传统。斯金纳反对关注任何所谓的内在能量或过程。他唯一考虑的是外显行为和塑造它的外在刺激。斯金纳试图通过对大鼠和鸽子的实验室研究，而非对患者的临床实践，去理解什么是我们所说的“人格”。然而行为矫正技术的应用证明了他的理论在临床实践中极其有用。

Chapter 12

第12章

斯金纳：强化理论

必须改变的就是环境。

——斯金纳

大鼠、鸽子和空洞的有机体

斯金纳并没有提出一个可以与本书所讨论的其他理论相对照和比较的人格理论。事实上，他既没有提出一个人格理论，所做的研究也没有明确地涉及人格。他的工作试图用实际的、描述性的术语来解释全部的行为，而不仅仅是人格。斯金纳认为心理学家必须把他们的研究限制在事实之上，限制为实验室中可观察、可操控、可测量的行为。这意味着斯金纳只关心被试的外显反应。斯金纳认为，心理学是关于有机体行为的科学，他对行为的研究与精神分析、特质、毕生发展、认知以及人本主义取向的观点截然不同，这不仅体现在研究主题上，更体现在方法论和研究目标上。

在解释人格时，其他理论家大都通过观察个体的内在来获取线索。原因、动机、驱动力，这些引导我们发展和行为的力量源自于我们每一个人。相反，斯金纳完全没有提到用内在的、主观的状态来解释行为。他认为，无意识、防御机制、特质以及其他驱动力都是看不见的，因此不应该存在于科学心理学之中。它们对于科学的价值并不比灵魂这种旧神学概念更高。斯金纳并不否认内在力量的存在，只是认为它们对于科学没有任何用处。对生理过程，斯金纳采取了相似的推理过程，既然生理过程也不是显而易见的，因此也就和科学没有任何关系。他说："有机体的内部无论是生理过程还是心理活动的轨迹，都和科学不相干。"（quoted in Evans，1968，p.22）他认为完全没有必要考察有机体的内在来探索某种形式的内部活动。对斯金纳而言，人类是"空洞的有机体"，借此他想表达的意思就是，个体的内在没有任何东西可以科学地解释我们的行为。

斯金纳区别于其他理论家的另一方面在于实验对象的选取。有些人格理论家关注存在情绪障碍的个体，有些则关注正常人，还有理论家将其理论建立在最优秀的精英人士之上。尽管斯金纳关于行为的思想已经被应用到了人类身上，但他对行为的研究使用的却是大鼠和鸽子。对于人格，我们究竟能从鸽子身上了解多少呢？记住：斯金纳的兴趣在于对刺激的行为反应，而不是童年经历或成人的情感。动物可以很好地对刺激做出反应，有时甚至比人做的还好。斯金纳虽然也承认人类的行为要比动物复杂得多，但他认为这种差异仅仅是程度上的，而不是本质上的。他相信人和动物行为的基本过程是相似的。而科学必然是从简单到复杂，所以，应该首先研究更为基本的过程。因此，斯金纳选择了比人类行为更简单的动物行为作为研究对象。

斯金纳的研究在实践中得到了广泛的应用。从他的研究中衍生出的行为治疗技术在临床上被用来治疗多种疾病，包括精神病、智力缺陷和自闭症（Reed & Luiselli，2009）。他的行为矫正技术也在学校、企业、矫正机构和医院中得到广泛应用。

斯金纳的生平（1904—1990）

伯尔赫斯·弗雷德里克·斯金纳出生在宾夕法尼亚州的萨斯奎汉纳，是他们家两个儿子中的老大，他的弟弟在 16 岁时去世。斯金纳的父母刻苦耐劳，从小就给孩子灌输明确得体的行为准则。“从小我就被教导要敬畏上帝、警察和其他人的想法。”（Skinner，1967，p.407）他的母亲对他一直要求严格，她的控制方法就是说“啧啧”。斯金纳的祖母通过解释客厅炉子中烧红的火炭来确信他理解了地狱的惩罚手段。斯金纳的父亲则通过讲述罪犯的命运来对他进行道德教育。他带斯金纳参观了乡村监狱，并带他去听了一场在一所臭名昭著的纽约州监狱中生活的讲座。

斯金纳的自传中也涉及了这些童年时期的警告对其成年行为的影响。他曾写道，长大之后参观教堂时，会很小心地避免踩到安置在地上的墓碑，因为在小时候他就被教导这种行为是不恰当的。诸如此类的事情都让斯金纳明白，他成年后的行为是由儿童时期所接受的奖励和惩罚（即“强化”）所决定的。因此，他的心理学体系以及他把人类看作“按合法方式行事的复杂系统”的观点都反映了他自己早年的生活经历（Skinner，1971，p.202）。

另外，在花费大量的时间建造机械装置，比如手推车、跷跷板、传送带、弹弓、飞机模型以及一个可以发射土豆和胡萝卜塞子飞过邻居房屋的蒸汽式大炮等的基础上，斯金纳把人也看作可以预见其运行的机器。斯金纳也研究过永动机，却永远地失败了。他对于动物行为的兴趣也来源于儿童时期。他曾养过乌龟、蛇、蟾蜍、蜥蜴和花栗鼠。集市上一群训练有素的鸽子让他非常着迷。这些鸽子在舞台上快速跑动，把一辆消防车停在一栋着火的大楼旁，并将梯子搭在大楼上。一只受过训练的鸽子戴着消防员的红帽子，爬到楼上窗户里解救了一只受困的鸽子。后来斯金纳也训练鸽子打乒乓球以及引导导弹命中目标。

寻找自我

大学时，斯金纳在纽约北部的汉密尔顿学院学习英文，希望在毕业后成为一名小说家。在受到著名诗人罗伯特·弗罗斯特对他作品的好评后，斯金纳在其父母位于宾夕法尼亚州斯克兰顿的住宅阁楼上建造了一间书房，并从此埋头写作。但结果却不尽如人意。在等待灵感的过程中，斯金纳通过阅读、听收音机、弹钢琴以及建造轮船模型来消磨时间。他曾经考虑是否要去看看心理医生，但他父亲却认为这完全是浪费钱。当时斯金纳 22 岁，他在唯一想做的事情上是一个失败者。

后来斯金纳把这段时间看作一生中黯淡的岁月，也是被埃里克森称作“认同危机”的时期。斯金纳在大学时期便开始认真地建构作家这一职业认同，并得到了罗伯特·弗罗斯特的强化。但随着这一认同的崩塌，他的自我价值感也被摧毁了。他离开斯克兰顿前往纽约的格林威治村，却发现在这里依然无法潜心写作。在他看来更糟糕的事情是几位女性拒绝了他的求爱，这让他心烦意乱以至于他把一位女性名字的首字母刻在了手臂上，并一直保留了很多年（Skinner，1983）。

正当斯金纳认为失去了所有希望时，他发现了一个适合他的新身份，并且在余生中一直为之坚持。既然写作让他失败了，他便决定利用科学的方法而非虚构的方法来研究人类行为。他阅读了伊凡·巴甫洛夫和约翰·华生的著作，并决定成为一名行为主义者。如此一来，他的自我形象和认同变得安全可靠了。

1928 年，斯金纳进入哈佛大学学习心理学。虽然之前从未上过该领域的课程，但他却在三年内取得了博士学位。选择成为一名行为主义者让他摒弃了还是作家时曾试图运用的情感和情绪。一位心理学史家曾写道：

> 一个专心于创作诗歌和小说的职业与一个致力于推动行为主义发展的职业存在着本质的差别。前者需要专注于内在的心理过程，比如灵感、直觉、自由联想、意识流和无意识的参与，并且要考虑到作为个体所存在的

重要方面的幻想和情感。但后者将它们全部否定，包括幻想和情感，这在事实上将整个内在的精神层面，全部归入了“前科学”(斯金纳喜欢用的词）的概念背景之下，而把注意力完全集中在可观察的行为以及可以有效地记录、预测以及控制这些行为的操作上（Mindess，1988，p.105）。

心理过程只会作为讽刺的对象出现在斯金纳的著作中。

依靠博士后奖学金，斯金纳在哈佛大学一直呆到了1936年。之后他在明尼苏达大学和印第安纳大学任教，并在1947年又重返哈佛大学。在40多岁时，斯金纳经历了一段困难的时期，他决心重拾他失败的作家身份来消解抑郁。斯金纳通过小说《沃尔登第二》中的主人公来表达他情感和理智上的不满，让小说中的人物宣泄他个人和职业的挫败感（Skinner，1948）。这本仍在发行的书已经卖出了超过200万册。该书描绘了一个生活的方方面面都由正强化所控制的社会，即斯金纳心理学体系的基本原理（Altus & Morris，2009）。

直到他80多岁，斯金纳仍然满怀热忱地在全身心投入工作。他有规律地作息，并记录每天的工作产出以及每发表一个字所花的时间（2分钟）。因此，他成为了他所定义的人类——“按合法方式行事的复杂系统”的一个范例。他曾经对一个朋友说，他在心理学文献中的被引用率比弗洛伊德更高。

当被问及这是否曾经是他的目标时，斯金纳说：“我本来就认为我可以做到。”(quoted in Bjork，p.214）

欢迎登录

B. F. Skinner Foundation

斯金纳基金会的网站，包含了斯金纳一个女儿所著的传记、关于操作性行为的讨论、讲座、照片以及斯金纳阅读《沃尔登第二》的DVD。

The Life and Work of B. F. Skinner

提供有关斯金纳的传略以及对其主要研究的深度讨论。

B. F. Skinner in Brief

提供有关斯金纳生平的简介。

The Theories of B. F. Skinner

提供大量有关斯金纳生平和研究的信息，包括一个叫Sniffy的虚拟老鼠，你可以使用这一交互程序在线进行实验而不用忍受真实的老鼠所导致的实验室里的恶臭。

B. F. Skinner: A Snapshot

提供关于斯金纳的传略以及对他研究的评述。

强化：行为的基础

斯金纳研究行为的视角在概念上很简单，但却是建立在数千个小时精确控制的实验基础之上。他的基本思想是，行为受其结果的控制，也就是说，行为受到其后所发生的事情的控制。斯金纳认为，动物和人类都可以通过训练，从而完成几乎所有的行为，行为之后的强化类型在这一过程中发挥着决定性的作用。因此，控制强化物就可以控制人的行为，实验者也可以用同样的方法控制实验室中大鼠的行为。

应答性行为

斯金纳区分了两种行为：应答性行为和操作性行为。**应答性行为**（respondent behavior）是由特定刺激引起的反应，比如膝跳反射这样的反射行为便是应答性行为的例子。引发一个刺激（轻敲膝盖），随后导致某种反应（小腿前踢）出现。这种行为无须学习，它会自动地、不由自主地出现，我们也无须为了准确地做出反应而进行训练或条件化。

更高层次的应答性行为是通过学习获得的。这种学习叫作条件化，即用一种刺激替代另一种刺激。这一概念源于20世纪初俄国心理学家伊凡·巴甫洛夫。后来巴甫洛夫的思想被约翰·华生所采用，成为了行为主义的基本研究方法。

在用狗做研究的时候，巴甫洛夫发现，狗会对一些中性刺激，如饲养员的脚步声做出反应——分泌唾液。而以前只有一种刺激，即食物的出现，才会引起狗分泌唾液的反应。这一发现引起了巴甫洛夫的极大兴趣，他对这一现象进行了系统的研究。他在每次喂狗之前不久都会发出铃声，刚开始的时候，狗只是对食物出现分泌唾液的反应，而对铃声无反应，因为铃声没有任何含义。但在食物伴随着铃声多次配对出现之后，狗在听到铃声后也开始分泌唾液。因此，这只狗已经被条件化了，或者它通过训练而对铃声做出了反应。狗对食物的反应转移到了以前的中性刺激上。

巴甫洛夫的这一经典实验证明了**强化**（reinforcement）的重要性。如果狗没有受到奖励它就不会学会对铃声做出反应。在这个例子中，奖励便是食物。在此基础上，巴甫洛夫阐述了学习的基本定律：如果缺乏强化，条件反射就无法建立。对某一反应的强化不仅增强了这一反应的强度，同时也增加了这一反应重复出现的可能性。

而且，如果缺乏强化，一个已经建立的条件反射会无法保持下去。设想一只已经对铃声产生条件反应的狗，每当铃声响起，狗便会分泌唾液。然而如果实验者停止在铃声后给它食物，于是这只狗只听到了铃声，但却什么也没有发生——没有食物，没有人格强化或奖励。随着铃声不断地响起，狗分泌唾液的反应频率则不断降低，强度也不断减弱，直到完全没有反应。这一过程被称为**消退**（extinction），即由于强化物或奖励不再出现而导致反应消除的过程。大量的研究表明，训练期间强化的力量越大，条件反应对消退的抵抗便越强烈（see, for example, Shull & Grimes，2006）。但不管怎样，消退终会出现。

操作性行为

应答性行为依赖于强化，并和某种物理刺激直接相关，因此每一个反应都是由特定的刺激所引发。但对于斯金纳来说，应答性行为远没有**操作性行为**（operant behavior）重要。虽然我们对于环境中的许多刺激都产生了直接的条件反应，但并不是所有的行为都可以用这一方式进行解释。人类的很多行为似乎是自发的，并不能直接追踪到某个具体的刺激，这种行为是由个体自己发出的而不是由某种刺激所引起的。因此，这似乎是一种自愿的行为，而不是对已经条件化的刺激做出的非自愿反应。

Luis Marden/National Geographic Society/Corbis

可以通过食物对动物进行强化形成条件反射，使其表演人们喜欢的动作。

操作性行为的性质和频率受到出现在行为之后的强化的决定和调节。应答性行为不会对环境产生影响，比如在巴甫洛夫的研究中，狗听到铃声后分泌唾液的反应并不会对铃声或紧随其后的强化物（食物）产生任何影响。相反，操作性行为会作用于环境并改变环境。

操作性条件反射和斯金纳箱

为了说明**操作性条件反射**（operant-conditioning）的过程，让我们跟随一只在斯金纳的操作性条件装置，亦即斯金纳箱中的大鼠的行为（见图 12-1）。当一只被剥夺食物的大鼠被放置在斯金纳箱中的时候，刚开始它的行为是自发和随机的。它很活跃地到处嗅闻、拨弄、探索所处的环境，这些行为都是它自发的行为，而不是被刺激所引发的，换句话说，大鼠并没有对环境中的任何特定刺激做出反应。

Science Source/Photo Researchers

图 12-1　简易的操作性条件反射装置

在活动的某一时刻，大鼠偶尔按压到了斯金纳箱壁上的一根杠杆或小棒，使得一颗小食丸掉入凹槽中。大鼠的行为（按压杠杆）作用于环境并且改变了环境。那么，是如何改变的呢？目前的环境中包含了小食丸。食丸是大鼠按压杠杆的强化物，导致大鼠开始更经常地按压杠杆。这又会导致什么结果呢？大鼠得到了更多的食物——更多的强，因此更加频繁地按压杠杆。现在大鼠的行为已经被强化物所控制了，它在箱子中更少地出现自发和随机的行为，因为它把大部分的时间都花在了按压杠杆以及进食上。

如果第二天再把大鼠放回箱子中，我们就可以预测它的行为，并且可以通过是否给予强化物或者以不同的频率呈现强化物来控制大鼠的行为。和应答性行为的消退相同，拒绝给予食物也会使操作性行为消退。如果未被加强的行为不再起作用，即它不再能带来奖励，那么一段时间后行为将会停止。因此，控制强化物的人可以控制被试的行为。

许多动物都通过操作性条件反射训练表现出了各种行为。狗经过条件化可以嗅出毒品和炸药；莫桑比克的非洲巨鼠经过训练可以侦测出地雷；龙虾通过训练可以用它们的螯抓住一根杆来得到食物（Poling，Weetjens，Cox，Beyene，Bach，& Sully，2010；Tomina & Takahata，2010）。

斯金纳认为大多数人和动物的行为都是通过操作性条件反射习得的。以婴儿的学习为例，婴儿最初都会表现出一些自发的、随机的行为，其中只有一些行为能够得到父母、兄妹或照料者的强化（比如奖励以食物、拥抱或者玩具）。随着婴儿的成长，那些得到积极强化的行为，以及父母所赞许的行为将会保留下来，而那些父母不赞许的行为将会消失，这和斯金纳箱中大鼠的行为是相同的。有效的行为（按压杠杆来获取食物）被频繁地表现，而无效的行为则不会再出现。因此，有机体的行为作用于环境，反过来环境又以强化的形式作用于有机体的行为。

你可以看到强化是如此强有力地决定和控制着行为。斯金纳写道："操作性条件反射像雕刻黏土的雕塑家一样塑造着行为。"（1953，p.91）如果这块黏土——有机体迫切地需要强化物，那么它的行为由谁如何来塑造便没有了限制，比如拥有小食丸的实验者、有狗饼干的小狗主人、微笑的母亲、拍拍你后背的老板或者做出承诺的政府。

从婴儿开始我们表现出了许多行为，那些被强化的行为将被进一步加强并成为行为模式。这就是斯金纳对人格的构想——作为操作性行为的模式或集合。其他心理学家所说的神经质行为或异常行为对斯金纳来说并不神秘，无非是以某种方式被强化而持续表现出的不良行为而已。

已有研究证明了行为如何被持续的强化所改变，即通过在每次反应后给予强化物来实现。斯金纳认为还应该考虑，当强化的频率发生变化时行为会如何变化。

欢迎登录

Operant Conditioning

提供有关操作性条件反射原理的训练、练习和测试题来评价你的学习进程（附答案）。

强化模式

斯金纳指出，在心理实验室外的日常生活中，我们的行为很少每次都会得到强化。婴儿不会在每次哭的时候都会被抱起来；棒球超级巨星无法在每次击球时都打出本垒打；超市里的装袋工不会每装一个包裹都能得到小费；你最爱的乐队也不会每首新歌都得格莱美奖……你还可以想到很多这样例子，尽管只是偶尔得到强化，行为也会持续存在。

在观察到即使不是每次反应都被强化，大鼠依然会按照一个比较一致的频率持续地按压杠杆，斯金纳决定考察不同的**强化模式**（reinforcement schedules）以控制行为的有效性。他检验了以下几种不同的强化频率：

- 固定间隔
- 固定比率
- 变异间隔
- 变异比率

固定间隔强化模式是指强化物在第一次反应后呈现，之后每隔固定的时间间隔出现。间隔可以是 1 分钟、3 分钟或者任意固定的时间。强化的时间安排与反应的次数无关。在固定的时间间隔内，无论大鼠每分钟做出了 3 次还是 20 次反应，强化物仍然只会在一段给定的时间且做出正确反应后出现。

许多情境都符合固定间隔的强化模式。如果教授设置期中和期末考试，那么他就是在采用固定间隔强化。一个按周或者按月付薪的工作也是固定间隔的强化模式。你的工资不是根据你生产产品的数量或者销售额（反应的次数），而是根据你花费了几个小时、几天或者几周来确定。

斯金纳的研究表明强化物呈现的时间间隔越短，反应行为越频繁。当强化间隔变长时，反应频率也会降低。强化物出现的频率也会影响反应消退的速度。相比于间歇性地强化，大鼠持续地被强化后，强化停止会使行为更快地消失。

在固定比率强化程式中，强化物只在机体做出特定数量的反应后出现。例如，实验者可以在每 10 次或 20 次反应后给出强化。不同于固定间隔强化，在这种方式中，强化物的出现依赖于被试反应的频率，只有大鼠表现出所要求的反应次数时，才会得到食丸。与固定间隔强化模式相比，这种强化模式会导致更快的反应速度。

Deklofenak/Shutterstock.com

父母赞许性的微笑能够强化儿童的行为。

固定比率强化模式会导致更高反应频率的结论同样适用于人类。在一份计件付薪的工作中，你挣多少取决于你生产了多少。生产的产品越多，你的工资就越高。你得到的奖励直接取决于你的反应频率。这对于按业绩提成的销售员同样适用，他们的收入也取决于卖出的商品数量，卖得越多，挣得越多。相比之下，按周付薪的销售员无论卖了多少件商品，每周所得到的薪水都是相同的。

然而日常生活并不总是允许一个固定间隔或固定比率的强化模式。有时候强化物是以一种变化的模式出现的。在变异间隔强化模式中，强化物可能最初是在 2 个小时后出现，第二次是在 1.5 个小时后出现，第三次是在 2 小时 15 分钟后出现。如果一个人真的花费一整天时间来钓鱼，他所获得的奖励也是变异间隔模式的，这取决于随机出现的咬饵的鱼的数量。

变异比率强化模式依赖于强化物之间反应的平均次数，但在平均数周围存在很大的可变性。斯金纳发现，变异比率模式可以有效地带来高频及稳定的行为反应，那些经营赌场的人就可以恰当地证明这一点。老虎机、轮盘、赛马以及彩票都是按变异比率强化模式给予奖励的，这是一种极其有效的行为控制方式。变异强化模式导致持久的行为反应并可以更好地抵抗消退。生活中的大多数学习活动都是变异间隔或变异比率强化模式的产物。

斯金纳对强化模式的研究表明，强化模式可以有效地控制、修正和塑造个体的行为。如果让你来负责管理大鼠、销售员、流水线工人，或者让你来尝试训练宠物或孩子，这些操作性条件反射的技巧可以帮助你实现理想的行为。

连续接近法：行为塑造

在斯金纳最初的操作性条件反射实验中，操作性行为（按压杠杆）是实验室大鼠在随意探索周围环境的过程中最终被预期表现出来的一种简单行为。因此，只要实验者有足够的耐心，这种行为出现的可能性就会很高。然而很显然动物和人也会表现出很多更复杂的操作性行为，这类行为在正常情况下出现的概率很低。那么，这些复杂的行为是如何习得的呢？实验者或父母如何来强化或条件化一只鸽子或一名儿童表现出不太可能自发出现的行为呢？

斯金纳通过**连续接近**（successive approximation）或行为塑造回答了这一问题（Skinner，1953）。他在很短的时间内训练一只鸽子啄食笼子中特定的一个点。就鸽子本身而言去啄这个点的概率是很低的。起初，当鸽子仅仅转向指定的这个点时便会得到食物的强化。然后直到鸽子朝这个点做出移动，即使移动的很少，才给予强化。接下来，仅当鸽子移动到离这个点更近时，强化物才会出现。之后，仅当鸽子把头朝向这个点时才会得到强化。最后，只有当鸽子的喙触碰到这个点时才会得到强化。虽然这听起来是一个很耗时的过程，但斯金纳仅用了不到 3 分钟便使鸽子条件化了。

该实验程序本身就解释了“连续接近”这一概念。只有当有机体的行为逐步、连续地接近最终的理想行为时，这一行为才会获得强化。斯金纳认为这也是儿童学习复杂言语行为的过程。婴儿会自发地发出一些无意义的声音，父母则会用微笑、大笑或说话对此进行强化。一段时间后，父母会对这些咿呀声给以不同的强化，对那些接近言语的声音给予更大的强化。随着这一过程的持续，父母的强化也变得更严格，孩子只有在正确使用语言和发音正确的时候才能获得强化。因此，父母通过在不同阶段提供区别性的强化塑造了儿童获得语言技能这一复杂行为。

斯金纳曾经成功地塑造了一位著名精神分析学家——艾里希·弗洛姆的行为，他在一次演讲中的评论惹恼了斯金纳。

> 弗洛姆总是关于任何事都有话要说，但却鲜有启迪。当他开始争辩人并不是鸽子的时候，我决定必须做点什么了。我在（给同事的）一张小纸片上写道："看弗洛姆的左手，我要塑造一个劈手的动作"……(弗洛姆）在讲话时经常用手比画，只要当他举起左手时，我便盯着他看。如果他把手放下，我便点头并微笑。5 分钟内他一直在起劲地用手劈着空气，以至于手表都掉了下来（Skinner，1983，pp. 150-151）。

父母通过强化儿童接近最终希望行为的动作来教会儿童令人满意的行为。

迷信行为

我们知道日常生活并不总是像心理学实验室中发生的事件那样有秩序或者可以被很好地控制。有时候在我们做出了某种行为之后意外地获得了强化，因此即使强化并不是由这些行为导致的，我们也会在今后相似的情境中重复它们。

考虑一个有关橄榄球的例子。坦帕湾海盗队的一个进攻内锋在他职业生涯早期的一个赛季打得很糟糕。他请求室友跟他换床睡，这样他就可以睡得离卫生间更近一些。之后他的球技突然大幅提高。在他之后的职业生涯中，在每次住酒店的时候他都坚持睡在离卫生间最近的那张床上。那个每场比赛前都要拥抱门柱的国家橄榄球联盟（NFL）球员又是怎么回事呢？他曾经在完成一次漂亮的射门前做过这个动作，因为起作用了，所以他就保留了这个惯例。他曾告诉一名记者，他想要门柱知道他爱着它们，并恳求它们在他射门时待在原地不要动。

斯金纳把这一现象叫作**"迷信行为"**（superstitious behavior)，并且在实验室中进行了证实。一只饥饿的鸽子被放在操作性条件装置中，采用固定间隔强化程式每 15 秒强化一次。在用来强化的小食丸出现时，鸽子很有可能在做一些事情或者表现某些行为。它可能是在转身、抬头、大摇大摆地走、跳跃或者静静地站着。在奖励出现的时刻，无论做出的行为是什么，都得到了强化。

斯金纳发现一次强化便足以让鸽子在一段时间内非常频繁地重复这一偶然被强化的行为，这又提高了另一颗小食丸出现时鸽子仍在做相同行为的可能性。而且由于强化物之间的间隔比较短，迷信行为便被迅速地习得。与上面提到的橄榄球运动员的行为一样，鸽子的迷信行为和强化物间也并没有机能上的相关。他们之间的联系是无意的。对人类而言，这类行为可能会伴随一生，并且只需要偶然的强化便可得以维持。

一个关于美国和日本的职业棒球大联盟运动员的研究发现，74% 的运动员都承认自己有迷信行为。然而总的来看，美国运动员比日本运动员要更迷信，这表明文化的差异可能会影响这些行为的程度（Burger & Lynn，2005）。

行为的自我控制

根据斯金纳的观点，行为受到有机体外部的变量所控制和矫正。在我们的内部没有任何可以决定行为的东西——没有处理过程，没有内驱力，也没有任何其他的内部活动。然而尽管这些外部刺激和强化物塑造并控制了行为，但我们有能力使用斯金纳所谓的**自我控制**（self-control)，他将其描述为一种改变外部刺激影响的行为。斯金纳的意思并不是说这是在某种神秘的"自我"控制下的行为。他认为我们在某种程度上可以控制决定我们行为的外部变量。

斯金纳提出了几个自我控制的技巧。刺激规避，比如如果你室友音响放的音乐打搅了你，影响了你的学习，你可以离开房间去图书馆，使自己远离影响你行为的外部变量。通过回避会使你生气的某个人或某个情境，可以减轻这个人或情境对你行为的控制。同样，酗酒者可以通过不在家中放酒来避免这一刺激对其行为的控制。

通过**自我满灌**的手段，我们过度实施某种行为来扩大外部刺激的控制从而改掉我们的坏习惯。想戒烟的人可以在一段时间内不停地抽烟，直到抽烟让他们感觉恶心、不适甚至生病而不再抽烟。这一技术已经被许多正式的戒烟治疗项目成功应用。自我控制中的**厌恶刺激**技术包含了使人不愉快的、讨厌的后果。想要减肥的肥胖者可以当面跟朋友宣布自己的减肥意图，或者在社交网站上让更多的人知晓。这样如果他们没有遵守承诺，就会面临着令人不愉快的结果，如个人的失败、尴尬、被指责等。**自我强化**，即当我们做出好的、理想的行为时，我们给自己一些奖励。一个同意朝着明确的学分努力或者照顾弟弟妹妹的青少年，可以通过买音乐会门票或新衣服来奖励自己。但是对斯金纳来说，最关键的是外部变量塑造并控制着行为，只是有些时候，我们可以通过自己的行动改变这些外部力量的影响。

一项对美国大学生的大规模研究发现，那些在自我控制测验中得高分的学生，往往有更好的成绩、更高的心理适应分数、更高的自我接纳水平和自尊水平。同时与在自我控制上得分低的学生相比，他们也展现出更好的人际交往能力和家庭关系，以及较低的愤怒水平（Tangney，Baumeister，& Boone，2004）。有关美国黑人儿童（平均年龄 11.2 岁）的研究发现，与那些父母不太关注孩子教养并投入较少的儿童相比，父母更加关注孩子教养且投入较多的儿童自我控制水平更高（Wills，et al.，2007）。

操作性条件反射的应用

心理学家已经在临床、企业以及教育情境中应用斯金纳的操作性条件反射技术去矫正人类的行为。**行为矫正**（behavior modification）不管是对儿童、成人、心理健康者还是精神障碍者、个体、群体，都取得了成功。

代币法

操作性条件反射最经典的应用就是**代币法**（token economy）。在一项开创性的研究中，将一家国家精神治疗机构中女性精神病患者的病房作为一个巨大的斯金纳箱（Ayllon & Azrin，1968）。对这些患者而言，常规的治疗已经没有效果，而且她们都已经住院很久，生活无法自理。

在这种情境下，通常由全职的医护人员为患者提供工作的机会，于是患者就可以得到代币。这些代币的功能和钱一样，因此便有了“代币法”一词。与精神治疗机构以外的人一样，患者也可以购买商品或特权来改善生活质量。在积攒了一定数量的代币之后，她们可以购买糖果、香烟、口红、手套和报纸。通过支付代币，她们可以在病房中看电影，绕着医院的院子散步或者升级到一间更好的病房。最贵的特权需要花费 100 代币，她们可以在陪护下去城里旅行，也可以与社会工作者单独会面。而与心理学家的单独会面只需 20 代币。

那么，患者需要做出什么样的行为才能获得强化或者得到代币呢？如果她们能够按时洗澡、刷牙、整理床铺、梳头以及穿着得体，每做一项就可以获得 1 个代币。如果她们能在医院的厨房或洗衣房工作，或者帮忙打扫病房、跑腿、带其他的患者出去散步，每完成一项就可以获得 10 个代币。这些任务对我们来说似乎很简单，但在代币法实施之前，这些患者是非常无助、没有目标而且生活几乎不能自理的。

这样的条件反射起到了非常显著的作用。这些患者不仅开始整饰自己并打扫周围的环境，而且也开始让自己忙于各种工作。她们与其他患者以及工作人员有了更多的社会交往，并且承担了一些病患照料的责任。她们的自尊水平得以显著提高，同时也更加独立。

在大量不同的治疗机构中，代币法作为一种减少问题行为的有效方式得到了广泛应用。例如，一家精神病医院的认知功能受损患者，在经过 9 个月的代币法治疗之后，攻击行为减少了 79%（DePhilippis，Quintieri，Noble，Reyes，& Akundi，2008）。

对于这些卓有成效的结果有一点需要注意：代币法只能在实施这一方法的情境中奏效。一般来说，矫正后的行为不会在出院后的生活中出现。如果想要理想的行为继续存在，必须持续不断地予以强化。当不再提供代币时，原先被强化的行为通常会恢复到最初的状态（Kazdin & Bootzin，1972；Repucci & Saunders，1974）。但如果能够训练照料者使用诸如微笑、称赞、拥抱或其他的情感信号来对理想行为予以奖励的话，在治疗机构中被代币法条件化的行为则更有可能在日常生活中得以延续（Kazdin，1989）。

正如对重度吸烟者的一项研究所表明的，代币法对行为的改变在网上也可以奏效。在4周的时间内，吸烟者每两天做一个自己在家中的录像，也可以用网络摄像头来提供一氧化碳的样本，随后通过网络传送到吸烟诊所。被试如果能在4天的时间内减少他们的一氧化碳水平或维持在非吸烟者的水平，就可以获得代金券。这些代金券可以在网上购买各种商品。

这项技术被证明是有效的。在研究期间被试的一氧化碳水平明显下降并且维持戒断的状态。然而我们并不知道这种行为的改变在研究结束后，即行为不再被强化时是否还能保持下去（Dallery，Glenn，& Raiff，2007）。

行为矫正

操作性条件技术被应用于解决商业和工业中的很多问题。行为矫正技术也在一些大的生产企业、金融机构以及政府部门中被用来减少缺勤、迟到、滥用病假权等问题，并提升工作绩效和工作安全。同时，这一技术也可以用来教授低水平的工作技能。在企业中所使用的强化物包括工资、工作保障、上级的认可、福利、在公司中的地位以及个人的发展机会等。但它还没有被用来解决所谓的焦虑、压抑的精神创伤或无意识驱动力。它主要关注的是改变外显行为，界定恰当的强化物的性质以及决定它们最理想的呈现频率来矫正行为。

惩罚和负强化

大多数操作性条件反射的应用中涉及的是正强化而不是**惩罚**（punishment）。在代币法中，患者不会因为没有表现适当的行为而受到惩罚，相反，当他们的行为朝着积极的方向改变时会得到强化。斯金纳认为，惩罚在将非理想行为改变为理想行为，或者将异常行为改变为正常行为的过程中是无效的。正强化对于理想行为的塑造比惩罚更有效。

惩罚的问题就在于它会立即产生作用但长期效果欠佳。对于惩罚的反应要么是想逃避或反击，要么是顽固的冷漠。而这些恰恰是你在监狱、学校或其他运用惩罚的地方所能看到的所有不良结果（Skinner quoted in Goleman，1987）。

负强化（negative reinforcement）不同于惩罚。负强化物是令人厌恶、有害的刺激，是对奖赏的移除。在实验室或课堂中，可以建立这样一种操作性条件反射情境：只有当被试做出理想的反应时，令人不愉快的刺激（比如巨大的噪声或电击）才会消失。在正强化条件下，环境会随着行为的结果而变化，而在负强化条件下，则是厌恶刺激的消失。

我们可以在日常情境中看到很多负强化的例子。一个人可能会为了避免配偶或同事的唠叨这样一种厌恶刺激而不再吸烟。而厌恶刺激（唠叨）会在表现出理想的行为（不再在家中或办公室吸烟）后停止。实际上，斯金纳反对用厌恶刺激来矫正行为，并指出这样做的结果并不像正强化那样可以预测。同样，负强化并不总是奏效，而正强化的有效性则更加稳定。

人性问题

斯金纳关于人性问题的立场是非常明确的。人在根本上是学习的产物，主要由外部变量而非基因所塑造。据此我们可以推论，按照斯金纳的观点，童年期的经验比以后的经验更为重要，因为我们的基本行为都是在儿童期形成的。但这不意味着行为在成年之后就无法改变。儿童期所习得的行为完全可以矫正，而且在任何年龄阶段都可以获得新的行为模式。行为矫正技术的成功便证明了这一论断。斯金纳关于行为是学习而来的思想也可以让我们得出这样一个结论，即每一个人都是独特的。因为我们每个人都是由经验塑造的，而每个人的经验并不相同，特别是在儿童期，没有两个人会以完全相同的方式行事。

斯金纳并没有解决个体发展的最终和必要目标问题。他没有提到克服自卑、减轻焦虑或追求自我实现等一系列动机，因为这些动机都假定存在于内部、主观的状态，而斯金纳并不接受这样的观点。在斯金纳的著作中，所有关于生活或目标的描述都是社会性，而非个人的。在他的小说《沃尔登第二》和其他的作品中，斯金纳对理想的人类社会进行了探讨，认为个体行为必须面向有最大生存机会的社会类型。

关于自由意志与决定论的问题，斯金纳认为人像机器一样按照合理有序、预先决定的方式运作。他排斥一切有关内在自我或自主性自我决定的行为过程，以及个体可以自由自主地选择行为的观点。

从斯金纳的学术著作到他基于操作性条件反射构建的乌托邦社会的畅销小说，他所要表达的信息是相同的：行为受到强化物的控制。在某种意义上，这意味着责备或惩罚人们的行为是没有意义的。一个下令屠杀成千上万人的独裁者和一个谋杀数十人的连环杀手，就像一辆冲下山崖无人驾驶的汽车一样，不能再被追究责任。他们都只不过是受到外部力量的控制，按照合理、可预测的方式行事而已。

难道我们只剩下一个悲观的观点了吗？人类是无助、被动的机器，无法主动地决定我们的行为吗？这并不是斯金纳观点的全部。尽管他认为个体的行为受到外部刺激和强化物的控制，但我们绝不是受害者。虽然我们被环境所控制，但我们依然可以设计环境。楼房、城市、商品、工厂、媒体及政府机构，都是人类制造的结果。我们的社会系统、语言、习俗及休闲活动也同样是人类制造的结果。我们一直在改变着环境，当然通常都是朝着有利于我们的方向改变。因此，我们既扮演着控制者，也扮演着被控制者的角色。我们设计了具有控制性的文化，同时我们也是这种文化的产物。"我们可能不是自由人，"他写道，"但是我们也可以在生活中做点什么，也许只是重新排列一下影响我们行为的控制者……我没有试图改变人们。我所做的都只是改变他们生活的世界。"(quoted in Bjork，1993，pp.16，233)

世界也许会限制我们改变的自由。在做出改变的时候，那些曾经为我们提供过正强化的情境会引导，有时甚至会阻碍我们。在改变环境的行动中，我们会寻求更多正强化的机会，并且在这一过程中不断矫正我们的行为。斯金纳给我们留下了一个悖论：作为机器的人能够改变指导机器行为的环境条件。

斯金纳的人格评价理论

斯金纳没有采用其他理论家所偏爱的典型评估技术。在他的理论中，自由联想、梦的解析或投射技术等完全没有容身之地。由于他并没有直接涉及人格，因此实际上他对人格评估也不感兴趣。但是他对行为进行了评估。在应用行为矫正技术时，首先必须对特定的行为进行评估，既包括理想行为也包括非理想行为。接下来对于作为强化物以及可以被用来改变行为的环境因素都必须进行评估，没有这些事前的评估，便无法对行为进行适当的矫正。斯金纳评价行为的方法被称为机能分析，它涉及行为的以下三个方面。

- 行为的频率
- 行为发生的情境
- 与行为相关的强化物

只有对这些因素都进行了评估，才有可能制订并执行一项行为矫正计划。

以对一位想要戒烟的人进行功能分析为例，要求吸烟者精确地记录每天吸烟的数量以及分别在什么情况下吸烟的。是在某个特定的地点或时间吸烟吗？抽烟时是有他人在场还是自己一个人？是在餐后还是在开车时抽烟？强化物是什么？大多数吸烟者在有特定刺激出现时吸烟会更加频繁，所以识别这些刺激是非常必要的，只有对这些刺激进行矫正才能改变吸烟的行为。

行为的直接观察

行为评估的方法有三种，分别是直接观察、自我报告和生理测量。许多行为都可以通过直接观察来评估。为了保证评估的准确性和可靠性，通常会由两个甚至更多的人来进行观察。例如，在一份经典的行为矫正情境报告中提到，一位女性为她难以管束的 4 岁儿子寻求治疗（Hawkins，Peterson，Schweid，& Bijou，1996），两位心理学家在他们家中对这一对母子进行了观察，并对其非理想行为的性质和频率、发生的时间与地点以及该名儿童从这些行为中所获得的强化进行了评估。

最终确认了 9 种非理想行为，包括拳打脚踢、乱扔东西、咬人以及推搡兄弟姐妹。心理学家还观察到，当这个孩子举止不当的时候，他的母亲都会通过给玩具和食物来进行强化。她是想让他停止不当的行为，但恰恰相反，她实际上是在对他进行奖励，从而强化了这些不当的行为。虽然这样的直接观察持续了 16 个小时，但是如果不进行这些观察，心理学家就不会准确地了解需要消除的不良行为到底是什么，以及这个小孩期望得到的强化物究竟是什么。

通过全面的直接观察，就可以制订出一系列的行为矫正计划。在上面这一案例中，心理学家指导这位母亲使用关注和赞许来强化孩子的积极行为，同时在他做出上述 9 种非理想行为时不再予以强化。由直接观察评估所确定的不良行为频率，可以作为一个基线水平来与治疗中和治疗后的行为进行比较。

行为的自我报告

另一个评估行为的方法是通过访谈或问卷进行的自我报告。个体观察自己的行为并报告出来。例如，一份问卷可能会评估人们在不同的情境，如开车、看牙医或当众演说时的恐惧感。评价行为的问卷在形式上与人格的自评量表相似。

行为的生理测量

行为生理测量的指标包括心率、肌张力和脑电波。通过记录这些测量值，便可以评估各种刺激的生理影响。这种方法也可以用来证明由其他评估方法所得到的信息的准确性。例如，个体在访谈或问卷中会比较羞于透露自己害怕坐电梯，但是当被问到一些关于电梯的一般性问题时，会出现心率和肌张力的变化。

在不同的刺激情境下，不管我们选择什么样的评估技术去评估个体的行为，重点依然是人们做了什么，而不是人们如此做的动机是什么。最终的目标是矫正行为，而不是改变个体的人格。

对斯金纳理论的研究

可以看到斯金纳的评估方法与之前讨论过的其他理论家所用的方法完全不同。他的研究方法也和主流的实验心理学背道而驰。通常的程序是研究大规模的动物或人类被试群体，然后用统计方法比较被试的平均反应。与此相反，斯金纳却偏爱对单个被试的深入研究。他认为基于群体平均反应的数据对于解决具体案例没有什么价值。只依据平均数的学科对于独特个体的理解贡献甚微。

斯金纳相信，只要在控制良好的实验条件下对单个被试收集足够的数据，就可以得到有效且可重复的结果而不需要采用统计分析。使用大量的被试并强制实验者关注平均行为，这样的数据结果不能反映个体的行为反应以及在行为上的个体差异。

斯金纳及其追随者进行了成千上万个各种主题的操作性条件反射实验，包括强化模式、语言习得、行为塑造、迷信行为和行为矫正。结果均高度支持了斯金纳的理论。

对斯金纳理论的反思

斯金纳的理论在多个方面遭到批评。那些反对决定论的人在斯金纳的观点中找到了很多不赞同的地方。人本主义心理学家认为，人类要比机器或大鼠、鸽子更复杂，他们反对斯金纳对于人性的描述，认为斯金纳只重视外显行为忽视了人类独特的品质，比如有意识的自由意志。斯金纳实验中的被试类型和实验情境的简单化也招致了批评。他充满信心地对人类行为和人类社会做了很多的论断和预测，包括社会、经济、宗教以及文化等很多方面。但我们真的能够从一只啄食圆盘的鸽子来推断现实世界中的人的行为吗？这两者之间的差异似乎太大而无法进行如此笼统的概括。人类行为的许多方面无法被有目的地简化到斯金纳研究中的操作水平。

斯金纳关于一切行为都是习得的观点受到他以前两个学生的挑战，他们为电视广告和旅游景点条件化了39个物种的超过6 000只动物，包括鸽子、浣熊、鸡、仓鼠、海豚、鲸和牛等。但这些动物表现出了一种**本能漂移**（instinctive drift）的趋势，即用本能行为替代已被强化的行为，本能甚至干扰了它们对食物的获取。

在一个例子中，猪和浣熊被条件化去捡起一枚硬币并带着它走一段距离，最后把它储存在一个玩具银行中（当然只是一个储钱罐）。当储存了一定数量的硬币后，它们就会得到食物作为强化物。它们很快学会了理想的行为。

> 但是在较好地完成这一系列行为一段时间之后，它们开始表现出一些至少从训练者的角度来看属于非理想的行为。猪会在（去银行的）路上停下来，把硬币埋在沙子里，然后再用嘴把它拱出来；浣熊会花费大量时间用它们众所周知的“浣”这一动作来玩弄硬币。虽然刚开始的时候这些行为还会让人感觉有趣，但最终观众会觉得浪费时间，从而使得整个表演显得不那么完美。从商业角度来讲，这就是一场灾难（Richelle，1993，p.68）。

这个例子中所发生的便是本能行为——比如猪把硬币埋在地里面，浣熊好像洗手一样搓着它们的爪子，替代已经习得的行为的过程，即使这意味着将会推迟它们获得强化（食物）的时间。这两名训练员针对这一现象发表了一篇名为《有机体的不当行为》的文章（Breland & Breland，1961）。这是对斯金纳开创性的著作《有机体的行为》（1938）的戏仿，据说这让斯金纳感到非常不悦（Gillaspy，2009）。

斯金纳无视绝大部分对他研究的批判。针对一位批评家的书评，他对记者说："我读了一点便发现他没有抓住重点……比起花时间来澄清他们的误解，不如做一些更有价值的事。"（quoted in Rice，1968）当被问及如何应付如此频繁地被误解时，他说："我发现一年中我只需要被理解三四次就足够了。"（quoted in Blackman，1995，p.126）

斯金纳是 20 世纪美国心理学非常有影响力的人物。他对这一领域的贡献可能比其他任何人都多。创刊于 1958 年的《行为的实验分析杂志》（*the Journal of the Experimental Analysis of Behavior*）可以刊登对单个被试行为的研究。《应用行为分析杂志》（*the Journal of Applied Behavior Analysis*）创办于 1968 年，主要用于刊登有关行为矫正技术的文章。

斯金纳获得了美国心理学基金会授予的金质奖章，以及美国心理学会颁发的杰出科学贡献奖（1958）。颁奖词中写道："极少有美国心理学家对心理学的发展及有前途的青年心理学家有如此深厚的影响。"斯金纳第一本关于行为主义的著作《有机体的行为：一项实证分析》（Skinner，1988），被看作极少数真正改变心理学性质的著作之一（Thompson，1988）。斯金纳还获得了美国国家科学奖章并登上了《时代周刊》杂志的封面，标题是"世界最著名的美国心理学家"。1971 年，斯金纳出版的一本充满争议的书《超越自由与尊严》，成为了当时的畅销书并使他声名远扬。

斯金纳一度成为全国及各大城市脱口秀中最热门的话题……短短一个月内，数百万美国人都读过或听说过斯金纳以及他的《超越自由与尊严》。他被邮件、电话及拜访"完全淹没了"……在餐馆中经常会有陌生人要和他握手。正如一位作家所写道的，他已经"取得了影视明星的名声"(Bjork，1993，p.192)。

尽管在实验室、临床及组织情境中斯金纳激进的行为主义立场依然在被应用，但它的统治地位已经受到开始于 20 世纪 60 年代的认知心理学运动的挑战。斯金纳也承认他的心理学理论已经不得不让位于认知心理学。其他的心理学家也同意这一点，指出斯金纳的行为主义已经"不再受到主流心理学家的支持，而且只是在回忆过去的时候才被提及"（Baars，1986，pp. viii，1）。尽管存在认知心理学的入侵，但斯金纳依然对许多领域具有影响，不管是从课堂到装配流水线，还是从斯金纳箱到精神病院。斯金纳相信，操作性条件反射提供了一种改善人性以及人类社会的有效技术。

研究集锦

对斯金纳行为主义的研究发现

- 训练中给予的强化越强，条件反射的消退越困难
- 操作性条件反射可以塑造人类和动物的大多数行为
- 即使一只龙虾也可以被条件化
- 美国棒球大联盟的运动员比日本运动员有更多的迷信行为
- 在自我控制上得分高的大学生有更好的学习成绩、心理适应水平以及更高的自尊
- 代币法减轻了 79% 的认知受损患者的攻击行为

本章小结

斯金纳否认人格的存在，同时不从有机体内部探索行为的原因。由于心理和生理过程无法被外显地观察，因此它们与科学无关。有机体的外部因素导致了行为的产生。行为受其结果的控制，亦即行为之后的强化物所控制。应答性行为是由特定环境刺激引发的反应。条件反射（习得的应答性反应）是指用一个刺激替代另一个

刺激。巴甫洛夫证实了强化的重要性。没有强化，条件反射就不会产生。操作性行为由行为之后出现的强化物所引发，并由其决定和矫正。操作性行为无法追溯到一个特定的刺激，它作用于环境并改变环境。人格只是一种操作性行为的模式。

强化模式包括固定间隔、固定比率、变异间隔以及变异比率。行为塑造（连续接近法）指的是只有当有机体的行为逐渐接近理想行为时才给予强化。当强化按照固定或间隔模式出现时，会导致迷信行为。在强化出现时，发生的行为以后会更加频繁地出现。行为的自我控制指的是改变或回避特定的外部刺激或强化物。其他的自我控制技术包括自我满灌法、厌恶刺激以及对表现出理想行为的自我强化。

行为矫正将操作性反射技术应用在了现实问题之中。给理想行为予以正强化，同时忽视非理想行为。

代币法是用代币来对理想行为予以奖励，这些代币可以用来换取有价值的物品。行为矫正只针对外显行为，同时采用正强化而非惩罚的手段。负强化指的是移除厌恶或有害的刺激。正强化比负强化更有效。

斯金纳对人性的观点强调决定论、独特性、环境的重要性以及设计一个能使生存机会最大化的社会。尽管人们被环境所控制，但也可以通过对环境的适当设计来对其产生影响。

斯金纳使用机能分析来评估行为（不是人格），考察行为的频率、行为发生的情境以及与行为相关的强化物。评估行为的三种方式是直接观察、自我报告以及生理测量。

虽然斯金纳的理论体系以强大的实证研究作为支持，但也因为其决定论的观点、实验情境的简单化、只关注行为频率而对行为本身缺乏关注以及没有考虑人与大鼠和鸽子不同的独特品质，而饱受批评，尽管采用斯金纳的操作性条件反射技术进行行为矫正依然非常流行，但行为主义在心理学中的地位已然被认知心理学所取代。

8

PART

第八部分

社会学习视角

以阿尔伯特·班杜拉为代表的人格社会学习理论，是对斯金纳行为主义的发展。和斯金纳一样，班杜拉也关注外显行为而不是需要、特质、驱动力或防御机制。但和斯金纳不同的是，班杜拉考虑到了在刺激和行为之间具有中介作用的内在认知变量。你可能会回想起，认知变量在斯金纳的理论中并没有一席之地。

班杜拉运用高度复杂、严格的实验来研究认知变量，并通过对实验室行为的仔细观察来得出结论。他观察社会情境下人类被试的行为，而斯金纳研究的是个体情境下的动物被试。班杜拉同意斯金纳所提出的“行为是习得的并且强化对行为习得至关重要”的观点，但他对强化性质的解释与斯金纳有所不同。

班杜拉和斯金纳都试图通过实验室而非临床观察来理解人格，但他们的主要观点还是通过行为矫正技术得以应用到临床实践中。由于班杜拉使用了认知变量，所以他的研究反映并加强了心理学领域的认知运动。在认识到这一点之后，就能理解为何班杜拉的理论也被称为认知行为主义。

Chapter 13

第13章

阿尔伯特·班杜拉：榜样作用

事实上，每一个通过直接经验而发生的现象都可以通过替代性经验，即观察他人的行为及其结果而发生。

——阿尔伯特·班杜拉

班杜拉同意斯金纳关于行为是习得的观点，但他们在这一观点上的相似之处也仅限于此。班杜拉批评斯金纳过分强调对单个动物被试的研究，而忽视对互相影响的人类被试的研究。班杜拉的研究视角属于社会学习理论，强调在社会情境中研究行为的形成和矫正。他认为，不能把从一个没有涉及社会交互的实验中所得到的结果推论到日常生活之中，因为几乎没有人可以真正与世隔绝。

虽然班杜拉像斯金纳一样认为大多数行为都是强化的结果，但是他还强调，几乎所有行为都可以在没有直接强化经验的情况下习得。因此，班杜拉的研究视角又被称为**观察学习**（observational learning），反映了观察他人的行为在学习过程中的重要作用。我们可以通过观察他人的行为及其行为的结果而获得**替代性强化**（vicarious reinforcement）来进行学习，而无须事事亲身体验强化。强调通过观察或榜样来学习，而不总是通过直接强化来学习，是班杜拉理论的特色所在。

班杜拉观察学习理论的另一个特点就是他对于内在认知或思维过程的处理。与斯金纳不同，班杜拉认为认知过程会影响观察学习。我们不会无意识地模仿我们所看到的他人行为，相反，我们会经过深思熟虑，有意识地决定是否要做出与他人相同的行为。要通过榜样和替代性强化进行学习，我们必须能够预期并欣赏观察到的他人行为的结果。即使我们不能亲身体验，但依然可以通过想象行为的结果来调整和指导我们的行为。在刺激和反应之间，行为与强化物之间，并不存在像斯金纳所说的那种直接联结，相反，认知过程在中间发挥着中介作用。

班杜拉提出了一种与斯金纳相比不那么极端的行为主义。强调对他人的观察是学习的一种重要方式，而且他还认为认知过程在学习中发挥着中介作用。他的理论是基于严格的实验室研究，针对的是在社会交互中的正常人而不是笼子中的大老鼠或者躺在睡椅上的神经症患者。

班杜拉的生平（1925— ）

班杜拉出生于加拿大阿尔伯特省的一个小镇。这个镇子非常小，以至于班杜拉在上高中的时候，学校里只有 2 名老师、20 名学生。他的父母移民自波兰，非常看重教育的价值。“你可以选择，”在小时候，他的母亲就对他说，“你可以去做农民，去啤酒店喝酒，或者也可以去上学。”（quoted in Foster，2007，p.3）

在班杜拉高中毕业后的那个夏天，他去加拿大育空区的荒原中做建筑工人，在阿拉斯加高速路上负责地面修补。这对一位聪明、充满好奇心的年轻人而言是一段非常特殊的经历。

> 班杜拉发现自己周围的人性格古怪，大多是逃债的、躲避离婚赡养费的以及处于缓刑期的官员，不过很快他对于日常生活的精神病理学产生了浓厚的兴趣，就好像绽放在严寒的冻土带的一朵鲜花（Distinguished Scientific Contribution Award，1981，p.28）。

班杜拉作为一名本科生进入了位于温哥华的英属哥伦比亚大学，并且出于权宜，选修了一门心理学课程。由于和他一起拼车往返校园的都是工程系和医学院预科的学生，他们都有早上的课，而早上也有心理学的课，因此班杜拉就选择了心理学课程。他发现课程的内容非常令人着迷，于是就在这一领域继续学习，并在 1952 年获得了艾奥瓦大学的博士学位。在美国堪萨斯州威奇托辅导中心工作一年后，他进入了斯坦福大学。班杜拉著述颇丰，1973 年他被选为美国心理学会主席，1980 年获得杰出科学贡献奖，并在 2006 年获得美国心理学基金会的心理科学终身成就金质奖章。

班杜拉的幽默总是指向他自己。当被问及是步行还是开车去上班时，他说：“都有，即使在同一天之中。”他有时开车去上班，由于全神贯注于工作会心不在焉地走路回家，而把车忘记在学校的停车场里。

欢迎登录

The Life and Work of Albert Bandura

关于班杜拉的生平、研究和理论的资料，以及他的一些著作，包括日常开支以及其他一些影像。

榜样作用：观察学习的基础

班杜拉的基本观点是，除了直接强化外，学习也可以借由观察和榜样而发生。班杜拉不否认直接强化对于行为影响的重要作用，但他对行为只能通过直接强化而习得或改变的观点提出了质疑。他认为，对于诸如游泳或驾驶等技能学习来说，操作性条件反射所认为的直到个体偶然发现正确答案之前，试误行为都会继续的观点，是无效且具有潜在危险的。个体在获得带来正向、强化的正确行为结果之前，可能会摔伤或者溺水。在班杜拉看来，人类的大多数行为都是有意或无意地通过榜样而学习的。通过在日常生活中对他人行为的观察，并对其进行模仿，我们学习到了大量不同的行为（Gaskins & Paradise，2010）。

波波娃娃研究

榜样作用（modeling），即通过观察榜样的行为并且自己去重复，从而获得我们之前从未出现过的反应，并增强或减弱现有的反应。班杜拉通过对波波娃娃，即一个高三四英尺[⊖]的充气塑料玩偶的研究证实了榜样作用（Bandura，Ross，& Ross，1963）。

在最初的研究中，他们选取的被试是一些学前儿童，要求他们观察一个成年人殴打和踢踹波波娃娃的录像。在攻击玩偶时，成年人还会大吼：“打它的鼻子！”“用力扔它！”随后，让儿童与玩偶单独相处，儿童会模仿之前所观察到的榜样行为。与没有观察到榜样攻击玩偶行为的控制组被试进行比较发现，实验组儿童的攻击性行为是控制组的两倍。

无论是在现实中直接看到榜样的行为，还是在电视屏幕或在卡通人物身上看到，实验组被试的攻击行为强度都是相同的。榜样作用在三种媒介中都引起了攻击行为，而没有观察到榜样的儿童并没有表现出同等强度的攻击行为。

榜样作用的其他研究

除了研究榜样作用对学习的影响之外，班杜拉还对两组儿童父母的行为进行了比较（Bandura & Walters，1963）。一组是具有高攻击性的儿童，而另一组则是更为抑制性的儿童。根据班杜拉的理论，这些孩子的行为应该会反映出他们父母的行为。研究显示，抑制性儿童

⊖ 1 英尺 =0.304 8 米。——译者注

的父母也是抑制性的，而攻击性儿童的父母则是攻击性的。

只要把涉及的活动完全解释清楚，言语指导也会引起某些行为。言语指导常被用来指导行为，比如可以教授一些技能，如驾车等。言语指导常会辅之以行为示范，比如一个驾驶教练会亲身演示驾驶行为来进行示范。

在波波娃娃研究中，儿童在看到榜样的攻击行为之后，也表现出了攻击行为。

去抑制

研究表明，在榜样的影响下，人们会更容易表现出他们通常所抑制或压抑的行为（Bandura，1973，1986）。这种现象叫作**去抑制**（disinhibition），指的是受榜样的影响，压抑或抑制得以减弱的现象。举例来说，处在人群之中的时候，人们可能会陷入暴动状态，打破窗户并大声吼叫，做出他们独自一人时不会表现出的身体和语言行为。当看到他人的攻击行为时，他们更可能解除自己对这一行为的抑制。

去抑制现象也会影响性行为。一项研究证实了性反应可以通过榜样的作用而得以去抑制：向一组男性大学生呈现一部包括裸体男女色情画面的电影（Walters，Bowen，& Parke，1963）。告知这些同学，影片上会出现一个移动的光点，这个光点表示前一个被试的眼动，从而表明被试注视了图片的哪些部分。这些所谓先前被试的注视点代表了榜样。对于一半的被试，光点集中在胸部和生殖器上。对另一半被试，光点停留在背景上，榜样似乎在避免观看那些裸体。

看完影片后，给这些同学们呈现电影中的剧照，并记录他们的眼动。认为榜样并未抑制（直接注视身体的色情部分）的被试具有相似的表现，而认为榜样避免注视裸体的被试则花了明显更多的时间去观察图片的背景。研究者认为，榜样影响了被试对刺激的知觉反应。换句话说，榜样不仅影响被试的行为，还会影响他们的所观、所感。

跟随网上的榜样发表评论具有与置身大群体中相同的匿名性，这会导致一种被称为拖捕行为的网络去抑制效应，即发表对个体或群体具有煽动性、贬损或憎恨的信息。一些青少年会因为直接针对他们的一些广泛、刻薄的言论而自杀（Zhuo，2010）。好消息是，这种去抑制效应似乎会随着年龄增长而下降。对 18 ～ 25 岁的美国年轻人进行的一项研究发现，18 ～ 19 岁时去抑制效应更强，而在 22 ～ 25 岁时会大大减少（Vaidya，Latzman，Maekon & Watson，2010）。

社会榜样的作用

在大量研究的基础上，班杜拉认为，不论好的、坏的，正常和异常的，人类的行为大多都是通过模仿他人行为而习得的。从婴儿期起，我们就对社会提供的榜样做出反应。以父母为榜样开始，我们学习他们的语言，并通过文化习俗以及可接受行为而被社会化。脱离文化规范的个体也以和他人同样的方式习得了他们的行为。区别只是在于，偏离者所模仿的是社会中其他人所不赞许的榜样。

班杜拉对给儿童提供错误榜样的社会模式进行了直言不讳的批评，尤其是电视、电影和电子游戏中的暴力行为示范。他的研究清晰地表明了榜样对行为的影响。如果所见即所为，那么观看攻击性的动画角色和我们自身做出暴力行为之间的距离就不太远了。

儿童通过榜样作用所获得的许多行为都是非理性的恐惧。如果一名儿童看到父母害怕雷电或在陌生人面前紧张，那么他们也会很容易出现这些焦虑并将其带入到成年期，而对其来源却毫无意识。当然，积极的行为，如力量、勇气和乐观也会从家长和其他榜样身上习得。在斯金纳的理论体系中，强化控制了行为，而对于班杜拉来说，则是榜样控制了行为。

榜样作用的情境特征

班杜拉和他的同事（Bandura，1977，1986）探究了影响榜样作用的三个因素：榜样的特征、观察者的特征以及行为是否受到奖励。

1. 榜样的特征

榜样的特点会影响我们对其进行模仿的倾向性。在现实生活中，相对于和我们有明显不同的人来说，我们可能更容易被和我们有相似之处的人所影响。在实验室中，班杜拉发现，虽然儿童会模仿同一房间内或电影中的儿童，以及电影中的卡通人物的行为，但是模仿的程度会随着被试和榜样相似性的减弱而降低。相对于动画人物，儿童会更多模仿真实存在的榜样。尽管如此，相对于没有榜样可以观察的控制组儿童，在动画人物情境下，儿童的模仿行为还是会更多。

其他影响模仿行为的榜样特征是年龄和性别。相对于异性来说，我们更容易模仿同性的行为。而且，我们也更容易受到与我们同龄的榜样的影响。成功解决了我们共同所面临的问题的同伴是最有影响力的榜样。

地位和声望也是重要的影响因素。研究发现，相比于看到一个衣着破烂的人闯红灯来说，在看到一个衣着华丽的人闯红灯后，行人更可能做出同样的行为。电视广告就是有效利用了声称使用了特定产品的运动员或名人的高地位和高声望作用。他们的期望是，消费者会去模仿榜样的行为，并购买广告产品。

榜样所表现的行为类型也会影响模仿的程度。过于复杂的行为不像简单的行为那样，可以很快并轻易地被模仿。敌意或攻击行为容易被人们，尤其是儿童所模仿。榜样的身材和体重也会影响模仿行为。对加拿大 9 年级和 10 年级学生的一项研究发现，相比于进入一所高年级学生都没有超重的学校来说，进入一所高年级学生一般都超重，甚至是肥胖的学校后，个体的体重会更容易增加（Leatherdale & Papadakis，2011）。

2. 观察者的特征

观察者的品质也会影响观察学习的效果。低自信和低自尊的个体会比高自信和高自尊的个体更容易去模仿榜样的行为。曾经因为模仿而受到强化的个体，比如一位儿童因为模仿哥哥的行为而受到奖励，更容易受到榜样的影响。

儿童倾向于模仿地位高的同性别成年榜样的行为。

3. 行为是否受到奖励

行为是否受到奖励会影响模仿的程度，甚至会凌驾于榜样及观察者特征的影响之上。拥有较高地位的榜样人物可能会使我们去模仿某种行为，但如果奖励对于我们而言意义不大，我们就会终止这一行为，并且将来也不太可能受到这一榜样的影响。

看到榜样因表现出特定行为而被奖励或惩罚，这会影响我们的模仿行为。在波波娃娃的研究中，一些儿童观察到榜样殴打玩偶的行为被表扬并被给予糖和苏打水作为奖励。另一组儿童则观察到榜样因相同的攻击行为而受到言语和身体上的惩罚。相比于看到榜样被强化的儿童来说，观察到惩罚的儿童对波波娃娃表现出显著更少的攻击性（Bandura，1965）。

观察学习的过程

班杜拉分析了观察学习的本质，并发现它取决于四种相关机制：注意过程、保持过程、再现过程和动机过程（见表 13-1）。

表 13-1 观察学习的过程

注意过程	通过认知加工及知觉技能给榜样足够的注意力，对榜样进行准确的知觉，从而模仿他们所表现的行为。例如，在驾驶训练课上保持清醒
保持过程	保持或记住榜样的行为，以便后来能够进行模仿或复制；为此，通过认知加工来编码或形成有关榜样行为的心理意象和言语描述。例如，记住驾车的课堂材料或视频
再现过程	通过身体力行地练习，并获得相关练习的准确性反馈，从而将对榜样行为的心理意象或语言表征转化成我们自身的外显行为。例如，在学校的停车场中，在教练的指导下练习换挡或避开交通路标

（续）

动机过程	知觉到榜样的行为能够带来奖赏，并因此而期待我们的学习以及成功的表现能够导致类似的结果。例如，我们会期待，当自己掌握了驾驶技能后，能够通过驾考并拿到驾照

注意过程

只有当被试注意到榜样之后，观察学习或榜样作用才会发生。仅仅将榜样呈现于被试面前并不能保证被试会注意到相关线索和刺激事件，更不能保证对情境进行准确的知觉。被试必须对榜样进行准确的知觉，才能获得对榜样进行模仿的必要信息。

注意过程会受到一些变量的影响。正如在实验室中一样，在现实生活中，我们也会更多地去注意或回应某些人和情境。因此，我们越是关注榜样的行为，就越是容易去模仿他们。

我们曾提到诸如年龄、地位、性别以及被试与榜样间的相似度等特征。这些因素有助于确定被试会在多大程度上去注意榜样人物。研究还发现名人、专家以及十分自信和有魅力的榜样比未表现出这些特质的榜样受到了更多的注意。如今，在美国文化中，一些最有影响的榜样人物出现在了电视、播客网以及其他网站上。观看者即使在没有强化的情况下也经常关注他们。

对于榜样行为的注意会因被试的认知机能和知觉技巧，以及所要模仿行为价值的不同而有所差异。认知能力越发达，对有关所要模仿行为的知识越多，被试就会越认真地去注意榜样以及知觉他们的行为。相比与自己无关的榜样行为，当观察者观察到榜样在做一些他们自己也想做的事情时，会更加关注榜样的行为。观察者也会更多地去关注带来积极或消极结果，而非中性结果的榜样行为。

保持过程

我们必须记住榜样行为的重要方面，之后才能够对其进行重复。为了保持我们所注意到的行为，必须对其进行编码和表征。保持关于榜样行为信息的方式有两种：内部意象表征系统和语言系统。在意象表征系统中，我们会在观察榜样时形成生动且容易提取的意象。这一普遍现象解释了，为何你能够想起关于上周的约会对象或者去年夏天去过的地方的图像。在观察学习中，我们形成了榜样行为的心理图像，并将其作为未来进行模仿的基础。

言语表征系统也是以相似的方式运作，涉及对我们所观察到的行为的言语编码。例如，在观察过程中，我们会向自己描述榜样在做的事情。这些描述或者编码可以无声地演练，而不用外显的行为表现。举例来说，我们会告知自己一个复杂技能的每一步骤，并在心里演练出稍后所要表现的行为顺序。当我们打算执行某一行为时，言语编码就会给我们提示以及线索。总之，这些意象和言语表征为我们提供了储存观察到的情境，并为以后的表现进行预演的方式。

再现过程

将言语和意象表征转换为外显行为需要动作复现的过程，更简单来讲就是练习。虽然我们可以观察、保持并演练榜样的行为表征，但我们仍然不一定能正确地表现出这些行为。这在需要掌握许多行为成分的高技巧行为中最有可能发生。

以学习开车为例。通过观看榜样驾驶学习一些基础的动作。我们可能多次思考了榜样的行为表征，但当我们第一次将这些表征转化为实际的驾驶行为时仍会显得笨拙不堪。我们或许会制动太早或太晚，或者矫枉过正。我们的观察可能不足以确保做出即时、熟练的行为表现。为了让行为表现更加顺畅，我们还需要适当的肢体运动练习以及对其准确性的反馈。

动机过程

无论我们多么认真地观察和保持所观察到的行为，或者我们多么有能力去表现这种行为，如果不经过动机过程，就都不会去行动。当有动机时，观察会更快地转化为行动。动机也会影响注意和保持过程。如果动机不足，我们就不会过多地注意，而注意得越少，则保持得也就越少。

学习动机受对行为的强化或惩罚的预期所影响。看到榜样的行为受到奖赏或避免了惩罚，会在很大程度上激励我们去注意、记忆和正确表现这种行为。在对榜样进行观察的过程中，当预料到自己同样的行为表现也会导致所观看到的结果时，我们会受到替代性强化。

班杜拉指出，虽然强化会促进学习，但它并非学习的必要条件。除行为受到奖励以外，许多其他因素也会影响我们的注意、保持以及演练。举例来说，巨大的声响、强光以及激动人心的录像会在没有强化的情况下，引起我们的兴趣。班杜拉的研究表明，无论儿童是否会得到奖赏，他们都会模仿电视和游戏中的榜样行为。因此，强化虽然有助于榜样作用，但却并非是至关重要的。强化可能是由另一个人所给予的、替代性的，或者是由主体自己所施加的。

自我强化和自我效能感

在班杜拉的人格理论中，自我并不是决定或导致行为的心理动因，而是一套与思维和知觉有关的认知过程与结构。自我的两个重要方面就是自我强化和自我效能感。

自我强化

自我强化（self-reinforcement）与来自他人的强化同样重要，尤其是对于大龄儿童和成年人来说更是如此。我们会设立个人的行为和成就标准。在自己达到或超过了我们所设立的预期和标准时奖励自己，并在未能做到时惩罚自己。自我强化可能是有形的，比如一双新的运动鞋或一辆新车，也可能是情感性的，比如由于出色的工作而获得自豪感和满足感。自我惩罚也可以表现为因没有按照预期的方式去表现而感到羞耻、内疚和抑郁。自我强化在概念上与其他理论家所说的良心或超我相似，但班杜拉否认它们是一样的。

持续的自我强化过程会调节我们的很多行为。需要我们设立行为的内部标准、主观标准或参照点，以此来评价自身的行为。过去的行为可能会成为评价当前行为的一个参照点，激励个体未来更好地表现。当我们达到某种成就水平时，它就不会再使我们感到挑战、受激励或满足，因此，我们会提升标准并向自己提出更高的要求。未能达成目标则会使我们降低标准，使之在一个更为现实的水平之上。

树立了不切实际的行为标准的个体——从具有非凡天赋和成功的榜样身上观察到或习得行为预期——可能尽管失败了很多次，但还是会不懈地去实现这些过高的期望。他们可能会以情绪上的无价值感和抑郁来惩罚自己。这些自我的主观感受会导致自我毁灭行为，如酗酒、药物滥用或逃入幻境之中。

我们从榜样，尤其是父母和老师的行为中习得最初的一套行为标准。一旦接受了一套行为模式，我们就将开始一生将自己的行为与他人进行比较。

自我效能感或“相信你能行”

我们达到行为标准的程度决定了我们的**自我效能感**（self-efficacy）。在班杜拉的理论体系中，自我效能感指的是应对生活的适当感、效能感和胜任感。满足并维持我们的行为标准会提升自我效能感。未能达到或维持则会减弱自我效能感。

班杜拉描述自我效能的另一种方法是依据我们所知觉到的对生活的控制感。

> 人们努力对影响其生活的事件施加控制。通过对可以做出一定控制的领域施加影响，人们就更可能获得理想的未来并预先阻止不想要的结果出现。对生活环境努力施加控制几乎渗透到了人们所做的每一件事情当中，因为这可以保护他们不计其数的个人和社会利益。这种影响结果的能力使他们可以去预测未来。可预测性会提升适应性，无法对一些事件施加影响则会对生活产生相反的影响，使人忧虑、冷漠和绝望（Bandura，1995，p.1）。

低自我效能感的个体会感到无助，无法对生活事件施以控制。他们认为自己所做的任何努力都是徒劳的。在遇到阻碍时，如果试图解决问题的最初尝试无效，他们就会马上放弃。自我效能感极低的个体甚至都不会尝试去解决问题，因为他们认为自己所做的所有事情都不会起作用。他们会问自己，既然如此，为什么还要去试呢？低自我效能感会摧毁个体努力的动机，降低期望，干扰认知能力，并对身体健康产生不利影响。

高自我效能感的个体相信他们能有效地处理各种事件和情境。由于他们预期自己能够成功克服障碍，所以总是坚持工作并且表现优异。相比低自我效能感的个体，这些人对他们的能力有更大的信心，并很少表现出自我怀疑。他们将困难视为挑战而非威胁，并积极地探索新奇情境。高自我效能感会减少对失败的恐惧，提升期望，并提升问题解决和分析思考的能力。

有研究者将自我效能感简明而有效地定义为：“相信你能行的力量，”并补充说，“相信你能完成你想要完成的，这是孕育成功的最重要成分之一。”（Maddux，2002，p.277）因此，相信你有能力获得成功的信念，是追求成就的一项强大优势。

自我效能感的信息来源

对自我效能感的评价主要基于以下四种信息来源：行为获得、替代性经验、言语劝服以及生理和情绪唤醒。

对于效能判断最有效的影响来源就是行为获得。早先的成功经验直接指出了我们的掌握水平和竞争力如何。之前的成就反映了我们的能力，并增强了我们的自我效能感。而之前的失败，尤其是在儿童期的反复失败，会降低我们的自我效能感。

行为获得的一个很重要指标就是获得关于个人进步或任务表现的反馈，比如一项工作或者一次学业考试。一项关于大学生解决复杂问题的研究发现，在行为表现上接收到积极反馈的个体比接收到消极反馈的个体报告了对任务更高的胜任感水平。（Elliot et al.，2000）

一项对于年纪较大的成年人的研究表明，完成了 6 个月中国太极项目培训的个体比未受到培训的个体自我效能感显著提升（Li，McAuley，Harmer，Duncan，& Chaumeton，2001）。对完成了 16 个小时身体自卫训练课程的女大学生进行的研究也得出了相似的结果。这些大学生在包括体育能力、一般应对技巧和人际信心等许多方面都有显著更高的自我效能感水平。而没有接受自我防卫训练的控制组在自我效能感上则没有变化（Weitlauf，Cervone，Smith，& Wright，2001）。因此，简单来说，我们获得的越多，越相信自己可以获得，也越有胜任力与控制感。

替代性经验，即观察他人的成功表现会增加自我效能感，特别是当观察的对象在能力上与我们相近时更会如此。实际上，我们在说：“如果他们可以，那么我也可以。”与之相反，看到他人失败会降低自我效能感：“如果他们不行，我也不行。”因此，有效的榜样对于增加我们的适当感和竞争感至关重要。榜样也为我们展示应对困难情境的适当方法。

言语劝服，指的是告诉人们他们具有获得成功的能力，这也可以提高自我效能感。这可能是四个自我效能感信息来源中最常见的，它经常是由父母、老师、配偶、教练、朋友和治疗师等人所提供，他们会说“你能行”。言语说服必须具有现实性才会有效。鼓励一个身高约 1.5 米的人去打职业篮球赛可能并非一个最好的建议，而一些其他运动，比如武术可能更合适。

自我效能感的第四个信息来源是生理和情绪唤醒。当处于压力情境中时，我们会很担心还是很平静呢？我们经常使用这类信息作为判断应对能力的标准。如果我们对困难情境感到不那么焦虑、紧张或困扰时，更可能相信自己能成功地解决问题。感觉越镇定，自我效能就越高。而生理和情绪的唤醒水平越高，自我效能感就越低。在一个既定的情境中，我们越是感到恐惧、紧张和焦虑，越是感到自己无法去应对。

班杜拉总结了以下四种可以提高自我效能的条件：

（1）通过给个体安排可实现的目标使他们拥有成功的体验，以增加他们的行为获得。

（2）使人们接触表现成功的榜样，提高他们的替代性成功经验。

（3）给予个体言语劝服，鼓励他们相信自己有表现成功的能力。

（4）通过合理饮食、减压以及身体锻炼增加生理唤醒水平，从而增加应对事件的力量、精力和能力。

在他的研究中，班杜拉将这些提升自我效能感的条件应用到了许多情境中。他帮助被试去学习乐器，与异性更好相处，掌握电脑技能，戒烟以及征服恐惧和身体疼痛。

欢迎登录

Self-Efficacy Research
有关于自我效能感的大量信息，包括最新的研究成果、著作、文章以及自我效能测验。

Self-Efficacy Test
由德国的柏林自由大学心理学家所开发的包含 10 个条目的自我效能测量量表。该量表已经用于数以千计的被试，并有 29 种语言版本可以使用。

榜样作用和自我效能感的发展阶段

童年期

在婴儿期，榜样作用仅限于即时模仿。婴儿还未发展出在观察到榜样行为一段时间之后再进行模仿的认知能力（意象和言语表征系统）。在婴儿期，婴儿在尝试进行模仿之后，多次重复展现榜样行为是十分必要的。而且这些榜样行为必须在婴儿的感觉运动发展阶段之内。大约在两岁时，儿童就已建立了足够的注意，保持和再现过程，以此在观察行为一段时间之后，而非即时地进行行为模仿。

那些我们认为得到了强化并因此而选择去模仿的行为会随着年龄增长而改变。幼儿主要被物质刺激所强化，如食物、喜爱或惩罚。而大龄儿童会将积极的物质强化物与重要榜样的许可相联，将消极的物质强化物与不赞成相联。最终将这些奖励和惩罚内化，由自己来施加。

自我效能感同样是逐步发展的。当婴儿试图增加对周围物理环境和社会环境的影响时，就开始建立起自我效能感。他们去了解自身能力，比如他们的体力、社交技巧以及语言能力所产生的结果。他们几乎要经常利用这些能力作用于环境，并且主要是通过它们来影响父母。在理想的情况下，父母应该对成长中的儿童的活动负责，并努力同他们交流，并提供给儿童自由成长和探索的刺激环境。

早期的效能建构经验是以父母为中心的。让男孩获得高自我效能感和女孩获得高自我效能感的父母行为是不同的。研究表明，高自我效能感的成年男性，在儿童期和父亲具有温暖的关系。母亲则比父亲要求更高，希望孩子取得更好的表现与更高的成就。与此相反，高自我效能感的成年女性，在儿童时体验到了父亲对其高成就要求的更大压力。（Schneewind，1995）

随着儿童的世界不断扩大，并认同更多的榜样，如兄弟姐妹、同伴和其他成年人，父母的影响则会显著减小。和阿德勒一样，班杜拉也认为出生顺序是十分重要的。他认为，第一个孩子和独生子相比后来出生的孩子来说，对自身能力进行评价的基础有所不同。并且，同性兄弟姐妹之间可能会比异性兄弟姐妹间更有竞争性，这一因素也会影响自我效能的发展。在任务和游戏完成中，经验最丰富且最成功的玩伴，会成为其他儿童高自我效能感的榜样。同伴为儿童提供了评价个人成就水平的参照点。

教师通过影响儿童认知能力和问题解决技巧的发展来影响儿童的自我效能感判断，这些能力对于成年人的有效性至关重要。儿童经常根据老师对他们的评价来评估自己的胜任力。在班杜拉看来，按能力分班损害了差班儿童的自我效能感和自信心。竞争性活动，比如基于曲线进行分等级也会使成绩不佳者被分到普通或较低的等级。

青春期

青春期过渡性经验会涉及对新要求和压力的应对，包括逐渐增加的性别意识以及对大学和职业的选择。青少年必须建立新的胜任力并对他们的能力进行新的评价。班杜拉认为，这一阶段的成功常常取决于儿童期所建立的自我效能感水平。

成年期

班杜拉将成年期分为两个阶段：成年早期和中年期。成年早期包括对结婚、为人父母以及努力建立一份事业的适应。高自我效能感对于这些经验的成功十分重要。低自我效能感的个体可能无法适当地处理这些情境，并很可能无法适应。

研究表明，对于自己的养育技能有高自我效能感的女性会更可能增强孩子的自我效能感。认为自己是优秀家长的女性比低自我效能感的女性，更不容易感到对父母角色的失望与情绪压力。相比于低自我效能感的女性，外出工作的高自我效能感的母亲在工作－家庭冲突中会更少体验到由于工作－家庭冲突而引起的身体和情绪压力（Bandura，1995）。

中年期同样压力重重，因为人们要重新评价他们的职业、家庭和社会生活。当我们面对自己的不足并重新定义我们的目标时，必须重新评价自身的技能并寻找提高自我效能的新机会。

老年期

在老年期进行自我效能感重评是十分困难的。不断下降的心理和身体能力、退休以及从社会生活中退出，可能会引起新一轮的自我评价。自我效能感的降低可能会进一步以自我实现预言的方式影响身体和心理机能。举例来说，对于性行为的信心降低可能会导致性活动减少。较低的身体效能感会导致疲劳和身体活动的缩减。如果我们不再相信自己还能做一些以前乐在其中并做得很好的事情，我们可能就不会再去尝试这些活动。对于班杜拉来说，自我效能感在整个生命历程中都是决定成败的重要因素。

行为矫正

班杜拉建立社会－认知理论的目标在于矫正或改变被社会认为是不良或异常的行为。与斯金纳的治疗方法类似，班杜拉也关注外显的不适宜或有害的行为，在他看来，这些行为和所有其他行为一样都是习得的。班杜拉并没有试图处理潜在的无意识冲突。社会－学习取向的目标是行为或症状，而不是假设的内部神经官能症。

恐惧和恐怖症

如果榜样作用是我们最初习得行为的方式，那么它也可以是一种重新学习或改变行为的有效方法。班杜拉将榜样作用应用于消除恐惧和其他紧张情绪反应之中。在一项早期的研究中，怕狗的儿童会观察一位同龄儿童与狗玩耍的场景（Bandura，Grusec，& Menlove，1967）。当被试从一个安全的距离进行观察时，榜样逐渐向小狗大胆地移动。先隔着栅栏去抚摸小狗，随后走进去和小狗玩。经历这种观察学习情境之后，观察者对狗的恐惧明显降低了。

在经典的蛇恐怖症研究中，班杜拉和他的同事消除了一些成年人对蛇的极度恐惧（Bandura，Blanchard，& Ritter，1969）。在实验中，要求被试观看一部电影，在电影中，儿童、青少年和成年人逐渐去靠近一条蛇。起初，电影中的榜样拿起了塑料蛇，随后他们触摸活生生的蛇，最后让一条大蛇缠绕在他们的身体上。只要感到场景极具威胁性，患有恐怖症的被试随时都可以停止电影的放映。最后他们终于战胜了对蛇的恐惧。

指导式参与技术指的是，观察一名真实的榜样并参与到榜样的活动中去。例如，为了治疗被试对蛇的恐惧，先让被试隔着窗户去观看一名真实的榜样抓蛇的行为。然后被试和榜样走进房间，并近距离观察榜样和蛇接触。接着被试戴上手套，在榜样按住蛇的头尾时引导他去触摸蛇的中部。最终被试都能不戴手套去触摸蛇。

即使没有可观察到的榜样，榜样作用仍然是有效的。在隐匿榜样作用中，指导被试去想象榜样正在应对恐惧和威胁情境，实际上这些被试并没有真正见到榜样。隐匿榜样作用被用来治疗对蛇的恐惧和社会抑制。

你可能会认为怕蛇并不是很严重的事情，但是战胜这种恐惧却给许多人的生活带来了重要改变，甚至对从未遇到过蛇的人来说依然如此。消除对蛇的恐惧除了可以增强自尊和自我效能感外，还会改变人们的个人和工作习惯。在经过榜样作用治疗后，一名被试生平第一次戴上了项链，之前由于项链会使她想到蛇而从来都不敢戴。一名成功治愈了蛇恐惧症的房地产经纪人收入得以增加，因为他不再害怕去看郊区的房产。被榜样作用疗法治愈的许多其他恐惧症受害者都从关于蛇的梦魇中解脱了出来。

恐惧症限制了我们的日常生活。例如，许多害怕蜘蛛的人见到蜘蛛就会心跳加快、呼吸急促，甚至见到蜘蛛的图片都会呕吐。恐惧症患者会怀疑他们在这些恐惧情境下的自我效能感，并对于应对恐惧源的能力没有信心。恐惧感的减轻扩大了他们的生活环境并提升了自我效能感。

榜样作用疗法，尤其是运用视频影像技术的榜样疗法，具有许多现实的优势。复杂的行为可以被视为一个整体。而无关的行为可以被去除，这样被试只需要花时间观察相关的行为。影像材料可以让许多患者重复使用，而且很多治疗师也可以同时使用。榜样作用技术也能用于群体，可以节省治愈有相同问题的人们所花费的时间和金钱。这种方法对于治疗恐惧症、强迫症和性功能障碍十分有效，并且疗效可以持续数年之久。

研究者对行为矫治期间或之后的自我效能感进行了大量研究。结果显示，随着被试在治疗期间自我效能感的提升，他们越来越感到有能力应对恐惧源。治疗过程本身提升了被试的自我效能感。

焦虑

我们注意到，许多行为都可以通过榜样作用疗法得以矫正。我们会再介绍以下两个例子：医疗恐惧以及考试焦虑。

1. 医疗恐惧

一些人对医疗情境有十分严重的恐惧甚至会拒绝寻求治疗。一项早期的研究关注了被安排了手术但之前却从未去过医院的儿童。将这些孩子分成两组：实验组观看一个男孩在医院经历的视频，而控制组观看一个男孩去旅行的视频（Melanmed & Siegel，1975）。医院视频中的儿童是一名非常模范的榜样：虽然他最初有些焦虑，但最终能很好地应对医生和治疗过程。

研究者使用多种技术对儿童的焦虑水平进行了评估，包括直接的行为观察、对自陈量表的反应以及一些生理指标。这些评估都是在手术前一晚实施的，并在几周后再次进行评估。结果表明，榜样作用的视频有效降低了儿童的焦虑。相比于控制组的儿童，观看医院视频的儿童在住院治疗之后出现的行为问题更少。

类似的过程也被用来缓解成人对住院治疗以及口腔治疗的恐惧。一种医疗方法曾被认为极具压力，以至于 80% 的患者最初都拒绝接受这一治疗，或者早早地放弃。研究者对此进行了研究（Allen，Danforth，& Drabman，1989）。一部分被试观看了一位榜样接受这种治疗并描述他如何应对痛苦的视频，结果发现，与没有看视频的患者相比，观看了视频的被试完成治疗时焦虑水平更低，而且住院时间更短。

2. 考试焦虑

对一些大学生来说，他们的考试焦虑十分严重，这使得他们在考试中的表现无法准确地反映出他们对所测知识的真实掌握程度。在一项经典的研究中，基于人格测验得分，将大学生被试分为高考试焦虑者和低考试焦虑者（Srarson，1975）。

一部分学生观看一位榜样的视频。在视频中，这位榜样探讨了她的考试焦虑以及她的应对方式。一部分学生观看同一个榜样的视频，但是在这个视频中榜样仅仅讨论她的考试焦虑而不谈她的应对方式。另一部分学生则观看榜样谈论其他大学活动的视频。

随后给被试一些无意义的音节要求他们记忆，并测试他们的记忆能力。结果表明，高考试焦虑的被试受到讨论应对机制的那位榜样的影响最大。在回忆测试中，他们明显比另外两种条件下的高考试焦虑者表现得好。

行为矫正的伦理问题

虽然行为矫正疗法的结果引人瞩目，但这项技术也受到教育家、政治家，甚至是心理学家的批评。他们认为，行为矫正是对人的剥夺，是操纵和控制个体去对抗其个体意志。班杜拉认为这些指控具有误导性，行为矫正并非是在来访者没有意识到的情况下进行的。实际上，患者的自我觉知和自我调节对于所有改变和重新习得行为的方法都是至关重要的。换句话说，只有个体理解是什么行为被强化了，行为矫正技术才会成功。

而且，是来访者自己决定想要改变什么，他们并没有被其他任何人所控制。人们求助治疗师是为了消除影响他们能力发挥或应对日常生活的特定恐惧和焦虑。班杜拉认为，来访者与治疗师是两个自愿的个体，而非邪恶的控制者与懦弱的受操纵者。

班杜拉还解释说，行为塑造技术不仅不是对人的操纵或束缚，而且增加了人们的自由。害怕出门或者强迫自己不停洗手的人并没有真正的自由。他们在恐惧和强迫行为的束缚下生活。这些束缚使他们别无选择。通过行为矫正技术去除这些束缚可以增加人们的自由和成长的机会。

由班杜拉的研究衍生出了许多类似的技术，并成为除精神分析和其他治疗方法外一种被广泛应用的治疗方法。

人性问题

班杜拉在自由意志与决定论问题上的立场很明确。行为通过认知过程而受到个体自身的控制，同时也通过外部社会情境受到环境的控制。班杜拉将这种观点称为**交互决定论**（reciprocal determinism）。他认为，人既不是被环境力量所控制而完全无能为力的对象，也不是选择成为谁就可以成为谁的自由人，人和环境是相互决定的。后来他提出了**三元交互理论**（triadic reciprocality），认为行为、认知过程以及环境变量之间是相互作用的（Bandura，1986）。

虽然人类的行为受到外部社会和环境力量的影响，但我们对此并不是完全无能为力的。我们对刺激的反应是根据习得的期望而自我激活的。根据班杜拉的观察学习理论，我们会观察并解释自身行为的潜在影响，并决定哪种行为在既定情境中是适宜的。我们对这些外部事件进行编码与表征，并预期某种行为会引起某种反应。因此，我们选择并塑造行为以获得强化和避免惩罚。

这种观点承认自我觉知、自我强化以及其他调节行为的内在形式。强化并不会自动改变行为。当它确实引起行为的改变时，通常是由于个体意识到了被强化的行为，并期望通过表现相同的行为而再次得到奖赏。一定程度的自我导向会与个体当前和过去经历的事件相互作用。因此，我们虽然受到外部力量的影响，但反过来却指导着这些外部影响的程度和方向。行为的自我导向这一观点代表了对人性的一种乐观看法。班杜拉认为，个体能创造自己的生活环境。他认为，异常行为和坏习惯差不多，都可以通过行为矫正技术得以改变。

在先天－后天的问题上，班杜拉提出，大部分行为（除基本的反射以外）都是习得的，而遗传因素只扮演次要的角色。然而，他也承认，遗传因素，如身材、身体成熟以及外貌会影响个体受到的强化刺激。这种影响在童年时期尤其明显。例如，笨拙、长相难看的儿童受到的强化物与漂亮、有吸引力的儿童会有所不同。

在班杜拉的理论中，童年经验很重要。童年期的学习可能比成年期的学习影响更大。影响自我效能感的内在行为标准是在童年时期建立的，与此同时，我们还建立了一套理想的行为。然而，童年经验可能会在以后的生活中被遗忘，并代之以新的行为标准和行为方式。我们并非是早年受到的强化刺激的俘虏。因为毕竟有些行为来自经验，因此，我们可以推断，班杜拉是接受人格独特性的。并且，生活的终极和重要目标就是设置一个现实的行为标准，以保持适宜的自我效能感水平。

班杜拉的人格评价理论

与斯金纳一样，班杜拉着眼于行为而非内在动机变量。他并不使用诸如自由联想、梦的解析或者投射技术等方法进行人格评估。但与斯金纳不同的是，班杜拉承认认知变量的作用，而这些认知变量以及行为都是可以评估的。

例如，在榜样作用研究中，对即将接受手术的儿童，使用的评估技术包括直接观察、自陈量表和生理指标测量。在自我效能感的研究中，行为和认知变量都得到了量化评估。通过被试在行为回避测试中所希望完成的任务数量来进行自我评价，从而评估他们关于恐惧的自我效能感。通过人格问卷来评估大学生的考试焦虑。因此，对于行为和认知变量的评估在人格的社会学习取向中是十分重要的。

对班杜拉理论的研究

班杜拉支持按照严格的实验心理学传统进行控制良好的实验室研究。我们之前已经注意到，他会使用实验组与控制组，并对自变量和因变量进行准确测量。他研究大群体被试，并通过统计分析比较他们的行为表现。为了进一步阐明这类来自班杜拉理论的研究，我们以自我效能感以及电视中的榜样人物对攻击行为影响的代表性研究为例。

自我效能感

1. 年龄和性别差异

自我效能感因性别和年龄的差异而有所不同。对儿童和成年人的研究表明，一般来说，男性自我效能感得分高于女性。这一性别差异在20多岁时达到顶峰，之后则逐渐下降。男性和女性一样，自我效能感都是从童年期到成年早期逐渐提高，到中年时达到顶峰，并在60岁之后逐渐下降的。（Gecas，1989；Lachman，1985）

虽然自我效能感是随着年龄增长而下降的，但我们对于自身能力的信念却存在着广泛的个体差异。例如，对荷兰平均年龄66岁的成年人进行的一项研究，认为自己记忆力下降的个体在6年后的记忆能力测试中比认为自己记忆力好的个体表现得明显更差。一项对100多个研究的大样本元分析发现，低记忆自我效能感（我们对自己的记忆力有多好的信念水平）导致在记忆测试中表现较差（Beaudoin & Desrichard，2011）。

这项研究对以下观点提供了进一步的支持，即我们对自身能力的信念可能或者确实会影响这些能力的表现。

2. 父母自我效能感的作用

我们在前面提到过父母、兄弟姐妹、同伴和他人对个体自我效能感的影响。一项对意大利青少年及其父母的研究表明，相对于父母效能感较低的青少年，父母自我效能感较高的青少年其自身也会具有更高的自我效能感，而且问题行为更少，焦虑水平更低，在学校中表现得更好，并且在与父母交流时更加开放和诚实（Steca，Bassi，Caprara，& Fave，2011）。

对居住在美国公共住房中的非裔美国青少年的一项研究发现，父母支持水平高、掌控感和自我效能感更高的儿童自身也具有更高的自我效能水平。父母支持水平低、掌控感和自我效能感也低的青少年会有更多药物滥用和其他过失行为（Nebbitt，2009）。对墨西哥裔美国家庭的研究得到了类似的结果，无论男性还是女性青少年，父母较高的自我效能感都与他们自身较高的自我效能感和较少的问题行为相关（Dumka，Gonzales，Wheeler，& Millsap，2010）。

3. 外貌

前面曾提到，班杜拉认为外貌会影响人们从他人那里获得的强化，并因此而影响他们对自我的感知。对 25 ～ 76 岁的成年男性和女性所做的一项研究显示，相比自尊和健康状况来说，外貌会在更大程度上影响人们对生活的掌控感（Andreoletti，Zebrowitz，& Lachman，2001）。

例如，研究发现，圆脸、大眼睛、小鼻梁、小下巴（“娃娃脸”）与成年早期和中期的低控制信念具有高度相关性。而较年长的娃娃脸成人则报告出更强的控制感，这可能是因为与同龄瘦脸的人相比，娃娃脸使他们看起来更年轻，因而使得他们与别人有不同的反应。这些结果在女性中更显著：更年轻的长相使个体在后来的社会和工作上具有一定的优势。

这项研究的另一项重要发现是，外表吸引力对控制信念具有重要影响。被评价为外貌吸引力较低的个体所报告的职业和工作情境的控制感更低。此外，在成年早期，个子较矮的个体比个子较高或者平均身高的个体控制感更低。

4. 学业绩效

研究表明，自我效能感和学业成绩之间具有显著正相关。对自身的教学能力有高自我效能感和自信的教师会为学生创造更多的机会，从而使他们达到更高的成就水平。学生的自我效能感也与动机、努力程度、抱负水平以及在课堂中的坚持性呈正相关（Bassi，Steca，Fave，& Caprara，2007；Gibson & Dembo，1984；Multon，Brown，& Lent，1991；Zimmerman，1995）。

班杜拉还发现，学校对学生灌输自我效能感的方式存在差异。高质量的学校会更关心教育而非去执行政策和规定，并且教师会为学生设立更高的期望和标准。而低质量的学校总是起到管理者或纪律执行者，而非一名教育者的作用，并且教师对学生学业绩效的期望也很低（Bandura，1997）。

研究发现，文化差异会影响儿童的自我效能感。

5. 职业选择和工作绩效

自我效能感的性别差异会影响职业选择。研究表明，男性认为他们在传统的“男性”职业和传统的“女性”职业上都有较高的自我效能感。与之不同是，女性只在传统的“女性”职业上有较高的自我效能感，而在传统的“男性”职业上自我效能感较低。这项研究中的男性和女性被试在言语和数量分析的标准测试中表现不相上下。因此，他们拥有的能力是相似的，但他们对这些能力的知觉却截然不同。他们对自己在不同职业胜任力上的知觉具有显著的性别差异（Hackett，1995）。

自我效能感会影响个体花在求职上的时间以及未来的求职成功。相对于低自我效能感的员工，具有高自我效能感的员工会设立更高的个人目标并更加致力于去实现它。高自我效能感的个体通常集中于分析和解决工作中的问题，而低自我效能感的个体则关注个人的不足并害怕失败，这会削弱他们的成就水平（Locke & Latham，1990）。

一项对 114 项研究、超过 21 600 名被试的元分析结果支持以下结论，即自我效能感与工作绩效之间具有显著正相关。个体的自我效能感越高，工作绩效越好（Stajkovic & Luthans，1998）。更新的一项研究发现，自我效能感对低复杂程度工作绩效的预测程度比对中高程度复杂工作绩效的预测水平更高（Judge，Jackson，Shaw，Scott，& Rich，2007）。

高自我效能感的个体收到更多对他们工作绩效的反馈时会表现得更好，在低反馈或无反馈的情境下通常不会表现很好。换句话说，对高自我效能感的个体来说，不知道自己表现如何是一个消极因素（Schmidt & Deshon，2010）。

其他研究表明，高自我效能感的个体比低自我效能的个体在职业培训中更成功，并报告更高的工作满意度、组织承诺以及更好的工作绩效（Salas & Cannon-Bowers，2001）。

6. 身体健康

自我效能感也会影响身体健康的诸多方面。在一项研究中，相比于没有学习放松技术的孕妇，学习了放松和呼吸训练，以减轻分娩时疼痛感的孕妇认为她们对分娩的痛苦有更多的掌控感。孕妇的自我效能感和控制感越高，分娩过程中她们在需要止痛药之前越能忍受更长时间的痛苦体验。此外，孕妇的自我效能感越高，需要的止痛药越少。（Manning & Wright，1983）

其他研究也支持了自我效能感和疼痛忍受力之间

的正相关关系。提升自我效能的应对技能使内啡肽大量增加，而内啡肽是身体中的自然止痛药。在一项对慢性疼痛的研究中，研究者让腰痛患者完成疼痛感评定量表和自我效能评定量表。研究者监控了他们在三周的康复方案中所取得的进步。6个月后发现，高自我效能感的患者比低自我效能感的患者，报告的身体机能更好，腰痛更少（Altmaier，Russell，Kao，Lehmann，& Weinstein，1993）。

自我效能也与健康行为的保持有关。

> 生活习惯可以提高或损害健康，通过生活习惯，人们可以对他们的活力和健康质量进行控制。无论人们是否考虑改变他们的健康习惯，效能信念都会影响个体改变的每一个阶段；无论人们是否有成功必备的动机和毅力，都应该选择这样做；保持习惯的程度影响着所能取得的成就(Bandura，1995，p.28)。

一项对北美土著和阿拉斯加本地成年人的研究表明，自我效能感和饮酒量之间具有显著的相关性，个体的自我效能感水平越低，饮酒量就越多(Taylor，2000)。在吸烟问题上，对青少年的研究显示，自我效能感越高，就越能抵制住同伴劝其吸烟的压力。在对大学吸烟者的研究中发现，高自我效能感是减少吸烟数量或戒烟意愿的最好预测指标（Schwarzer & Fuchus，1995；Stacy，Sussman，Dent，Burton，& Floy，1992）。

自我效能感也会影响身体疾病的康复。例如，一项研究发现，高自我效能感的患者比低自我效能感的患者在肺部疾病的认知和行为治疗上反应更好。当心脏病患者及其配偶相信心脏健康时，他们恢复正常活动的概率就越高，并且会有更少的恐惧和抑郁。患者的自我效能感越高，他们越有可能遵循医生规定的训练方案，也就会更好地改善身体状况(Kaplan，Atkins，& Reinsch，1984；McLeod，1986)。

对以色列糖尿病患者的研究发现，高自我效能感的个体比低自我效能的个体更有可能坚持自我保健(Mishali，Omer，& Heymann，2011)。

对从整形外科手术（髋关节或膝关节置换）中恢复的成年患者进行的一项研究显示，相对于低自我效能感的个体，高自我效能感的个体在康复治疗中表现得明显更好。对乳腺癌患者的一项研究发现，患者对于未来康复的期望越高，情绪调整也就越好（Carver et al.，2000）。

7. 心理健康

对平均年龄11.5岁的意大利男孩和女孩进行的一项研究发现，将自己评价为具有较低社交和学业效能感的儿童比高效能感的儿童明显更容易抑郁。在对美国青少年进行的一项研究中也发现，低社交效能感与抑郁显著相关(Banduran，Pastorelli，Barbarelli，& Caprara，1999)。在对荷兰青少年的一项研究中发现，低社交效能感与较高的焦虑、神经质水平以及抑郁症状相关（Muris，2002)。对中国和尼日利亚等不同文化的研究也表明，高自我效能感的个体比低自我效能感的个体会体验到更少的工作压力和考试焦虑(Li，2010；Onyeizugbo，2010)。

对成年人的研究中也发现了类似的关系。低自我效能感会导致抑郁，这在一定程度上是由于缺少应对技巧而抑制了个体社会支持网络的发展(Holahan & Holahan，1987)。这些结果表明，可能存在一种环形关系而非简单的因果关系。低自我效能感会导致抑郁，而抑郁也会减少自我效能感。与他人相比，抑郁者认为他们在生活的许多领域中都无法有效行事，并认为自己对所处的情境无法掌控(Bandura，1997)。

对美国大学生的一项研究探讨了自我效能感与阿德勒所提出的一些心理健康特征之间的关系。高自我效能感的学生在社会兴趣、追求卓越的欲望以及归属感上比低自我效能感的学生得分更高(Dinter，2000)。

在加拿大和美国进行的一项研究表明，在自我效能感测验中得分高的成年人自尊水平也很高。在面对困难障碍时，他们比低自我效能感的被试更不太可能拖延或放弃尝试(Lightsey，Burke，Ervin，Henderson，& Yee，2006；Steel，2007)。

8. 压力应对

自我效能感以及对生活事件控制感的增强与应对压力的能力、减少对生物机能的不利影响呈正相关。班杜拉写道："较强的应对效能感可以减少在困难情境下压力和抑郁的易感性，并增强在逆境中的韧性"(Bandura，2001，p.10)。高自我效能感与身体免疫系统的增强，和压力相关的荷尔蒙的释放，以及呼吸道感染易感性的降低有关。

研究表明，高自我效能感有助于使女性更好地应对流产的压力。一项研究要求女性被试在流产手术之后立刻对自己的自我效能感以及情绪进行评估，并在三周后进行重测。结果发现，相对于低自我效能感的个体，高自我效能个体状态调整得更令人满意，抑郁水平更低，情绪状态更好（Cozzarelli，1993）。另一项研究考察了女性生完第一个孩子之后的压力。使用自陈量表测量了自我效能感、心理痛苦以及一些背景变量，如收入、年龄、教育程度和婚姻满意度。发现高自我效能感的女性比低自我效能感的女性能更好地应对这些压力（Ozer，1995）。

对 1990 年柏林墙倒塌后从东德迁徙到西德的难民进行的一项研究发现：

自我效能感是一种应对移民压力（包括认知评价以及心理和生理健康）影响的有效个人资源。高自我效能感的移民更多地将新生活中的要求视为挑战而非威胁。相比于低自我效能感移民，他们体验到更少的焦虑、更健康并且更少患病（Jerusalem & Mittag，1995，p.195）。

对因头部和颈部癌症治疗而导致面部缺陷的荷兰成年人进行的研究发现，低自我效能者会因他人的不愉快或拒绝行为而体验到更高的痛苦水平。而高自我效能者则体验到的压力更少，因为他们相信可以在一定程度上控制他人对自己的反应（Hagedoorn & Molleman，2006）。

研究集锦

对班杜拉理论的研究

对自我效能感的研究表明

- 年轻时，男性比女性的自我效能感更高
- 一直到成年期自我效能都在增加，在中年期达到顶峰，并在 60 岁后开始下降
- 父母自我效能感高，孩子的自我效能感也高
- 父母自我效能感高的学生在校成绩更好，焦虑水平更低，行为问题更少
- 个人主义文化中的个体，自我效能感更高

高自我效能感的个体

- 学习成绩更好
- 有更高的职业目标，更加致力于实现这些目标，并且在工作中表现更好
- 身体更健康，更能忍受疼痛，疾病康复得也快
- 不太可能抽烟、喝酒
- 不太可能感到抑郁、考试焦虑、工作压力或神经质
- 自尊水平更高；自我感觉良好

集体效能感

正如个体会建立自我效能感，在同一家公司中为实现共同目标而一起工作的一群人，也会建立一种集体效能感。例如，一支棒球队或橄榄球队、大型组织中的一个部门、军事作战单元或者团结起来反对开发商的一群邻居，都会很强烈地感觉到他们能够并且会实现目标、战胜困难。

研究者在大学篮球队中研究了集体效能感的价值。结果证明，在赛季初期具有称职的领导者，并在之前赛季赢得了大多数比赛的团队会有较高的集体效能感唤起。新赛季之初集体效能最高的球队相对于集体效能感低的球队季末排名往往要高（Watson，Chemers，& Preiser，2001）。

具有高集体效能感的意大利空军成员相比低集体效能感的成员，在组织承诺和工作满意度上得分更高。在希腊 11 ～ 14 岁的在校学生中，高集体效能感班级的学生比低集体效能感班级的学生更少表现出对班级同学的欺负行为，并且也更少受到欺负（Sapouna，2010）。

自我效能感与网络

在对中国台湾地区 8 年级学生网络自我效能感（即我们对自己能有效使用网络的信心）的一项研究中并未

发现性别差异。然而，女孩在网络交流方面更有信心，而男孩对自己的网上搜索能力更有信心（Tsai & Tsai，2010）。一项对美国大学生的研究发现，男性的计算机自我效能感高于女性（Buse，2010）。对土耳其大学生的研究发现，相对于低社交自我效能感的个体，高社交自我效能感的个体（相信自己可以很容易进行社会交往与结交新朋友）具有更高的自尊和情绪幸福感，但是他们也更容易网络成瘾（Iskender & Akin，2010）。

一项对德国成年人的研究发现，在自己能给他人留下好印象的能力上有高自我效能感的个体，相比于在这方面有低自我效能感的个体，通常会在脸书上公布更多非正式的个人照片（比如在聚会中的照片），并且表现得很酷、很放松、很幽默（Kraemer & Winter，2008）。

攻击行为与电视和网络暴力的关系

班杜拉和许多其他研究者都充分证明了，无论是在实验室情境还是现实世界里，无论是在电视、电影、视频游戏中还是在家里、街道和学校里，看到暴力就会导致暴力。

一篇大规模的文献综述确认了童年时观看暴力电视节目与以后攻击行为之间的关系（Rogoff，Paradise，Arauz，Correa-Chavez，& Angelillo，2003）。对 20 ～ 25 岁的年轻人进行的一项研究发现，6 ～ 10 岁之间观看暴力电视节目的数量与成年后的攻击行为之间有很强的正相关。换句话说，儿童时期观看的暴力电视节目越多，20 多岁时就越富有攻击性（Husemann，Moise-Titus，Podolski，& Eron，2003）。

在另一种研究观看暴力行为与攻击行为之间关系的方法中，研究者在人们观看电视榜样实施暴力行为之后，马上观察其攻击行为的发生率。分析发现，在严重的公开骚乱后，人们的暴力行为有一个短促而急剧的上升，并在三四天达到顶峰（Phillips，1985）。研究发现，在电视直播拳击锦标赛之后的三天时间内，美国的谋杀率会比预期发生率增长 12% 以上，这一现象维持了大约 15 年。在新闻媒体报道自我指向的暴力行为后，类似行为似乎也有所增加。在电影明星或其他名人自杀后，自杀率通常也会有所上升（Phillips，1974）。

对美国、日本和其他一些国家的儿童、青少年和大学生进行的大样本研究发现，相比不玩暴力电子游戏的个体，玩暴力电子游戏的个体的攻击和敌意行为增加，以及使用更多的酒精和药物。玩暴力电子游戏的个体也更容易打架，和老师争吵并且学业成绩不佳，不太可能去帮助他人。此外，他们也有更高的心血管兴奋水平。总之，喜欢的游戏越暴力，所导致的行为也越暴力（Anderson，et al.，2010；Bartholow，Sestir，& Davis，2005；Gentile，Lynch，Lindern & Walsh，2003；Holtz & Appel，2011；Huesmann，2010；Krahe & Moeller，2004；Padilla-Waker，Nelsin，Carroll，& Jensen，2010；Uhlmann & Swanson，2004）。

美国、加拿大和西班牙的研究认为，12 ～ 17 岁的男孩和女孩，在没有父母控制和监督下使用计算机会导致较高的网络攻击，包括网络欺凌行为（Calbete，Orve，Estevez，Villardon，& Padilla，2010；Law，Shapka，& Olson，2010；Warner & Bumps，2010）。

对大学生的其他研究显示，在听说唱音乐上所花费的时间与对他人的攻击行为，包括对女性的性攻击行为之间呈显著正相关（Anderson，Carnagey，& Eubanks，2003；Brongen & Hall，1995；Chen，Miller，Grube，& Waiters，2006）。

研究集锦

对班杜拉理论的研究

高集体效能感的群体

- 会赢得更多的篮球比赛
- 更高的组织承诺
- 更高的工作满意度
- 班级中欺负行为更少

对网络自我效能感的研究发现

- 美国男大学生比女大学生得分高
- 中国台湾地区 8 年级的女孩比男孩得分高
- 高社交自我效能感的个体（相信他们有能力结交新朋友）更容易网络成瘾

◆ 相信自己能给别人留下好印象的个体会在脸书主页上使用更多非正式的照片

研究表明攻击性行为与以下因素相关

◆ 儿童期观看暴力电视节目

◆ 儿童期、青春期以及成年早期玩暴力电子游戏

◆ 听说唱音乐

◆ 儿童和青春期在无父母控制或监督的情况下使用计算机

对班杜拉理论的反思

社会学习理论关注的是外显行为。批评者指责说，这种对外显行为的强调显然忽视了人格的其他方面，比如动机和情绪。他们将其类比为治疗患者胃病的外科医生。只处理病人的外显行为，要求病人停止呻吟和抱怨，并不再管他们的胃。而病人真正需要的是药物或手术治疗。医生必须去诊断与治愈疼痛的内部器官，即寻找疼痛的潜在原因。批评者说，如果仅仅是治疗症状而非原因，就可能会出现替代性症状。

然而，社会学习取向也有许多优势。首先，它是客观的并经得起实验方法的检验，并与当今实验心理学的重点相一致。大多数实验心理学家拒绝人格理论研究，比如潜意识和其他内在驱动力，因为这些理论无法在实验室条件下进行操作和测量。而班杜拉的理论具有大量的实证支持。特别是他的自我效能概念，研究不断在证实它在实验室以及现实世界中的有效性。

其次，观察学习和行为矫正与美国心理学中的机能主义、实用主义精神是一致的。与其他方法相比，观察学习技术更容易从实验室应用到实际问题中去，也比其他方法为实践者提供了更多即时强化。例如，在临床中几周甚至是几天内就可以看到来访者行为的巨大改变。

约 60 个国家的大样本被试也已经证明，行为会发生改变。班杜拉的核心思想，即人们通过模仿榜样的行为进行学习，被用于欠发达国家的广播和电视节目中，来改善大量社会问题，如人口控制、提高妇女地位以及预防艾滋病传播。媒体上呈现的故事常常是围绕着这种人物角色——他们实现公众健康目标的榜样行为，不仅是为了自己，更是为了社会。研究发现，在了解到这些榜样之后，数百万人在安全性行为以及计划生育政策上有了明显改变。这也进一步支持了班杜拉的理论既能被应用于解决国家层面的问题也能被应用于解决个人问题的观点（Smith，2002）。

因此，许多研究者和临床医生依然在研究和发展班杜拉的社会－学习理论就不足为奇了。社会－学习理论的大量书籍、文章和研究都证明，它仍然是在实验室中研究行为以及在现实世界中矫正行为的一种常用方法。

本章小结

行为可以通过观察他人的行为并期望自己表现出相同的行为得到奖励的替代性强化而习得。认知过程是介于刺激与反应之间的中介机制，通过自我管理和自我强化来控制行为。在经典的波波娃娃研究中，无论榜样是在面前，还是在电视中看到的，抑或是卡通人物，儿童都会去模仿榜样的攻击行为。去抑制通过与榜样接触而弱化抑制作用。影响行为塑造的三个因素是榜样的特征、观察者的特征以及行为是否受到奖励。

观察学习包含了注意过程、保持过程、再现过程和动机过程。自我是一套关于思维和感知的认知过程。自我强化用内在的行为标准来评估行为。自我效能感指的是控制生活事件的能力。低自我效能感的个体在面对困难时感到无助并很快放弃。高自我效能者在任务中会坚持不懈并表现良好。对自我效能的判断基于行为获得、替代性经验、言语劝服和生理唤醒而进行。个体可以通过这些信息来源提高自我效能感。婴儿和儿童主要受物理刺激的强化。年长的儿童主要受他人的赞许或不赞许强化，而这种赞许或不赞许会被个体内化，变为自我强化。

在行为疗法中，用榜样来展示应对威胁情境的方式。行为可以通过观察和引导式参与得以改变。在隐匿榜样作用中，被试会想象榜样如何应对恐惧情境。班杜

拉的行为矫正法既能处理外显行为也能处理认知变量，尤其是自我效能感。随着在治疗过程中患者自我效能感的提高，使来访者更有能力应对威胁情境。行为矫正因其操纵人们去对抗自己的意愿而受到批评，但班杜拉反驳说，人们具有自我觉知和自我调节的能力，在进行行为矫正时他们知道被强化的是什么。

行为既受到内部认知过程的控制，也受到外部刺激的控制，班杜拉将这种观点称为交互决定论。三元交互指的是行为、认知和环境变量的交互作用。大多数行为都是习得的，遗传因素只起到很小的作用。童年期的学习可能比成年期的学习更有影响力，但成年人并不是童年期经验的受害者。我们的最终目标是设立一个现实的行为标准，以维持一个理想的自我效能感水平。自我效能感随性别和年龄而有所差异，并会影响个体的职业选择、学业绩效、工作绩效、身心健康以及压力应对能力。此外，研究发现团体也具有集体效能感。计算机自我效能会强烈影响我们的网络行为。

班杜拉通过直接的观察、自陈量表以及生理指标来测量行为和认知变量。他赞成有控制的实验法对大样本的研究，并用统计方法分析数据。对班杜拉的批评认为，他过于关注外显行为而排除情绪和冲突的影响，对行为的矫正主要针对症状而非可能的内部原因，以及无法准确说明认知影响行为的机制。

PART 9

第九部分

小理论：探索人格的方方面面

人格理论家常常将完整性作为他们的主要理论目标，我们也确实看到一些理论会比其他理论更接近这个目标。然而，当代越来越多的人格心理学家认为，没有任何一个单一理论可以对人格和行为的各个方面进行完整的解释。因此，这样的目标是不切实际的。于是出现了许多适用较小领域的小理论，关注人格的某一方面。相对于整体人格的综合理论，这些小理论更容易得到实验的验证。

很容易发现，为何在很长时间内这一领域主要是综合的人格理论取向。早期的理论家，比如弗洛伊德、荣格和阿德勒，在治疗患者的临床实践中，试图通过矫正或治疗变态行为和情绪障碍，帮助人们在现实世界中正常生活。那么，这些理论家不可避免地要关注整个人，而不是仅仅关注个体某一两个特质。

当由临床实践出现的人格研究转变为实验室研究时，关注点不再是整个人了。实验心理学家一般一次研究一个变量，而控制或保持所有其他变量恒定。这样，他们就容易集中于某一具体领域的研究。通过这种方法，他们研究与实验变量相关的前因变量和行为结果，收集了大量的实验数据。因此，小理论的支持性数据与临床方法所获得的数据明显不同。

这些小理论的支持者不太强调其理论的治疗价值。通常情况下，他们是研究者而非临床医师，他们感兴趣的是研究人格而非改变人格。这些小理论无法应用到临床治疗之中。更确切地说，这些理论并非像许多早期的人格理论一样，仅仅是为了应用到患者身上而建立起来的。

在这一章，我们将会讨论一些当前正在研究的人格变量：控制点、感觉寻求、习得性无助、乐观主义/悲观主义以及幸福人格。它们代表了本书中探讨的两种取向——特质取向和社会–学习（社会–认知）取向。

因此，这些小理论不仅仅只包含了人格的一个不同方面，还包含了对人格终极解释的不同取向。感觉寻求是艾森克外向性人格维度的特质之一。它主要是一种遗传的，反映了行为遗传学对人格的影响。控制点和习得性无助都是习得的行为，具有强烈的认知成分，反映了行为者、社会学习和认知活动对人格的影响。幸福人格是积极心理学运动的一项产物。

我们以这些观点为例介绍了人格的小理论。它们并不是综合的理论体系，也不是仅有的人格小理论。我们的目的在于引导你熟悉这种人格的研究方式。

朱利安·罗特

马文·朱克曼

马丁·塞利格曼

Chapter 14

第14章

小理论：控制点、感觉寻求、习得性无助、乐观/悲观主义、积极心理学以及幸福与成功

朱利安·罗特：控制点

罗特（1916—）出生在纽约布鲁克林，是三兄弟中最小的一个。他说他们“非常符合阿德勒对老大、老二和‘好斗’的老小的描述”（1993，p.273）。在罗特父亲于1929年经济大萧条时生意失败之前，一家人生活得非常安逸。环境的巨大变化对这个处于青少年期的男孩来说是一件非常重要的事情。他写道：“从那时候开始社会公平是我一辈子关注的事情，并让我深刻地认识到环境是如何影响人格和行为的。”

在高中的时候，罗特发现了弗洛伊德和阿德勒写的有关精神分析的书籍。他会像做游戏一样解析朋友的梦境，并且决定要当一位心理学家。当得知心理学家能做的工作非常少时，他非常沮丧，最终选择在布鲁克林学院学习化学。有一次，他碰巧遇到了阿德勒，虽然知道有些不现实，但最终他还是转专业修读了心理学。他希望能够从事学术研究，但社会对犹太人的偏见阻碍了这个目标。“在布鲁克林学院和研究生院期间，”他写道，“我被警告无论犹太人的文凭是什么，都不能从事学术工作。这些警告似乎是正当的。”（Rotter，1982，p.346）

1951年，罗特在获得印第安纳大学哲学博士学位后，开始在康涅狄格州的一家州立精神病院工作。在第二次世界大战期间，他曾担任美国军方的心理学家，随后又接受了俄亥俄州立大学的教职，乔治·凯利当时是那里的临床心理学方向的负责人（两位强调认知的人格学家在同一个机构开展他们的工作，这非常有趣。然而，在罗特刚到这里的时候，凯利的观点已经非常完善了）。

在俄亥俄州立大学，罗特将他的社会学习取向引入人格研究之中。他的研究项目吸引了非常多的优秀研究生。其中一位将在俄亥俄州立大学的那段时间称为“辉煌时期”：“罗特和凯利正在完善他们的理论并撰写代表作的时期”（Sechrest，1984，p.228）。

1963 年，罗特离开俄亥俄州立大学到斯托尔斯的康涅狄格大学。1988 年，他获得了美国心理学会授予的杰出科学贡献奖。

强化的内控点和外控点

通过外部强化和内部认知过程，罗特寻求行为和人格的内部与外部解释。在一个大型研究项目中，罗特发现，一些人相信强化物取决于自身的行为，而另一些人相信强化物受他人和外部力量的控制，他将这一概念称作控制点。

内控点（internal locus of control）的个体相信强化物受自身的行为和品质控制，而**外控点**（external locus of control）的个体认为自己获得的奖励是受他人、命运或运气控制的。换句话说，他们认为自己对外部力量无能为力。

控制点的来源会对我们的行为产生非常大的影响。外控点的个体相信自身的行为和能力对获得的强化物没有影响，会认为努力改善处境是没有用的。当他们几乎不可能控制现在或将来的事情的时候，又何必尝试呢?

相反，内控点的个体相信他们能够紧紧地控制自身的处境并做出相应的行为。他们在实验室任务中比外控点的个体有更高水平的表现。此外，内控点的个体更不容易受到尝试改变自己的行为的影响，更看重自身的能力，并且对指导行为的环境线索更加警觉。他们的焦虑水平更低，自信水平更高，对自身行为更加负责并且身心更加健康。

控制点的评估

罗特开发了自评量表《内－外控点（I-E）量表》测量控制点，该量表包括 23 组迫选条目（Rotter，1966）。被试从每一对条目中选择最符合自身信念的条目（见表 14-1）。确定每个条目中哪一个代表内控点或外控点并不困难。另一个得到广泛应用的测量控制点的量表是《儿童诺维茨基－斯特里克兰德内－外控点量表》，包括 40 个条目，已被翻译成 24 种语言（Nowicki & Strickland，1973；Srickland，1989）。此量表也有适用于成人的版本和适用于学龄前儿童的卡通版本（Nowick & Duke，1983）。I-E 量表的变式测量特定的行为，比如控制点和成功节食减肥的相关因素之间的关系。

表 14-1　I-E 量表的例子

1. a. 生活中很多不开心的事情是因为运气不好
   b. 人们的不幸是因为他们犯了错
2. a. 人们对政治不够感兴趣是导致战争的一个主要原因
   b. 无论人们多么努力地想要阻止战争，仍然会存在战争
3. a. 从长远来看，人们一定会获得他们应得的尊重
   b. 不幸的是，无论多么努力，一个人的价值常常得不到承认
4. a. 老师对学生不公平的说法是荒谬的
   b. 大部分学生没有意识到他们的成绩在一定程度上受意外事件的影响
5. a. 没有适度的休息，一个人不可能成为有效的领导
   b. 有能力却没能成为领导的人是因为没有充分利用机会
6. a. 无论你多么努力，总会有一些人不会喜欢你
   b. 不被他人喜欢的个体不知道如何与他人相处

资料来源：J. B. Rotter, “Generalized Expectancies for Internal versus External Control of Reinforcement,” *Psychological Monographs*, 80(1966): 11.

年龄和性别差异

研究表明，从婴儿期开始，我们就开始尝试控制外部环境，到 8 ～ 14 岁会变得越来越显著。对 14 岁和 15 岁的挪威青少年进行的一项研究发现，女生在内控点上的得分显著高于男生（Manger & Ekeland，2000）。大学生更多显示出内控点而非外控点倾向。随着年龄的增长，人们变得越来越内控，在中年期达到顶峰（Heckhausen & Schulz，1995）。此外，对美国 60 ～ 75 岁的男女进行的一项研究显示，内控点可以通过认知训练得到显著提高（Wolinsky et al.，2009）。

美国成年男性和女性被试在 I-E 量表的总分上没有显著差异（see, for example, DeBrabander & Boone，1990）。然而，最近一项对英国 18 ～ 29 岁的男性和女性的研究发现，女性外控点的得分显著高于男性（Holladn，Geraghty，& Shah，2010）。离婚后女性的外控点水平会提高，随后又会回归到内控（Doherty，1983）。遭受身体虐待的女性倾向于外控点（Baron & Byrne，1984）。中国的研究证明男性的内控点得分显著高于女性（Tong & Wang，2006）。

文化差异

非洲的研究发现，非洲土著居民和出生在美国的黑人一样，在外控点上的得分高于在美国出生的白人

（Okeke，Draguns，Sheku，& Allen，1999）。在非洲的博茨瓦纳，黑人男女青少年在外控点上的得分显著高于美国的白人男女青少年。然而在这两个国家中，社会经济地位更高的青少年在内控点上的得分都要高于社会经济地位比较低的青少年（Maqsud & Rouhani，1991）。

一般来说，亚洲人比美国人更加外控，这或许可以用文化信念来解释。美国传统文化崇尚自立和个人主义，而亚洲文化强调团体依赖和相互帮助。因此，对亚洲人来说成功更多地被看作外部而非内部因素的产物。亚洲人和美国人的接触越多，会变得更加内控。例如，中国香港地区的中国居民比华裔美国人更加外控，而华裔美国人又比欧裔美国人更加外控（Uba，1994）。

对南非和黎巴嫩大学生进行的一项研究发现，南非学生在内控点上的得分显著高于黎巴嫩的学生。这是个人主义文化（南非）和集体主义文化（黎巴嫩）的控制点存在差异的又一证据（Nasser & Abouchedid，2006）。

行为差异

对中国工人和瑞典运动员的研究发现，内控点得分较高的个体比外控点得分较高的个体更能适应环境并进行变化，并在心理技能测试上得分更高（Chen，Wang，2007；Fallby，Hassmen，Kentta，& Durand-Burand，2006）。其他研究发现，工作上的高内控倾向和工作满意度、职业承诺以及整体生活满意度呈正相关（Wang，Bowling，& Eschleman，2010）。

高内控的个体存在情绪问题或酒精成瘾的可能性更小。正如对德国护士的一项研究所揭示的，她们可以更好地应对压力。报告具有更高水平的工作压力和倦怠的个体比较少被压力所困扰的个体在外控上的得分更高（Owen，2006，Schmitz，Neumann，& Oppermann，2000）。

在希腊这样一个注重家庭和关系保护文化的国家中，对很多第一次离家并需要应对社会和情绪问题的大学生进行追踪研究发现。内控点得分高的学生比高外控点的学生更容易适应（Leontopoulou，2006）。对土耳其大一学生的研究发现，高外控点的学生比高内控点的学生在新环境中更犹豫不决（Bacanli，2006）。

研究还发现，高内控点的个体会经历更少的焦虑和抑郁，自杀的可能性更小，更不会孤独，并且能找到更大的人生意义（Castro，Echavarria，& Velasquez，2010；Keltikangas-Jaruinen & Raikkonen，1990；Kulshrestha & Sen，2006；O'Neal，Vosvick，Catalaon，& Logan，2010；Petrosky & Birkhimer，1991；Spann，Molock，Barksdale，Matlin，& Puri，2006）。在 1990 年波斯湾战争期间对以色列青少年进行的一项研究发现，当时飞毛腿导弹的爆炸造成了巨大的伤亡和破坏，在知觉到的控制上得分高的青少年比得分低的青少年焦虑和应激症状显著更少（Zeidner，1993）。

韩国的研究发现，高学术内控点（相信自己可以在学校中表现得好）的人比得分较低的个体更可能在网络大学课程上坚持下来（Joo，Joung，& Sim，2011）。对土耳其大学生的研究发现，相比于得分较低的学生，高学术内控点的人更不可能沉迷网络（Iskender & Akin，2010）。

生理健康差异

内在导向的个体比外在导向的个体在生理上更健康。研究发现内控点的个体血压更低，更少患有心脏病。当他们真的出现心脏问题时，与外控点的个体相比，他们更愿意和医护人员配合，也会更早地减轻痛苦。

对从冠状动脉旁路搭桥手术后正在恢复的患者的研究发现，高内控点的患者比低内控点的患者在术后 6 周及 6 个月时身体状态恢复得更好（Barry，Kasl，Lichtman，Vaccarino，& Krumholz，2006）。

内控者更关心他们的健康，更可能系安全带、锻炼身体并戒烟（Phares，1993；Seeman，Seeman，& Sayles，1985；Segall & Wynd，1990）。法国、德国和南非的研究都发现，高健康内控点的个体一般不太关心健康问题，但他们更少有饮食障碍，肯定不会做可能会感染艾滋病的事情（Grotz，Hapke，Lampert，& Baumeister，2011；Gwandure，& Mayekiso，2010；Scoffier；Paquet，& d'Arripe-Longueville，2010）。瑞典的研究发现 1/3 的老人、很少受过正式教育的个体以及移民群体在健康内控点上的得分较低（Lindstrom，2011）。总之，证据似乎很清晰地表明认为可以控制自己生活的个体更关注他们的健康。

童年期控制点的形成

证据表明，控制点是在童年期习得的，而且与父母行为直接相关。在没有成年男性角色榜样的家庭中成长的孩子更可能表现出外控的信念。同时，外控信念随着兄弟姐妹数目的增加而上升。研究者认为，由女性主导的大单亲家庭中的孩子更可能形成外控点（Schneewind，1995）。最新的研究也发现，母亲抑郁、较少接受正式教育或收入较低的孩子更可能形成外控点（Freed & Tompson，2011）。

研究发现，内控点的父母给孩子更高水平的支持，赞扬他们的成就（正强化）并且在纪律上始终一致，但他们并不独裁。当孩子长大时，这些父母通过鼓励独立性继续促进内控水平。

研究集锦

对罗特理论的研究

高内控点的个体倾向于

- 生活在富有的个人主义文化下
- 在学校表现更好
- 不沉迷于网络
- 工作满意度和生活满意度得分更高
- 低焦虑和抑郁水平
- 更好地应对压力
- 身体健康
- 有更内控的父母

对控制点的反思

一项以大学生和制药公司销售代表为被试的大规模的研究项目发现，罗特的控制点和班杜拉的自我效能感之间存在很强的相关性（Judge，Erez，Bono，& Thoresen，2002）。因此，有人认为，这两个概念指的都是，我们对生活事件控制和应对能力的知觉和信念，两者之间最大的差异就是控制点可以被概化到许多情境之中，而自我效能感只针对特定的情境。但班杜拉却坚持认为这两个概念之间并没有交叉。他写道：

> 无论如何想象，个体能否产生确定行为的信念（自我效能感）和行为是否影响结果的信念（控制点）都不能被认为是相同的（1997，p.20）。

但不管怎样，罗特的研究高度严谨。他进行了很好地控制，并尽可能采用了客观的研究方法，这一点是很明确的。罗特的理论也得到了大量研究的实证性支持。I-E 量表引发了大量的研究并且已经被应用到了临床和教育领域。罗特声称控制点已经成为了“心理学中被研究最多的变量之一”（1990，p.489）。

欢迎登录

The Life and Work of Julian Rotter

回顾了罗特的生平及研究工作，还列出了其论著清单。

马文·朱克曼：感觉寻求

从20世纪70年代开始，特拉华大学的心理学家马文·朱克曼（1928—）就对他称之为**感觉寻求**（sensation seeking）的人格领域展开了研究。这一特质具有更大的由艾森克最早注意到的遗传成分。朱克曼将感觉寻求描述为“个体对变化的、新异的、复杂的、强烈的感觉和体验的寻求，并通过采取生理、社会、合法和经济的冒险行为来获得这些体验的愿望”（Zuckerman，1994a，p.27）。

感觉寻求评估

为了测量感觉寻求，朱克曼构建了《感觉寻求量表》（SSS），是一套由40个条目构成的纸笔问卷。在开发这一量表时，他对很多符合他所定义的感觉寻求的个体的行为进行了测量，包括为了获取新颖经验的心理学实验志愿者、工作中面临着身体危险的个体（警察和赛车手），以及有吸毒经历和有丰富性经历的人。将他们在SSS上的得分与回避新颖或冒险性活动个体的分数进行比较，刻意追求独特经历的人在SSS上得分较高，偏爱更少冒险性活动的个体得分较低。表14-2列出了该量表的部分题目。

朱克曼（1983）采用因素分析法确定了感觉寻求的四个维度。

表 14-2 《感觉寻求量表》(第 5 版) 的样题

在每组陈述中选择你偏好的一个

1. a. 我喜欢狂放不羁的派对
   b. 我偏爱可以好好谈话的安静聚会
2. a. 看到相同的旧面孔我会感到无聊
   b. 我喜欢跟朋友保持适度的熟悉
3. a. 一个明智的人会避免危险的活动
   b. 有时候我会去做有点可怕的事情
4. a. 我想要没有预先计划和设定路线或时间表的旅行
   b. 当我旅行的时候，我喜欢仔细地计划路线和时间安排
5. a. 我想要尝试跳伞
   b. 我从不会想要尝试跳出一架飞机，不管有没有降落伞
6. a. 在电影中有太多对于性的描写
   b. 我喜欢看电影中的性爱场景
7. a. 我不会因为经历本身的原因而对它感兴趣
   b. 我喜欢新鲜、刺激的经历和感觉，即使它们会有点可怕、不寻常或者不合法
8. a. 人们的穿着应该有品位、整洁而且时尚
   b. 人们应该按自己的方式穿着打扮，即使有些奇怪

资料来源：*Behavioral Expressions and Biosocial Bases of Sensation Seeking*, by M. Zuckerman, 1994, pp. 389–392. Cambridge, England: Cambridge University Press.

- 刺激与冒险寻求：渴望参与到充满速度、危险、新奇和挑战性的身体活动中，比如跳伞、潜水或蹦极。
- 体验寻求：和有相似倾向的个体通过旅行、音乐、艺术或打破常规的生活方式来寻求新异的经历。
- 去抑制：在狂放不羁的社会活动中寻求释放。
- 无聊敏感性：厌恶重复的经历、常规性工作以及平庸，处在这种环境下会产生焦躁不安的反应。

朱克曼后来提出了好的和坏的感觉寻求。所谓好的或者非冲动性社会化感觉寻求，主要指对刺激与冒险的寻求。而坏的或冲动性非社会化感觉寻求，由去抑制、体验寻求和无聊敏感性上的高得分构成，以及《艾森克精神质量表》的高得分（Roberti，2004；Zuckerman，1994）。

欢迎登录

Sensation Seeking Scale

自己做一下《感觉寻求量表》，看看你有多喜欢冒险。

Sensation Seeking Test for Driver's License

朱克曼开发的另一个版本的《感觉寻求量表》，被用作澳大利亚驾照考试的一部分。

感觉寻求者的特征

朱克曼和同事发现感觉寻求是年龄的函数。例如，对美国 2 年级小学生进行的一项研究发现，在感觉寻求上得分高的学生选择观看恐怖鲨鱼的视频，而得分较低的学生则选择滑稽小兔子的视频（Trice，2010）。

一般来说，年轻人比老人更倾向于寻求冒险以及新异的经历。例如，对美国和加拿大的高中生和大学生的研究发现，高感觉寻求的个体比得分较低的个体更可能参与不计后果的行为和豪赌（George，Baechtold，Frost，& Campbell，2006；Gupta，Derevensky，& Ellenbogen，2006）。对年龄跨度从青少年到 60 岁老年人被试的测验得分显示，感觉寻求在中学时期开始上升，随后在 20 多岁开始下降（Lynne-Landsman，Graber，Nichols，& Botvin，2011）。

在对自己的感觉寻求行为进行评价时，朱克曼指出，当他还是大学生时，他"通过喝酒、性以及搭顺风车周游全国实现了感觉寻求潜能的最大化"。在 74 岁时，他写道：

> 当我还是个年轻的感觉寻求者时，我想象退休后我会做各种各样冒险的事情，比如滑翔、跳伞、学开飞机。但是当刺激和冒险寻求以及去抑制随着年龄而迅速下降时，体验寻求却丝毫没有改变。（Zuckerman，2004，pp.13，21）

朱克曼继续寻求新鲜的体验，但比之前有更少的身体上的冒险。

感觉寻求需要显示了人们对变化、新奇以及危险经验的渴望。

感觉寻求的四个维度都存在显著的性别差异。男性在刺激和冒险寻求、去抑制以及无聊敏感性上得分较高。女性在体验寻求上得分较高。在美国、英国、苏格

兰、日本及泰国的被试身上都获得了相似的结果。研究者还发现了显著的种族和文化差异。亚洲人在SSS上得分要显著低于西方国家的人。白人被试在感觉寻求上的得分要高于非白人。教育水平对感觉寻求没有显著影响。大学生的感觉寻求得分并不比没有上过大学的人更高或更低。

行为差异

虽然在感觉寻求上得分高的个体喜爱诸如登山、滑翔、赛车、滑雪、潜水、跳伞这类低得分个体人一般不喜欢的活动，但这种行为上的差别并不总是很显著。一些高感觉寻求者也偏爱各种不一定很危险的活动。他们会选择会心团体、冥想训练或者其他新鲜的体验。然而一旦最初的兴趣减弱了，高感觉寻求者通常不会继续这些活动，因为它们不再能提供最大化水平的刺激了。

研究发现，高感觉寻求者比低感觉寻求者更可能尝试或售卖非法的毒品（在很小的年纪便开始）、饮用酒精饮料以及从商店里偷东西。这些研究的被试包括美国的黑人（9～15岁）、南非的大学生（16～49岁）以及挪威的青少年（12～16岁）（Hansen & Breivik，2001；Peltzer，Malaka，& Phaswana，2001；Stanton，Li，Cottrell，& Kaljee，2001）。

对美国大学生群体的研究发现，高感觉寻求者更可能抽烟，使用酒精和毒品，超速驾驶，出现更多的交通事故并因鲁莽或酒驾而获罪，以及混乱的性生活（McAdams & Donnellan，2009；Ravert，Schwartz，Zamboanga，Kim，Weisskirch，& Bershmin，2009）。对美国15～21岁黑人女性的研究发现，在性感觉寻求测验上得分高的被试比得分低的被试报告更多的性冒险行为，诸如经常与多个伴侣发生性关系，更少使用避孕套（Spitalnick et al.，2007）。

在朱克曼的研究中，16%的高感觉寻求者报告有同性恋经历，而低感觉寻求者只有7%报告有同性恋经历。在大学男生中，高感觉寻求得分和明知可能染上艾滋病的冒险性性行为呈显著正相关（Zuckerman，1994b）。这些发现被对更年长被试的研究所证实。感觉寻求得分与男同性恋（包括白人及黑人）的风险性行为之间的相关如此大，以至于研究者认为，高感觉寻求的男性是艾滋病的高危人群（Fisher & Misovich，1990；Kalichman，Johnson，Adair，Rompa，Multhauf，& Kelly，1994）。

身体上的冒险行为也和感觉寻求相关。跳伞运动员、消防员、防暴警察以及赛车手均比没有从事过这些活动的人在SSS上得分更高。对以色列男性大学生的研究发现，高感觉寻求者比低感觉寻求者更可能参加冒险性运动，更可能自愿加入作战部队（Hobfoll，Run，& Segal，1989）。

其他的研究结果描述了不同种类的冒险者。被认定为反社会冒险者（吸毒者）或风险性冒险者（登山者）比被认定为亲社会冒险者（警察和消防员）表现出了显著更高的感觉寻求水平。研究者提出，亲社会群体的动机并不是刺激与冒险寻求（Levenson，1990）。高感觉寻求者比低感觉寻求者更愿意从熟悉的环境迁移到不熟悉的环境，更愿意到异国旅行，即使旅途中可能存在身体上的危险。

高感觉寻求者和低感觉寻求者的行为在很多方面都具有差异。以色列的研究发现，高感觉寻求者更可能在红灯的时候步行穿过马路。相对于浅色（浅蓝），他们也表现出对所谓的唤醒色或暖色（红色和橘色）的偏爱（Rosenbloom，2006a，2006b）。对德国14～24岁年轻人的研究发现，相对于低感觉寻求者，更多的高感觉寻求者有文身和身体穿刺（Stirn，Hinz，& Brachler，2006）。研究发现，在感觉寻求上得分高的美国大学生比得分低的更可能在考试中作弊（DeAndrea，Capenter，Shulman，& Levine，2009）。

对中国高中生和大学生的研究显示，高感觉寻求者更可能对电脑游戏和网络着迷（Qing-Xin，Rong-Gang，& Yan，2005；Zheng，Ming-Yi，Chun-Li，Jing，Jing，& Xiao-Yun，2006）。对美国工人的研究显示高感觉寻求者更可能使用工作场所的电脑干私事，如发邮件、玩游戏以及浏览情色网站（Everton，Mastrangelo，& Jolton，2005）。然而关于美国大学生的研究没有发现，高感觉寻求和网络滥用之间的相关性（Velezmoro，Lacefield，& Roberti，2010）。

一项对233名美国低等级雇员的研究发现，高感觉寻求者比低感觉寻求者工作满意度更低。高感觉寻求者也会更少地在工作中建立社会关系或者尝试从同事和上级那里获取信息。研究者指出，这种低等级的工作不足以刺激高感觉寻求者（Reio & Sanders-Reio，2006）。

人格差异

朱克曼和同事将 SSS 得分和多种人格因素的测量进行了相关研究。一项研究显示，SSS 得分，尤其是在去抑制上的得分，和艾森克的外向性以及与精神质相关的不合群倾向相关。朱克曼指出，高感觉寻求者的外向性是以自我为中心，他们只把其他人看作观众或刺激来源。他们不会和其他人通过一个依赖的或培养的方式产生联系。高感觉寻求也和荣格所描述及由迈尔斯 – 布里格斯类型指标（MBTI）所测量的外向性正相关。然而研究却发现，感觉寻求和由心理测验得分所决定的神经质没有相关关系。朱克曼指出 SSS 得分并不表明异常或神经质的行为，但是诸如恐惧或强迫性行为这样的神经症可能和低感觉寻求相关。

对荷兰大学生和成人的研究发现，高感觉寻求者在经验开放性、外向性和责任心（第 8 章中所描述的五因素模型中的三个因素）等人格因素上得分较高，也在 HEXACO 模型中的情绪性和诚实 – 谦卑两个因素上得分较高（deVries，deVries，& Feij，2009）。

SSS 的高得分和高度的自主性相关。高分者坦率地表达他们的情绪，在和他人的关系中更果断，不遵循规则，更容易被确认为冒险者。他们的行为独立于社会习俗及他人的需求和态度，主要受他们自己的需求所支配，他们规划自己的生活以最大化自我实现的机会。高感觉寻求也和人格五因素模型中的经验开放性及愉悦性维度呈正相关（Roberti，2004）。

认知过程

感觉寻求和智力测验得分总体上呈正相关，但相关性并不高。对岛国毛里求斯儿童的一项研究发现，3 岁时在《感觉寻求量表》上得分较高的儿童比 3 岁时得分低的儿童在 11 岁时智力测验得分高出 12 分。这一结果对男孩和女孩同样成立并且不受父母职业和教育水平的影响（Raine，Reynolds，Venables，& Mednick，2002）。

其他研究发现，高感觉寻求者在学校不会取得好的成绩。朱克曼指出，因为高感觉寻求者更多地追求娱乐，所以学习的时间更少。对创造力和独创性的测验表明，高感觉寻求者有更高创造性思维的能力，但不总是在课业中表现出来。高感觉寻求者似乎会被推测性的、奇异的、伪科学思想所吸引。他们倾向于采用初级过程思维（使用弗洛伊德的术语）。他们的想象、梦境和白日梦如此生动以至于模糊了内部刺激和现实世界的区别。朱克曼指出，因为高感觉寻求者不断地追求新异的体验，如果他们在外部环境中找不到，便会关注内心创造出一个虚幻的世界。

职业偏好

因为高感觉寻求者对刺激和多样化体验有更大的需求，所以他们会比低感觉寻求者更多选择不同的工作。在诸如《库德偏好记录》这样的职业兴趣测验上，高低感觉寻求者显示出了显著的差异。高 SSS 得分与科学兴趣呈正相关，与事务性兴趣呈负相关。高 SSS 得分的男性在《斯特朗职业兴趣表》上的得分也更高，显示出对助人行业的兴趣，如心理学家、医生、心理医生、社会工作者以及牧师。高 SSS 得分的男性对商业部门的工作如会计、采购员、银行家等的兴趣分数更低。高 SSS 得分的女性对律师有更高的兴趣，对小学教师、家政课老师以及营养师的兴趣较低。两种性别对助人职业有兴趣的高 SSS 得分者，表现出对于风险和前沿性工作的偏爱，如应急反应团队中的危机干预工作或护理工作。

态度

高感觉寻求者比低感觉寻求者在政治和宗教态度上表现得更开放和宽容。高 SSS 得分的个体更可能表达无神论而非坚信任何传统的信念。高 SSS 得分者对性行为更宽容，无论是自己还是他人的行为。低感觉寻求者更可能经常去做礼拜。他们在独裁主义的测验中得分更高，表现出来的权威主义人格的特点是坚持死板的观念和偏见性态度。低感觉寻求者对模糊的容忍度低。他们认为模糊的观点和情境是威胁而非挑战（Zuckerman，1994a）。

遗传与环境

使用双生子比较法的研究发现，感觉寻求人格有很强的遗传基础。艾森克的一项研究指出，这种特质的 58% 可以用基因来解释（Eysenck，1983）。由朱克曼和西比尔·艾森克共同开展的双生子研究发现了一个更大的基因成分（Zuckerman，1993）。但对土耳其和威尔士 14 ～ 20 岁个体危险活动动机的比较发现，两种文化存在非常小但很显著的差异。这表明了学习的重要性（Kloep，Guney，Cok，& Simsek，2009）。

朱克曼也认识到情境和环境因素的影响。其中一个因素就是父母的感觉寻求。低感觉寻求的父母可能对孩子过度地担心、保护及约束，禁止他们参加冒险的活动。高感觉寻求的父母可能会鼓励并强化他们的孩子参加不同寻常的活动，因此促使了更多的感觉寻求行为。

早期对于《感觉寻求量表》得分的研究也支持了这一观点。头胎或独生子女都比后出生的孩子感觉寻求水平更高。因为头胎和独生子女在儿童早期会接受来自父母更多的刺激和关注，所以他们可能会处在更佳的刺激水平中，使他们能像成人一样进行感觉寻求行为（Zuckerman，1979）。然而后来英国的研究并没有发现出生顺序和感觉寻求之间的相关性（Crozier & Birdsea，2003）。

研究集锦

对朱克曼理论的研究

高感觉寻求者倾向于

- 在冒险寻求、去抑制、无聊敏感性上得分更高
- 生活在西方文化下
- 冒险、沾染毒品和酒精、飙车以及发生频繁的性行为
- 花大量的时间玩计算机游戏
- 外向性、经验开放性、责任心以及情绪性
- 对助人职业（比如心理学家和社会工作者）而非商业感兴趣
- 政治和宗教观点更开放、宽容
- 是家庭中的独生子女或第一个子女
- 有更多的身体穿刺和文身

对感觉寻求的反思

朱克曼对感觉寻求这一人格特质的关注引发了大量的研究。感觉寻求现在已经和各种不不同的行为、认知、人格及生理变量联系了起来。朱克曼对于感觉寻求遗传性的关注使他的研究不同于人格的行为和社会学习取向，后者更关注情境因素和学习的影响。

感觉寻求理论对普通大众也具有吸引力。人们对于刺激、风险、变化和冒险的需求存在差异，这一点很容易被接受。我们可以描述自己的感觉寻求水平，并且可以通过朋友和亲属喜爱或避免的活动来对他们的感觉寻求水平做出一个相当准确的判断。朱克曼让高低感觉寻求者从形容词列表中选择最能描述他们的形容词，结果如表 14-3 所示。

表 14-3　高 / 低感觉寻求者的自我描述

高感觉寻求者	低感觉寻求者
热情的	担惊受怕的
爱玩的	惊慌失措的
冒险的	紧张的
兴高采烈的	神经质的
富于想象的	不坚定的
大胆的	害怕的
古怪的	担心的
淘气的	心烦意乱的

资料来源：From " Sensation Seeking " by M. Zuckerman. In *Dimensions of Personality* by H. London and J. E. Exner, Jr. (Eds.), 1978, New York: Wiley.

马丁·塞利格曼：习得性无助和乐观主义 / 悲观主义解释风格

20 世纪 60 年代中期，宾夕法尼亚大学的心理学家马丁·塞利格曼（1942—）开始研究他称之为**习得性无助**（learned helplessness）的人格。在成为研究生的第一天，他在实验室用作被试的狗身上观察到了这一现象。这些狗参加的条件反射实验有两个部分。在第一个部分

中，通过条件化将尖锐的声音和电击联结起来，这是一个应答性行为的经典条件反射情境（将声音和电击联结）。

在实验的第二部分中，狗被单独放在由一堵矮墙格成两个隔间的大盒子里。在放置狗的那个隔间通过地板传递一个电击。为了躲避电击，狗需要做出恰当的操作性反应——跳过矮墙到另一边没有电击的隔间里。一旦狗学会了跳过矮墙——这是狗很快可以学会的行为，将测试在没有电击情境下尖锐的声音是否也会引起同样的行为。实验的目的是确定在第一个情境中（将声音和电击联结）习得的行为是否会在第二个情情境（将声音和躲避行为联结）下继续存在。

然而研究并没有按照计划实现。狗没有越过障碍物来躲避电击。相反，当通过地板施加电击的时候，狗呜咽着躺下，不做任何逃脱的努力。实验者都感到很困惑，但塞利格曼想到了一点头绪。他认为在实验的第一部分，狗习得了它们是无助的。当听到声音的时候，对于要随之而来的电击他们没有任何办法躲避。既然如此，为什么还要去尝试呢？这一习得的反应显然延续到了实验的第二部分，尽管此时已经有了逃脱的一种方法。塞利格曼写道：

> 我被这一推测惊呆了。如果可以学会行为是徒劳的这一复杂的事情，而这又与人类的无助感非常相似，那么就可以在实验室中对这一现象进行研究。无助感在我们身边无处不在——从城市贫民到新生儿再到整天对着墙壁充满沮丧的患者。这是人类无助感的一个实验室模型吗？可以帮助我们理解它是如何产生，如何治疗，如何预防，什么药物对它有效以及什么样的人更容易产生吗？（1990，p. 20）

为了找到这些问题的答案，塞利格曼对习得性无助展开了深入的研究。他将习得性无助描述为，个体知觉到无法控制环境，即无法改变目前情境的一种状态。后来塞利格曼将研究兴趣扩展到了乐观主义和悲观主义这一更大的人格主题。

早期研究

在塞利格曼最初的实验中，尽管不会造成生理上的伤害，但狗是被束缚住并暴露在电击的疼痛之中的。狗没有任何办法逃脱从而避免电击。在一系列的电击之后，狗被放置在两个隔间的穿梭箱中。正如塞利格曼在第一个实验中所观察到的，电击通过狗所在的那一侧的地板施加。之后将这些狗的行为与没有被经过之前一系列电击的狗（控制组）的行为进行比较。

当控制组的狗被放置在箱子中并通过地板施加电击时，它们到处奔走直到偶然越过障碍物到了另一个安全的隔间。一旦尝试成功后，它们便学会了用这一方法逃生，因此每次会很快地跳过障碍物。然而在被放置到箱子前接受过一系列电击的实验组的狗表现得非常不同。在通过隔间地板受到电击之后，它们到处奔走了大概 30 秒便放弃了，呜咽着瘫倒在地板上。即使实验者用食物引诱它们跳过障碍物，它们也没有学会逃脱。这些狗变得消极、无助，不做任何尝试来改变它们的现状（Overmier & Seligman，1967；Seligman，& Maier，1967）。

习得性无助在人类身上也同样出现。在一项研究中，给实验组被试呈现巨大、恼人的噪声，并告诉他们可以按照正确顺序按下一系列按钮来关掉噪声。然而无论被试怎么做，噪声都会继续。而控制组被试可以通过按下相对容易学习的按钮顺序来关掉噪声。在接下来的情境中，被试需要根据信号灯的指示将手从箱子的一边移到另一边就可以关掉噪声。控制组被试很快学会了这一系列行为但实验组被试却没有。他们消极地坐在那儿，不做任何努力去关掉这恼人的噪声（Hiroto，1974）。

其他对于人类被试的研究证实并拓展了这些研究结果。被试在观察到无助的榜样人物后，也会出现习得性无助，尤其是在被试认为自己和榜样很相似时。实验者指出，被试事实上在说："榜样都无能为力，更何况我呢？"一项涉及了数千名被试、132 个研究的元分析发现，无法躲避的电击对人类的影响比对动物更强大。习得性无助广泛存在于成年男性和女性、大学生、青少年、儿童、老人以及精神病患者身上（see, for example, Villanova & Peterson，1991）。

研究还发现，习得性无助会出现在日常生活中。当我们遭受持续的侵入性刺激，比如噪声，但我们又无法控制它们时，便会出现习得性无助（see, for example, Evans & Stecker，2004；Rabinowitz，2005）。

老年人的习得性无助

为了将习得性无助的概念应用在真实的世界情境中，心理学家研究了在敬老院这种很少有控制和选择的情境下的老人是否会产生习得性无助感（Langer & Rodin，1976）。研究者设计了一个实验，想要看给予敬老院中的老人更大的控制感是否可以影响他们嗜睡、动机和活力缺乏的状况。研究者假设，他们之所以精神萎靡可能是因为将生活的控制权完全转让给了敬老院中的工作人员，觉得自己的行为和愿望对自己的生活状况已经没有了任何影响。

敬老院其中一层的居住者被赋予决定自己日常生活的权利。例如，可以选择早餐吃什么，照料房间中的植物，摆放家具。告知他们需要承担更多照顾自己的责任，而且可以做很多之前由工作人员所控制的决定。而其他楼层的居住者仍然处于工作人员的控制之下。他们的住宿、食物及娱乐活动和实验组完全一样，只是他们没有个人的影响和责任。

几周之后，两组之间的行为差异变得很明显。被给予一定程度个人控制权的居住者更开心并且更活跃。他们花更多的时间进行社会活动，更少独自待在房间里。敬老院的工作人员报告说这些人当中 93% 显示出社会及情绪适应力的提升。而个人控制权没有提升、仍处于原有系统中的居住者，仅有 21% 表现出积极的改变。18 个月后的跟进访问证实了这些差异持续了下来。而且被给予了个人权利的居住者，15% 在研究后去世了，而在更无助的群体中，30% 去世了（Baltes & Bates，1986）。

习得性无助和情绪健康

大量文献已经证实，对自己生活拥有控制感会对心理健康产生有益影响。例如，研究者考察了 29 ～ 80 岁的癌症患者。他们对这些患者进行访谈，并用问卷评估婚姻满意度、心理适应性及知觉到的控制感。知觉到的控制感水平更高的患者比认为无法控制自己生活状况的个体能更好地适应环境。这一结果即使对那些身体状况已经严重恶化的患者同样适用。相信自己可以对疾病和情绪施加一定影响的患者，比身体虽然更健康但知觉到的控制感很低的个体表现出更好的心理适应水平（Tmompson，Sobolew-Shubin，Galbraith，Schwankovsky，& Cruzen，1993）。

另一项研究发现，提升个体的控制感是可能的。一组包括男性和女性（平均年龄 55 岁）的被试要接受多方面的口腔治疗，在治疗之前对他们的焦虑水平及对口腔治疗的控制欲进行评估。其中一半的患者会观看一个压力免疫训练视频，而另一半被试，也就是控制组会被呈现一个有关当地风景的视频。结果显示，在口腔治疗环境下控制感很低但控制欲很强的患者从观看压力免疫训练视频中收益最多，而且与控制组没有接受压力训练的类似患者相比，他们认为，在实际治疗中感到了更大的控制感及更少的疼痛（Law，Logan & Baron，1994）。

习得性无助和健康的动物研究

敬老院研究的结果增加了习得性无助会影响身体健康的可能性。为了检验这一假设，塞利格曼和他的同事设计了一个研究，先给大鼠注射恶性肿瘤细胞，然后将其置于三种情境之中：可以躲避的电击、无法躲避的电击以及没有电击（Visintainer，Volpicelli，& Seligman，1982）。在正常情况下，基于所注射细胞的数量，一半大鼠将会抵抗肿瘤并且存活下来。在控制组（没有电击）中，50% 的大鼠和预期一样抵抗了肿瘤。在接受电击但可以躲避的大鼠中，因为可以对自己所处的情境施加一定的控制，70% 的大鼠抵抗肿瘤存活了下来。但在无法躲避电击的习得性无助组，仅有 27% 的大鼠抵制了恶性肿瘤并存活了下来。

一项对幼鼠的类似研究支持了这一结论。当这些幼鼠成年时，接受恶性肿瘤细胞的注射并被置于同样的三种实验条件下。在幼年时期习得无助感的大鼠大多在成年期没能抵抗住肿瘤。相比而言，幼年期习得了控制感的大鼠大多能够在成年后抵抗肿瘤（Seligman & Visintainer，1985）。塞利格曼认为："童年经验对成年时的肿瘤免疫至关重要。童年期所获得的免疫及早期的无助使成年大鼠有罹患癌症的风险。"（1990，p. 170）

研究还显示，习得性无助会削弱大鼠的免疫系统（Maier，Laudenslager，& Ryan，1985）。免疫系统是身体抵御疾病的主要部分。包含多种细胞，如 T 细胞和 NK（自然杀伤）细胞，它们会抵御病毒、细菌和肿瘤细胞。在遭受无法躲避的电击的大鼠身上，面对特定的侵入物，T 细胞不会快速增殖，而且 NK 细胞也会失去摧毁其他传染物的能力。这些发现从生理层面，为习得性无助的大鼠不能抵御肿瘤的结论提供了解释。

最新的研究表明，大多数处在不受控制压力下的雄性大鼠从来都学不会如何逃脱。相反，大多数雌性大鼠却会习得躲避。因此，习得性无助在雄性身上更容易出现。这表明雌性更少出现上述研究中所描述的危险的生理变化（Dalla，Edgecomb，& Whetstone，2008）。

解释风格：乐观主义和悲观主义

后来塞利格曼扩展了他的理论，将乐观主义和悲观主义包含了进来。他认为在习得性无助的情况下，不只是缺乏控制会影响我们的健康。同样重要的是我们如何解释这种控制的缺乏。他提出解释风格的概念来进行解释。**乐观的解释风格**（optimistic explanatory）可以阻止无助；**悲观的解释风格**（pessimistic explanatory）会使无助感蔓延到生活的方方面面。

从我们的生活经验中很容易发现乐观主义者和悲观主义者之间的基本区别。简而言之，"乐观主义者期望好的事情发生在自己身上；悲观主义者期望坏的事情发生在自己身上"（Carver & Scheier，2002，p. 231）。按照塞利格曼的观点，乐观解释风格的个体比悲观解释风格的个体更健康。悲观主义者倾向于认为他们的行为无关紧要。正因为如此，他们不太可能尝试通过改变自身相关的行为，比如抽烟、饮食、锻炼或者及时就医等来抵抗疾病。一项对青年人的研究发现，乐观的个体比悲观的个体更不可能生病。然而当乐观主义者确实生病时，他们更可能承担起自我照料的责任，比如休息、咨询医生或者服用恰当的药（Peterson，Maier，& Seligman，1993）。

在另一项对解释风格和身体健康的研究中，研究者发现悲观主义的大学生在一年中的生病次数是乐观主义者的两倍。在经历乳腺癌复发的患者中，无论病症有多严重，乐观主义者存活的时间都超过了 5 年的研究时间。乐观主义者也表现出更强的免疫系统而且更可能从心脏病中恢复（Peterson & Seligman，1987；Peterson，Maier，& Seligman，1993）。相比于悲观主义者，乐观主义者也有更大的可能性更好地应对健康问题、更快地从医疗过程中恢复、更好地管理压力（Aspinwall & Tedeschi，2010）。

对第一个学期的法学院学生的研究发现，在乐观解释风格上得分高的个体比得分低的个体拥有显著更多的 T 细胞和 NK 细胞，可以保护他们免受感染（Segerstrom & Taylor，1998）。对 30 ～ 45 岁成年男性和女性的研究发现，在悲观解释风格上得分高的个体比得分低的个体对自己的生活持有更多负面的信念，并且血压更高（Räikkönen，Matthews，Flory，Owens，& Gump，1999）。

乐观主义者也比悲观主义者的寿命更长。在一项对美国修女的长期研究中，让她们在 20 岁出头时写下生活的故事，60 年后再次调查时发现，在故事中表现乐观的个体比表现悲观的个体死亡率更低（Danner，Snowdon，& Friesen，2001）。一项对接受不同治疗的患者的研究显示，在 30 年后的调查中乐观主义者比悲观主义者长寿 19%（Maruta，Colligan，Malinchoc，& Offord，2002）。一项对英国老年男性和女性的研究发现，乐观得分高的个体比得分低的个体身体更加健康（Steptoe，Wright，Kunz-Ebrecht，& Lliffe，2006）。

在应对艾滋病时，乐观主义也更加有益。在一项对同性恋和双性恋男性的研究中，有些指标被诊断为 HIV 阴性，其他指标则呈现 HIV 阳性的个体，有可能会罹患艾滋病。相比于得分低的个体，在乐观主义上得分高的个体的心理痛苦水平更低，对疾病更少担心，相信自己罹患艾滋病的风险更低，并且相信自己对疾病有更大的控制力。而已经确认为 HIV 阳性的患者比阴性患者对于不患艾滋病表现得更乐观（Taylor，Kemeny，Aspinwall，Schneider，Rodriguez，& Herbert，1992）。虽然这样的信念可能是虚幻的，但这有助于被试应对一系列的健康威胁并将疾病带来的抑郁最小化。而且最乐观的男性比最不乐观的男性更不可能参与高风险的性行为。通常来说，乐观的个体能更好地照顾自己。

一组被诊断为乳腺癌的挪威女性，在悲观主义上得分高的比得分低的在接受治疗后的一年内，更可能感到焦虑和抑郁（Schou，Ekeberg，Ruland，Sandvik，& Karesen，2004）。对这一组女性进行的另一项研究发现，无论预后情况是好是坏，她们的乐观和悲观水平在治疗后的一年内一直保持稳定（Schou，Ekeberg，Sandvik & Ruland，2005）。一项对芬兰成年人的研究发现，在积极主义上得分高的个体比得分低的个体可以更快地从重病或家庭成员的离世中恢复过来（Kivimaki，Vahtera，Elouainio，Helenius，Singh-Manoux，& Pentti，2005）。

对美国 280 名成人的研究发现，年老的被试比年轻的被试有更乐观的解释风格而且主观幸福感的水平更高。对中国老人的研究也显示，更乐观的个体报告的主观幸福感水平更高（Isaacowitz，2005；Leung，Moneta，& McBride-Chang，2005）。

对作为孙子的主要照料者的黑人和拉丁裔祖母、科威特和阿曼的穆斯林大学生等更多不同族群的研究发现，在乐观主义上得分高的个体比在悲观主义上得分高的个体更幸福，体验到的抑郁、焦虑和敌意更少，而且睡眠问题也更少（Abdel-Khalek & Lester，2010；Alansari & Kazem，2008；Conway，Magai，Springer，& Jones，2008）。

解释风格的文化差异也得到了很多文献的支持。有研究测量了中美大学生及美籍华裔大学生的乐观主义/悲观主义水平，结果发现美国大学生比美籍华裔大学生被试更乐观，美籍华裔大学生比中国大陆大学生更乐观（Lee & Seligman，1997）。科威特大学生在乐观主义上的得分显著低于美国大学生（Abdel-Khalek & Lester，2006）。一项对意大利大学生的研究发现，男性比女性表现得更乐观（Colombo，Balbo，& Baruffi，2006）。

对美国和日本大学生的比较发现，日本学生比美国学生更悲观。美国学生更可能预测积极事件将会发生在他们自己身上而非他人身上，而日本学生却更相信积极事件会发生在他人身上（Chang，Asakawa，& Sanna，2001）。

研究表明有压力的生活经历会影响个体的乐观主义水平，这一点很自然。研究比较了一组作为其患老年痴呆亲属的主要照料者的成年人和不作为照料者的成年人在乐观主义/悲观主义量表上的得分。那些照料者在四年的时间内变得越来越悲观并且经历更多的焦虑、压力和身体健康的抱怨（Robinson-Whelen，Kim，MacCallum，& Kiecolt-Glaser，1997）。

一项对大学生的研究显示，第一学期初在乐观主义上得分高的个体比得分低的个体在这个学期体验的压力和抑郁水平都更低（Brissette，Scheier，& Carver，2002）。一项对中年人的研究同样发现更乐观的个体比更悲观的个体报告更少的抑郁症状（Chang & Sanna，2001）。对 3～6 年级儿童的研究发现，相似地，高乐观主义儿童比低乐观主义儿童的抑郁症状和行为问题都更少（Ey et al.，2005）。

针对美国大学生开展的研究发现，乐观主义者比悲观主义者的成绩通常更好。在对科威特大学生的研究中也发现了这一结论，乐观主义者会获得更好的成绩（El-Anzi，2005）。此外，当悲观主义者比同伴的分数更低时，他们会比同样情况下的乐观主义者感到更加抑郁（Gibbons，Blanton，Gerrard，Buunk，& Eggleston，2000）。

甚至有研究证实，乐观主义会影响一个人运球的好坏，至少在法国是这样的。当引导 14～16 岁的男孩和女孩相信他们没有通过运球测试时，在乐观主义上得分高的个体更少感到焦虑，更自信，而且在第二次测试中表现得更好（Martin-Krumm，Sarrazin，Pterson，& Famose，2003）。

乐观主义和悲观主义也会影响我们的认识功能。一项关于大学生对正性和负性刺激反应的研究证实了这一观点。在悲观主义上得分高的学生更可能注意负性刺激；在乐观主义上得分高的学生倾向于既关注正性刺激也关注负性刺激（Segerstrom，2001）。对德国大学生的研究发现，乐观主义者在认知活动中更灵活和随机应变，而悲观主义者更不知变通、死板并且更可能放弃对目标的追求（Weber，Vollmann，& Renner，2007）。

有观点认为乐观的解释风格并不总是有价值的（see, for example, Schneider，2001）。一些乐观主义者可能会对其行为的易损性持有不真实的看法。例如，他们可能会沉溺于抽烟、喝酒、吸毒，但却告诉自己这些行为不会伤害他们，因为他们的态度是如此积极，但是证据表明恰恰相反。对考试成绩更乐观的大学生比对自己考试发挥更不乐观的学生，在接到分数时会更失望（Sweeny & Shepperd，2010）。

wavebreakmedia ltd/Shutterstock.com

严重抑郁的个体会认为自己很无助。他们将某一情境中的失败概化到所有情境中。例如，一门考试成绩不理想，他们会将这一失败概化到生活的其他所有方面。

对在学校附近赌场赌博的大学生的研究显示，乐观主义者更可能在面对持续的损失后继续赌博，而悲观主义者更可能停止赌博。研究者认为，乐观主义者即使在连续失败的时候也会保持对赢的积极预期（Gibson & Sanbonmastu，2004）。这种不切实际的乐观——相信好事情更可能发生在自己身上而非别人，在诸如美国这样的个人主义国家中更广泛地存在，并且在男性中比女性中更普遍（see，for example，Lin & Raghubir，2005）。

另外，当面对如重病这样的不幸事件时，不切实际的悲观也是有害的。告诉自己你永远无法应对和克服这一状况（展现出低的自我效能感）可能会导致缺乏努力，从而不可能成功（see Blanton，Axsom，McClive，& Price，2001）。

研究集锦

对塞利格曼理论的研究

在乐观主义上得分高的人倾向于

- 更少生病并且体验更少的压力和抑郁
- 寿命更长
- 从家庭成员的离世中更快恢复
- 生活在美国这样的个人主义文化而非集体主义文化下
- 成绩更好
- 认知活动更灵活、更随机应变
- 运球水平更好

悲观和抑郁

塞利格曼的研究揭示了习得性无助和抑郁之间的关系。抑郁的一个主要症状就是感到无法控制生活。塞利格曼把抑郁称作"终极悲观"。严重抑郁的个体相信他们是无助的。他们对于试着做些事情感到没有任何意义，因为他们不期望任何事情在他们身上会产生好的结果。塞利格曼认为抑郁症状和习得性无助的人格特征之间存在诸多相似之处（Seligman，1990）。

当失败了或者家庭和工作压力吞没了我们时，我们都会偶尔体验到无助感，然而无论在那个时刻我们有多么不高兴或生气，大多数人通常会在一段时间后恢复过来。但有些人却无法快速、轻易地恢复。他们可能会把一次失败（如得了不好的成绩或没有得到提拔）概化到生活的其他领域中甚至是自我价值感上，从而在所有的情境中都变得无助和抑郁，失去了奋斗的动力。

正如从表 14-4 中可以看到的，抑郁和许多不健康的症状相关如溃疡、应激及去甲肾上腺素缺乏。10 年时间内超过 40 个研究都证实，抑郁会通过降低免疫系统的作用、抑制 NK 细胞活动及改变白细胞数量的方式使人们处于罹患身体疾病的风险之下（Herbert & Cohen，1993；Weisse，1992）。

表 14-4　习得性无助和抑郁的相似症状

习得性无助	抑郁
被动性	被动性
很难认识到反应会带来缓解	很难认识到反应会带来缓解
缺乏进攻性	敌意内向投射
体重减轻和厌食	力比多丧失
去甲肾上腺素耗竭①	去甲肾上腺素耗竭
溃疡及应激	溃疡及应激，无助

① 去甲肾上腺素是一种神经传递素，重度抑郁会伴随去甲肾上腺素的缺乏。

资料来源：Adapted from *Learned Helplessness and Depression in Animals and Men*, by M. E. P. Seligman. Copyright © 1976 by General Learning Press, Morristown, NJ.

根据塞利格曼的观点，可以从暂时的抑郁中恢复的个体与那些无法恢复的个体之间最重要的差异就是解释风格。"悲观的解释风格将习得性无助从短暂的、局部的变为长久的、整体的，"他写道，"当失败者是悲观主义者时，习得性无助变成了完全的抑郁。而对乐观主义者而言，一次失败产生的仅仅是短暂的情绪低落。"（1990，p. 76）此外，悲观主义者对负面刺激用个人的、弥散性的方式进行解释。例如，他们会说："这全是我的错""总是这个样子"或者"这会影响到我生活的方方面面。"

塞利格曼对其本科生的研究支持了这一假设：习得性无助会导致悲观解释风格的个体抑郁。在学期开始的时候，经过测试确定学生们的解释风格，并让他们说出意味着自己失败的课程成绩。在期中考试之后，通过一个人格测验来测量他们的抑郁水平。结果显示，30%有乐观解释风格并且得到了自己认为失败的成绩的学生表现出抑郁症状。而在有悲观解释风格并得到不满意成绩的人中，70%的学生都变得抑郁了。在其他对大学生及小学3年级学生的研究中也发现了相似的结论。在这两个研究中，解释风格都能显著地预测抑郁的发生率（Nolen-Hoeksema，Girgus，& Seligman，1987；Zullow & Seligman，1985）。

童年期习得性无助的发展

虽然习得性无助在一生中都会出现，但塞利格曼认为，婴儿期和童年早期更易受这种情绪的影响。在这些人格的塑造期中，习得性无助的经历会使我们倾向于悲观的解释风格（Seligman，1975）。婴儿从一开始就处于一种完全无助的状态，对环境完全没有控制。随着他们不断成熟，越来越能够对环境施加控制。通过哭闹，让父母或照料者关注他们的需求。他们逐渐学会爬、走路和说话，每一种技能的掌握都会让他们具有更大的控制能力，当然也可能会失败。不管怎样，早期与自然环境和社会环境的互动，决定了儿童的无助感或控制感。

当婴儿做出某个反应，就会导致其周围环境的某种程度的变化，比如食物、玩具、拥抱或者并没有任何影响。婴儿在最原始的水平形成了反应和结果的联系。如果反应没有带来预期的结果，后果便是习得性无助。当婴儿习得某一特定的反应不起作用，便会将这一想法概化到其他的反应中，相信所有的行为都不起作用。这种概化的习得性无助伴随着对生活的无掌控感。相反，行为和结果直接的高相关会给婴儿提供积极的反馈，导致掌控感的形成。大约8岁的时候儿童会形成稳定的解释风格，并受到父母解释风格的强烈影响。塞利格曼指出，"悲观的父母也会有悲观的孩子"（Peterson，Maier，& Seligman，1993，p. 293）。然而需要注意的是，对1 300多对双生子和非双生子青少年兄弟姐妹的研究发现，他们的归因风格受到遗传因素和学习的共同影响（Lau，Rijsdijk，& Eley，2006）。

习得性无助也可以在童年后期，因为同伴的暴行、严苛的学校环境或其他负性的经历而产生。种族和贫困也是习得性无助形成的重要因素。受到老师和同伴不公平对待，就好像他们比其他同学更笨、更没有能力的学生可能会产生习得性无助。父母或其他家庭成员的低水平社会支持会导致孩子更加悲观（Giarrochi & Heaven，2008）。

对习得性无助的反思

习得性无助和乐观主义/悲观主义的概念引发了大量研究。塞利格曼和他的同事已经将这些概念运用在了体育、政治、宗教、育儿及工作绩效评估中。但习得性无助的研究还留下了一些仍未解决的问题。例如，是一个人的解释风格引起了抑郁还是抑郁导致了特定的解释风格？长期的失败对自尊的影响更大还是对习得性无助的影响更大？

总之，大量数据支持习得性无助这一概念。塞利格曼后来将他的关注点转向了另一个与之相关的概念，即习得性乐观。他开发了一套训练计划来训练成人和儿童学会乐观，将他的研究结果运用在实验室之外的家庭和工作环境中。现在让我们转向塞利格曼对这方面研究的最新扩展——积极心理学理论和影响主观幸福感的因素。换句话说，什么使我们幸福？

积极心理学

积极心理学由塞利格曼在20世纪90年代后期担任美国心理学会主席时提出的。积极心理学关注幸福感、美德和最优的人类机能。他批判传统的人格研究取向忽视了人类的优点和美德，而仅关注异常、防御、弱点和消极的动机，即关注人们身上的问题而不是优点。这种对人类积极方面的关注听起来熟悉吗？是的，这就是马斯洛和其他人本主义心理学家几十年前一直在呼吁的（see Kristjansson，2010）。然而人本主义心理学和积极心理学之间有一个重要的差异。积极心理学依赖于严格的实验研究而不是采用像马斯洛在自我实现者的研究中使用的非常主观的方法。

积极心理学可以帮助我们理解什么是幸福人格吗？

从你自己的经验中可以知道，你见过的一些人比另外一些人更乐观、开放、充满能量和活力。什么因素使他们成为这样，尽管你知道他们正面临着很多社会、工作或经济问题？即使你不是这些乐观者中的一个，我们也希望你至少明白，即使是短暂的幸福时光，如谈恋爱时、通过了很难的考试或得到了真正想要的工作，都会使你感到站在了世界之巅。

心理学家已经为幸福人格贴上了多个标签，如主观幸福感或生活满意度，并且将其定义为对生活质量的认知评价和拥有的积极情感（McGregor & Little，1998）。因此，幸福既有理性的一面也有感性的方面。

这些幸福人格是什么呢？正如你所预期的，研究已经发现了多种可能影响我们幸福感的因素。你首先想到的是钱或者经济稳定吗？结果却是老话说得好，钱买不来幸福。然而，没有钱却会导致不幸福。研究表明足以负担基本需求的收入是必需的，尽管钱不是幸福的充分条件，却是必要的。对 132 个国家的研究证实，生活满意度随着收入水平而变化。挣更多钱的个体比挣钱少的个体报告的生活满意度更高（Diener，Ng，Harter，& Arora，2010）。一些研究表明相比于欧洲人，美国人更多地把钱当作幸福的重要因素（Mogilner，2010）。

调查还显示缺少钱提供生活必需品的人是不幸福的，但有显著超过实际需要的钱对幸福也没有明显的影响。即使中了大奖通常也只是导致主观幸福感暂时的提升（DeNeve & Cooper，1998；Diener，Suh，Lucas，& Smith，1999；King & Napa，1998；Pappas，2010）。

所以如果你认为你要变得幸福所需的仅仅是一幢大房子或是一辆华丽的车，那么请再仔细想一想。研究一致表明，更多和更昂贵的财产并不能确保幸福。一位研究者指出："人们越追求物质目标，他们生活得便越不幸福和不满意。"（Van Boven，2005，p. 133）其他研究表明，高收入者比低收入者倾向于经历更大的压力并花费更少的时间用于放松和休闲活动（Kahneman，Krueger，Schkade，Schwartz，& Stone，2006）。

有魅力或漂亮的人比没有魅力的人更幸福吗？美国、加拿大、英国和德国的研究发现这个问题的答案是肯定的。个人的吸引力确实会提升幸福感，但可能是因为现实的理由：身体吸引力会提升婚姻前景、工作机会以及收入（Anderson，Adams，& Plaut，2008；Bennet，2011；Hamermesh & Abrevaya，2011）。相对于生活在农村的人，对于生活在城市的人而言，吸引力和幸福感之间的相关性会更强。

健康和长寿与幸福感有关吗？和钱一样，身体不健康会减少幸福感，但健康并不必然意味着一个人是幸福的。因此，健康似乎是主观幸福感的一个必要但不充分的条件。所以，健康未必会使你幸福，但是幸福可以有益于健康并提升寿命。对 160 多个研究的综述证实，高主观幸福感有助于长寿和健康。例如，一项对 5 000 名大学生追踪 40 年的研究发现，学生期间在乐观主义和幸福感测验上得分高的个体比得分低的个体活得更长并且身体更健康（Diener & Chan，2011）。这项研究的作者指出，幸福不是一个"魔法弹"，但是它会提升你活得更长、活得更健康的概率。

研究还显示，年龄和性别与幸福感没有很强的相关。男性和女性报告的主观幸福感水平没有显著差异（Diener，Suh，Lucas，& Smith，1999）。年龄和幸福感之间的联系更不清晰。一些研究表明幸福感随年龄而提升；另外一些研究却没能支持这一相关。对 30 多万名 18 ～ 85 岁的美国人研究发现，18 岁时主观幸福感和生活满意度最高，之后一直下降到 50 岁，随后开始上升，到 85 岁时报告了比 18 岁更高的生活满意度（Stone，Schuwartz，Broderick，& Deaton，2010）。

其他的研究发现幸福的青少年有共同的特征。例如，对美国青少年的研究发现，主观幸福感得分高的个体更可能有赏识他们、对他们表现出兴趣以及对他们的未来表达关心的父母。这一相关关系在女孩比男孩身上表现得更强（Rayle，2005）。

高生活满意度的青少年与同伴和父母的关系更好，报告更低水平的焦虑和抑郁并对未来有更大的希望。他们也会比在生活满意度上得分低的青少年表达出对生活更有控制感（Gilman & Huebner，2006）。主观幸福感高的中国青少年其父母受过更好的教育，而且他们与父母之间很少吵架（Guo-Xing & Hai，2006）。

对老人的研究表明幸福并不必然会像人们普遍认为的那样随着年龄增长而下降。对两组被试进行比较，一组平均年龄 31 岁，另一组平均年龄 68 岁，结果表明幸福感随年龄而增加（Lacy，Smith，& Ubel，2006）。另一项研究表明，幸福感在 65 岁时达到峰值，随后开始下降（Mroczek & Spiro，2005）。

对美国 3 000 多名管理人员（年龄 25 ～ 74 岁）的

研究发现，生活满意度和未来取向（包含对未来的积极规划）之间呈显著正相关。这一相关关系对老年管理者比对年轻管理者更强（Prenda & Lachman，2001）。一项对澳大利亚60多岁的男性和女性的研究报告，只要被试相信仍然拥有自我掌控感和对生活的控制感，主观幸福感便会一直保持较高的水平（Windsor & Anstey，2010）。

一项对德国老年人（年龄70～103岁）的研究支持了这一发现，就其本身来说，年老并不是一个引起主观幸福感下降的因素。但在这项研究中，年老时经历健康问题和身体限制的个体主观幸福感确实会下降（Kunzmann，Little，& Smith，2000）。另一项对由于各种残疾而住院的德国老人的研究发现，不是身体的缺陷降低了主观幸福感而是个人对于残疾的态度。对残疾态度更积极的个体比态度消极的个体主观幸福感更高（Schneider，Driesch，Kruse，Nehen，& Heuft，2006）。

对斯洛伐克老年被试的研究也证实了态度和幸福感之间的关系。在研究者所谓的"公正世界信念"上得分高的个体比没有如此信念的个体报告了更高的幸福感（Dzuka & Dalbert，2006）。

身体锻炼是老年人主观幸福感的重要成分。一项对36项研究的分析发现，有氧运动和负重或力量训练都与幸福感显示出很强的正相关性（Netz，Wu，Becker，& Tenanbaum，2005）。

对286项有关老年人研究的元分析也证实了主观幸福感不会自动地随年龄下降这一观点。这些研究中的老年被试所报告的生活满意度水平、健康状况与幸福感和年轻人一样高。然而，有更强社会网络、更多支持性朋友的老人比社会孤立的老人报告了更高水平的幸福感（Pinquart & Soerensen，2000）。

对美国、英国和德国70～100岁老人的研究发现（可能并不奇怪），濒临死亡会导致主观幸福感的下降。被试在生命最后3～5年报告幸福感水平快速下降（Gerstorf，Ram，Estabrook，Schupp，Wagner，& Lindenberger，2008；Gerstorf et al.，2010）。

如果社会支持对于老年期的主观幸福感是重要的，那么是否可以进一步得出已婚的老人比没有结婚的老人更幸福呢？是的。来自40多个国家、60 000名被试的研究证据很清楚地表明，已婚个体比离婚、分居、寡居或从未结过婚的个体报告了更高的幸福感（Diener，Gohm，Suh，& Oishi，2000）。已婚女性比未婚女性更幸福，而且已婚男性也比未婚男性更幸福（Mastekaasa，1995）。

研究还发现，不管是丈夫还是妻子，他们的幸福感都会随着第一个孩子的出生而下降。总的来说，没有孩子的个体比有孩子的个体报告了更高的幸福感；孩子非常小的个体是最不幸福的群体（Munsey，2010）。

对已婚夫妇长达35年的追踪研究发现，个体的幸福感水平随着其配偶的幸福感水平而变化。夫妻中一方的不幸福往往会导致另一方的不幸福，反过来同样成立（Hoppman，Gerstorf，Willis，& Schaie，2011）。德国的一项研究得出了很有趣的发现，有过1次以上离婚经历的个体第二次离婚后的生活满意度要比第一次离婚后更高（Luhmann & Eid，2009）。

在大多数被研究过的西方文化下，社会支持一般都与主观幸福感高度相关。例如，以色列的研究发现，有强大社会支持网络的个体生活满意度更高，这对新移民而言尤其重要（Litwin，2005）。芬兰的研究显示，主动的社会支持对新移民的心理幸福感至关重要（Jasinskaja-Lahti，Liebkind，Jaakkola，& Reuter，2006）。

在更集体主义的东方文化中进行的有关文化对幸福感影响的研究发现，社会支持和主观幸福感之间的相关性很弱甚至没有相关（Dan，Jun，& Ji-Liang，2006；Turkum，2005）。对土耳其大学生的研究发现，为他人提供社会支持与心理幸福感显著相关，但接受他人社会支持却对心理幸福感没有影响（Gencoz & Ozlale，2004）。

幸福感在不同文化中具有差异，国家的相对富裕程度具有重要价值。很难满足基本需求的贫困国家的人们，比经济更发达国家的人们报告的幸福感更低（Diener，Diener，& Diener，1995；Veenhoven，2005）。对200多个国家的研究证实了这一发现，更富裕国家的人们比贫穷国家的人们给自己的幸福感评分更高（Diener，Ng，Harter，& Arora，2010；Doherty & Kelly，2010；Howell & Howell，2008；Minkov，2009）。

研究证据也表明，在个人主义社会中，人们的主观幸福感要比集体主义社会更高（Diener，Suh，Smith，& Shao，1995；Wirtz，Chiu，Diener，& Oishi，2009）。例如，对472名韩国青少年和432名美国青少年的比较发现，韩国人报告的生活满意度普遍更低。相比于美国青少年，他们对家庭成员、朋友、学校和环境也更不满意（Park & Huebner，2005）。

相关研究发现，来自其他文化的移民后裔倾向于表现出他们那种文化下的主观幸福感水平，即使没有直接的相关。对几千名直系祖先来自其他国家的美国人的研究发现，他们的主观幸福感水平与其祖先所来自的国家一致。例如，丹麦和瑞典人报告的主观幸福感更高，祖先是来自这些国家的美国人也同样如此。祖先来自主观幸福感更低的文化，如匈牙利和立陶宛的美国人也有相似的主观幸福感水平。研究者提到，

> 不同的文化似乎会导致个体具有不同水平的主观幸福感……在时间和空间上传递主观幸福感的社会化因素可能是家庭和其他社会网络（Rice & Steele，2004，pp. 641，643）。

在多元文化的社会中，种族认同感更强的个体比种族认同感低的个体主观幸福感更高（Le，Lai，& Wallen，2009）。

在同一国家的不同地区主观幸福感的特征也会存在差异。一项对 25 ～ 75 岁美国人的调查发现，不同地区的美国人对幸福感的评价标准不同（Plaut，Maekus，& Lachman，2002）。例如，新英格兰人将身体健康、自主性以及不受约束作为主观幸福感的必要条件。而美国西中南部州（得克萨斯州、俄克拉何马州、阿肯色州和路易斯安那州）的人们更关心个人成长以及快乐，认为它们对主观幸福感至关重要。东中南部州（肯塔基州、田纳西州、密西西比州和亚拉巴马州）的人们更关注社会责任以及对他人福利和幸福的贡献，认为这些对他们自己的主观幸福感很必要。同时也发现整个国家的人们具有一定的一致性。总的来说，主观幸福感以自主和控制感、目的感以及悲观这样的负性情绪缺失为特点。

美国另一项幸福感的重要研究发现，主观幸福感在西海岸和山区州最高，在东海岸州较高，而在中西部和北部州最低。总的来说，幸福感和高收入、高教育水平以及对他人看法的高容忍度显著相关（Rentfrow，Mellander，& Florida，2009）。

在对德国不同区域进行的长达 24 年的研究发现，随着年龄的增长，生活在富人区的人们比生活在不太富裕地区的人们更幸福（Gerstorf，Ram，Goebel，Schupp，Lindenberger，& Wagner，2010）。

一项让非裔美国人评价自己的生活满意的研究发现了种族的影响，经历过种族歧视的个体比没有遭受过歧视的个体报告了更低的生活满意度。

在以白人为主的学校上学的学生比在以黑人和混血人为主的学校上学的学生生活满意度更高（Broman，1997）。一项对非裔美国老年人（年龄 55 ～ 93 岁）的研究也发现，感受到种族歧视压力感的个体生活满意度更低（Utsey，Payne，Jackson，& Jones，2002）。对黑人大学生的研究也发现了相似的结果。感知到更高水平种族歧视的个体生活满意度更低，抑郁症状更多（Prelow，Mosher，& Bowman，2006；Seaton & Yip，2009）。

对在堪萨斯州上大学的非裔美国学生的研究发现，与对黑人文化认同感低，没有得到非裔美国团体接纳的学生相比，对黑人文化认同感更高，且得到学校黑人社团接纳的学生心理幸福感水平更高（Postmes & Branscombe，2002）。

人格与幸福感的关系受到了大量研究的关注，特别是五因素人格模型与幸福感的关系。例如，多项研究表明，低神经质、高外向性和责任心的个体主观幸福感水平更高（DeNeve & Cooper，1998；Hayes & Joseph，2003；Keyes，Shmotkin，& Ryff，2002；Marrero，Quevedo，& Abella，2011；Siegler & Brummett，2000）。中国的研究发现，外向性是主观幸福感最重要的预测指标之一（Zhang & He，2010）。

在 39 个国家采用艾森克三因素人格，在 26 个国家采用大五人格进行的研究发现，低神经质及高外向性和国家层面的主观幸福感水平显著相关（Steel & Ones，2002）。对美国和德国成人被试的比较研究发现，低神经质是对主观幸福感最强的预测指标（Staudinger，Fleeson，& Baltes，1999）。30 多个国家进行的其他研究也证实，低神经质和高外向性是主观幸福感的主要相关因素（see，for example，Gomez，Krings Bangerter，& Grob，2009；Libran & Howard，2006；Lynn & Steel，2006）。

在对猿类被试进行的研究也发现了类似的结果。在美国、加拿大和澳大利亚动物园中，最快乐的猩猩被动物园管理员评价为高外向性、低神经质以及高愉悦性（Weiss，King，& Perkins，2006）。

总之，在不同文化下均发现，神经质、外向性和愉悦性这些重要的遗传因素对幸福感具有重要作用，这表明生活满意度和幸福感有很强的遗传性。

其他人格变量也对主观幸福感有影响。一项对美国和韩国大学生的研究证实，有四个因素会影响幸福感：自主性、胜任力、关系和自尊。在这两种文化中，这四项因素具有一致性（Sheldon，Elliot，Kim，& Kasser，2001）。对英国大学生的研究显示，感恩与主观幸福感具有显著相关性。越懂得感恩，个体越幸福（Wood，Joseph，& Maltby，2009）。

对德国近 10 000 名成年人进行的研究发现，高责任心具有消极的一面。对失业者而言，高责任心者比低责任心者会经历生活满意度更大程度的下降（Boyce，Wood，& Brown，2010）。

你可能已经总结出，高自我效能感和内控点与生活满意度呈正相关。一般来说，当感到有能力应对生活事件并可以控制重要的强化物时，我们是最幸福的。一项对德国 20 ～ 90 岁成年人的研究证实，对生活的控制感与主观幸福感有很强的相关性（Lang & Heckhausen，2001）。

一项对 44 ～ 65 岁成年人的研究发现，生活满意度和自我接纳、环境控制及自主性三个变量相关。自我接纳指的是对自我及自我生活的积极评价。环境控制指的是有效应对挑战和问题的能力。自主性指的是具有强的自我决定感（Schmutte & Ryff，1997）。一项对老年人的研究证实自主性是对幸福感的重要影响因素（Sheldon，Kasser，HouserMrarko，Jones，& Turban，2005）。

一项对 148 项研究超过 42 000 名被试的元分析发现，信任、内控点、情绪稳定性、自尊以及积极应对压力的能力均与主观幸福感相关（DeNeve & Cooper，1998）。

积极的情绪，比如快乐、兴趣、爱和热情，也和主观幸福感相关（see, for example, Frederickson，2001）。反过来也同样成立，消极情绪会减弱幸福感。对大学生的一项研究发现，报复心（向他人寻求报复的欲望）会导致更低的生活满意度（McCullough，Bellah，Kilpatrick，& Johnson，2001）。对犹太人大屠杀幸存者的研究发现，即使在灾难发生的 60 年后，创伤的影响也会以消极情绪和低水平主观幸福感的形式存在（Ben-Zur & Zimmerman，2005）。

对芬兰近 48 000 名八九年级学生的研究发现，拥有自我实现的机会以及校内外的社会关系与主观幸福感高度相关（Konu，Lintonen，& Rimpelae，2002）。

主观幸福感高的个体和主观幸福感低的个体在动机和目标上存在差异。有研究综述指出，当人们为自己设定的目标关注个人成长和社会贡献，并且是可行的、现实的以及对文化富有价值时，生活满意度会得到提高。生活满意度高的个体对达成目标有强烈的决心，并且相信自己正在朝目标方向前进（Lyubomirsky，2001）。

德国的研究发现，在与幸福感直接相关的生活目标中，最重要的选择包括伴侣的性格、健康的生活方式、工作休息之间恰当的平衡以及社会参与（Headey，Muffels，& Wagner，2010）。

两项研究——一项涉及来自 31 个国家超过 13 000 名大学生，另一项涉及来自 41 个国家的超过 7 000 名学生，发现幸福和不幸福的人在感知、判断以及解释他们生活中的事件时的方式存在显著差异。

在评价生活满意度时，不幸福的个体似乎比幸福的个体给生活中的负性事件赋予更大的权重……相比而言，幸福的人乐观地看待事物，并且比不幸福的个体给予生活的积极方面更大的权重（Diener，Lucas，Oishi，& Suh，2002，p. 444）。

研究集锦

对塞利格曼理论的研究

幸福的个体倾向于

- 更有钱并且生活在富裕的国家
- 更有吸引力
- 年老时会更多地锻炼身体
- 已婚且没有孩子
- 有强烈的种族认同感

- 外向，有责任心，并有高自我效能感和控制点
- 非神经质的
- 热情、乐观以及懂得感恩
- 有目标，有健康的生活方式以及高度的社会参与
- 生活和工作间恰当的平衡
- 会花时间上网或者不会

幸福和成功有关系吗？如果有关系，究竟孰先孰后？研究倾向于认为，快乐或主观幸福感会导致可以带来成功的行为（Boehm & Lyubomirsky，2008）。主观幸福感高的个体"更可能得到工作面试的机会，只要得到工作会获得上级积极的评价，并展现出优秀的绩效"（Lyubomirsky，King，& Diener，2005，p. 8）。

那么，通过网络聊天室或博客发展起来的社会关系又如何呢？一项对中国青少年的研究发现，参与网络社会交往对幸福感并没有显著的影响。然而对意大利大学生的研究显示，通过网络形成社会关系之后，被试的主观幸福感得到提升，并且与他们自己的社会群体有更高的亲近感（Biao-Bin，Man-Na，Bi-Qun，& Yong-Hong，2006；Contarello & Sarrica，2007）。

然而在中国台湾地区的研究却发现网络的使用对主观幸福感有消极的作用（Huang，2010）。一项对美国人大规模的研究发现了更强的消极作用。人们在网络上花的时间越多，比如浏览检索、打字、看新闻或加入聊天室，他们就会感觉更孤独以及更不幸福（Stepanikova，Nie，& He，2010）。

不过对于来自各个富裕或贫穷国家的大样本被试的研究发现，尽管有的人从网络中比其他渠道获益更多，但总的来说网络交流会使人们更幸福。低收入或者生活在发展中国家的人们报告网络会带来更高的生活满意度。另外，更多的女性报告使用网络会带来赋权感（Kelly，2010）。我们可以从这一研究中得出的结论是，网络对某些人来说更有助于提高主观幸福感。对于你怎么样呢？

欢迎登录

Seligman's Positive Psychology Center
塞利格曼积极心理学中心官网提供了学习积极心理学研究的机会，以及其他相关网址的链接。

Seligman's Authentic Happiness Site
塞利格曼真实幸福感网站在全球拥有超过 7 000 000 的注册用户；它提供了你想要获取的关于乐观与幸福感各方面的研究课题以及问卷信息。

Seligman's Positive Psychotherapy Site
塞利格曼积极心理治疗网站包括了多种战胜抑郁、提升积极情绪以及构建幸福的训练，还有时事通信、读书俱乐部以及可以直接向塞利格曼提问题的链接。

评价

你会如何评价你自己的主观幸福感、生活满意度以及幸福呢？你的家庭成员和朋友呢？以及建立了积极心理学领域的心理学家马丁·塞利格曼呢？几年前，塞利格曼和他的一个同事研究了一群大学生，他们中有的被看作幸福的，其他人被看作不幸福的。他们发现在两个群体中存在很清晰的差别。更幸福的学生（那些在几个幸福感测试上得分前 10% 的人）比更不幸福的学生要更外向和宜人，更少的神经质以及更好交际。快乐的个体与朋友、家庭以及情人有着牢固的、积极的关系。他们对于生活更满意，能够回想起更多好的事情并且有更多的积极情绪而不是消极情绪（Diener & Seligman，2002）。

当塞利格曼被《纽约时报》的一个记者问及评价一下研究结果时，他开玩笑地说他为这些快乐的学生的个性特征所沮丧，尤其是他们善于社交的个性。"这些不是我所期待的发现。作为一个花大量时间阅读（而不是社交）的内向知识分子，研究结果告诉我我将不会是前 10% 的一个人选！"（Goode，2002）

但是有关幸福的话题还有很多的内容。塞利格曼猜想可能有不同种类的幸福，以及有发现生活中满意感的

不同方式。他指出对于他来说幸福的关键是对他的工作的深度投入。例如，如果一份问卷问道："你有多频繁专注于你所做的事情？"那么，他可能会成为前 10% 的幸福的人。

为了证明他关于不同种类幸福的观点，塞利格曼提出了三个不同的成分或类型：

- 积极情绪：快乐的生活
- 承诺：充实的生活
- 意义：有意义的生活

快乐的生活包含大量的积极情绪如满意、工作满足、平静以及乐观。这可以适用于上面所描述的那群善于社交、外向以及宜人的大学生。

充实的生活由在工作中承诺、参与、投入以及全神贯注构成。正如塞利格曼所说，对于这种类型的人来说"时间过得飞快"。"注意力完全集中在当前的活动上。迷失自我的感觉"(Seligman，Rashid，& Parks，2006，p. 777)。塞利格曼提出的充实的生活似乎和罗杰斯的功能完善者概念、马斯洛的自我实现观念以及瑞恩和德西提出的自我决定论都存在相似之处。

有意义的生活涉及用一个人的天赋、能力和力量而归属于、服务于以及完全投入某家企业，甚至比对自己付出的更大。这可以是一个宗教、组织、政党、理想以及其他任何超越自我的东西。塞利格曼写道，过有意义的生活"产生满意感以及生活的信念"（Seligman，Rashid，& Parks，2006，p. 777）。他的研究表明相比于对快乐的追求，对意义和承诺的追求与幸福感有着更强的联系（Schueller & Seligman，2010）。

塞利格曼对积极心理学的呼吁得到了热烈的回应。一篇发表在《新闻周刊》（*Newsweek*）上的赞美文将积极心理学描述为"心理学研究的全新的时代"（Cowley，2002，p. 46）。大量的研究、出版物和研讨会正在来临，并且对于幸福感和其他积极情绪的研究数量也在显著增长。2002 年，塞利格曼写了《真正的幸福：用全新的积极心理学去发掘你幸福永恒的潜能》，这本书得到了广泛的认可。2005 年，《时代周刊》出版了一期特刊，关注塞利格曼和他同事的研究。当哈佛大学 1999 年第一次开设积极心理学的课程时，仅有 20 个学生参加；到了 2006 年，这门课变成了校园内最受欢迎的课程，共有 854 人注册上课！

现在许多学校都开设积极心理学的课程，并且有大量有关这一主题的书籍和期刊文章（see，for example，Compton，2006；Lambert，2007）。不到 10 年的时间，积极心理学已经成为了人格研究的一个重要方法。

本章小结

罗特发现那些相信自己得到的强化是受自身控制的人具有内控人格特质，而认为自身得到的强化物不受控制的个体具有外控人格特质。内控点的人有更强的个人选择感，有更好的身心健康，更少受到压力的困扰，在学校获得的分数更高，对工作满意度和生活满意度的评分更高，并且有更强的自尊心。研究表明，随着年龄的增长，人们会变得更加有内控倾向，在中年达到顶峰。社会经济地位低的个体、少数群体和某些文化群体的人更可能是外控特质。具有内控倾向的儿童的家长对孩子的纪律倾向于支持性和一致性，鼓励孩子独立。

朱克曼指出，感觉寻求是一种寻求新鲜和复杂体验的遗传特质。《感觉寻求量表》是来评估人格的这个方面。感觉寻求的四个因素是刺激与冒险寻求、体验寻求、去抑制和无聊敏感性。朱克曼之后区分了好的感觉寻求（即社会化的和非冲动的）与坏的感觉寻求（即非社会化的、冲动的和在神经质维度上得分高的）。

研究表明白人、男性、西方文化的个体和处于青春期与 20 岁出头的年轻人有更高的感觉寻求。高感觉寻求者更可能试用药物、吸烟、喝酒、飙车、有频繁的性活动、赌博、进行高风险活动和到危险的地方旅游。在人格方面，高感觉寻求者倾向于是外向的、负责的、经验开放性的、自主的、武断的、不协调的和不抑制情绪表达的。在任职功能方面，高感觉寻求者能更快地识别符号和形状，更喜欢复杂的视觉刺激。

高感觉寻求的男性的职业兴趣更偏向科学和帮助行业，低感觉寻求的男性更偏向于办公室和经商等职业。高感觉寻求者倾向于持有更加自由的宗教和政治态度，对模糊不清有更高的容忍度，在性态度上更加放纵，在独裁主义方面得分更低。他们对新颖的刺激有更强的生理反应。感觉寻求是遗传的，但是会受到环境因素的影响，比如出生顺序和父母的感觉寻求程度。

塞利格曼将个体认为无法控制自身的环境称为习得性无助。乐观的解释风格可以阻止习得性无助，而悲观的风格会使得无助感影响生活的方方面面，并且导致身体疾病和沮丧。悲观主义者会将负面事件解释为出于个人原因的、永久的和普遍的。因此，无助感由短暂的、局部的变为长久的、普遍的感觉。

习得性无助的归因模型包括将失败归为某种原因。悲观主义者会将失败归为内在的、稳定的和普遍的，而乐观主义者会将失败归为外部的、不稳定的和特定的。乐观主义者更加长寿，有更健康的身体，更少体验到压力和沮丧。虽然习得性无助可能会发生在任何年龄，但是婴儿和小孩更加脆弱。当反应会导致环境变化的时候，婴儿认为他们的反应和结果是相对应的。当这些反应没有获得理想的变化，婴儿会有无助感。习得性无助的主要原因是缺乏母爱和一个缺乏刺激和反馈的环境。

积极心理学关注拥有快乐人格的个体，即在主观幸福感和生活满意度上得分高的个体。高的主观幸福感与具有社会支持、和他人有积极的联系、积极的态度、体育活动、不属于受歧视的小群体、住在经济发达的个体主义社会有关。快乐人格的特征包括低神经质、高外向性、自主、自尊、自由效能感、内控点和能够掌控生活的感觉。这些个体更可能在事业上获得成功，更加健康和长寿。

塞利格曼设想了快乐的三种成分或类型：拥有积极情绪的快乐生活，拥有付出、承诺和对工作全神贯注的充实生活，将天分和能力都服务于高于自身的远大目标的、有意义的生活。

Chapter 15

第15章

人格展望

在第1章中，我们说过本书的目的是探索人格形成的力量和观点，努力发现是什么使我们成为现在的样子。我们探讨了20多种理论，从20世纪初弗洛伊德的理论一直到21世纪人格心理学理论的新发展。由于我们展示了如此多不同的理论，你可能会认为，人格心理学的研究太过混乱，缺乏确定性，差异性更多而一致性更少。

哪一个理论是正确的？哪一个理论解开了人格的谜题？我们能够给出的答案就是，每个理论所讨论的因素在一定程度上都会影响人格的形成。每一位理论家都为解开这一谜题做出了重要贡献。为了能看到一个完整的画面，有必要去考察这些不同的理论。下面我们将对不同理论家所呈现的主题和因素进行简单而全面的回顾。

- 遗传因素
- 环境因素
- 学习因素
- 父母因素
- 发展因素
- 意识因素
- 潜意识因素

遗传因素

越来越多强有力的证据表明，许多人格特质是遗传的。这些特质包括：

- 艾森克的精神质、神经质和外向性（后者源自荣格的理论）。
- 麦克雷和科斯塔的五因素人格模型，包括神经质、外向性、对经验的开放性、愉悦性和责任心。
- 巴斯和普洛明的三种气质类型：情绪性、活动性和社会性。

除此之外，朱克曼所提出的感觉寻求特质也主要受遗传因素的影响。因此，强调遗传影响的特质取向，仍然是有用且不断发展的人格研究领域。但有待确定的是，到底存在多少遗传因素、特质或气质，究竟是卡特尔提出的 16 个，艾森克提出的 3 个，麦克雷和科斯塔提出的 5 个，巴斯和普洛明提出的 3 个，还是一些尚未发现的数目？

加拿大、德国和日本双生子的研究为五因素模型的遗传基础提供了支持。这一研究认为，这可能“代表了人类的共同遗产”（Yamagata et al.，2006，p.96）。德国和比利时对双生子和非双生子兄弟姐妹的其他研究发现，特质在儿童期、青春期，一直到成年早期都具有高度稳定性，这进一步强化了人格中遗传因素的重要性（DeFruyt，Bartels，Van Leeuwen，DeClercq，Decuyper，& Mervielde，2006；Kandler，Bleidorn，Reimann，Spinath，Thiel，& Angleitner，2010）。

一项包括以色列、韩国和土耳其超过 50 个不同文化的大规模研究项目发现，大五人格因素在大多数国家的研究中都显示出一致性。但在埃塞俄比亚、黎巴嫩、马来西亚和乌干达等发展中国家，五因素模型的一致性较低（Heine & Buchtel，2009）。

对瑞典双生子（包括异卵双生子和同卵双生子）青少年的一项研究发现，倾向于暴力反社会行为的病态人格具有很强的遗传性（Larsson，Andershed，& Lichtenstein，2006）。未来的行为遗传学研究可能会发现更多由遗传因素塑造的人格层面。

然而，无论可能存在多少种人格特质，即使是遗传取向最坚定的支持者也不认为人格可以完全由遗传来解释。我们继承的是倾向，而不是命运；是趋势，而不是确定性。我们的遗传倾向是否能实现取决于社会和环境条件，尤其是童年时的这些条件。

环境因素

我们所讨论的每一位人格理论家都承认社会环境的重要性。阿德勒谈到出生顺序的影响，认为人格受我们在家庭中相对于兄弟姐妹的位置的影响。随着兄弟姐妹之间年龄差异的大小，或者是否有兄弟姐妹，我们所面临的父母和社会情境都会有所不同。按照阿德勒的观点，家庭环境的差异会导致不同的人格特征。

霍妮认为，文化以及我们成长的时代都会产生影响，这在她对德国和美国神经症患者的治疗记录中都有所体现。她还指出男孩和女孩在儿童时所接触到的社会环境具有极大的差异性。女性的自卑源自男性为主导的文化对待女孩的方式。她认为，成长在母系文化中的女性会有更高的自尊和不同的人格特征。

即使是人格特质取向的开创者奥尔波特和卡特尔，也赞同环境的重要性。奥尔波特认为，尽管基因为人格提供了基本的原材料，但将这些材料塑造为成品的却是社会环境。卡特尔认为，遗传对 16 种人格因素中的某些因素更为重要，而环境影响最终会对每个因素都产生不同程度的影响。

埃里克森的心理社会性发展的八个阶段是与生俱来的，但环境决定了这些基于遗传的阶段得以实现的方式。他认为社会和历史因素会影响自我同一性的形成。马斯洛和罗杰斯主张，自我实现是与生俱来的，但环境因素可以抑制或促进自我实现需要。

大规模的社会事件，如战争和经济衰退，会限制人生的选择并影响自我同一性的形成。更为经常的生活变化（比如为人父母、离异或更换工作）也会影响人格。

甚至是你出生或成长的时代也会影响人格。实际上，对于每一代人来说，社会标准和态度、好恶以及外部威胁的性质都有所不同，而这些都对人格的发展具有重要的影响。

这一点获得了一项重大研究的支持，这项研究比较了 50 000 多名大学生和 9 ～ 17 岁年轻人的人格数据。这些数据分为两个出生群组，一组是 50 后，另一组是 80 后。研究表明，这两组人在焦虑和神经质两个人格维度上具有非常显著的差异。80 后被试的焦虑和神经质水平显著增加。这些差异是由于 20 世纪 50 年代到 80 年代之间社会联结水平的下降造成的。80 年代更高的离婚率、更低的出生率、首次婚姻年龄的推迟以及独居者增加都可以证明这一点（Twenge，2000）。

芬兰的研究发现，有了孩子可以导致人格的改变。为人父母与抑郁和焦虑水平的提高以及婚姻和生活满意度的降低有关。研究也表明，一旦成为父母，成年人的情绪性水平会增加；孩子越多，他们的情绪性水平增加越多（Jokela，Kivimaki，Elovainio，& Keltikangas-Jarvinen，2009）。美国、英国和土耳其的研究也发现，为人父母会降低婚姻满意度。一对夫妻孩子越多，婚姻满意度水平越低（Wendorf，Lucas，Imamoglu，Weisfeld，& Weisfeld，2011）。

工作也会影响我们的人格。对新西兰 18 ～ 26 岁青年人的一项研究表明了这一观点。在被试 18 岁时进行人格测量，26 岁时再次测量，结果表明 26 岁时具有令人满意的高地位工作的被试，18 岁以后其积极情绪性增加（幸福感、社会亲密感和成就感）而消极情绪性下降（攻击性、疏离感和压力）。研究者推断，工作场所的性质会影响我们与生俱来的人格特质（Roberts，Caspi，& Moffitt，2003）。

压力生活事件，比如配偶死亡或失业，会影响人格。对美国成年人在其 45 岁时进行研究，并在 10 年之后进行第二次研究。结果发现，在神经质上得分较高的个体逐步认识到压力生活事件是他们生活中的转折点。高外向性的个体觉得他们会从压力事件中汲取教训。将压力事件体验为消极转折点的个体会随着时间而变得更加神经质，而将其视为学习机遇的个体则变得更加外向（Sutin，Costa，Wethington，& Eaton，2010）。

种族背景，以及我们是少数文化群体还是主流文化群体成员，都会影响人格的形成。在感觉寻求、控制点以及成就需要等变量上都可以看到种族差异的例子。我们也认识到少数族群成员既要建立自我同一性还要建立种族同一性，而且必须适应两种文化。成功适应会影响个体的人格和心理健康。对加拿大认同自己为少数群体成员的个体进行的一项研究发现，最强种族认同的个体具有最强的自尊和主观幸福感水平（Usborne & Taylor，2010）。

我们也看到，文化是塑造人格的重要环境因素。西方文化比东方文化更倾向于个体主义。另外，西方文化中的个体倾向于在外向性、感觉寻求和主观幸福感上得分更高。东方文化中的个体在这些人格特征上得分更低。

在第 14 章中，我们已经注意到，不同地域的个体主观幸福感存在差异。研究也已经确定，作为一个整体的人格其差异取决于个体生活的区域。例如，一项研究发现，美国东北和东南部各州个体的神经质水平更高，而南部各州个体的愉悦性水平更高。而外向性在东北部更高，在西部更低（Rentfrow，2010）。人格甚至可能会因为周围邻居的不同而改变。在周围邻居经济条件都比较差的社区长大的儿童更可能显示出非适应性的人格倾向，心理弹性水平较低，而且也有更多的问题行为，这导致他们长大后出现各种社会和情绪问题（Hart，Atkins，& Matsuba，2008）。

所有这些原因，使得我们无法否认环境和社会因素对人格所产生的影响。而施加这一影响最重要的方式就是学习。

学习因素

占绝对优势的证据表明，学习对行为的所有方面都具有非常重要的影响，它不仅会影响人格，也会对个体主要的生活目标产生影响（see, for example, Bleidorn，Kandler，Hillsheger，Riemnn，Angleitner，& Spinath，2010）。塑造人格的所有社会和环境因素都通过学习产生影响。甚至于人格的遗传层面也会因为学习过程而被修改、中断、阻止或发扬光大。斯金纳（基于早期华生和巴甫洛夫的工作）指出了正强化、连续接近、迷信行为和其他学习因素在塑造其他研究者所说的“人格”中的重要作用。但斯金纳只是把人格看作习得反应的简单积累。

班杜拉引入了通过观察榜样行为（观察学习）及替代性强化进行学习的思想，班杜拉赞同斯金纳认为大多数行为都是习得的，遗传的作用非常有限的观点。

有科学证据显示我们所探讨的人格的多个层面都是习得的，如自我效能感（班杜拉）、控制点（罗特）、习得性无助和乐观主义与悲观主义（塞利格曼）。这些概念似乎与一个更广泛的概念——控制水平有关。相信自己能够掌控生活的个体具有高自我效能感、内控点、并且不会出现习得性无助的特征（习得性无助包括缺乏控制）。用塞利格曼的话来说，相信自己具有控制力的个体乐观而不悲观。

控制力对生活的许多方面都是有益的。高度的控制与更好的应对机制、更少的压力影响、更好的心理和身体健康、韧性、更高的抱负与自尊水平、更低的焦虑、更高的成绩以及更高的社交技能与受欢迎程度有关。无论是称作自我效能感、内控点还是乐观主义，虽然在以后的生活中还会发生变化，控制力是由社会和环境因素所决定的，是在婴儿和儿童期习得的。我们看到，父母的特定行为会促进孩子的控制感，因此，控制感是一种习得的人格维度，对此，父母行为的影响最为重要。

父母因素

尽管弗洛伊德是第一个强调父母影响人格形成的理

论家，但之后的每一位理论家几乎都赞同他的观点。我们可以回想一下，阿德勒非常关注儿童感到自己是多余的或被父母拒绝所导致的结果。父母拒绝会导致不安全感，使个体感到愤怒和缺乏自尊。从自己的经验出发，霍妮认为，缺乏父母的温暖和情感会破坏孩子的安全感，并导致无助感。

强调特质重要性的奥尔波特和卡特尔，也认识到父母因素在人格形成中的重要作用。奥尔波特认为婴儿与母亲的关系是情感和安全感的最主要的来源，对以后人格的发展至关重要。卡特尔将婴儿期视为人格主要的形成期，父母和兄弟姐妹在这一时期的行为会塑造孩子的人格。埃里克森坚持认为，婴儿在生命的头一年中与母亲的关系对于提升信任态度至关重要。马斯洛主张，在生命头两年中，父母能否满足孩子生理和安全需要至关重要。生理和安全需要的满足是高层次需要出现的先决条件。罗杰斯提到父母应该对孩子提供无条件积极关注。

我们也已经看到父母的行为如何影响人格一些具体层面的实例，如自我效能感、控制点、习得性无助、乐观主义以及主观幸福感等。父母行为也会影响主要由遗传决定的特质，比如感觉寻求。很容易想象，冷漠和喜欢惩罚的父母会如何扼杀外向性、社交性、愉悦性和经验开放性等遗传特质的出现。

大量证据表明，被描述为权威型的父母（也就是，温暖的但教养方式非常严格）的孩子比被描述为消极、严厉或冷漠父母的孩子会更具胜任力以及更为成熟。研究者注意到：

> 权威型教养方式与青春期众多的心理和社会优势有关，正如它在儿童早期和中期的影响一样……父母既积极回应儿童，同时又对儿童有所要求，始终与青少年的适应性、学校表现和心理成熟度相关（Steinberg & Morris，2001，p.88）。

对新加坡青少年的一项研究发现，拥有权威型父母的青少年比拥有独裁型父母（严格、严厉、要求服从）的青少年对自己的能力更自信，并能更好地适应社会（Ang，2006）。一项大规模的亲子关系分析发现了明确的证据：具有高外倾性、愉悦性、责任心和对新经验开放性的父母，比在这些因素上得分低的父母对他们的孩子表现出更为温暖和一致的方式。具有高愉悦性和低神经质的父母也会更支持孩子的独立性（Prinzie，Stams，Dekovic，Reijntes，& Belsky，2009）。

我们也讨论了父母教养方式的文化差异。阿拉伯文化中的父母倾向于更专制而非权威。对和孩子一起移民到加拿大的母亲进行的一项研究表明，来自埃及、伊朗、印度和巴基斯坦等集体主义文化中的女性比来自西欧个体主义国家中的女性更专制（Rudy & Grusec，2006）。

大量研究还表明，父母表扬可以提升孩子的自主感、标准和预期的现实性、胜任力以及自我效能感，并且能够提高成功的内在动机（see Henderlong & Lepper，2002）。正如父母的积极行为对孩子有积极影响一样，父母的消极行为也会产生不利影响。

有关童年早期经验和成年精神障碍之间关系的综述一致显示，成年人的抑郁和焦虑与童年期不恰当的父母教养方式有关。与有较少困扰的成年人相比，他们的父母对孩子有更多的拒绝和虐待，有更少的关怀和关爱（Brewin，Andrews，& Gotlib，1993）。另一项研究发现，相比于没有显示出消极情绪的母亲来说，具有消极情绪和不愉悦的母亲，她们的孩子在反抗、愤怒、不服从以及其他行为问题上的得分更高（Kochanska，Clark，& Goldman，1997）。

对芬兰儿童一项持续 12 年的研究显示，当母亲对抚养儿童持有敌意时（在孩子 3 岁和 6 岁时对她们的态度进行测量），则孩子在 15 岁时极有可能充满敌意。因此，研究发现敌意的母亲所抚养的孩子也变得具有敌意（Raikkonen，Katainen，Keskivaara，& Keltikangas-Jarvinen，2000）。美国的一项纵向研究对被试在 5 岁和 31 岁时进行比较，发现在 5 岁时限制、冷漠和严格的父母教养方式会产生高顺从和低自我导向的成年人（Kasser，Koestner，& Lekes，2002）。

当父母不是主要照顾者，也就是说，当父母因为外出工作而与日托工作者、朋友和家人分担抚养孩子的责任时会发生什么？一项对 3 ～ 12 岁儿童的全国性追踪调查发现，母亲外出工作的儿童并没有表现出明显的行为问题或自尊问题。据此，研究者认为，由母亲以外的他人照顾对所研究的变量没有消极影响（Harvey，1999）。

以色列基布兹的儿童集体看护机构，是一家探索照料者问题的非常独特的真实实验室。在那里，母亲只在婴儿出生在头几个月参与照料，随后，儿童养育的主要责任就由专业的照料者承担。通常，孩子和这些代理父母在一起的时间比和亲生父母在一起的时间还要长。

总的来看，基布兹儿童的各种机能正常，适应得也很良好。可以假定他们在婴儿期与父母建立了安全的关系。实际上，这种联结的力量是对儿童支配性、独立性和成就取向的最强预测因子。然而，儿童早期的兵营式睡眠安排（就像夏令营或寄宿学校）可能会导致更加焦虑、抑制和情绪很平稳的人格。在基布兹抚养长大，没有与父母或照料者建立联结的成年人会显示出内向、建立友谊的能力减弱而且人际关系中的情感强度降低（Aviezer，Van Ijzendoorn，Saji，& Schuegel，1994）。

20 世纪 90 年代末，当有人提出父母的态度和行为对孩子在家庭以外的人格没有长远影响时，爆发了一个重要的争议（Harris，1995，1998）。根据这一观点，同伴对儿童人格的影响要大于父母。儿童会采纳同学和朋友的行为、态度、价值观和特征以赢得他们的认可和赞同。

这一观点的支持者并没有完全否认父母对儿童人格所产生的影响。他们所怀疑的是，父母的影响在家庭以外依然存在的观点。

> 父母确实会影响儿童的行为，这是肯定的，但这种影响主要是在家庭之中。当儿童走出家门以后，他们会把在家庭中习得的行为丢弃，就像丢掉母亲让他们穿的一件过时的毛衣一样（Harris，quoted in Sleek，p.9）。

对青春后期双生子的一项研究为这一观点提供了支持。结果表明，有更多共同朋友的双生子比共同朋友较少的双生子在人格上更为相似。这表明，朋友而非家庭环境对他们的人格有更大的影响（Loehlin，1997）。

赞同遗传因素对人格具有首要作用的研究者也倾向于拒绝或轻视父母的影响，他们认为家庭环境对人格的影响很小（Matthews & Deary，1998）。无论这一争议最终以何种方式得以解决——人格是否是由父母、同伴、基因或某些因素共同决定的，它使我们转向另一个问题。这些影响因素会使人格在童年早期就固定下来，还是在以后的时间里可以被改变？这一问题使我们去考虑发展因素。

发展因素

弗洛伊德认为，人格在 5 岁的时候就已经形成并固定下来，以后就很难改变。我们承认，童年时期对人格的形成至关重要，但我们也很清楚，人格在儿童期之后还会继续发展，而且这种发展可能会贯穿整个生命历程。卡特尔、奥尔波特和埃里克森等理论家均认为童年期很重要，但同时他们也同意人格在以后的时间里能够被改变。有的理论家认为人格在青春期依然还在发展。荣格、马斯洛、埃里克森和卡特尔认为，中年期是人格变化的主要时期。

问题是，人格的变化和发展会持续多长时间呢？你 20 岁时的自我能否预测你 40 岁时的样子？正如有关人格的大多数问题一样，这也是一个十分复杂的问题，甚至于这可能并非一个正确的问题。

当你了解到不同的观点都有实证证据支持时，这一点也不令人惊讶。人格会变化吗？是的，它会变化。人格也会保持稳定吗？嗯，可能会的。如果我们将问题进行完善，并提问是否有一些人格特征在一生之中都会保持稳定而另一些特征则会改变，那么我们就可以绝对肯定地回答它。

研究所显示出的观点是，持久人格倾向的基础，比如麦克雷和科斯塔五因素模型中所描述的特质以及人格的其他方面，在许多年内都会保持稳定。有证据显示，这些基本人格特质和能力从 30 岁起就保持不变（Nave，Sherman，Funder，Hampson，& Goldberg，2010；Terracciano，McCrae，& Costa，2010）。有研究表明，神经质、外向性和开放性从大学时期到中年时期都有所下降，而愉悦性和责任心会随着年龄的增长而上升。跨文化比较已经证明，在美国、德国、意大利、葡萄牙、克罗地亚、荷兰、澳大利亚和韩国等不同国家都存在这种一致性（Allemand，Zimprich，& Hendriks，2008；Costa & McCrae，1997；Lucas & Donnellan，2009；McCrae et al.，1999）。

其他研究出现了不同的结果。例如，一项对几百人历时 40 年的研究发现，支配性和独立性得分在中年时达到顶峰，而且在 20 岁之后人格并未停止发展和变化（Helson，Jones，& Kwan，2002）。对 152 个纵向研究超过 55 000 个被试进行的元分析显示，人格特质在所有年龄阶段中都具有高水平的一致性，并且发现在成年时期一致性水平最高（Robert & Delvecchio，2000）。根据这些结果可以发现，特质在人的一生当中都具有一致性，并且在 50 岁以后达到最高水平。

还有研究关注了童年期和青春期的人格变化。对爱沙尼亚 12 ～ 18 岁青少年的一项研究表明，通过五因素模型所测量的人格，在进行研究的两年时间里都保持着稳定（Pullmann，Raudsepp，& Allik，2006）。对美国大学生超过 30 个月的研究显示，在这期间，他们变得更加开放、愉悦和有责任心（Vaidya，Gray，Haig，& Watson，2002）。其他纵向研究表明，在大约 30 岁的时候，正常和异常人格因素的稳定性都达到顶峰，并在余下的生命中仍然保持相当的稳定性（Ferguson，2010）。然而，瑞士的一项研究发现，人们在 60 多岁后，随着年龄的增长，他们的神经质和外向性水平倾向于更低，对新经验的开放性水平也更低（Allemand，Zimprich，& Martin，2008）。

在网上对超过 32 000 名年龄在 21 ～ 60 岁的人进行的研究表明，成年早期和中期，责任心和愉悦性在不断增加。20 多岁的时候责任心增加最为明显，愉悦性在 30 多岁时增加最为强烈（Srivastava，john，Gosling，& Potter,2003）。其他研究认为，从成年早期到中年期，人们在社会情境中会变得更加具有支配性，更加有责任心，情绪也更加稳定（Robert，Walton，& Viechtbauer，2006）。大规模的研究也支持人格在 30 岁以后一直到成年后期都保持总体稳定的观点（Johnson，McGue，& Krueger，2005；Terracciano，Costa，& McCrae，2006）。

一项对新西兰 18 ～ 26 岁的个体进行的研究表明，这一年龄段人格的改变证明了心理成熟水平的提升，被试自我控制水平更高、在社会情境中更加自信，具有更少的愤怒和疏离感（Roberts，Caspi，& Moffitt，2001）。一项研究对 8 ～ 12 岁儿童进行考察，并在 10 年之后对他们进行再次调查，发现童年时的人格特征可以显著预测 18 ～ 22 岁的人格变化（Shiner，Masten，& Tellegen，2002）。所有这些研究都证实，随着我们进入青春期和成年早期，人格会不断发生变化，你可能已经在自己身上观察到了这一结果。

是什么导致了成年期人格的变化？许多心理学家认为，答案在于社会和环境的影响以及我们对社会和环境的适应。经济情况变化、大学毕业、结婚和为人父母、离婚、失业或晋升、中年危机、父母老化，所有这些都是成年人必须去适应的问题（McAdams & Olson，2010）。

对荷兰 40 多岁的男性和女性进行了一项持续 3 年的研究，发现成功适应预期社会规则的个体，如事业和家庭生活成功，比没有成功适应的个体在五因素人格维度上有更高的得分。因此，人格的变化与成功适应中年期的各种问题相关（Van Aken，Denisson，Branje，Dubas，& Goossens，2006）。

在其他适应的例子中，失业的个体神经质水平显著提高，责任心和外向性水平显著下降。主动约会以维持社会关系的成年人比不约会的个体在神经质上的得分更低，而在外向性、责任心和自尊上的得分更高（Costa，Herbst，McCrae，& Siegler，2000；Neyer & Asendorpf，2001）。

这些文化和个人挑战会对人格产生影响。一位理论家认为，人格会在三个水平上继续发展：倾向性特质、个人关注和生命叙事（McAdams，1994）。倾向性特质就是麦克雷和科斯塔所讨论的遗传特质，研究发现这些特质会保持稳定，并从 30 岁起相对不变。个人关注指的是有意识的感受、计划和目标；我们渴望什么，如何去实现，以及我们对生命中的他人感觉如何。这些可能都会因为我们接触到的不同情境和影响而在一生当中经常变化。尽管这些情境可以改变我们的感受和意图，但我们面对这些生活情境时的潜在倾向性特质（比如我们神经质和外向性的基本水平）会保持相对稳定。生命叙事意味着塑造自我，获得同一性，并在生活中找到一个统一的目标。我们不断地在书写我们的生命故事，创造出我们是谁以及我们适应世界的方式。就像个人关注一样，生命叙事也会根据社会和环境情况的不同而改变。作为成年人，我们可以调整我们的叙事来适应生命中的每一阶段及其需要、挑战和机遇。总之，这一观点认为，人格潜在的倾向性特质几乎保持不变，但是关于我们是谁以及我们想要成为谁的意识判断则会发生变化。这一观点导致理论家去考虑另一因素——意识。

意识因素

我们所描述的每一个人格理论几乎都会谈到外显和

内隐的意识过程。即使像弗洛伊德和荣格主要关注的是潜意识，他们也会注意到知觉、思维、感觉和记忆等自我或意识过程，这些心理过程能够使我们与真实世界进行互动。通过自我，我们能够知觉到刺激并在随后回想起关于它们的映象。荣格还曾提到理性的机能、对经验做出意识的判断与评估等。阿德勒将人类描述为有意识的、理性的存在，能够制订计划并指导我们的人生。我们有希望、计划以及梦想，能够延迟满足，有意识地去预测未来事件。

奥尔波特认为，非神经质的个体是有意识的、理性的，能够知觉并掌控激励性的力量。罗杰斯认为，人们主要是理性的存在，受他们自己和经验世界的有意识知觉的控制。马斯洛也认识到意识的作用，他提出我们具有认识和理解的认知需要。

凯利提供了基于认知因素的最完整理论。他认为我们会形成对环境和他人的建构，并基于这些建构来对它们做出预测（预期）。我们形成关于社会的假设，并以我们对现实的经验对它们进行检验。基于日常的证据，我们很难否认人们会去分析、预测和期望他人的表现，并相应地修改或适应他们的行为。

班杜拉相信人们具有通过榜样和替代性强化学习的能力。为此，我们必须能够预期和欣赏在他人身上所观察到的行为后果。我们会设想与榜样相同的表现方式而获得强化的结果，尽管我们可能从未亲自体验过那些结果。因此，人们普遍同意意识是存在的并会对人格产生影响。然而，对于潜意识影响的作用甚至是它的存在，人们的观点却没有那么一致。

潜意识因素

西格蒙德·弗洛伊德将我们引入了潜意识的世界，这是我们最黑暗的恐惧和冲突的储藏室，是影响我们意识思维和行为的力量。弗洛伊德认为思想和记忆被压抑在潜意识中，压抑（也是另一种防御机制）是在潜意识水平上运作的观点，对此，心理学家已经找到了一些证据。随着心理学中认知运动的发展，心理学家不仅对意识过程感兴趣，还重新燃起对潜意识的兴趣。最近的研究证实了潜意识是一种强大的力量，其影响的弥散性比弗洛伊德所认为的更为普遍。然而，现代心理学对潜意识的描述与弗洛伊德的观点并不相同。当代研究者关注的是潜意识的认知过程，并将它们描述为更为理性而非情绪性。

理性的潜意识通常指的是无意识，以区别于弗洛伊德的潜意识，即他所谓被压抑的愿望和欲望的黑暗大锅。无意识研究的一种方法是阈下启动。在阈下启动中，会在被试的意识水平之下向他们呈现各种刺激。尽管被试不能知觉到刺激，但是他们的意识过程和行为会被这些刺激所激活。这类研究得出的明显结论就是，人们会被他们无法看到或听到的刺激所影响。我们也讨论了“妈妈和我是一体的”研究，它是关于阈下刺激是如何影响认知和情感反应方式的研究（Silverman & Weinberger，1985）。尽管被试没有意识到实际的信息，但阈下刺激却具有治疗价值。因此，无意识可能同时具有理性和情绪性的成分。

尽管现在无意识是心理学中一个正在进行的研究课题，但许多追随弗洛伊德的人格理论家却忽视了它。我们认为，正如弗洛伊德所想象的一样，情感无意识，是标志着人格研究正式开始的令人震惊的思想，一直是最难理解的因素，仍然像它在弗洛伊德那个时代一样，神秘而难以琢磨。

正如我们在整本书里所看到的，人格的研究也是如此。存在不同的定义与描述人格的方法，并且我们所讨论的每一个理论都对回答关键性问题做出了贡献。从弗洛伊德以及他对焦虑、潜意识、压抑和恐惧生活的强调，到积极心理学与幸福人格的特征，以及它们之间的各种理论，都增加了对人格的理解。但还有更多可能性需要去考虑，还需要不断去学习，毫无疑问的是新方法将会呈现，而新理论到目前为止还无法想象。

到这里，这一领域的正式课程就结束了，但是试图了解人格的努力并没有结束。尽管我们已经在描述人格以及详述塑造人格的因素上取得了巨大的进步，但这一领域仍然充满挑战。也许“什么是人格”是所有问题中最重要的问题，因为它反映了我们在试图了解自己。

术 语 表

A

能力特质（ability traits）描述个体技能及完成目标有效性的特质。

实现倾向（actualization tendency）人类实现、维持和提升自我的基本动机。

攻击性驱力（aggressive drive）破坏、征服以及杀戮的冲动。

攻击型人格（aggressive personality）与抗拒人群神经症倾向相关的行为和态度，比如喜欢支配与控制的方式。

分析心理学（analytical psychology）荣格的人格理论。

阿尼玛原型，阿尼姆斯原型（anima archetype，animus archetype）男性心灵包含女性化的方面，女性心灵包含男性化的方面。

焦虑（anxiety）按照弗洛伊德的理论，焦虑是一种没有明确原因的恐惧和害怕：现实性焦虑指的是对现实世界中真实危险的恐惧；神经性焦虑来自本我和自我的冲突；道德性焦虑来自本我和超我之间的冲突。

原型（archetypes）集体潜意识中所包含的普遍经验的意象。

B

基本焦虑（basic anxiety）弥漫性的孤独感和无助感，是神经症的基础。

基本优势（basic strengths）按照埃里克森的观点，在发展的每一个阶段，所面临的危机能够得到积极解决所形成的动机性特征和信念。

基本弱势（basic weaknesses）在发展的每一个阶段，所面临的危机没有能够得到积极解决所形成的动机性特征。

行为矫正（behavior modification）应用强化原则塑造理想行为的治疗方法。

行为遗传学（behavioral genetics）关注基因或遗传因素与人格特质关系的研究。

行为主义（behaviorism）由约翰·华生所建立的心理学派，强调心理学应该研究外显的行为而不是心理过程。

C

枢纽特质（cardinal traits）渗透力和影响力最强的人格特质。

个案研究（case study）对由不同来源数据所构成的个体详细的历史进行研究。

阉割焦虑（castration anxiety）在俄狄浦斯阶段，男孩子担心自己的阴茎被阉割所带来的焦虑。

宣泄（catharsis）期望减少令人不安的症状的情绪表达方式。

灌注（cathexis）心理能量倾注在某个物体或个体身上。

中心特质（central traits）能够描述个体行为的少数几个突出的人格特质。

认知复杂性（cognitive complexity）个体能够知觉他人之间差异的认知风格和方式。

认知需要（cognitive needs）人们认识和理解事物的内在需要。

认知单纯性（cognitive simplicity）个体相对无法知觉他人之间差异的认知风格和方式。

集体潜意识（collective unconscious）心灵中的最深层次，包含着人类以及史前人类所累积的遗传经验。

共同特质（common traits）所有个体不同程度都拥有的特质。

补偿（compensation）克服自卑，追求更高水平发展的动机。

情结（complex）荣格认为，个人潜意识中围绕着一个共同主题而组织起来的情绪、记忆、知觉以及愿望的核心或模式。

顺从型人格（compliant personality）与接近人群神经症倾

向相关的行为和态度，比如情感与赞许的需要。

有条件的积极关注（conditional positive regard）只有个体表现令人喜欢的行为和态度时才能获得认可、爱与接纳。

价值条件（conditions of worth）按照罗杰斯的理论，我们相信只有行为和态度令人喜欢并且抑制他人不赞许的行为和态度，我们才会被认为值得赞许，与弗洛伊德的超我类似。

冲突（conflict）霍妮认为，冲突是三种神经症倾向的基本不一致。

良心（conscience）超我的成分，是使儿童曾经受惩罚的行为。

体质特质（constitutional traits）依赖于生理特征的根源特质。

构念（construct）我们构建用来解释生活事件的假设。构念是双极的，比如高和矮、诚实和不诚实。

构念替换论（constructive alternativism）指的是我们能够自由地对构念进行修正和替换。

控制组（control group）在实验中，没有受到实验操作的被试组。

应对性行为（coping behavior）指向特定目标并有意识地计划与实施的行为。应对性行为取决于由情境所诱发的需要，通常也是指向于改变我们所处的情境。

相关法（correlational method）测量两个变量关系程度的统计技术，用相关系数来表达。

自我的创造力（creative power of the self）创造适当的生活风格的能力。

危机（crisis）埃里克森认为，危机就是每个发展阶段所面临的转折点。

D

死的本能（death instincts）趋向腐朽、毁灭和攻击的潜意识驱力。

防御机制（defense mechanisms）自我用来保护自己免于日常生活所引发的焦虑的策略，是对现实的否认或扭曲。

缺失性需要（deficit/deficiency needs）低层次需要，如果得不到满足则会使机体处于一种匮乏的状态。

否认（denial）否认外部威胁或创伤性事件存在的防御机制。

因变量（dependent variable）实验中，实验者希望测量的变量，一般是被试对自变量操纵的行为或反应。

分离型人格（detached personality）与脱离人群神经症相关的行为和态度，比如对隐私的强烈需求。

置换（displacement）一种防御机制，将本我的冲动从威胁性目标或无法获得的目标转移到可获得的目标，比如将对老板的敌意转移到对小孩子身上。

梦的分析（dream analysis）解释梦所隐含的潜意识的技术。梦包含显梦（梦中的实际事件）和隐梦（梦中事件所隐藏的象征性意义）。

动力特质（dynamic traits）描述个体动机以及兴趣的特质。

E

早期回忆（early recollections）利用个体对童年早期的记忆进行人格评估的技术，不管这些回忆是真实的还是幻想的都被认为揭示了个体生活的主要兴趣。

自我（ego）按照弗洛伊德的理论，自我是人格理性的一面，按照现实原则指导和控制本能。按照荣格的理论，自我是人格的意识层面。

自我同一性（ego identity）青春期个体整合自己是什么样子、希望自己是什么样子的观点所形成的自我意象。

理想自我（ego-ideal）超我的成分，包含个体应对追求的道德或理想行为。

伊拉克特拉情结（Electra complex）在生殖器期（4 ～ 5 岁），女孩子爱恋自己的父亲，同时渴望替代或杀死自己母亲的潜意识欲望。

会心团体（encounter groups）一种团体治疗技术，通过这种技术人们可以更加了解自己的感受以及如何与他人交往。

熵定律（entropy principle）人格中存在的一种趋向于平衡的倾向。理想状况是心理能量在人格的所有结构中均衡分布。

环境塑造特质（environmental-mold traits）从社会和环境互动中所习得的根源特质。

渐成论（epigenetic principle of maturation）遗传因素决定着人格不同发展阶段的特征。

守恒定律（equivalence principle）人格中能量的持续再分配；如果花费在特定条件或活动中的能量减弱或消失，那么这一能量就是被转移到了人格中的其他部分。

能（ergs）为目标导向行为提供能量的永久性体质特质，是与生俱来的基本动机单元。

实验组（experimental group）实验中接受实验操控的被试组。

表现性行为（expressive behavior）自发的、没有特定的目标的行为，通常不是我们有意识地表现出来的行为。

解释风格（explanatory style）我们解释对于环境缺乏控制的方式。乐观的解释风格可以阻止无助；悲观的解释风格会使无助感蔓延到生活的方方面面。

外控点（external locus of control）认为强化受他人、命运或运气控制。

外在化（externalization）神经症个体试图保护自我，通过将内部冲突投射到外部世界，使得自我免受理想的自我意象和真实的自我意象之间的不一致所导致的内部冲突伤害的一种方式。

消退（extinction）由于强化物不再出现而导致反应消除的过程。

外向（extraversion）一种指向外部世界和他人的心理态度。

F

因素分析（factor analysis）一种基于多个变量之间相关关系的统计技术，可以用潜在的因素对这些相关的变量进行解释。

女性心理学（feminine psychology）霍妮认为，精神分析应该包括与生俱来的传统理想女性特征和女性角色的心理冲突。

虚构目的论（fictional finalism）指的是想象或潜在的目标指导着我们的行为。

固着（fixation）由于过度挫折或满足，而使一部分力比多停留在某一心理性欲发展阶段的一种状态。

固定角色疗法（fixed role therapy）一种心理治疗技术，让来访者按照与一个虚构人物匹配的构念去生活。治疗师希望来访者认识到新构念比他们自己以前的旧构念更加有效。

自由联想（free association）让患者把进入大脑中的所有想法都报告出来的一种技术，换句话说，就是把白日梦大声地说出来。

机能完善者（fully functioning person）罗杰斯用来描述自我实现者的术语，这种个体自我的所有方面都得到了充分发展。

功能分析（functional analysis）通过评价行为的频率、行为发生的情境以及与行为相关的强化物，来研究行为的一种方法。

动机的机能自主（functional autonomy of motives）一个成熟、情绪健康的成年人的动机在机能上与以前行为最初出现时的动机没有关联。

G

成长性需要（growth beings needs）高层次需要，尽管成长需要与缺失性相比，并不是生存必需的，但它与个体潜能的实现有关。

H

五种层次的内在需要（hierarchy of five innate needs）将五种与生俱来的需要按照激发和引导行为的强度，从强到弱按顺序排列。

历史决定论（historical determinism）认为人格在生命早期就基本固定下来，此后几乎不会发生变化的观点。

I

本我（id）弗洛伊德认为，人格中与本能密切相关的部分，是心理能量的来源。本我按照快乐原则行事。

理想的自我意象（idealized self-image）对正常人而言，自我意象是在对自己能力现实且富有弹性的评价之上的理想自我形象。而对神经症患者而言，自我意象是建立在不现实且缺乏弹性的自我评价之上。

同一性危机（identity crisis）青春期无法实现自我同一性。

异化（incongruence）个体的自我概念与经验之间的不一致。

自变量（independent variable）实验中研究者操纵的刺激变量或条件，以考察其对因变量的影响。

个体心理学（individual psychology）阿德勒的人格理论。

个性化（individuation）整合人格所有意识和潜意识层面所出现的心理健康状态。

自卑情结（inferiority complex）个体无法补偿正常的自卑感所出现的状态。

自卑感（inferiority feelings）所有人都有的正常状态，是人类奋斗的源泉。

本能漂移（instinctive drift）本能行为替代了已被强化的行为。

似本能需要（instinctoid needs）马斯洛在其需要层次理论中描述需要遗传属性的术语。

本能（instincts）弗洛伊德认为，本能是内部刺激的心理表征，比如饥饿，本能驱动个体采取相应的行为。

内控点（internal locus of control）认为强化受个体自己控制。

内向（introversion）一种指向个体思想和感受的心理态度。

J

约拿情结（Jonah complex）担心将自己的潜能最大化而导致出现自己无法应对的新情境。

L

潜伏期（latency period）弗洛伊德认为，从大约 5 岁到青春期，性本能处于一种休眠状态，将其暂时升华为校园活动、爱好、体育运动以及与同性建立友谊。

L 数据（L-data）是观察者对人们在现实生活情境中所呈现的特定行为的评价。

习得性无助（learned helplessness）个体知觉到无法控制环境的一种状态。

力比多（libido）弗洛伊德认为，力比多是心理能量的形式，通过生的本能显示出来，驱动个体追求快乐的行为和思想。荣格认为力比多是一种更加宽泛和普遍的心理能量形式。

生的本能（life instincts）通过寻求对食物、水、空气和性需要的满足来实现个体和种群的生存。

生活史重建（life-history reconstruction）荣格的个案研究方法，通过考察个体过去的经验，识别能够解释目前神经症状况的发展模式。

M

发展不良（maldevelopment）自我仅仅包含唯一的一种应对冲突的方式的状况。

超越性动机（metamotivation）自我实现者的动机，并不是为了追寻一个具体的目标，而是最大化个人的潜能。

超越性需要（metaneeds）自我实现者逐步发展的成长和存在状态。

超越性病症（metapathology）超越性需要无法满足所带来的对自我发展的威胁。

迈尔斯–布里格斯性格类型量表（Myers-Briggs Type Indicator，MBTI）以荣格的心理类型和内向外向态度为基础的人格测验。

N

负强化（negative reinforcement）通过移除厌恶刺激来增强反应。

神经症竞争（neurotic competitiveness）一种无差异的不惜一切代价获胜的需要。

神经症需要（neurotic needs）10 种抵御焦虑的非理性方式，是人格永久性的一部分，会影响个体的行为。

神经症倾向（neurotic trends）三种对自我和他人表达个体需要的行为与态度，是霍妮对神经症需要概念的修正。

O

客体关系理论（object relations theories）精神分析理论的发展，主要关注与满足本能需要的客体（比如母亲）的关系，而不是需要本身。

俄狄浦斯情结（Oedipus complex）在生殖器期（4 ～ 5 岁），男孩子爱恋自己的母亲，同时渴望替代或杀死自己父亲的潜意识欲望。

操作性行为（operant behavior）个体自发、自愿的作用于环境并改变环境的行为。

操作性条件反射（operant conditioning）反应结果的变化影响反应发生频率的条件反射过程。

对立定律（opposition principle）荣格认为对立的过程和倾向之间的冲突是产生心理能量的必要条件。

机体评估过程（organismic valuing process）根据促进或阻碍实现与成长倾向的价值评价生活经验的过程。

P

高峰体验（peak experience）极度快乐的瞬间，与宗教和神秘体验类似，在这期间自我得以超越。

阴茎妒羡（penis envy）女性因为男性有阴茎而产生的对男性的羡慕，同时因为女性没有阴茎而伴随着一种丧失感。

渗透（permeability）构念可以被新的经验所修改和扩展。

持续性机能自主（perseverative functional autonomy）与低层次和惯常行为相关的机能自主。

人格面具原型（persona archetype）个体展现给他人的公众面孔或角色。

个人构念理论（personal construct theory）凯利根据认知过程来描述人格：我们有能力去解释行为和事件，并能利用这些构念来指导我们的行为以及预测他人的行为。

个体倾向（personal dispositions）个体特有的特质，相对于很多人共有的特质。

个体潜意识（personal unconscious）曾经在意识层面，却又被遗忘或压抑的记忆的蓄水池。

个人记述研究（personal-document technique）通过考察个体的文字或言语记录资料来评价人格的方法。

人格（personality）特殊而相对持久的内在和外在个体特征，能够影响个体在不同情境中的行为。

以人为中心疗法（person-centered therapy）罗杰斯提出的心理治疗方法，这一疗法认为来访者（不是患者）应该为自己人格的变化负责。

游戏建构（play constructions）一种依据儿童用玩偶、积木和其他玩具搭建的场景来评价其人格的技术。

快乐原则（pleasure principle）本我避免伤害最大化、快乐的行事原则。

积极关注（positive regard）他人的爱、接受与认可。

积极自我关注（positive self-redard）接受自己和认可自己。

原始过程思维（primary-process thought）本我满足本能需要的孩子式的思维。

投射（projection）将令人不安的冲动归于他人身上的一种防御机制。

投射测验（projective test）一种人格测量工具，假设个体会将个人的需要、恐惧和价值观投射到对模棱两可的刺激的解释和描述之上。

统我性机能自主（propriate functional autonomy）与个体的价值观、自我意象以及生活风格相关的机能自主。

统我（proprium）奥尔波特对自我的称谓。

心灵（psyche）荣格对人格的称谓。

精神分析（psychoanalysis）西格蒙德·弗洛伊德的人格理论，也是一种心理障碍的治疗方法。

心理历史学分析（psychohistorical analysis）埃里克森将毕生发展理论与精神分析的原则结合起来，研究历史人物的方法。

心理类型（psychological types）荣格认为，在态度（内向和外向）与功能（思维、情感、感觉与直觉）交互的基础上形成了八种人格类型。

心理性欲发展阶段（psychosexual stages of development）弗洛伊德认为，儿童都要经历口唇期、肛门期以及生殖器期。在这些阶段，本我的本能性需要的满足依赖于身体相应部位的刺激。

心理社会性发展阶段（psychosocial stages of development）埃里克森认为，一生包含了连续的八个阶段。在每一个阶段，我们都会用一种适应或非适应的方式进行应对。

惩罚（punishment）反应之后给予一个厌恶刺激，以减少反应出现的频率。

Q

Q 数据（Q-data）用自陈式问卷评价个体的特征、态度以及兴趣。

Q 分类技术（Q-sort technique）通过自我报告对自我概念的描述进行评价的技术。

R

适用范围（range of convenience）构念的应用范围，有些构念可以适用于多种情境和人，而有些构念的适用范围则非常有限。

合理化（rationlization）是一种通过对行为重新进行解释，而使其显得更加合理、更易被我们所接受的防御机制。

反向形成（reaction formation）主动地表现与真正驱使个体的冲动相反的冲动的一种防御机制。

现实原则（reality principle）自我行事的原则，对本我冲动的表达进行适当的抑制。

退行（regression）一种防御机制，指的是个体退回到没有挫折的生命早期阶段，展现那个更加安全的时代的孩子气的行为。

强化（reinforcement）通过施加奖励来增强反应，从而提升反应重复出现的可能性。

强化模式（reinforcement schedules）提供或拒绝给予强化物的模式或频率。

信度（reliability）指的是对某一心理测评工具反应的一致性。

压抑（repression）指无意识地否认引发焦虑的事物存在的一种防御机制。

阻抗（resistance）在自由联想中，患者不愿意揭露痛苦的记忆的现象。

应答性行为（respondent behavior）由特定环境刺激引发的行为。

S

安全需要（safety need）对于安全免于恐惧的高层次需要。

次级特质（secondary traits）影响力最弱，表现得不太明显，也不一致。

次级过程思维（secondary-process thought）需要理智地应对外部世界的成熟思维过程。

自我原型（self archetype）荣格认为，自我原型代表着整体人格的统一、整合与和谐。

自我实现（self-actualization）自我得到了最充分地发展。

自我分类速写（self-characterization sketch）用来评价个体构念系统的技术，即个体在将自己和他人联系起来时如何知觉自己。

自我控制（self-control）控制决定我们行为的变量的能力。

自陈问卷（self-report inventory）通过让个体回答一些他们行为和感受的题目来评价人格的技术。

感觉寻求（sensation seeking）个体追求多变的、新异的、复杂的、复杂的感觉和体验的需要。

情操（sentiments）卡特尔认为，情操是一种环境塑造根源特质，能够激发个体行为。

阴影原型（shadow archetype）人格中黑暗的一面，包含各种原始的动物本能的原型。

社会兴趣（social interest）我们与生俱来的与他人合作以实现个人和社会目标的潜能。

根源特质（source traits）通过因素分析得到的人格的基本因素，是稳定而持久的人格特质。

追求卓越（striving for superiority）激励我们每一个人追求完美的强烈愿望。

生活风格（style of life）每个人追求完美的特殊性格结构和个体行为模式。基本生活风格包括支配型、索取型、回避型以及社会利用型四种。

升华（sublimation）将本我冲动转移到社会所接受的行为来表达的一种防御机制。

阈下知觉（subliminal perception）对于意识阈限之下刺激的知觉。

连续接近（successive appoximation）解释了复杂行为的获得。像学习说话这种复杂的行为，只有当有机体的行为逐步地、连续地接近最终的理想行为时，才会获得强化。

超我（superego）弗洛伊德认为，超我是人格的道德层面；是对父母和社会价值观与标准的内化。

优越情结（superstitious complex）对所有正常自卑感进行过度补偿所出现的状况。

迷信行为（superstitious behavior 受到强化，恰巧同时发生但之间并不存在机能关系的持续性行为。

表面特质（surface traits）是一些相互关联，但因为不能被单一来源所决定，从而不能构成一个因素的人格特质。

症状分析（symptom analysis）与灌注相似，症状分析技术关注患者报告的症状，并试图解释患者自己对这些症状的自由联想。

T

T 数据（T-data）来自防止被试作假的人格测验的数据。

气质特质（temperament traits）描述个体与环境相对应的一般行为风格的特质。

代币法（token economy）一种行为矫正技术，将代币作为对患者令人赞许行为的奖励，患者可以用代币来交换商品或特权。

特质（traits）奥尔波特认为，特质是指导行为的区别性特征。特质在一个连续体上被加以测量，特质受到社会、环境以及文化因素的影响。卡特尔认为，特质就是反应倾向，是通过因素分析法所获得的，是人格中相对持久的部分。

应该的专横（tyranny of the shoulds）通过否认真实的自我，按照我们认为自己应该成为的样子去行事，试图去实现不可能实现的理想自我意象。

U

无条件积极关注（unconditional positive regard）不管个体的行为如何都应该得到认可。在罗杰斯的以人为中心疗法中，治疗师为来访者提供了无条件积极关注。

独特特质（unique traits）一个人或少数人拥有的特质。

V

效度（validity）指的是一个评估工具测量了它所要测量的对象的程度。

W

子宫妒羡（womb envy）因为女性可以生孩子而男性不能所产生的男性对女性的羡慕。子宫妒羡是霍妮对弗洛伊德女性具有阴茎妒羡这一概念的反击。

词语联想测验（word association test）一种投射测验技术，被试用头脑中出现的第一个词对刺激词做出反应。